中华人民共和国住房和城乡建设部

仿古建筑工程消耗量定额

ZYA4-31-2018

中国计划出版社

2018 北　京

图书在版编目（CIP）数据

仿古建筑工程消耗量定额：ZYA4-31-2018 / 山西一
建集团有限公司主编. -- 北京：中国计划出版社，
2018.12
ISBN 978-7-5182-0957-6

Ⅰ. ①仿… Ⅱ. ①山… Ⅲ. ①仿古建筑－建筑工程－
消耗定额 Ⅳ. ①TU723.3

中国版本图书馆CIP数据核字(2018)第261864号

仿古建筑工程消耗量定额
ZYA4-31-2018
山西一建集团有限公司 主编

中国计划出版社出版发行
网址：www.jhpress.com
地址：北京市西城区木樨地北里甲 11 号国宏大厦 C 座 3 层
邮政编码：100038 电话:(010)63906433(发行部)
北京市科星印刷有限责任公司印刷

880mm×1230mm 1/16 36.75 印张 1068 千字
2018 年 12 月第 1 版 2018 年 12 月第 1 次印刷
印数 1—4000 册

ISBN 978-7-5182-0957-6
定价：203.00 元

主编部门：中华人民共和国住房和城乡建设部

批准部门：中华人民共和国住房和城乡建设部

施行日期：２０１８　年　１２　月　１　日

住房城乡建设部关于印发
仿古建筑工程消耗量定额的通知

建标〔2018〕82号

各省、自治区住房城乡建设厅,直辖市建委,国务院有关部门:

为健全工程计价体系,满足仿古建筑工程计价需要,我部组织编制了《仿古建筑工程消耗量定额》(编号为 ZYA4-31-2018),现印发给你们,自 2018 年 12 月 1 日起执行。执行中遇到的问题和有关建议请及时反馈我部标准定额司。

《仿古建筑工程消耗量定额》由我部标准定额研究所组织中国计划出版社出版发行。

中华人民共和国住房和城乡建设部

2018 年 8 月 28 日

总　说　明

一、《仿古建筑工程消耗量定额》(以下简称本定额)共分三册,包括:

第一册　通用项目;

第二册　营造法原;

第三册　清式营造则例。

二、本定额是完成规定计量单位分部分项工程、措施项目所需的人工、材料、施工机械台班的消耗量标准,是各地区、部门工程造价管理机构编制仿古建筑工程定额确定消耗量、编制国有投资工程投资估算、设计概算、最高投标限价(标底)的依据。

三、本定额适用于新建、扩建的仿古建筑工程,不适用于修缮古建筑工程。

四、本定额仅适用于有古建构造、做法特点的构件和分部分项工程,对于土石方工程、地基处理工程、桩基工程、仿古建筑工程中带有现代做法的房屋建筑与装饰工程,以及电气、给排水、通风等分部分项工程,执行《房屋建筑与装饰工程消耗量定额》TY01-31-2015、《通用安装工程消耗量定额》TY02-31-2015相应项目。

五、本定额以国家和有关部门发布的国家现行设计规范、施工验收规范、技术操作规程、质量评定标准、产品标准和安全操作规程、现行工程量清单计价规范和计算规范、古建筑有关做法书籍《营造法原》和《清式营造则例》为依据编制,并参考了有关地区和行业标准、定额以及典型工程的设计、施工和其他资料。

六、本定额按正常施工条件,国内大多数施工企业采用的施工方法、机械化程度和合理的劳动组织及工期进行编制。其正常的施工条件是指:

1. 材料、设备、成品、半成品、构配件完整无损,符合质量标准和设计要求,附有合格证书和试验记录。

2. 各分部分项工程之间的交叉作业正常。

3. 正常的气候、地理条件和施工环境。

七、关于人工:

1. 本定额的人工以合计工日表示,并分别列出普工、一般技工和高级技工的工日消耗量。

2. 本定额的人工包括基本用工、超运距用工、辅助用工和人工幅度差。

3. 本定额的人工每工日按8小时工作制计算。

八、关于材料:

1. 本定额采用的材料(包括构配件、零件、半成品、成品)均为符合国家质量标准和相应设计要求的合格产品。

2. 本定额中的材料包括施工中消耗的主要材料、辅助材料、周转材料和其他材料。

3. 本定额中材料消耗量包括净用量和损耗量。损耗量包括:从工地仓库、现场集中堆放地点(或现场加工地点)至操作(或安装)地点的施工场内运输损耗、施工操作损耗、施工现场堆放损耗等,规范(设计文件)规定的预留量、搭接量未在损耗中考虑。

4. 本定额中混凝土、砌筑砂浆、抹灰砂浆及各种胶泥等按半成品消耗量以体积"m³"表示,其配合比由各地区、部门按现行规范及当地材料质量情况进行编制。

5. 本定额所使用的砂浆按现场搅拌考虑,如实际使用的砂浆与定额不同时,按下列方法进行调整:

(1)使用干混预拌砂浆的,将定额中的现拌砂浆调换为干混预拌砂浆,灰浆搅拌机调换为干混砂浆罐式搅拌机,同时按定额中每立方米砂浆减少0.382工日,干混砂浆罐式搅拌机的台班数量调整为每立方米砂浆0.1台班。

（2）使用湿拌预拌砂浆的，将定额中的现拌砂浆调换为湿拌预拌砂浆，并扣除灰浆搅拌机台班，同时按定额中每立方米砂浆减少 0.582 工日。

6. 本定额中木材木种划分如下：

一类：红松、水桐木、樟木松；

二类：白松、杉木（云杉、冷杉）、杨木、铁杉、柳木、花旗松、椴木；

三类：青松、黄花松、秋子木、马尾松、东北榆木、柏木、苦楝木、梓木、黄菠萝、椿木、楠木（桢楠、润楠）、柚木、樟木、山毛榉、栓木、白木、云香木、枫木；

四类：栎木（柞木）、檀木、色木、槐木、荔木、麻栗木（麻栎、青刚）、桦木、荷木、水曲柳、柳桉、华北榆木、核桃楸、克隆、门格里斯、榉木、橡木、枫木、核桃木、樱桃木。

7. 本定额所采用的材料、半成品、成品品种、规格型号与设计不符时，可按各章规定调整。

8. 本定额中的周转性材料按不同施工方法，不同类别、材质，计算出一次摊销量进入消耗量定额。一次使用量和摊销次数见附表。

9. 对于用量少、低值易耗的零星材料，列为其他材料。

九、关于机械：

1. 本定额中的机械按常用机械、合理机械配备和施工企业的机械化装备程度，并结合工程实际综合确定。

2. 本定额项目内的主要机械和辅助机械，均按不同的工作对象，选用不同的机型和规格，以台班消耗量表示，并按正常机械施工工效考虑了机械幅度差。本定额的机械每台班按 8 小时工作制计算。

3. 凡单位价值 2000 元以内、使用年限在一年以内的不构成固定资产的施工机械，不列入机械台班消耗量，作为工具用具在建筑安装工程费中的企业管理费考虑，其消耗的燃料动力等已列入材料内。

十、关于水平和垂直运输：

1. 材料、成品、半成品：包括自施工单位现场仓库或现场指定堆放地点运至安装地点的水平和垂直运输。场内水平运输已综合不同的运输距离，实际距离不论远近，定额不做调整。但遇工程上山或过河等特殊情况，应另行处理。

2. 垂直运输基准面：以设计室外地坪面为基准面。

十一、本定额除注明高度以外，均按单层建筑物檐高 20m，多层建筑物 6 层（不含地下室）以内编制，单层建筑物檐高 20m 以上、多层建筑物 6 层（不含地下室）以上的工程，其降效应增加的人工、机械及有关费用，另按本定额中的超高施工增加计算。

十二、本定额是以在自然地坪上建造为准编制的，如在月台、高台、城台上建造的仿古工程，按下列规定执行：

1. 台高在 2.5m 以上的台上建筑，人工和机械消耗量增加 8%。

2. 台高在 6m 以上的台上建筑，人工和机械消耗量增加 14%。

3. 月台、高台、城台本身及其附属工程项目，其人工、机械消耗量不得增加。

十三、本定额中的工作内容已说明了主要的施工工序，次要工序虽未说明，但均已包括在内。

十四、施工与生产同时进行、在有害环境中施工时的降效增加费，本定额未考虑，发生时另行计算。

十五、《仿古建筑工程工程量计算规范》GB 50855—2013 中的安全文明施工及其他措施项目，本定额未编入，由各地区部门自行考虑。

十六、本定额适用海拔 2000m 以下的地区，超过上述情况时，由各地区、部门结合高原地区的特殊情况，自行制定调整方法。

十七、本定额中遇有两个或两个以上系数时，按连乘法计算。

十八、本定额注有"××以内""××以下"或"小于"及"不足"者，均包括"××"本身；"××以外""××以上"或"大于"及"超过"者，则不包括"××"本身。

十九、本说明未尽事宜，详见各册、章说明。

仿古建筑面积计算规则

一、计算建筑面积的范围：

1. 单层建筑不论其出檐层数及高度如何，均按一层计算面积，其中：

（1）有台明的按台明外围水平面积计算。

（2）无台明有围护结构的以围护结构水平面积计算，围护结构外有檐廊柱的，按檐廊柱外边线水平面积计算；围护结构外边线未及构架柱外边线的，按构架柱外边线计算；无台明无围护结构的按构架柱外边线计算。

2. 有楼层分界的二层及以上建筑，不论其出檐层数如何，均按自然结构楼层的分层水平面积总和计算面积，其中：

（1）首层建筑面积按上述单层建筑的规定计算。

（2）二层及以上各层建筑面积按上述单层建筑无台明的规定计算。

3. 单层建筑或多层建筑两个自然结构楼层间，局部有楼层或内回廊的，按其水平投影面积计算。

4. 碉楼、碉房、碉台式建筑内无楼层分界的，按一层计算面积。有楼层分界的，按分层累计计算面积，其中：

（1）单层或多层碉楼、碉房、碉台的首层有台明的按台明外围水平面积计算，无台明的按围护结构底面外围水平面积计算。

（2）多层碉楼、碉房、碉台的二层及以上楼层均按各层围护结构底面外围水平面积计算。

5. 二层及以上建筑构架柱外有围护装修或围栏的挑台建筑，按构架柱外边线至挑台外边线之间水平投影面积的 1/2 计算面积。

6. 坡地建筑、邻水建筑及跨越水面建筑的首层构架柱外有围栏的挑台，按首层构架柱外边线至挑台外边线之间的水平投影面积的 1/2 计算面积。

二、不计算建筑面积的范围：

1. 单层或多层建筑中无柱门罩、窗罩、雨棚、挑檐、无围护装修或围栏的挑台、台阶等。

2. 无台明建筑或二层及以上建筑突出墙面或构架柱外边线以外部分，如墀头、垛等。

3. 牌楼、影壁、实心或半实心的砖、石塔。

4. 构筑物：如月台、圜丘、城台、院墙及随墙门、花架等。

5. 碉楼、碉房、碉台的平台。

目　　录

第一册　通 用 项 目

第二册　营 造 法 原

第四章　抹　灰　工　程

第五章　木　作　工　程

第三册　清式营造则例

第一章　砖　作　工　程

第二章　石　作　工　程

第三章　琉璃砖砌体工程

第四章　木　作　工　程

第一册　通用项目

册　说　明

一、本册定额为《仿古建筑工程消耗量定额》的第一册,与第二册、第三册配套使用。

二、本册定额共分三章,包括砌筑及构件运输,混凝土工程,措施项目工程。

第一章　砌筑及构件运输

说　明

一、本章定额包括砌筑、构件场外运输，共两节。

二、蘑菇石墙中蘑菇石按成品石编制。

三、本章定额的构件运输适用于施工企业自有加工厂在施工现场之外的加工运输。运距按30km以内考虑，30km以上另行计算。运输距离应以构件加工厂至施工场地的实际距离确定。

四、单独运门框按古式门窗运输的相应项目定额乘以系数0.6。

工程量计算规则

一、毛石砌体、景石墙、蘑菇石墙按设计图示尺寸以体积计算。

二、砖件场外运输按定额消耗量以"块"计算。

三、木构件场外运输工程量与木构件安装工程量相同,按设计图示尺寸以体积计算。

四、门窗场外运输按门窗洞口的尺寸(包括框、扇在内)以面积计算。

一、砌　筑

工作内容： 1. 石墙到顶、独立柱：选、修、运石，调、运、铺砂浆，砌石，墙角石料加工。
　　　　　2. 景石墙、蘑菇石墙：调、运、铺砂浆，选石，运石，石料加工，砌石，立边、
　　　　　　棱角修饰，清洗墙面。

计量单位：10m³

定　额　编　号			1-1-1	1-1-2	1-1-3	1-1-4	1-1-5
项　目			毛石砌体		景石墙		蘑菇石墙
			石墙到顶	独立柱	厚度（cm 以内）		
					30	40	
名　称		单位	消　耗　量				
人工	合计工日	工日	22.700	42.200	133.400	114.100	31.000
	其中 普工	工日	4.540	8.440	26.680	22.820	6.200
	一般技工	工日	7.945	14.770	46.690	39.935	10.850
	高级技工	工日	10.215	18.990	60.030	51.345	13.950
材料	毛石（综合）	m³	11.220	12.400	13.100	13.100	—
	蘑菇石	m³	—	—	—	—	10.200
	砌筑水泥砂浆 M5.0	m³	3.200	3.200	3.200	3.200	2.100
机械	灰浆搅拌机 200L	台班	0.900	0.900	0.900	0.900	0.600

二、构件场外运输

1. 古式砖构件

工作内容: 设置一般支架(垫方木),装车,绑扎,卸车,堆放。

计量单位:100块

定额编号			1-1-6	1-1-7	1-1-8	1-1-9	1-1-10	1-1-11
项　目			加工后的城砖、大停泥砖、方砖					
			运输距离(km以内)					
			5	10	15	20	25	30
名　称		单位	消　耗　量					
人工	合计工日	工日	0.527	0.633	0.765	0.907	1.033	1.159
	其中 普工	工日	0.527	0.633	0.765	0.907	1.033	1.159
	其中 一般技工	工日	—	—	—	—	—	—
	其中 高级技工	工日	—	—	—	—	—	—
材料	垫木	m³	0.003	0.003	0.003	0.003	0.003	0.003
	草袋	m²	1.050	1.050	1.050	1.050	1.050	1.050
	其他材料费	%	0.50	0.50	0.50	0.50	0.50	0.50
机械	载重汽车6t	台班	0.110	0.130	0.180	0.190	0.220	0.250

工作内容: 设置一般支架(垫方木),装车,绑扎,卸车,堆放。 计量单位:100块

定 额 编 号			1-1-12	1-1-13	1-1-14	1-1-15	1-1-16	1-1-17
项 目			加工后的小停泥砖、开条砖					
			运输距离(km以内)					
			5	10	15	20	25	30
名 称		单位	消 耗 量					
人工	合计工日	工日	0.238	0.272	0.324	0.380	0.441	0.502
	其中 普工	工日	0.238	0.272	0.324	0.380	0.441	0.502
	其中 一般技工	工日	—	—	—	—	—	—
	其中 高级技工	工日	—	—	—	—	—	—
材料	垫木	m³	0.003	0.003	0.003	0.003	0.003	0.003
	草袋	m²	1.050	1.050	1.050	1.050	1.050	1.050
	其他材料费	%	0.50	0.50	0.50	0.50	0.50	0.50
机械	载重汽车6t	台班	0.060	0.070	0.080	0.090	0.100	0.110

2. 古式木构件

工作内容：设置一般支架（垫方木），装车，绑扎，卸车，堆放。　　　　　　　　　　　　　　　计量单位：m³

定　额　编　号			1-1-18	1-1-19	1-1-20	1-1-21	1-1-22	1-1-23
项　　　目			木构件					
			运输距离（km 以内）					
			5	10	15	20	25	30
名　　　称		单位	消　耗　量					
人工	合计工日	工日	0.221	0.260	0.300	0.340	0.380	0.420
	其中 普工	工日	0.221	0.260	0.300	0.340	0.380	0.420
	其中 一般技工	工日	—	—	—	—	—	—
	其中 高级技工	工日	—	—	—	—	—	—
材料	垫木	m³	0.003	0.003	0.003	0.003	0.003	0.003
	草袋	m²	1.050	1.050	1.050	1.050	1.050	1.050
	其他材料费	%	0.50	0.50	0.50	0.50	0.50	0.50
机械	载重汽车 6t	台班	0.050	0.060	0.080	0.090	0.110	0.120

3.古 式 门 窗

工作内容：设置一般支架（垫方木），装车，绑扎，卸车，堆放。　　　　　计量单位：100m²

定　额　编　号			1-1-24	1-1-25	1-1-26	1-1-27	1-1-28	1-1-29
项　　目			门窗					
			运输距离（km以内）					
			5	10	15	20	25	30
名　称		单位	消　耗　量					
人工	合计工日	工日	1.300	1.700	2.100	2.340	2.700	3.120
	其中 普工	工日	0.130	0.170	0.200	0.234	0.270	0.300
	一般技工	工日	—	—	—	—	—	—
	高级技工	工日	—	—	—	—	—	—
机械	载重汽车6t	台班	0.700	0.800	1.000	1.200	1.300	1.500

第二章　混凝土工程

说　　明

一、本章定额包括现浇混凝土构件,预制混凝土构件制作、安装,现场搅拌混凝土调整费,共三节。

二、现浇混凝土项目按预拌泵送混凝土考虑,施工中采用不同施工方法时,按下列规定执行:

1. 采用预拌混凝土非泵送时,执行相应的现浇混凝土项目,同时执行非泵送混凝土调整项目。

2. 采用现场搅拌混凝土非泵送时,执行相应的现浇混凝土项目,同时执行现场搅拌混凝土调整项目。

三、混凝土泵送另按《房屋建筑与装饰工程消耗量定额》TY01-31-2015第五章"混凝土及钢筋混凝土工程"的相应项目及规定执行。

四、混凝土按常用强度等级考虑,设计强度等级不同时,可以换算。图纸设计要求增加的外加剂另行计算。

五、现浇混凝土柱项目已按规范规定综合考虑了底部铺垫1:2水泥砂浆的用量。

六、异型柱包括童柱、柁墩、垂莲柱、雷公柱等。

七、矩形梁包括扁作梁、承重、搭角梁、川等。圆形梁包含搭角梁、川等。

八、大木三件是指檩(桁)条、垫板、檩枋一次性立模同时浇筑的混凝土构件。

九、戗翼板系指古典建筑中的翘角部位,并连有摔网椽的翼角板;椽望板系指古典建筑中在飞檐部位,并连有飞椽和出檐椽重叠之板;亭屋面板为弧形状的屋面板。

十、古式零件包括梁垫、蒲鞋头、云头、水浪机、插角、宝顶、莲花头子、花饰块、预留部位浇捣、预制花窗、预制门窗框等以及单体体积在0.1m³以内未列出子目的小构件。

十一、预制混凝土构件中包括现场制作、堆放、场内汽车运输、安(吊)装、座浆灌缝的全部工作。

十二、中式屋架系指古典建筑中立帖式屋架,包括立柱、童柱、大梁、双步梁。

工程量计算规则

一、现浇构件混凝土工程量按下列规定计算：

1.混凝土工程量除另有规定者外，均按设计图示尺寸以体积计算。不扣除构件内钢筋、预埋铁件及板中 0.3m² 以内的孔洞所占体积。

2.柱按设计图示尺寸以体积计算，其中柱高：

（1）按柱基上表面算至柱顶面的高度计算。

（2）有梁板的柱高按柱基上表面至楼板上表面的高度计算。

（3）有楼隔层的柱高按柱基上表面（或楼板上表面）至上一层楼板上表面的高度计算。

（4）依附于柱上的云头、蒲鞋头、斗拱等的体积另列项计算。

3.梁按设计图示尺寸以体积计算，其中梁长：

（1）梁与柱连接时，梁算至柱侧面。与圆柱或多角柱交接者，其长度算至梁柱立面交接线。

（2）主梁与次梁连接时，次梁长算至主梁侧面。

（3）梁与墙连接时，嵌入墙体部分并入梁身体积。

4.桁、枋、连机、大木三件、异型梁、弧形梁、拱形梁按设计图示尺寸以体积计算，其长度：

（1）与柱交接时，其长度算至柱侧面。与圆柱或多角柱交接者，其长度算至梁柱立面交接线。

（2）与墙连接时，嵌入墙体部分并入桁、枋、连机、大木三件内。

5.老、仔角梁按设计图示尺寸以体积计算。

6.戗翼板、椽望板、亭屋面板按设计图示尺寸（屋面坡长按曲线长度）以体积计算。

（1）有多种板连接时，以墙中心线为界，伸入墙内的板头并入板体积内计算。

（2）带有摔网椽的戗翼板按摔网椽和戗翼板体积之和计算。

（3）带有椽的屋面板按椽和板体积之和计算。

7.古式栏杆、栏板、鹅颈靠背（吴王靠）按设计图示尺寸以长度计算。斜向段无图纸规定时，按水平投影长度乘以系数 1.18 计算。

8.斗拱（牌科）、撑弓、古式零件，均按设计图示尺寸以体积计算。

二、预制构件混凝土工程量按下列规定计算：

1.混凝土工程量除另有规定者外，均按设计图示尺寸以体积计算，不扣除构件内钢筋、铁件、板内小于 0.3m² 孔洞面积所占的体积。

2.预制鹅颈靠背（吴王靠）、挂落、古式栏杆和栏板，按设计图示外围尺寸以面积计算。

三、现场搅拌混凝土调整和非泵送预拌混凝土调整，按各构件混凝土子目定额消耗量以体积计算。

一、现浇混凝土构件

1. 柱

工作内容:浇注、振捣、养护。 计量单位:10m³

定 额 编 号			1-2-1	1-2-2	1-2-3
项 目			矩形柱	圆形柱	异型柱、多边形
					带收分、侧脚、卷杀
名 称		单位	消 耗 量		
人工	合计工日	工日	7.890	8.470	8.679
	其中 普工	工日	2.367	2.541	2.604
	一般技工	工日	4.734	5.082	5.207
	高级技工	工日	0.789	0.847	0.868
材料	预拌混凝土 C20	m³	9.797	9.797	9.797
	预拌水泥砂浆	m³	0.303	0.303	0.303
	土工布	m²	0.371	0.371	0.408
	水	m³	0.426	0.403	0.440
	电	kW·h	5.250	5.250	5.250

2. 梁、枋、桁、连机

工作内容:浇注、振捣、养护。 计量单位:10m³

定 额 编 号			1-2-4	1-2-5	1-2-6	1-2-7	1-2-8	1-2-9	1-2-10
项 目			梁、枋、连机		梁、桁(檩)、梓桁		老、仔角梁	异型、弧形、拱形梁	大木三件
			带卷杀、拔亥、挖底、浑面						
			矩形断面高(cm)		圆形直径(cm)				
			20以内	20以上	15以内	15以上			
名 称		单位	消 耗 量						
人工	合计工日	工日	5.940	5.346	6.930	6.690	9.390	5.940	6.237
	其中 普工	工日	1.782	1.603	2.079	2.007	2.817	1.782	1.871
	一般技工	工日	3.564	3.208	4.158	4.014	5.634	3.564	3.742
	高级技工	工日	0.594	0.535	0.693	0.669	0.939	0.594	0.624
材料	预拌混凝土 C20	m³	10.100	10.100	10.100	10.100	10.100	10.100	10.100
	塑料薄膜	m²	55.550	37.030	84.917	60.969	37.123	46.372	25.247
	土工布	m²	5.555	3.700	8.492	6.097	3.712	4.637	2.525
	水	m³	3.508	2.000	5.187	3.724	2.407	2.956	4.658
	电	kW·h	5.250	5.250	5.250	5.250	5.250	5.250	5.250

3. 板

工作内容: 浇注、振捣、养护。　　　　　　　　　　　　　　　　　　　　计量单位:10m³

定　额　编　号			1-2-11	1-2-12
项　　目			戗翼板、亭屋面板	椽望板、弧形板
名　　称		单位	消　耗　量	
人工	合计工日	工日	10.740	10.020
	其中 普工	工日	3.222	3.006
	一般技工	工日	6.444	6.012
	高级技工	工日	1.074	1.002
材料	预拌混凝土 C20	m³	10.100	10.100
	塑料薄膜	m²	177.401	139.811
	土工布	m²	17.740	13.981
	水	m³	10.613	8.249
	电	kW·h	5.250	5.250

4. 其 他 构 件

工作内容: 浇注、振捣、养护。　　　　　　　　　　　　　　　　　　　　计量单位:10m³

定　额　编　号			1-2-13	1-2-14
项　　目			斗拱（牌科）	古式零件
名　　称		单位	消　耗　量	
人工	合计工日	工日	15.240	13.710
	其中 普工	工日	4.572	4.113
	一般技工	工日	9.144	8.226
	高级技工	工日	1.524	1.371
材料	预拌混凝土 C20	m³	10.100	10.100
	塑料薄膜	m²	108.244	93.091
	土工布	m²	10.824	9.309
	水	m³	6.706	5.829
	电	kW·h	5.250	5.250

二、预制混凝土构件制作、安装

1.屋　架

工作内容:浇注、振捣、养护、成品堆放、构件场内运输、安装、校正、座浆、灌缝。　　　　　　计量单位:10m³

定　额　编　号				1-2-15
项　　目				屋架(人字、中式)
名　　称			单位	消　耗　量
人工	合计工日		工日	22.200
	其中	普工	工日	6.660
		一般技工	工日	13.320
		高级技工	工日	2.220
材料	预拌混凝土 C20		m³	10.100
	垫木		m³	0.629
	预拌细石混凝土 C20		m³	0.100
	塑料薄膜		m²	56.200
	土工布		m²	5.620
	垫铁		kg	2.120
	低合金钢焊条 E43 系列		kg	33.730
	镀锌铁丝(综合)		kg	25.360
	圆钉		kg	1.210
	尼龙绳(综合)		kg	0.050
	水		m³	5.750
	电		kW·h	3.234
机械	交流弧焊机 32kV·A		台班	4.385
	电焊条烘干箱 45×35×45(cm³)		台班	0.439
	汽车式起重机 25t		台班	0.960
	载重汽车 6t		台班	0.016

2. 梁、桁、枋、机

工作内容：浇注、振捣、养护、成品堆放、构件场内运输、安装、校正、座浆、灌缝。　　　　计量单位：10m³

定　额　编　号			1-2-16	1-2-17	1-2-18
项　　目			梁、枋、连机	梁、桁（檩）、梓桁	异型梁，老、仔角梁
			带卷杀、拔亥、挖底、浑面		
			矩形	圆形	
名　　称		单位	消　耗　量		
人工	合计工日	工日	11.360	11.680	20.600
	其中 普工	工日	3.408	3.504	6.180
	一般技工	工日	6.816	7.008	12.360
	高级技工	工日	1.136	1.168	2.060
材料	预拌混凝土 C20	m³	10.100	10.100	10.100
	垫木	m³	0.010	0.010	0.038
	塑料薄膜	m²	48.700	84.917	37.123
	土工布	m²	4.870	8.490	3.710
	垫铁	kg	26.400	26.400	1.200
	低合金钢焊条 E43 系列	kg	15.300	15.300	8.600
	水	m³	5.959	5.187	6.448
	电	kW·h	3.234	3.234	3.234
	尼龙绳（综合）	kg	0.050	0.050	0.050
	水泥砂浆 1:2	m³	—	—	0.010
	预拌细石混凝土 C20	m³	—	—	0.200
机械	交流弧焊机 32kV·A	台班	1.989	1.989	1.118
	电焊条烘干箱 45×35×45（cm³）	台班	0.199	0.199	0.112
	汽车式起重机 25t	台班	0.330	0.329	0.800
	载重汽车 6t	台班	0.016	0.016	0.004
	灰浆搅拌机 200L	台班	—	—	0.003

3. 板

工作内容:浇注、振捣、养护、成品堆放、构件场内运输、安装、校正、座浆、灌缝。　　计量单位:10m³

定　额　编　号				1-2-19
项　　　　目				橼望板、戗翼板、亭屋面板
名　　　称			单位	消　耗　量
人工	合计工日		工日	23.160
	其中	普工	工日	6.948
		一般技工	工日	13.896
		高级技工	工日	2.316
材料	预拌混凝土 C20		m³	10.100
	垫木		m³	0.030
	水泥砂浆 1:2		m³	0.892
	预拌细石混凝土 C20		m³	0.171
	塑料薄膜		m²	177.401
	土工布		m²	17.740
	垫铁		kg	20.200
	低合金钢焊条 E43 系列		kg	7.800
	镀锌铁丝(综合)		kg	0.400
	圆钉		kg	0.050
	水		m³	10.613
	电		kW·h	3.234
	尼龙绳(综合)		kg	0.050
机械	交流弧焊机 32kV·A		台班	1.014
	电焊条烘干箱 45×35×45(cm³)		台班	0.101
	灰浆搅拌机 200L		台班	0.350
	汽车式起重机 25t		台班	1.800
	载重汽车 6t		台班	0.090

4. 椽 子

工作内容：浇注、振捣、养护、成品堆放、构件场内运输、安装、校正、座浆、灌缝。 计量单位：10m³

	定 额 编 号			1-2-20
	项 目			椽子
	名 称		单位	消 耗 量
人工	合计工日		工日	16.560
	其中	普工	工日	4.968
		一般技工	工日	9.936
		高级技工	工日	1.656
材料	预拌混凝土 C20		m³	10.100
	垫木		m³	0.010
	水泥砂浆 1:2		m³	1.000
	塑料薄		m²	279.083
	膜垫铁		kg	26.400
	低合金钢焊条 E43 系列		kg	15.300
	水		m³	16.754
	电		kW·h	3.234
	尼龙绳（综合）		kg	0.050
机械	交流弧焊机 32kV·A		台班	1.980
	电焊条烘干箱 45×35×45（cm³）		台班	0.199
	灰浆搅拌机 200L		台班	0.250
	汽车式起重机 25t		台班	0.329
	载重汽车 6t		台班	0.016

5.其他构件

工作内容: 浇注、振捣、养护、成品堆放、构件场内运输、安装、校正、座浆、灌缝。

定额编号			1-2-21	1-2-22	1-2-23	1-2-24	1-2-25
项　目			挂落	栏杆、栏板	吴王靠	斗拱(牌科)	古式零件
计量单位			10m²			10m³	
名　称		单位	消耗量				
人工	合计工日	工日	7.024	2.061	1.330	41.028	38.690
	其中 普工	工日	2.108	0.618	0.399	12.308	11.607
	一般技工	工日	4.214	1.237	0.798	24.617	23.214
	高级技工	工日	0.702	0.206	0.133	4.103	3.869
材料	预拌混凝土 C20	m³	—	—	—	9.246	9.246
	垫木	m³	0.006	0.004	0.004	0.014	0.014
	水泥砂浆 1:2	m³	0.245	0.409	0.143	1.200	1.200
	塑料薄膜	m²	17.000	11.110	11.110	138.880	49.250
	垫铁	kg	1.000	1.050	0.370	26.400	26.400
	低合金钢焊条 E43 系列	kg	3.000	0.614	0.214	15.300	15.300
	镀锌铁丝(综合)	kg	—	0.024	0.008	0.600	0.600
	圆钉	kg	—	0.002	0.001	0.050	0.050
	水	m³	0.313	0.608	0.577	7.375	2.613
	电	kW·h	0.006	0.129	0.043	3.080	3.080
	尼龙绳(综合)	kg	0.050	0.050	0.050	0.050	0.050
机械	交流弧焊机 32kV·A	台班	0.390	0.008	0.028	1.989	1.989
	电焊条烘干箱 45×35×45(cm³)	台班	0.039	0.001	0.003	0.199	0.199
	灰浆搅拌机 200L	台班	0.005	0.102	0.036	0.300	0.300
	轮胎式起重机 25t	台班	0.123	0.038	0.014	0.975	0.975
	载重汽车 15t	台班	0.006	0.002	0.001	0.049	0.049

三、现场搅拌混凝土调整费

工作内容：1. 混凝土搅拌、运输。
　　　　　　2. 混凝土运输。

计量单位：10m³

定　额　编　号				1-2-26	1-2-27
项　　目				现场搅拌混凝土调整费	非泵送预拌混凝土调整费
名　　称			单位	消　耗　量	
人工	合计工日		工日	13.387	6.512
	其中	普工	工日	4.016	1.954
		一般技工	工日	8.032	3.907
		高级技工	工日	1.339	0.651
材料	水		m³	1.750	—
机械	双锥反转出料混凝土搅拌机 500L		台班	0.560	—
	机动翻斗车 1t		台班	0.520	0.520

第三章 措 施 项 目

说　明

一、本章定额包括混凝土模板及支架,脚手架工程,垂直运输及超高增加,共三节。

二、混凝土模板及支架:

1. 构件模板全部按复合模板配钢(木)支撑考虑,除使用工厂加工定制的一次性定型模板可以换算外,使用其他模板时一律不予换算。

2. 复合模板为竹胶、木胶等品种的复合板。

3. 现浇钢筋混凝土柱、梁(包括桁檩、枋、大木三件)、板的模板高度(底层无地下室者高需另加室内外高差)按 3.6m 以内编制,超过 3.6m 的构件,先按全高面积执行基本层子目,超过部分面积另执行增加层子目。超过高度不足 1m 的,按 1m 计算。

4. 当设计要求为清水混凝土模板时,执行相应模板项目,每 $100m^2$ 定额单位模板面积增加 6 个工日。

5. 童柱(矮柱、瓜柱)、垂莲柱、雷公柱模板,执行相应的矩形柱和圆形柱、多边形柱项目,人工、材料、机械消耗量乘以系数 1.2 执行。

6. 矩形梁包括扁作梁、承重、搭角梁、川等。

7. 异型梁包括虾弓梁、轩梁、弧形梁、拱形梁、荷包梁等。

三、脚手架工程:

1. 本章定额根据正常施工周期对周转性材料的使用摊销做了综合考虑,执行中不再调整。

2. 本章定额对场外运距已做了综合,执行中不论实际运距远近,机械台班均不得调整。

3. 本定额均包括 3.6m 以内的简易脚手架,执行 3.6m 以上的脚手架项目时,不扣除简易脚手架搭拆的消耗量。脚手架搭设基准面:有月台时以月台上表面为基准面;无月台时以设计室外地坪为基准面。

(1)砖石砌筑高度在 1.5m 以上者,按设计要求搭设脚手架。

(2)苦背铺瓦用双排齐檐脚手架、外檐椽望油漆双排脚手架按建筑物的檐高执行相应项目计算。

(3)内檐及廊步椽望油漆脚手架定额的"平均高度"按脊檩中与檐檩(重檐建筑为最上层檐檐檩)中的平均高度计算,内檐有天花吊顶时,其廊步"平均高度"按廊步上、下两檩中的平均高度计算。

4. 苦背铺瓦用双排齐檐脚手架、椽望油漆用脚手架已综合考虑了单层建筑、多层建筑及不同的出檐层数支搭及铺板情况,实际工程中不论何种建筑形式均按本章定额执行。

5. 外檐椽望油漆用双排脚手架适用于檐头椽望出挑部分及下连带的木构件、木装修油漆彩绘工程,内檐装饰用满堂红脚手架适用于有天花吊顶建筑内檐的天棚、墙面、木装修、明柱的装饰工程,内檐及廊步椽望油漆用脚手架适用于无天花吊顶的内檐及廊步椽望、木构件、墙面、明柱的装饰工程。

6. 屋面脚手架已综合考虑了铺瓦和屋脊吻兽安装的工作内容。

7. 木构架安装起重架不分单层建筑、多层建筑,以及出檐层数均执行同一定额。

四、垂直运输及超高增加:

1. 本章定额适用于檐高超过 20m 或 6 层以上的塔在合理工期内完成单位工程所需要的垂直运输及超高增加费。地下室不计入层数。

2. 建筑物檐高的确定:檐高上皮以正身飞椽上皮为准,无飞椽的量至檐椽上皮。檐高下皮的规定如下:无月台或月台外边线在檐头外边线以内者,檐高由自然地坪至最上一层檐头;月台边线在檐头外边线以外或城台、高台上的建筑物,檐高由台上皮量至最上一层檐头。

3. 檐高超过 20m 或 6 层的塔按不同高度执行每增加 1m 的垂直运输及超高增加项目。

工程量计算规则

一、混凝土模板及支架：

1. 现浇混凝土构件模板：

（1）现浇混凝土构件模板，除另有规定外，均按模板与混凝土的接触面积计算。

（2）混凝土板上单孔面积在 0.3m² 以内的孔洞，不予扣除，洞侧壁模板亦不增加。单孔面积在 0.3m² 以外的孔洞，应予扣除，洞侧壁模板面积并入板模板工程量之内计算。

（3）支模高度的计算：

1）柱：自柱基上表面（或楼板上表面）至上一层楼板上表面（无板时至柱顶）。

2）梁、枋、桁：楼层板顶面（无地下室底层，自室外设计标高）至上层板底面（无板时至梁、枋、桁顶面）。

3）板：楼层板顶面（无地下室底层，自室外设计标高）至上层板底面。

4）斜（曲面）板或拱形结构按板底平均高度确定支模高度。

（4）古式栏板、栏杆、鹅颈靠背（吴王靠）按设计图示尺寸以长度计算，斜长部分按水平投影长度乘以系数 1.18 计算。

（5）斗拱（牌科）、古式零件的模板，按构件混凝土设计尺寸以体积计算。

（6）拱券石、拱眉石胎架，按其底面的弧形展开面积计算。

2. 预制混凝土构件模板：

（1）现场预制构件模板工程量除另有规定者外，均按模板与混凝土的接触面积计算。

（2）斗拱（牌科）、古式零件按构件混凝土体积计算。

（3）挂落、栏杆件、吴王靠按设计图示垂直投影面积计算。

二、脚手架工程：

1. 砌筑高度 3.6m 以内的单排里脚手架，按墙的净长乘墙的高度以面积计算，不扣除门窗洞口、空圈、车辆通道、变形缝等所占面积。

独立砖、石柱以柱结构周长加 3.6m 乘以柱高以面积计算。

2. 外脚手架按外墙外边线长度乘以墙的高度以面积计算（硬山建筑山墙高算至山尖），不扣除门窗洞口、空圈、车辆通道、变形缝等所占面积。

3. 外檐椽望油漆彩绘用双排脚手架，按檐头长（即大连檐长）乘以檐高以面积计算。檐高规定如下：无月台的由自然地坪算起；有月台的由月台上面算起，算至最上一层檐口屋面板底。

4. 内檐及廊步椽望装饰满堂脚手架，分别以内檐及廊步相应的地面面积计算工程量。"平均层高"按脊檩中与檐檩（重檐建筑为最上层檐檐檩）中的平均高度计算，内檐有天花吊顶，其廊步"平均层高"按檐廊上、下两檩中的平均高度计算。

5. 歇山排山脚手架按"座"计算，每一山算一座。

6. 正吻和宝顶脚手架按"座"计算。

7. 木构架安装起重架按建筑物首层水平投影面积计算。

三、垂直运输及超高增加：

塔超过 20m 或 6 层以上每增加 1m 分不同高度按"座"为单位计算。

一、混凝土模板及支架

1.现浇混凝土模板

（1）柱

工作内容：木模制作、安装、拆除，模板清理，刷脱模剂，整理堆放，场内外运输等。　　　　计量单位：100m²

定　额　编　号			1-3-1	1-3-2
项　　目			矩形柱	圆形、异型、多边形柱
			带收分、侧脚、卷杀	
名　　称		单位	消　耗　量	
人工	合计工日	工日	28.554	51.758
	其中　普工	工日	8.567	15.527
	一般技工	工日	17.132	31.055
	高级技工	工日	2.855	5.176
材料	复合模板	m²	26.900	30.629
	板枋材	m³	0.410	0.530
	圆钉	kg	10.800	1.340
	脱模剂	kg	10.000	10.000
	钢支撑及配件	kg	50.000	65.480
	木支撑	m³	0.200	—
	对拉螺栓	kg	17.400	24.300
	硬塑料管	m	117.800	—
机械	木工圆锯机500mm	台班	0.510	0.550
	载重汽车6t	台班	0.470	0.510

（2）梁、桁、枋

工作内容：木模制作、安装、拆除，模板清理，刷脱模剂，整理堆放，场内外运输等。　　　　　计量单位：100m²

定　额　编　号			1-3-3	1-3-4	1-3-5	1-3-6	1-3-7
项　　　　目			梁、枋、连机	梁、桁（檩）、梓桁	老、仔角梁	异型梁	大木三件
			带卷杀、拔亥、挖底、浑面	带卷杀、拔亥、挖底、浑面			带卷杀、拔亥、挖底、浑面
			矩形	圆形			
名　　　称		单位	消　耗　量				
人工	合计工日	工日	43.020	51.835	55.321	49.250	45.660
	其中 普工	工日	12.906	15.550	16.596	14.775	13.698
	一般技工	工日	25.812	31.101	33.193	29.550	27.396
	高级技工	工日	4.302	5.184	5.532	4.925	4.566
材料	复合模板	m²	26.910	30.630	30.630	30.630	30.620
	板枋材	m³	0.670	0.720	0.540	0.900	0.720
	圆钉	kg	1.680	1.830	1.470	2.290	1.830
	镀锌铁丝（综合）	kg	0.180	0.180	0.180	0.180	0.180
	水泥砂浆 1:2	m³	0.010	0.010	0.010	0.010	0.010
	脱模剂	kg	10.000	10.000	10.000	10.000	10.000
	钢支撑及配件	kg	76.430	83.380	83.380	83.380	83.380
	木支撑	m³	0.030	0.030	0.030	0.030	0.030
机械	木工圆锯机 500mm	台班	0.460	0.560	0.590	0.530	0.490
	载重汽车 6t	台班	0.610	0.670	0.610	0.730	0.670

（3）板

工作内容：木模制作、安装、拆除，模板清理，刷脱模剂，整理堆放，场内外运输等。　　　计量单位：100m²

定　额　编　号			1-3-8	1-3-9
项　　　目			戗翼板、亭屋面板	橼望板、弧形板
名　　　称		单位	消　耗　量	
人工	合计工日	工日	42.238	40.138
	其中 普工	工日	12.671	12.041
	一般技工	工日	25.343	24.083
	高级技工	工日	4.224	4.014
材料	复合模板	m²	30.630	30.630
	板枋材	m³	0.540	0.500
	圆钉	kg	1.380	1.260
	镀锌铁丝（综合）	kg	0.180	0.180
	脱模剂	kg	10.000	10.000
	钢支撑及配件	kg	57.610	52.810
	木支撑	m³	0.280	0.250
	塑料粘胶带 20mm×50m	卷	10.000	10.000
	水泥砂浆 1:2	m³	0.030	0.030
机械	木工圆锯机 500mm	台班	0.450	0.430
	载重汽车 6t	台班	0.560	0.320

（4）其 他 构 件

工作内容：木模制作、安装、拆除，模板清理，刷脱模剂，整理堆放，场内外运输等。

	定　额　编　号		1-3-10	1-3-11	1-3-12
	项　　　　目		斗拱（牌科）	古式零件	券石、券脸
	计　量　单　位		10m³	m³	10m²
	名　　称	单位		消　耗　量	
人工	合计工日	工日	226.400	20.489	83.900
	其中 普工	工日	67.920	6.147	25.170
	一般技工	工日	135.840	12.293	50.340
	高级技工	工日	22.640	2.049	8.390
材料	复合模板	m²	393.800	39.610	30.630
	板枋材	m³	1.600	0.161	1.660
	圆钉	kg	0.440	0.045	113.200
	脱模剂	kg	40.000	4.000	10.000
	钢支撑及配件	kg	—	—	80.680
	木支撑	m³	1.770	0.178	—
	塑料粘胶带 20mm×50m	卷	20.000	2.000	—
	铁件（综合）	kg	31.390	3.157	—
机械	木工圆锯机 500mm	台班	2.430	2.200	0.900
	载重汽车 6t	台班	1.240	1.240	0.570

工作内容: 木模制作、安装、拆除,模板清理,刷脱模剂,整理堆放,场内外运输等。　　　　　计量单位:100m²

定 额 编 号				1-3-13	1-3-14	1-3-15
项 目				柱支撑	梁支撑超高	板支撑超高
					高度超过 3.6m,每增加 1m	
名 称			单位	消 耗 量		
合计工日			工日	3.025	3.157	3.223
人工	其中	普工	工日	0.907	0.947	0.967
		一般技工	工日	1.815	1.894	1.934
		高级技工	工日	0.303	0.316	0.322
材料		钢支撑及配件	kg	3.670	13.070	11.350
		木支撑	m³	0.020	—	—
机械		载重汽车 6t	台班	0.030	0.060	0.050

2. 预制混凝土模板

（1）屋　架

工作内容：模板制作、安装、拆除，清理，刷脱模剂，整理堆放，场内外运输。　　　　计量单位：100m²

定　额　编　号				1-3-16
项　　目				屋架
				人字、中式
名　　称			单位	消　耗　量
人工	合计工日		工日	72.690
	其中	普工	工日	21.807
		一般技工	工日	43.614
		高级技工	工日	7.269
材料	复合模板		m²	20.210
	板枋材		m³	0.340
	圆钉		kg	0.810
	脱模剂		kg	10.000
	水泥砂浆 1:2		m³	0.770
	镀锌铁丝 ϕ0.7		kg	1.100
机械	木工圆锯机 500mm		台班	0.780
	载重汽车 6t		台班	0.260

（2）梁

工作内容： 模板制作、安装、拆除，清理，刷脱模剂，整理堆放，场内外运输。 计量单位：100m²

定 额 编 号			1-3-17	1-3-18	1-3-19
项 目			梁、枋、连机	梁、桁（檩）、梓桁	异型梁，老、仔角梁
			带卷杀、拔亥、挖底、浑面		
			矩形	圆形	
名 称		单位	消 耗 量		
人工	合计工日	工日	28.280	40.740	42.200
	其中 普工	工日	8.484	12.222	12.660
	一般技工	工日	16.968	24.444	25.320
	高级技工	工日	2.828	4.074	4.220
材料	复合模板	m²	20.210	20.210	24.670
	板枋材	m³	0.380	0.460	0.450
	圆钉	kg	0.920	1.120	1.090
	脱模剂	kg	10.000	10.000	10.000
	水泥砂浆 1:2	m³	0.210	0.210	0.200
	镀锌铁丝 ϕ0.7	kg	0.350	0.350	0.350
机械	木工圆锯机 500mm	台班	0.300	0.440	0.450
	载重汽车 6t	台班	0.310	0.360	0.320

（3）板

工作内容: 模板制作、安装、拆除,清理,刷脱模剂,整理堆放,场内外运输。　　　　　　计量单位:100m²

定　额　编　号				1-3-20
项　　　　　目				椽望板、戗翼板、亭屋面板
名　　称			单位	消　耗　量
人工	合计工日		工日	31.940
	其中	普工	工日	9.582
		一般技工	工日	19.164
		高级技工	工日	3.194
材料	复合模板		m²	24.672
	板枋材		m³	0.430
	圆钉		kg	0.770
	脱模剂		kg	10.000
	镀锌铁丝 $\phi 0.7$		kg	1.030
	水泥砂浆 1:2		m³	0.510
机械	木工圆锯机 500mm		台班	0.340
	载重汽车 6t		台班	0.300

（4）椽　子

工作内容：模板制作、安装、拆除，清理，刷脱模剂，整理堆放，场内外运输。　　　　计量单位：100m²

定　额　编　号				1-3-21	1-3-22	1-3-23
项　目				椽　子		
				方直形	圆直形	弯形
名　称			单位	消　耗　量		
人工	合计工日		工日	28.280	30.660	47.110
	其中	普工	工日	8.484	9.198	14.133
		一般技工	工日	16.968	18.396	28.266
		高级技工	工日	2.828	3.066	4.711
材料	复合模板		m²	20.210	20.210	20.210
	板枋材		m³	0.570	0.630	0.740
	圆钉		kg	0.690	0.760	0.900
	脱模剂		kg	10.000	10.000	10.000
	水泥砂浆 1:2		m³	0.410	0.410	0.410
	镀锌铁丝 ϕ0.7		kg	0.560	0.560	0.560
机械	木工圆锯机 500mm		台班	0.300	0.330	0.500
	载重汽车 6t		台班	0.410	0.450	0.500

（5）其他构件

工作内容：模板制作、安装、拆除，清理，刷隔离剂，整理堆放，场内外运输。

定 额 编 号			1-3-24	1-3-25	1-3-26	1-3-27	1-3-28
项 目			挂落	栏杆、栏板	吴王靠	斗拱（牌科）	古式零件
计 量 单 位			100m²			10m³	m³
名 称		单位	消 耗 量				
人工	合计工日	工日	257.320	29.870	136.400	219.800	9.947
	其中 普工	工日	77.196	8.961	40.920	65.940	2.984
	一般技工	工日	154.392	17.922	81.840	131.880	5.968
	高级技工	工日	25.732	2.987	13.640	21.980	0.995
材料	复合模板	m²	30.930	39.333	33.977	92.531	3.282
	板枋材	m³	0.530	0.740	0.670	1.940	0.053
	圆钉	kg	0.640	1.880	0.810	2.340	0.064
	脱模剂	kg	10.000	10.000	20.000	37.500	1.300
	水泥砂浆1:2	m³	0.010	—	0.070	0.150	0.005
	镀锌铁丝 φ0.7	kg	0.020	—	0.090	0.210	0.007
机械	木工圆锯机500mm	台班	2.760	0.320	1.460	2.360	0.050
	载重汽车6t	台班	0.450	0.510	0.470	1.350	0.037

二、脚手架工程

工作内容：场内、场外材料搬运,搭、拆脚手架、挡脚板、上下翻板子,拆除脚
手架后材料的堆放。

计量单位：10m²

定 额 编 号			1-3-29	1-3-30	1-3-31	1-3-32
项 目			砌筑用单排脚手架		砌筑用双排脚手架	
			钢管（墙高 m 以下 ）			
			6	12	6	12
名 称		单位	消 耗 量			
人工	合计工日	工日	1.350	1.420	1.840	1.810
	其中 普工	工日	0.405	0.426	0.552	0.543
	一般技工	工日	0.810	0.852	1.104	1.086
	高级技工	工日	0.135	0.142	0.184	0.181
材料	镀锌铁丝 4mm（8#）	kg	1.580	0.660	1.580	0.670
	绑扎绳	kg	1.070	0.450	1.070	0.470
	脚手架板锯材	m³	0.009	0.010	0.010	0.011
	杉蒿 7m~10m	根	0.004	—	0.004	0.003
	杉蒿 4m~7m	根	0.015	—	0.010	—
	杉蒿 3m 以下	根	0.002	—	0.060	0.032
	钢管 6m 以下	根	0.022	0.077	0.054	0.156
	钢管 3m 以下	根	0.028	0.045	0.032	0.046
	脚手架扣件十字扣	套	0.161	0.421	0.293	0.757
	脚手架扣件底座	套	0.017	0.014	0.030	0.026
	安全网	m²	0.015	0.010	0.015	0.010
	热轧光圆钢筋 HPB300 6.5~10mm	kg	—	0.250	—	0.250
	其他材料费	%	0.50	0.50	0.50	0.50
机械	载重汽车 4t	台班	0.050	0.030	0.060	0.050

工作内容:场内、场外材料搬运,搭、拆脚手架、挡脚板、上下翻板子,拆除脚
　　　　手架后材料的堆放。

计量单位:10m²

定 额 编 号			1-3-33	1-3-34	1-3-35	1-3-36	1-3-37	1-3-38
项 目			苫背铺瓦用双排齐檐脚手架			外檐椽望油漆双排脚手架		
			钢管(檐高 m 以下)					
			6	12	18	6	12	18
名 称		单位	消 耗 量					
人工	合计工日	工日	1.820	1.070	1.110	1.420	0.810	0.940
	其中 普工	工日	0.546	0.321	0.333	0.426	0.243	0.282
	一般技工	工日	1.092	0.642	0.666	0.852	0.486	0.564
	高级技工	工日	0.182	0.107	0.111	0.142	0.081	0.094
材料	镀锌铁丝 4mm(8#)	kg	1.610	—	0.220	1.610	—	0.220
	绑扎绳	kg	0.650	0.250	0.250	0.750	0.500	0.540
	脚手架板锯材	m³	0.014	0.010	0.010	0.017	0.014	0.016
	防滑条	m³	—	0.001	0.001	—	0.001	0.001
	圆钉	kg	—	—	0.046	—	0.036	0.046
	钢管 6m 以下	根	0.101	0.119	0.240	0.162	0.131	0.246
	钢管 3m 以下	根	0.037	0.085	0.090	0.144	0.131	0.075
	脚手架扣件 十字扣	套	0.370	0.414	0.996	0.471	0.530	0.772
	脚手架扣件 底座	套	0.035	0.020	0.020	0.060	0.030	0.040
	安全网	m²	0.022	0.013	0.013	0.030	0.019	0.016
	热轧光圆钢筋 HPB300 6.5~10mm	kg	—	0.211	0.303	—	—	—
	其他材料费	%	0.50	0.50	0.50	0.50	0.50	0.50
机械	载重汽车 4t	台班	0.080	0.040	0.040	0.080	0.030	0.030

工作内容：场内、场外材料搬运,搭、拆脚手架、挡脚板、上下翻板子,拆除脚
手架后材料的堆放。

计量单位：10m²

定 额 编 号			1-3-39	1-3-40	1-3-41	1-3-42	1-3-43
项 目			内檐装饰用满堂红脚手架		内檐及廊步椽望油漆用脚手架		
			钢管（檐高 m 以下）		钢管（平均高度 m 以下）		
			5	8	5	9	12
名 称		单位	消 耗 量				
人工	合计工日	工日	1.340	2.060	2.000	2.830	3.350
	其中 普工	工日	0.402	0.618	0.600	0.849	1.005
	一般技工	工日	0.804	1.236	1.200	1.698	2.010
	高级技工	工日	0.134	0.206	0.200	0.283	0.335
材料	绑扎绳	kg	1.120	1.640	1.120	1.500	1.750
	脚手架板锯材	m³	0.014	0.029	0.010	0.026	0.045
	钢管 6m 以下	根	0.105	0.308	0.123	0.330	0.586
	钢管 3m 以下	根	—	—	0.045	0.090	0.134
	脚手架扣件 十字扣	套	0.284	0.790	0.214	0.700	1.317
	脚手架扣件 底座	套	—	—	0.081	0.162	0.240
	其他材料费	%	0.50	0.50	0.50	0.50	0.50
机械	载重汽车 4t	台班	0.040	0.080	0.060	0.080	0.100

工作内容: 场内、场外材料搬运,搭、拆脚手架、挡脚板、上下翻板子,拆除脚手架后材料的堆放。

计量单位:10m²

定　额　编　号			1-3-44	1-3-45	1-3-46	1-3-47
项　　目			油画活用歇山脚手架		瓦活用歇山排山脚手架	
			钢管（山花板高 m 以下）			
			3	5	3	5
名　　称		单位	消　耗　量			
人工	合计工日	工日	4.010	6.340	3.970	6.300
	其中 普工	工日	1.203	1.902	1.191	1.890
	一般技工	工日	2.406	3.804	2.382	3.780
	高级技工	工日	0.401	0.634	0.397	0.630
材料	脚手架扣件 十字扣	套	0.596	1.170	0.298	0.390
	脚手架板锯材	m³	0.006	0.014	0.003	0.004
	钢管 6m 以下	根	0.175	0.403	0.087	0.134
	钢管 3m 以下	根	0.035	0.091	0.018	0.031
	其他材料费	%	0.50	0.50	0.50	0.50
机械	载重汽车 4t	台班	0.110	0.110	0.110	0.110

工作内容: 场内、场外材料搬运,搭、拆脚手架、挡脚板、上下翻板子,拆除脚
手架后材料的堆放。

计量单位:10m²

定 额 编 号			1-3-48	1-3-49	1-3-50	1-3-51	1-3-52
项 目			木构架安装起重架(檐高)			屋 面 脚 手 架	
						带吻兽	
			6m 以下	12m 以下	18m 以下	琉璃七样以下、黑活(1.2m 以下)	琉璃七样以上、黑活(1.2m 以上)
名 称		单位	消 耗 量				
人工	合计工日	工日	5.200	4.900	5.740	0.200	0.370
	其中 普工	工日	1.560	1.470	1.722	0.060	0.111
	一般技工	工日	3.120	2.940	3.444	0.120	0.222
	高级技工	工日	0.520	0.490	0.574	0.020	0.037
材料	镀锌铁丝 4mm(8#)	kg	15.810	17.390	21.060	0.220	0.410
	绑扎绳	kg	0.070	0.070	0.080	—	—
	脚手架板锯材	m³	0.005	0.005	0.006	0.001	0.002
	杉蒿 7m~10m	根	0.328	0.371	0.441	0.010	0.010
	模板锯材	m³	—	—	—	0.001	0.001
	杉蒿 4m~7m	根	—	—	—	0.010	0.010
	杉蒿 3m 以下	根	—	—	—	0.010	0.010
	圆钉	kg	—	—	—	0.030	0.030
	其他材料费	%	0.50	0.50	0.50	0.50	0.50
机械	载重汽车 4t	台班	0.140	0.160	0.180	0.010	0.010

三、垂直运输及超高增加

工作内容: 1. 工人上下班降低工效、上下楼及自然休息增加时间。

2. 垂直运输影响的时间。

3. 由于人工降效引起的机械降效。

4. 单位工程在合理的工期内完成全部工程项目檐高超过20m层高超过6层,每增加1m所需的垂直运输机械、水泵加压和通讯联络设备。　　　　计量单位:座

定　额　编　号			1-3-53	1-3-54	1-3-55
项　　目			塔高(m以内)		
			40	70	100
			每增加1m		
名　　称		单位	消　耗　量		
人工	合计工日	工日	0.300	0.315	0.330
	其中 普工	工日	0.120	0.125	0.132
	一般技工	工日	0.150	0.158	0.165
	高级技工	工日	0.030	0.032	0.033
机械	卷扬机带塔 $30H=40$mm	台班	1.350	—	—
	卷扬机带塔 $30H=70$mm	台班	—	1.300	—
	卷扬机带塔 $30H=100$mm	台班	—	—	1.250
	对讲机(一对)	台班	0.020	0.021	0.220
	电动多级清水泵 100mm 120m以下	台班	0.016	0.017	0.018
	其他机械降效	%	8.00	8.40	8.80

第二册　营造法原

册 说 明

一、本册定额为《仿古建筑工程消耗量定额》的第二册,主要适用于以"营造法原"为主设计、建造的仿古建筑工程及其他建筑工程的仿古部分。

二、本册定额共分五章,包括砖作工程、石作工程、屋面工程、抹灰工程、木作工程。

三、本册定额的编制主要依据"营造法原"及其他技术文献资料,同时参考了有关现行的工程设计规范、施工验收规范、安全操作规程,质量评定标准等有关资料。

第一章　砖作工程

说　明

一、本章定额包括砖细抛方、台口、贴砖,砖细镶边、月洞、地穴及门窗樘套,砖细半墙坐槛面,砖细坐槛栏杆,砖细及其他小配件,砖细漏窗,一般漏窗,砖细方砖铺地,挂落三飞砖、砖细墙门,砖细加工,砖浮雕,共十二节。

二、砖细构件制作以机械加工为主,手工操作为辅,按厂方提供半成品考虑。直线线脚加工以现场小型机械加工为主,部分用手工;异型线脚加工按手工加工考虑。

三、如各地区砖的规格与定额不同时,消耗量可按砖细加工相应定额按实调整。

四、砖细平面带枭混线脚抛方以一道线为准,如设计超过一道线脚者,按砖细加工相应项目另行计算。

五、砖细抛方中设计铁件用量与定额上不同时可按实调整。

六、砖细贴面如不做榫则按 0.1 工日 / 块扣除。

七、砖细贴面内如灌 50 厚 1:2 水泥砂浆时,增加水泥砂浆 0.55m³/10m²、人工 0.69 工日 /10m²、801 胶素水泥浆 0.004m³/10m²、灰浆拌合机 0.22 台班 /10m²,灌浆厚度不同,材料、机械按比例换算。

八、本章定额砖细月洞、地穴及门窗樘套是按宽度 35cm 以内编制,宽度在 35cm 以上时,人工材料可进行换算。

九、曲弧线形地穴门樘如用门景或回纹脚头者,脚头部分的人工材料按相应项目另行计算。

十、砖细垛头的兜肚以不雕刻为准,如需雕刻者按相应雕刻项目另行计算。挂落三飞砖、砖细墙门兜肚以起线木雕刻为准,如设计需雕花卉图案者,按相应的雕刻项目另行计算。

十一、砖细垛头工程量以兜肚以上为准,如设计下部全部做砖细者,下部的工程量套相应的墙面、勒脚定额,人工乘以系数 1.05。

十二、砖细牌科(斗拱)以四、六式为准,斗规格为 15.68cm×15.68cm×11.2cm(高),风拱板规格为 11.2cm×36.8cm。

十三、砖细漏窗边框如为曲弧形者,按相应项目人工乘以系数 1.25;砖细漏窗芯子为异弧形者,按相应项目人工乘以系数 1.05。

十四、砖细普通窗芯为六角景、宫万式,砖细复杂窗芯为六角菱花及乱纹式。

十五、一般漏窗以矩形为准,如为异型者人工乘以系数 1.15。

十六、一般漏窗软景式、平直式混合砌筑者,每档软景工程量在 20% 以下者,执行平直条式定额,在 80% 以上者执行软景条式定额,在 20% 以上、80% 以下者按工程量分别计算。

十七、砖细方砖铺地如采用干硬性 1:3 水泥砂浆铺贴,则扣除黄砂,每 10m² 增加 1:3 水泥砂浆 0.53m³、人工 0.05 工日、200L 灰浆拌合机 0.212 台班。

十八、砖细加工、砖雕作为一道施工工序,不计算原材料,仅计算人工及辅助材料。砖细方砖刨边厚度按 4.5cm 以内编制,厚度在 4.5cm 以上者,人工可进行换算。

十九、做砖雕工序前,方砖预先按砖细加工相应项目进行加工。本定额未考虑砖透雕,如有发生可另行计算。

二十、砖作表面刷有机硅防水剂时,每 10m² 增加人工 0.216 工日、有机硅外墙防水剂(原液)0.5kg、水 0.004m³。

工程量计算规则

一、砖作工程量除注明者外,均按净长乘以净宽以面积计算。

二、望砖加工工程量以"块"计算,刨面望砖规格为 210mm×95mm×15mm。

三、砖细抛方、台口,区别不同高度按图示尺寸的水平长度分别计算。

四、贴砖墙面,按材料不同规格,均按图示尺寸分别以面积计算;四周如有镶边者,镶边工程量按相应的镶边定额另行计算;计算工程量时应扣除门窗洞口和空洞所占的面积,但不扣除 0.3m² 以内的空洞面积。

五、月洞、地穴、门窗套、镶边宽度,按图示尺寸以外围周长计算。

六、砖细半墙坐槛面宽度,按图示尺寸以长度计算。

七、砖细坐槛栏杆:

1.坐槛面砖、拖泥、芯子贴按设计图示尺寸以水平长度计算。

2.坐槛栏杆侧柱,按设计图示尺寸以高度计算。

八、砖细其他小配件:

1.砖细包檐,按三道线或增减一道线的水平长度计算。

2.屋脊头、垛头、博风板头、饯头板以"只"计算。

3.牌科(斗拱)按斗、升的大小和形状以"座"计算。

4.雕刻风拱板以"块"计算。

5.桁条、梓桁、椽子、飞椽按长度计算,椽子、飞椽深入墙内部分的工程量并入椽子、飞椽的工程量计算。

6.梁垫(雀替)以"个"计算。

九、砖细漏窗:

1.漏窗边框,按设计图示尺寸以外围周长计算。

2.漏窗芯子,按边框内净尺寸以面积计算。

十、一般漏窗按洞口外围尺寸以面积计算。

十一、砖细方砖铺地,按材料不同规格,按图示尺寸以面积计算;柱磉石所占面积,均不扣除。

十二、挂落三飞砖砖墙门:

1.砖细勒脚、墙身按图示尺寸以面积计算。

2.拖泥、锁口、线脚、上下枋、台盘浑、斗盘枋、五寸堂、字碑、飞砖、晓色、挂落、托浑、宿塞分别按设计图示尺寸以长度计算。

3.荷花柱头按图示数量以"根"计算。将板砖、挂芽、靴头砖按图示数量以"块"计算。

4.大镶边、字镶边工程量按设计图示外围周长尺寸以长度计算。

5.兜肚以"块"计算,字碑镌字以"字"计算,雕刻以长度计算,牌科以"座"计算。

一、砖细抛方、台口

工作内容: 1.选料、场内运输、做榫、补磨、油灰加工、安装、清洗。
2.带枭混线脚者包括刨线脚。

计量单位:10m

定　额　编　号			2-1-1	2-1-2	2-1-3	2-1-4	2-1-5	2-1-6
项　　目			平面、台口抛方		圆线台口砖		平面带枭混线脚抛方	
			高(cm以内)					
			30	40	30	40	30	40
名　　称		单位	消　耗　量					
人工	合计工日	工日	9.571	10.724	9.376	11.124	11.645	12.156
	其中 普工	工日	1.914	2.145	1.875	2.225	2.329	2.431
	一般技工	工日	3.350	3.753	3.282	3.893	4.076	4.255
	高级技工	工日	4.307	4.826	4.219	5.006	5.240	5.470
材料	刨面方砖30×30×3(cm)	100块	0.370	—	0.370	—	0.370	—
	刨面方砖40×40×4(cm)	100块	—	0.280	—	0.280	—	0.280
	桐油	kg	1.180	1.200	0.750	0.800	1.180	1.200
	细灰	kg	2.960	3.000	1.870	2.000	2.960	3.000
	铁件	kg	4.270	3.200	—	—	4.270	3.200
	其他材料费	%	1.00	1.00	1.00	1.00	1.00	1.00

二、贴　砖

工作内容：选料、场内运输、做榫、补磨、油灰加工、安装、清洗、保养。　　　　　　计量单位：10m²

定　额　编　号			2-1-7	2-1-8	2-1-9	2-1-10	2-1-11	2-1-12
项　　目			勒脚细			斜角景		
			规格（cm 以内）					
			30×30	35×35	40×40	30×30	35×35	40×40
名　　称		单位	消　耗　量					
人工	合计工日	工日	22.056	18.531	16.755	24.081	21.594	19.107
	其中 普工	工日	4.411	3.706	3.351	4.817	4.319	3.822
	一般技工	工日	7.720	6.486	5.864	8.428	7.558	6.687
	高级技工	工日	9.925	8.339	7.540	10.836	9.717	8.598
材料	刨面方砖 30×30×3（cm）	100块	1.220	—	—	1.270	0.900	—
	刨面方砖 35×35×3.5（cm）	100块	—	0.900	—	—	0.940	—
	刨面方砖 40×40×4（cm）	100块	—	—	0.690	—	—	0.720
	桐油	kg	2.670	2.290	2.000	2.860	2.430	2.000
	细灰	kg	6.670	5.710	5.000	7.140	6.070	5.000
	铁件	kg	14.220	10.500	8.000	16.380	10.500	8.060
	其他材料费	%	1.00	1.00	1.00	1.00	1.00	1.00

工作内容: 1. 选料、场内运输、做榫、补磨、油灰加工、安装、清洗。

　　　　　　2. 带枭混线脚者包括刨线脚。

计量单位:10m²

定　额　编　号			2-1-13	2-1-14
项　　　　目			六角景	八角景
			规格(cm 以内)	
			30×30	
名　　称		单位	消　耗　量	
人工	合计工日	工日	28.091	30.330
	其中 普工	工日	6.243	6.065
	一般技工	工日	10.924	10.616
	高级技工	工日	14.045	13.649
材料	刨面方砖 30×30×3(cm)	100 块	—	1.750
	刨面方砖 35×35×3.5(cm)	100 块	1.410	—
	桐油	kg	2.670	2.370
	细灰	kg	6.670	5.920
	铁件	kg	16.380	16.380
	其他材料费	%	1.00	1.00

三、砖细镶边、月洞、地穴及门窗樘套

工作内容：选料、场内运输、起线、做榫、开槽、制榫簧、过墙板、补磨、油灰加工、安装、清洗。

计量单位：10m

定　额　编　号			2-1-15	2-1-16	2-1-17	2-1-18	2-1-19
项　目			直折线形				
			单料月洞、地穴及门窗樘套（侧壁）				
			宽度（35cm 以内）				
			双线双出口	双线单出口	单线双出口	单线单出口	无线单、双出口
名　称		单位	消　耗　量				
人工	合计工日	工日	18.610	14.680	17.200	13.970	10.730
	其中 普工	工日	3.721	2.936	3.440	2.793	2.145
	一般技工	工日	6.514	5.138	6.020	4.890	3.756
	高级技工	工日	8.375	6.606	7.740	6.287	4.829
材料	刨面方砖 35×35×3.5（cm）	100块	0.320	0.320	0.320	0.320	0.320
	桐油	kg	0.400	0.400	0.400	0.400	0.400
	细灰	kg	1.000	1.000	1.000	1.000	1.000
	铁件	kg	3.710	3.710	3.710	3.710	3.710
	其他材料费	%	1.00	1.00	1.00	1.00	1.00

工作内容:选料、场内运输、起线、做榫、开槽、制榫簧、过墙板、补磨、油灰加工、
安装、清洗。

计量单位:10m

	定 额 编 号		2-1-20	2-1-21	2-1-22	2-1-23	2-1-24
	项 目		直折线形				
			单料月洞、地穴及门窗橙套(顶板)				
			宽度(35cm 以内)				
			双线 双出口	双线 单出口	单线 双出口	单线 单出口	无线双、 单出口
	名 称	单位	消 耗 量				
人工	合计工日	工日	20.260	16.310	18.830	15.590	12.350
	其中 普工	工日	4.052	3.261	3.765	3.117	2.469
	一般技工	工日	7.091	5.709	6.591	5.457	4.323
	高级技工	工日	9.117	7.340	8.474	7.016	5.558
材料	刨面方砖35×35×3.5(cm)	100块	0.320	0.320	0.320	0.320	0.320
	桐油	kg	0.400	0.400	0.400	0.400	0.400
	细灰	kg	1.000	1.000	1.000	1.000	1.000
	锯材	m³	0.146	0.146	0.146	0.146	0.146
	铁件	kg	5.250	5.250	5.250	5.250	5.250
	其他材料费	%	1.00	1.00	1.00	1.00	1.00

工作内容: 选料、场内运输、起线、做榫、开槽、制榫簧、过墙板、补磨、油灰加工、
安装、清洗。

计量单位:10m

定 额 编 号			2-1-25	2-1-26	2-1-27	2-1-28	2-1-29
项 目			曲弧线形				
			单料月洞、地穴				
			宽度(40cm 以内)				
			双线 双出口	双线 单出口	单线 双出口	单线 单出口	无线双、 单出口
名 称		单位	消 耗 量				
	合计工日	工日	25.090	20.360	20.810	18.210	14.080
人工	其中	普工	工日	5.017	4.072	4.161	3.641	2.816
		一般技工	工日	8.782	7.126	7.284	6.374	4.928
		高级技工	工日	11.291	9.162	9.365	8.195	6.336
材料	刨面方砖 40×40×4(cm)	100块	0.300	0.300	0.300	0.300	0.300
	桐油	kg	0.500	0.500	0.500	0.500	0.500
	细灰	kg	1.250	1.250	1.250	1.250	1.250
	铁件	kg	4.540	4.540	4.540	4.540	4.540
	其他材料费	%	1.00	1.00	1.00	1.00	1.00

工作内容: 选料、场内运输、起线、做榫、开槽、制榫簧、过墙板、补磨、油灰加工、安装、清洗。

计量单位:10m

定 额 编 号			2-1-30	2-1-31	2-1-32	2-1-33	2-1-34
项 目			一般窗台板			镶边	
			宽度（35cm 以内）			一道枭混线脚	
			双线单出口	单线单出口	无线单出口	宽度（cm 以内）	
						10	15
名 称		单位	消 耗 量				
人工	合计工日	工日	13.060	11.270	9.110	4.740	6.230
	其中 普工	工日	2.612	2.253	1.821	0.948	1.245
	一般技工	工日	4.571	3.945	3.189	1.659	2.181
	高级技工	工日	5.877	5.072	4.100	2.133	2.804
材料	刨面方砖 35×35×3.5（cm）	100块	0.320	0.320	0.320	0.110	0.160
	桐油	kg	0.400	0.400	0.400	0.920	1.010
	细灰	kg	1.000	1.000	1.000	2.300	2.520
	铁件	kg	—	—	—	3.840	3.840
	其他材料费	%	1.00	1.00	1.00	1.00	1.00

四、砖细半墙坐槛面

工作内容：选料、场内运输、起线、开槽、制木雀簧、补磨、油灰加工、安装、清洗。　　　　　　计量单位：10m

定　额　编　号			2-1-35	2-1-36	2-1-37	2-1-38
项　　　目			半墙坐槛面			
			宽度（40cm 以内）			
			有雀簧		无雀簧	
			有线脚	无线脚	有线脚	无线脚
名　　　称		单位	消　耗　量			
人工	合计工日	工日	29.024	24.943	18.052	13.976
	其中 普工	工日	5.805	4.989	3.611	2.795
	一般技工	工日	10.158	8.730	6.318	4.892
	高级技工	工日	13.061	11.224	8.123	6.289
材料	刨面方砖 40×40×4（cm）	100 块	0.280	0.280	0.280	0.280
	桐油	kg	0.400	0.400	0.400	0.400
	细灰	kg	1.000	1.000	1.000	1.000
	锯材	m³	0.026	0.260	—	—
	其他材料费	%	1.00	1.00	1.00	1.00

注：线脚以双面一道线为准。

五、砖细坐槛栏杆

工作内容：选料、场内运输、起线、凿空、制木芯、油灰加工、补磨、安装、清洗。　　　　　计量单位：10m

定　额　编　号			2-1-39	2-1-40	2-1-41	2-1-42
项　　　目			砖细坐槛栏杆			双面起木角线拖泥
			四角起木角线	栏杆、槛身		
			坐槛面砖	侧柱（高）	芯子贴（长）	
名　　　称		单位	消　耗　量			
人工	合计工日	工日	20.262	31.062	24.552	21.882
	其中 普工	工日	4.052	6.212	4.911	4.376
	一般技工	工日	7.092	10.872	8.593	7.659
	高级技工	工日	9.118	13.978	11.048	9.847
材料	刨面嵌砖 38×17×9（cm）	100块	0.340	—	—	—
	刨面方砖 35×35×3.5（cm）	100块	—	—	0.320	—
	刨面方砖 40×40×4（cm）	100块	—	0.150	—	0.230
	桐油	kg	0.520	0.800	1.600	0.300
	细灰	kg	1.300	2.000	4.000	0.750
	锯材	m³	0.042	—	—	—
	其他材料费	%	1.00	1.00	1.00	1.00

六、砖细及其他小配件

工作内容: 选料、场内运输、部分人工锯砖、刨缝、起线、做榫、补磨、油灰加工、
安装、清洗。

定 额 编 号			2-1-43	2-1-44	2-1-45	2-1-46
项 目			砖细包檐		砖细屋脊头	砖细垛头
			每道厚度（4cm 以内）		雕空纹头（cm 以内）	墙厚度（cm 以内）
			三道	每增减一道	55	37
			10m		10 只	
名 称		单位	消 耗 量			
合计工日		工日	25.952	11.364	202.660	146.930
人工	其中					
	普工	工日	5.191	2.273	40.532	29.385
	一般技工	工日	9.083	3.977	70.931	51.426
	高级技工	工日	11.678	5.114	91.197	66.119
材料	刨面方砖 40×40×4（cm）	100 块	0.420	0.140	—	1.200
	刨面方砖 50×50×6.5（cm）	100 块	—	—	0.100	—
	桐油	kg	2.120	1.400	—	5.600
	细灰	kg	5.300	3.500	—	14.100
	铁件	kg	—	—	—	14.100
	其他材料费	%	1.00	1.00	1.00	1.00

工作内容: 选料、场内运输、部分人工锯砖、刨缝、起线、做榫、补磨、油灰加工、
安装、清洗。

计量单位:10 只

定　额　编　号			2-1-47	2-1-48	2-1-49
项　　目			砖细博风板头	砖细戗头板虎头牌	
			雕花滕头	雕花图案	
			高度（cm 以内）	宽度（cm 以内）	
			40	10	15
名　　称		单位	消　耗　量		
合计工日		工日	28.510	42.770	61.160
人工	其中 普工	工日	5.701	8.553	12.232
	一般技工	工日	9.979	14.970	21.406
	高级技工	工日	12.830	19.247	27.522
材料	刨面方砖 40×40×4（cm）	100 块	0.200	0.100	0.200
	桐油	kg	0.700	—	—
	细灰	kg	1.800	—	—
	铁件	kg	2.600	2.600	3.800
	其他材料费	%	1.00	1.00	1.00

工作内容: 选料、场内运输、部分人工锯砖、刨缝、起线、做榫、补磨、油灰加工、
安装、清洗。

计量单位:座

定　额　编　号			2-1-50	2-1-51	2-1-52	2-1-53	2-1-54
项　　　目			砖细牌科(斗拱)				
			一斗三升		一斗六升		
			一字形	丁字形带云头	一字形	丁字形带云头	丁字形单昂带云头
名　　称		单位	消　耗　量				
人工	合计工日		工日	10.967	17.626	18.857	28.885	31.234
	其中	普工	工日	2.194	3.525	3.771	5.777	6.247
		一般技工	工日	3.838	6.169	6.600	10.110	10.932
		高级技工	工日	4.935	7.932	8.486	12.998	14.055
材料	刨面大金砖 60×60×8(cm)		100块	0.010	0.010	0.010	0.010	0.010
	桐油		kg	0.100	0.120	0.170	0.170	0.170
	细灰		kg	0.250	0.300	0.430	0.430	0.430
	铁件		kg	0.120	0.160	0.180	0.220	0.220
	其他材料费		%	1.00	1.00	1.00	1.00	1.00

工作内容: 选料、场内运输、部分人工锯砖、刨缝、起线、做榫、补磨、油灰加工、安装、清洗。

定 额 编 号			2-1-55	2-1-56
项 目			砖细牌科(斗拱)	矩形桁条、梓桁
				截面(cm² 以内)
			雕刻风拱板	80
			10 块	10m
名 称		单位	消 耗 量	
人工	合计工日		工日	31.663	14.960
	其中	普工	工日	6.333	2.992
		一般技工	工日	11.082	5.236
		高级技工	工日	14.248	6.732
材料	刨面方砖 35×35×3.5(cm)		100 块	0.060	—
	刨面方砖 40×40×4(cm)		100 块	—	0.180
	桐油		kg	0.130	0.760
	细灰		kg	0.310	1.900
	其他材料费		%	1.00	1.00

工作内容：选料、场内运输、部分人工锯砖、刨缝、起线、做榫、补磨、油灰加工、安装、清洗。

定　额　编　号			2-1-57	2-1-58
项　目			矩形椽子、飞椽	梁垫（雀替）
			截面（cm² 以内）	面积（cm² 以内）
			30	300
			10m	10 个
名　称		单位	消　耗　量	
人工	合计工日	工日	10.790	55.995
	其中 普工	工日	2.157	11.199
	一般技工	工日	3.777	19.598
	高级技工	工日	4.856	25.198
材料	刨面方砖 40×40×4（cm）	100 块	0.060	0.170
	桐油	kg	—	0.490
	细灰	kg	—	1.230
	铁件	kg	—	1.280
	其他材料费	%	1.00	1.00

七、砖 细 漏 窗

工作内容：选料、场内运输、放样、部分人工锯砖、刨缝、起线、做榫、补磨、油灰加工、
　　　　　安装与拆除模撑、安砌、清洗。

定　额　编　号			2-1-59	2-1-60	2-1-61	2-1-62	2-1-63	2-1-64
项　　目			砖细矩形漏窗边框				砖细矩形漏窗芯子	
			单边双出口	单边单出口	双边双出口	双边单出口	平直线条	
							普通	复杂
			10m				10m²	
名　　称		单位	消　耗　量					
人工	合计工日	工日	38.390	23.845	54.014	31.471	100.192	159.123
	其中 普工	工日	7.677	4.769	10.803	6.294	20.039	31.825
	一般技工	工日	13.437	8.346	18.905	11.015	35.067	55.693
	高级技工	工日	17.276	10.730	24.306	14.162	45.086	71.605
材料	刨面方砖 40×40×4（cm）	100块	0.410	0.260	0.520	0.320	—	—
	刨面双开砖 24×12×2.5（cm）	100块	—	—	—	—	9.540	16.290
	黏合剂502	kg	—	—	—	—	3.180	3.570
	桐油	kg	0.740	0.440	1.020	0.580	—	—
	细灰	kg	1.850	1.100	2.550	1.450	—	—
	铁件	kg	8.360	4.980	8.360	4.980	—	—
	其他材料费	%	1.00	1.00	1.00	1.00	1.00	1.00

八、一 般 漏 窗

工作内容: 放样、选料、加工、场内运输、调制砂浆、安装与拆除砖模、砖砌安装、抹面、刷水(包括边框)。

计量单位:10m²

定额编号			2-1-65	2-1-66	2-1-67	2-1-68	2-1-69
项　目			矩形漏窗				
			全张瓦片	软景条式		平直条式	
				复杂	普通	复杂	普通
名　称		单位	消 耗 量				
人工	合计工日	工日	30.586	129.581	107.232	94.781	79.460
	其中 普工	工日	6.117	25.917	21.447	18.957	15.892
	一般技工	工日	10.705	45.353	37.531	33.173	27.811
	高级技工	工日	13.764	58.311	48.254	42.651	35.757
材料	盖瓦 16×17(cm)	100块	8.710	6.170	5.880	—	—
	筒瓦 13×12(cm)	100块	—	3.750	3.570	—	—
	望砖 21×10.5×1.7(cm)	100块	4.380	3.940	3.940	10.750	10.370
	标准砖 240×115×53	千块	—	1.220	1.220	1.220	1.220
	混合砂浆 M5.0	m³	—	0.118	0.118	0.118	0.118
	纸筋石灰浆	m³	0.314	0.776	0.751	0.673	0.652
	锯材	m³	—	0.022	0.020	0.062	0.056
	铁钉	kg	—	0.080	0.070	0.260	0.240
	镀锌铁丝 φ0.6	kg	—	0.470	0.450	—	—
	其他材料费	%	1.00	1.00	1.00	1.00	1.00
机械	灰浆搅拌机 200L	台班	0.079	0.224	0.217	0.198	0.193

注: 木模制作、安装人工也包括在定额内。

九、砖细方砖铺地

工作内容：选料、场内运输、补磨、油灰加工、铺砂、铺砖、清洗。

计量单位：10m²

定 额 编 号			2-1-70	2-1-71	2-1-72	2-1-73	2-1-74
项 目			地面铺方砖（cm）				
			30×30	35×35	40×40	45×45	50×50
名 称		单位	消 耗 量				
人工	合计工日	工日	9.863	9.212	9.485	9.023	8.715
	其中 普工	工日	1.973	1.843	1.897	1.805	1.743
	一般技工	工日	3.452	3.224	3.320	3.158	3.050
	高级技工	工日	4.438	4.145	4.268	4.060	3.922
材料	刨面方砖 30×30×3（cm）	100块	1.220	—	—	—	—
	刨面方砖 35×35×3.5（cm）	100块	—	0.900	—	—	—
	刨面方砖 40×40×4（cm）	100块	—	—	0.690	—	—
	刨面方砖 45×45×5（cm）	100块	—	—	—	0.540	—
	刨面方砖 50×50×6.5（cm）	100块	—	—	—	—	0.440
	黄砂 细砂	t	0.770	0.770	0.770	0.770	0.770
	桐油	kg	2.860	2.290	2.000	1.900	1.600
	细灰	kg	7.140	5.710	5.000	4.760	4.000
	其他材料费	%	1.00	1.00	1.00	1.00	1.00

十、挂落三飞砖、砖细墙门

工作内容：选料、场内运输、放样、部分人工锯砖、刨缝、起线、做榫、补磨、油灰加工、
安装、清洗。

计量单位：10m

定 额 编 号			2-1-75	2-1-76	2-1-77	2-1-78
项　目			挂落三飞砖、砖细墙门			
			八字垛头 托泥锁口	八字垛头 勒脚、墙身	下枋	上下托浑线脚
				10m²	高在26cm以内	
名　称		单位	消　耗　量			
人工	合计工日		工日	6.970	37.540	39.550	9.900
	其中	普工	工日	1.393	7.508	7.909	1.980
		一般技工	工日	2.440	13.139	13.843	3.465
		高级技工	工日	3.137	16.893	17.798	4.455
材料	刨面方砖 40×40×4（cm）		100块	0.080	0.690	0.280	0.090
	桐油		kg	0.450	3.760	0.660	0.530
	细灰		kg	1.130	9.410	1.650	1.330
	铁件		kg	—	16.930	3.200	—
	其他材料费		%	1.00	1.00	1.00	1.00

注：下枋定额中包括两头线脚脚头在内。

工作内容：选料、场内运输、放样、部分人工锯砖、刨缝、起线、做榫、补磨、油灰
加工、安装、清洗。

计量单位：10m

定 额 编 号				2-1-79	2-1-80
项 目				挂落三飞砖、砖细墙门	
				宿塞	木角小圆线台盘浑
名 称			单位	消 耗 量	
人工	合计工日		工日	7.000	11.060
	其中	普工	工日	1.400	2.212
		一般技工	工日	2.450	3.871
		高级技工	工日	3.150	4.977
材料	刨面方砖40×40×4（cm）		100块	0.070	0.140
	桐油		kg	1.000	0.650
	细灰		kg	2.500	1.500
	其他材料费		%	1.00	1.00

工作内容：选料、场内运输、放样、部分人工锯砖、刨缝、起线、做榫、补磨、油灰
加工、安装、清洗。

定　额　编　号			2-1-81	2-1-82	2-1-83
项　目			挂落三飞砖、砖细墙门		
			大镶边	字碑镶边	兜肚每块面积在（m² 以内）
					0.2
计　量　单　位			10m		10 块
名　称		单位	消　耗　量		
人工	合计工日	工日	21.920	12.700	19.050
	其中 普工	工日	4.384	2.540	3.809
	一般技工	工日	7.672	4.445	6.668
	高级技工	工日	9.864	5.715	8.573
材料	刨面方砖 40×40×4（cm）	100 块	—	0.070	—
	刨面方砖 50×50×6.5（cm）	100 块	0.050	—	0.110
	桐油	kg	0.800	0.500	0.720
	细灰	kg	2.000	1.250	1.800
	铁件	kg	—	—	1.280
	其他材料费	%	1.00	1.00	1.00

　　注：兜肚以起线木雕刻为准，如设计需雕花卉图案者，按相应的雕刻项目另行计算。

工作内容: 选料、场内运输、放样、部分人工锯砖、刨缝、起线、做榫、补磨、油灰加工、安装、清洗。

计量单位:10m

定 额 编 号			2-1-84	2-1-85
项 目			挂落三飞砖、砖细墙门	
			字碑高度(cm 以内)	出线一路托混木角单线
			35	
名 称		单位	消 耗 量	
人工	合计工日	工日	11.980	11.200
	其中 普工	工日	2.396	2.240
	一般技工	工日	4.193	3.920
	高级技工	工日	5.391	5.040
材料	刨面方砖 35×35×3.5(cm)	100 块	0.330	—
	刨面方砖 40×40×4(cm)	100 块	—	0.140
	桐油	kg	1.220	0.600
	细灰	kg	3.040	1.500
	铁件	kg	3.810	—
	其他材料费	%	1.00	1.00

工作内容:选料、场内运输、放样、部分人工锯砖、刨缝、起线、做榫、补磨、油灰加工、
安装、清洗。

计量单位:10m

定 额 编 号			2-1-86	2-1-87	2-1-88
项 目			挂落三飞砖、砖细墙门		
			上枋	斗盘枋	五寸堂
			高度(cm以内)	宽度(cm以内)	高度(cm以内)
			26	20	15
名 称		单位	消 耗 量		
人工	合计工日	工日	44.030	15.940	5.190
	其中 普工	工日	12.580	3.188	1.037
	一般技工	工日	22.015	5.579	1.817
	高级技工	工日	28.305	7.173	2.336
材料	刨面方砖 35×35×3.5(cm)	100块	—	—	0.160
	刨面方砖 40×40×4(cm)	100块	0.280	0.140	—
	桐油	kg	0.660	0.600	0.560
	细灰	kg	1.650	1.500	1.400
	铁件	kg	3.200	—	—
	其他材料费	%	1.00	1.00	1.00

注:上枋定额中包括两头的脚头起线,安装挂落的燕尾槽在内。

工作内容: 选料、场内运输、放样、部分人工锯砖、刨缝、起线、做榫、补磨、油灰加工、
安装、清洗。

计量单位: 10m

定 额 编 号			2-1-89	2-1-90	2-1-91
项 目			挂落三飞砖、砖细墙门		
			一飞砖木角线	二飞砖托浑	三飞砖晓色
名 称		单位	消 耗 量		
人工	合计工日	工日	7.980	10.610	8.950
	其中 普工	工日	1.596	2.121	1.789
	一般技工	工日	2.793	3.714	3.133
	高级技工	工日	3.591	4.775	4.028
材料	刨面方砖 40×40×4(cm)	100块	0.090	0.140	0.280
	桐油	kg	0.530	0.600	0.800
	细灰	kg	1.330	1.500	2.000
	其他材料费	%	1.00	1.00	1.00

工作内容：选料、场内运输、放样、部分人工锯砖、刨缝、起线、做榫、补磨、油灰加工、
安装、清洗。

定　额　编　号			2-1-92	2-1-93	2-1-94	2-1-95	2-1-96
项　　目			挂落三飞砖、砖细墙门				
			挂落	荷花柱头	将板砖	挂芽	靴头砖
计　量　单　位			10m	根	只		
名　　称		单位	消　耗　量				
人工	合计工日	工日	146.310	35.680	14.770	30.471	4.910
	其中 普工	工日	29.261	7.136	2.953	8.705	0.981
	一般技工	工日	51.209	12.488	5.170	15.236	1.719
	高级技工	工日	65.840	16.056	6.647	19.589	2.210
材料	刨面大金砖 $60 \times 60 \times 8$（cm）	100块	—	0.020	—	—	—
	刨面方砖 $30 \times 30 \times 3$（cm）	100块	0.220	—	—	—	—
	刨面方砖 $35 \times 35 \times 3.5$（cm）	100块	—	—	—	0.020	0.060
	刨面方砖 $40 \times 40 \times 4$（cm）	100块	—	—	0.110	—	—
	桐油	kg	0.590	0.060	0.020	0.060	0.080
	细灰	kg	1.490	0.150	0.160	0.150	0.190
	其他材料费	%	1.00	1.00	1.00	1.00	1.00

十一、砖 细 加 工

工作内容: 选料、开砖、刨面、刨边、起线、补磨。

定　额　编　号			2-1-97	2-1-98	2-1-99	2-1-100	2-1-101
项　　　目			刨望砖				
			刨面		刨边(缝)		
			平面	弧形面	平口	斜口	圆口
			机械加工	人工加工	机械加工	人工加工	
计　量　单　位			10m²		10m		
名　　　称		单位	消　耗　量				
人工	合计工日		工日	1.210	14.020	0.030	0.290	0.350
	其中	普工	工日	0.241	2.804	0.005	0.057	0.069
		一般技工	工日	0.424	4.907	0.011	0.102	0.123
		高级技工	工日	0.545	6.309	0.014	0.131	0.158

工作内容: 选料、开砖、刨面、刨边、起线、补磨。

定　额　编　号			2-1-102	2-1-103	2-1-104	2-1-105	2-1-106
项　　　目			刨方砖				
			刨面		刨边(缝)		
			平面	弧形面	平口	斜口	圆口
			机械加工	人工加工	机械加工	人工加工	
计　量　单　位			10m²		10m		
名　　　称		单位	消　耗　量				
人工	合计工日		工日	1.500	17.380	0.180	2.490	3.680
	其中	普工	工日	0.300	3.476	0.036	0.497	0.736
		一般技工	工日	0.525	6.083	0.063	0.872	1.288
		高级技工	工日	0.675	7.821	0.081	1.121	1.656

工作内容：选料、开砖、刨面、刨边、起线、补磨。　　　　　　　　　　　　计量单位：10m

定　额　编　号			2-1-107	2-1-108	2-1-109	2-1-110	2-1-111	2-1-112
项　　　目			方砖人工刨线脚					
			直折线脚			曲弧形线脚		
			一道线	二道线	三道线	一道线	二道线	三道线
名　　　称		单位	消　耗　量					
人工	合计工日	工日	2.320	4.240	6.110	2.790	5.100	7.330
	其中 普工	工日	0.464	0.848	1.221	0.557	1.020	1.465
	一般技工	工日	0.812	1.484	2.139	0.977	1.785	2.566
	高级技工	工日	1.044	1.908	2.750	1.256	2.295	3.299

工作内容：选料、开砖、刨面、刨边、起线、补磨。　　　　　　　　　　　　计量单位：10个

定　额　编　号			2-1-113	2-1-114
项　　　目			方砖做榫眼	
			燕尾榫头	燕尾卯眼
名　　　称		单位	消　耗　量	
人工	合计工日	工日	3.920	0.620
	其中 普工	工日	0.784	0.124
	一般技工	工日	1.372	0.217
	高级技工	工日	1.764	0.279

十二、砖 浮 雕

工作内容：构图放样、雕琢洗练、修补清理。 　　　　　　　　　　　计量单位：m²

定 额 编 号			2-1-115	2-1-116
项　目			方砖雕刻	
			素平（阴线刻）	减地平级（平浮雕）
名　称		单位	消　耗　量	
人工	合计工日	工日	26.173	48.964
	其中 普工	工日	5.234	9.793
	一般技工	工日	9.161	17.137
	高级技工	工日	11.778	22.034

工作内容：构图放样、雕琢洗练、修补清理。 　　　　　　　　　　　计量单位：m²

定 额 编 号			2-1-117	2-1-118
项　目			方砖雕刻	
			压地隐起（浅浮雕）	剔地起突（高浮雕）
名　称		单位	消　耗　量	
人工	合计工日	工日	72.161	94.378
	其中 普工	工日	14.432	18.876
	一般技工	工日	25.256	33.032
	高级技工	工日	32.473	42.470

工作内容：放字样、镌字，洗练、修补、清理。 计量单位：10个字

定 额 编 号			2-1-119	2-1-120	2-1-121	2-1-122	2-1-123	2-1-124
项 目			字碑镌字					
			阴(凹)文			阳(凸)文		
			每个字(cm以内)					
			10×10	30×30	50×50	10×10	30×30	50×50
名 称		单位	消 耗 量					
人工	合计工日	工日	5.780	10.400	13.000	14.450	26.020	29.900
	其中 普工	工日	1.156	2.080	2.600	2.889	5.204	5.980
	一般技工	工日	2.023	3.640	4.550	5.058	9.107	10.465
	高级技工	工日	2.601	4.680	5.850	6.503	11.709	13.455

工作内容：放字样、镌字，洗练、修补、清理。 计量单位：10个字

定 额 编 号			2-1-125	2-1-126	2-1-127
项 目			字碑镌字		
			圆面阳文(凸)		
			每个字(cm以内)		
			10×10	30×30	50×50
名 称		单位	消 耗 量		
人工	合计工日	工日	15.180	27.200	31.400
	其中 普工	工日	3.036	5.440	6.280
	一般技工	工日	5.313	9.520	10.990
	高级技工	工日	6.831	12.240	14.130

第二章 石 作 工 程

说　明

一、本章定额包括石料加工,石浮雕及镌字,台基及台阶,柱、梁、枋,石门框、石窗框,望柱、栏杆、磴,拱圈石、拱眉石、石浮雕石,共七节。

二、本章定额石构件按成品安装考虑,综合了安装的全部工序和用料。

三、本章定额中石材成品构件安装按相应成品构件加1%损耗,成品未包括的浮雕、镌字、线条另行计算。

四、石浮雕的加工类别见下表:

石浮雕加工类别

加工类别	加 工 要 求
阴刻线	常见于人物像与山水风景,其雕成凹线的深度为 0.2cm ~ 0.3cm。其表面要求达到"扁光"
浅浮雕	一般是被雕的物体凸出平面 6cm 以内,而被雕物体表面成平面。其表面要求达到"扁光"
高浮雕	凸出平面有深有浅,凸出平面 6cm ~ 20cm 以内,形成被雕物体表面有起伏。其表面要求达到"二遍剁斧"

五、本章定额不包括制作石浮雕的模型消耗量,另行计算。

六、地坪石、方整石板如铺砂浆时,人工乘以系数 1.30,增加砂浆消耗量和灰浆搅拌机台班,扣除山砂消耗量。

七、拱圈石、拱眉石未包含安装所需要的拱模,可另按本定额第一册第三章"模板工程"相应项目计算。

工程量计算规则

一、石作工程除另有说明者外,构件规格均按净长、净宽、净面积、净体积计算工程量。

二、石料表面加工按实际加工的外表面以面积计算,曲弧面按加工的曲线长度乘以高度以面积计算。线脚加工按直折线形和曲弧线形分道数以长度计算。

三、石浮雕按其雕刻种类和设计图示尺寸的雕刻底板外框以面积计算。字碑镌字按字的大小以"个"计算。

四、踏步、阶沿和锁口石按设计图尺寸以水平投影面积计算。

五、侧塘石按侧面设计图示尺寸以垂直投影面积计算。菱角石按单面设计图示尺寸以垂直投影面积计算。

六、地坪石、方整石板按设计图示尺寸以面积计算。

七、梁、柱、枋、门窗框、石屋面板等构件按其构件设计图示尺寸以体积计算。

八、须弥座、花坛石、拱眉石以长度计算,磉石、石鼓磴、坤石以"块"计算,拱圈石按展开面积计算。

九、栏板(含柱、栏板)、条形石磴(含柱、磴脚、磴面)按长度计算。

一、石 料 加 工

工作内容：翻动石料、划线、按做缝、剁斧、石料加工。　　　　　　　　　　计量单位：10m²

定　额　编　号				2-2-1	2-2-2	2-2-3	2-2-4
项　　　目				表面加工（平面）			
				双细		斩细	
				二遍剁斧	三遍剁斧	二遍剁斧	三遍剁斧
名　　　称			单位	消　耗　量			
人工	合计工日		工日	4.000	6.000	3.000	5.000
	其中	普工	工日	0.800	1.200	0.600	1.000
		一般技工	工日	1.400	2.100	1.050	1.750
		高级技工	工日	1.800	2.700	1.350	2.250

工作内容：翻动石料、划线、按做缝、剁斧、石料加工。　　　　　　　　　　计量单位：10m

定　额　编　号				2-2-5	2-2-6	2-2-7	2-2-8
项　　　目				线脚加工			
				直折线形			
				一道线	二道线	三道线	每增加一道
名　　　称			单位	消　耗　量			
人工	合计工日		工日	3.000	6.450	9.900	3.400
	其中	普工	工日	0.600	1.289	1.980	0.680
		一般技工	工日	1.050	2.258	3.465	1.190
		高级技工	工日	1.350	2.903	4.455	1.530
材料	合金钢切割片 $\phi300$		片	0.299	0.597	0.896	0.299
机械	石料切割机		台班	1.196	2.388	3.584	1.196

工作内容：翻动石料、划线、按做缝、剁斧、石料加工。　　　　　　　　　　计量单位：10m

定　额　编　号			2-2-9	2-2-10	2-2-11	2-2-12
项　　目			线脚加工			
			曲线形			
			一道线	二道线	三道线	每增加一道
名　　称		单位	消　耗　量			
人工	合计工日		工日	4.500	9.700	14.850	5.200
	其中	普工	工日	0.900	1.940	2.969	1.040
		一般技工	工日	1.575	3.395	5.198	1.820
		高级技工	工日	2.025	4.365	6.683	2.340
材料	合金钢切割片 $\phi300$		片	0.448	0.896	1.343	0.448
机械	石料切割机		台班	1.792	3.584	5.372	1.792

二、石浮雕及镌字

工作内容：翻样、放样、雕琢、修补、保护。　　　　　　　　　　计量单位：10m²

定　额　编　号			2-2-13	2-2-14	2-2-15
项　　目			石浮雕		
			阴刻线	浅浮雕	高浮雕
名　　称		单位	消　耗　量		
人工	合计工日		工日	100.000	200.000	300.000
	其中	普工	工日	20.000	40.000	60.000
		一般技工	工日	35.000	70.000	105.000
		高级技工	工日	45.000	90.000	135.000

工作内容：放样、刨面、打缝、起线、刻字、保护。 计量单位：10 个

定额编号			2-2-16	2-2-17	2-2-18	2-2-19	2-2-20
项　　目			字碑镌字（cm 以内）				
			阴文（凹字）				
			5×5	10×10	15×15	30×30	50×50
名　　称		单位	消　耗　量				
人工	合计工日	工日	1.800	4.000	9.400	25.700	42.800
	其中 普工	工日	0.360	0.800	1.880	5.140	8.560
	一般技工	工日	0.630	1.400	3.290	8.995	14.980
	高级技工	工日	0.810	1.800	4.230	11.565	19.260

工作内容：放样、刨面、打缝、起线、刻字、保护。 计量单位：10 个

定额编号			2-2-21	2-2-22	2-2-23	2-2-24
项　　目			字碑镌字（cm 以内）			
			阳文（凸字）			
			10×10	15×15	30×30	50×50
名　　称		单位	消　耗　量			
人工	合计工日	工日	10.000	13.200	35.900	59.900
	其中 普工	工日	2.000	2.640	7.180	11.980
	一般技工	工日	3.500	4.620	12.565	20.965
	高级技工	工日	4.500	5.940	16.155	26.955

三、台基及台阶

工作内容:石料零星加工、切割、调、运、铺砂浆、就位、安装、校正、修正缝口、固定。　　计量单位:10m²

定 额 编 号			2-2-25	2-2-26	2-2-27	2-2-28	2-2-29	2-2-30
项　　　　目			踏步、阶沿石	侧塘石	锁口石	菱角石	地坪石	方整石板
名　　称		单位	消　耗　量					
人工	合计工日	工日	18.330	11.600	16.500	7.260	6.960	3.600
	其中 普工	工日	3.665	2.320	3.300	1.452	1.392	0.720
	一般技工	工日	6.416	4.060	5.775	2.541	2.436	1.260
	高级技工	工日	8.249	5.220	7.425	3.267	3.132	1.620
材料	干硬水泥砂浆 1:3	m³	0.303	—	0.303	0.270	0.303	0.350
	踏步、阶沿石	m²	10.100	—	—	—	—	—
	侧塘石	m²	—	10.100	—	—	—	—
	锁口石	m²	—	—	10.100	—	—	—
	砌筑水泥砂浆 M5.0	m³	—	0.204	—	—	—	—
	合金钢切割片 φ300	片	0.206	1.368	0.206	—	0.042	0.042
	菱角石	m²	—	—	—	10.100	—	—
	地坪石	m²	—	—	—	—	10.100	—
	方整石板	m²	—	—	—	—	—	10.100
	山砂	t	—	—	—	—	1.490	1.168
	水	m³	—	—	—	—	—	0.070
	其他材料费	%	0.50	0.50	0.50	0.50	0.50	—
机械	石料切割机	台班	0.824	5.472	0.824	—	0.168	0.168
	灰浆搅拌机 200L	台班	0.076	0.051	0.076	0.068	0.076	0.088

四、柱、梁、枋

工作内容：石料零星加工、切割、调运、铺砂浆、就位、安装、校正、修正缝口、固定。　　　计量单位：m³

定　额　编　号				2-2-31
项　　　目				柱、梁、枋
名　　　称			单位	消　耗　量
人工	合计工日		工日	5.450
	其中	普工	工日	1.089
		一般技工	工日	1.908
		高级技工	工日	2.453
材料	石柱、梁、枋		m³	1.010
	水泥砂浆 M5		m³	0.100
	合金钢切割片 $\phi300$		片	0.024
	其他材料费		%	0.50
机械	石料切割机		台班	0.096
	灰浆搅拌机 200L		台班	0.025

五、石门框、石窗框

工作内容: 石料零星加工、切割、调运、铺砂浆、就位、安装、校正、修正缝口、固定。　　　　　**计量单位:** m³

定　额　编　号			2-2-32	2-2-33
项　　　目			石门框	石窗框
名　　　称		单位	消　耗　量	
人工	合计工日	工日	9.160	6.660
	其中 普工	工日	1.832	1.332
	一般技工	工日	3.206	2.331
	高级技工	工日	4.122	2.997
材料	石门框	m³	1.010	—
	石窗框	m³	—	1.010
	水泥砂浆 M5	m³	0.010	0.040
	合金钢切割片 φ300	片	0.048	0.048
	其他材料费	%	0.50	0.50
机械	石料切割机	台班	0.192	0.192
	灰浆搅拌机 200L	台班	0.003	0.010

六、望柱、栏杆、磴

工作内容： 石料零星加工、切割、调运、铺砂浆、就位、安装、校正、修正缝口、固定。

定 额 编 号			2-2-34	2-2-35	2-2-36
项 目			须弥座	花坛石	石莲柱
计 量 单 位			10m		m³
名 称		单位	消 耗 量		
人工	合计工日	工日	5.058	3.210	8.150
	其中 普工	工日	1.012	0.641	1.629
	一般技工	工日	1.770	1.124	2.853
	高级技工	工日	2.276	1.445	3.668
材料	须弥座	m	10.100	—	—
	花坛石	m	—	10.100	—
	石莲柱	m³	—	—	1.010
	砌筑水泥砂浆 M5.0	m³	0.071	0.100	0.040
	合金钢切割片 $\phi300$	片	0.054	0.054	0.060
	其他材料费	%	0.50	0.50	0.50
机械	灰浆搅拌机 200L	台班	0.018	0.025	0.010
	石料切割机	台班	0.216	0.216	0.240

工作内容: 石料零星加工、切割、调运、铺砂浆、就位、安装、校正、修正缝口、固定。   计量单位:10m

定 额 编 号			2-2-37	2-2-38
项 目			石栏板 （含柱、栏板）	条形石磴 （含柱、侧柱、磴面）
名 称		单位	消 耗 量	
人工	合计工日		工日	11.790	4.150
	其中	普工	工日	2.357	0.829
		一般技工	工日	4.127	1.453
		高级技工	工日	5.306	1.868
材料	石栏板 含柱栏板		m	10.100	—
	条形石磴 含柱、侧柱、磴面		m	—	10.100
	砌筑水泥砂浆 M5.0		m³	0.040	0.024
	合金钢切割片 φ300		片	0.139	0.054
	其他材料费		%	0.50	0.50
机械	灰浆搅拌机 200L		台班	0.010	0.006
	石料切割机		台班	0.556	0.216

工作内容：石料零星加工、切割、调运、铺砂浆、就位、安装、校正、修正缝口、固定。

定 额 编 号			2-2-39	2-2-40	2-2-41	2-2-42	2-2-43
项　　　　目			鼓磴	覆盆式柱顶石	礤石	坤石	石屋面板
计 量 单 位			10 只		10 块		10m³
名　　称		单位	消　耗　量				
人工	合计工日	工日	0.500	5.000	3.000	3.000	81.800
	其中 普工	工日	0.100	1.000	0.600	0.600	16.360
	一般技工	工日	0.175	1.750	1.050	1.050	28.630
	高级技工	工日	0.225	2.250	1.350	1.350	36.810
材料	鼓磴	只	10.100	—	—	—	—
	复盆式柱顶石	只	—	10.100	—	—	—
	礤石	块	—	—	10.100	—	—
	坤石	块	—	—	—	10.100	—
	石屋面板（弧形）	m³	—	—	—	—	10.100
	干硬水泥砂浆 1:3	m³	—	0.270	0.310	0.150	1.500
	合金钢切割片 φ300	片	—	—	—	—	4.480
	其他材料费	%	—	0.50	0.50	0.50	0.50
机械	灰浆搅拌机 200L	台班	—	0.068	0.078	0.038	0.380
	石料切割机	台班	—	—	—	—	17.920

注：鼓磴以荸荠状为准。

七、拱圈石、拱眉石、石浮雕石

工作内容: 石料零星加工、切割、调运、铺砂浆、就位安装、校正、修正缝口、固定。

定 额 编 号			2-2-44	2-2-45	2-2-46	2-2-47	2-2-48
项 目			拱圈石直径(m以内)				拱眉石
			2	4	6	9	
			10m²				10m
名 称		单位	消 耗 量				
人工	合计工日	工日	20.000	20.000	20.000	20.000	4.990
	其中 普工	工日	4.000	4.000	4.000	4.000	0.997
	一般技工	工日	7.000	7.000	7.000	7.000	1.747
	高级技工	工日	9.000	9.000	9.000	9.000	2.246
材料	拱圈石	m²	10.100	10.100	10.100	10.100	—
	拱眉石	m	—	—	—	—	10.100
	干硬水泥砂浆 1:3	m³	0.303	0.303	0.303	0.303	0.071
	合金钢切割片 φ300	片	0.570	0.570	0.570	0.570	0.108
	其他材料费	%	0.50	0.50	0.50	0.50	0.50
机械	石料切割机	台班	2.280	2.280	2.280	2.280	0.432
	灰浆搅拌机 200L	台班	0.076	0.076	0.076	0.076	0.018

工作内容：石料零星加工、切割、调、运、铺砂浆、就位安装、校正、修正缝口、固定。　　　　计量单位：10m²

定　额　编　号			2-2-49	2-2-50
项　　　　　　目			石浮雕石贴面	
			每块面积（m²）	
			1 以内	1 以外
名　　　称		单位	消　耗　量	
人工	合计工日	工日	23.000	20.000
	其中 普工	工日	4.600	4.000
	一般技工	工日	8.050	7.000
	高级技工	工日	10.350	9.000
材料	石浮雕石	m²	10.100	10.100
	水泥砂浆 M5	m³	0.204	0.204
	铁件制作	kg	6.000	5.400
	其他材料费	%	0.50	0.50
机械	灰浆搅拌机 200L	台班	0.051	0.051

第三章　屋 面 工 程

说 明

一、本章定额包括窑制瓦屋面，琉璃瓦屋面，共两节。

二、铺望砖前望砖加工执行本册定额第一章"砖作工程"的相应项目。刨面望砖规格为 21cm×9.5cm×1.5cm，与设计要求规格不同时，消耗量可按实调整，其他不变。

三、铺望砖浇刷披线糙直缝加工执行本册定额第一章"砖作工程"的相应项目。

四、蝴蝶瓦屋面中蝴蝶盖瓦的规格为 16cm×17cm，蝴蝶底瓦的规格为 19cm×20cm，蝴蝶斜沟瓦的规格为 24cm×24cm，与设计要求规格不同时，消耗量可按实调整，其他不变。

五、蝴蝶瓦大殿屋面用底瓦做盖瓦，用斜沟瓦做底瓦。

六、黏土筒瓦屋面以不抹纸筋灰为准，如设计抹纸筋灰者可执行纸筋灰粉筒瓦项目。

七、走廊、平房的黏土瓦屋面不含软梯脚手架。

八、本章定额的屋脊、竖带、干塘、戗脊等按《营造法原》传统做法考虑，如需要做各种泥塑花卉、人物等，工料另行计算。

九、蝴蝶瓦脊、滚筒脊、筒瓦脊、滚筒戗脊、花砖脊、单面花砖博脊、板瓦叠脊不包括屋脊头，另执行屋脊头相应项目。

十、滚筒脊、筒瓦脊、滚筒戗脊的屋脊中间做花式，工料另行计算。

十一、蝴蝶瓦围墙瓦顶如另做花边滴水，执行蝴蝶瓦檐口花边滴水项目。

十二、筒瓦围墙瓦顶如需抹面执行筒瓦纸筋抹面项目。

十三、筒瓦檐口沟头滴水如用钉帽（檐人）：大号筒瓦增加钉帽 40 个 /10m，人工 0.3 工日 /10m；二号筒瓦增加钉帽 47 个 /10m，人工 0.35 工日 /10m。

十四、琉璃瓦剪边定额仅适用于非琉璃瓦屋面琉璃瓦檐头的剪边做法，不适用琉璃瓦屋面的变色剪边做法。

十五、屋面铺瓦用的软梯脚手架已包括在定额内，不得另计。屋脊高度在 1m 以内的脚手架已包括在定额内，屋脊高度在 1m 以上的砌筑脚手架执行相应脚手架项目另行计算。

十六、砖、瓦规格和砂浆标号与设计不同时，砖、瓦的数量，砂浆的标号可以换算，其他不变。

工程量计算规则

一、屋面铺瓦按飞椽头或封檐口图示尺寸的投影面积乘以屋面坡度延长系数,以面积计算,重檐面积的工程量应分别计算。屋脊、竖带、干塘、戗脊、斜沟、屋脊头等所占的面积均不扣除。但琉璃瓦应扣除沟头,滴水所占的面积,即:1#、2#号瓦单落水屋面竖向扣 20cm,双落水屋面竖向共扣 40cm,长度方向按图示尺寸,不扣除,3#、4#、5#瓦单落水竖向扣 15cm、双向扣 30cm。

二、铺望砖按屋面飞椽头或封檐口图示尺寸的投影面积乘以屋面坡度系数,扣除摔网椽板、卷戗板面积。飞檐隐蔽部分的望砖应另行计算工程量,套相应定额。

三、筒瓦抹面面积按屋面面积计算。

四、正脊、回脊按图示尺寸扣除屋脊头以水平长度计算。云墙屋脊按弧形长度计算。竖带、环包脊按屋面坡度以长度计算。

五、戗脊按戗头至摔网椽根部(上廊桁或步桁中心)分不同弧形长度以"条"计算。戗脊根部以上工程量另行计算,分别按竖带、环包脊定额执行,琉璃戗脊按水平长度乘以坡度系数计算。

六、围墙瓦顶、檐口沟头、花边、滴水按图示尺寸以长度计算。

七、排山、沟头、泛水、斜沟、按水平长度乘以屋面坡度延长系数计算。

八、各种屋脊头和包脊头、正吻、合角吻、半面吻、翘角、套兽,宝顶以"套"或"座"计算。

九、琉璃瓦剪边定额以"一勾二筒"做法为准,并已包括了花檐(勾头)滴水在内,因而不得再另执行花檐(勾头)滴水定额。"一勾一筒""一勾三筒""一勾四筒"按下表调整综合单价。

"一勾一筒""一勾三筒""一勾四筒"调整系数表

做法	一勾一筒	一勾三筒	一勾四筒
系数	0.60	1.40	1.73

一、窑制瓦屋面

1. 铺 望 砖

工作内容：1. 运输、浇刷、修补、披线、铺设。
2. 做细望砖铺设。

计量单位：10m²

定 额 编 号		单位	2-3-1	2-3-2	2-3-3	2-3-4	2-3-5
项 目			铺望砖				
			糙望	浇刷披线	做细平望	做细船篷轩望	做细双弯轩望
名 称		单位	消 耗 量				
合计工日		工日	1.230	2.840	2.510	2.600	2.710
人工	其中 普工	工日	0.245	0.568	0.501	0.520	0.541
	一般技工	工日	0.431	0.994	0.879	0.910	0.949
	高级技工	工日	0.554	1.278	1.130	1.170	1.220
材料	望砖 21×10.5×1.7（cm）	100块	5.000	5.300	—	—	—
	刨面望砖 21×9.5×1.5（cm）	100块	—	—	5.400	5.400	5.400
	石油沥青油毡 350#	m²	—	—	11.000	11.000	11.000
	生石灰	kg	—	3.750	—	—	—
	炭黑	kg	—	1.500	—	—	—
	其他材料费	%	1.00	1.00	1.00	1.00	1.00

2. 铺　瓦

工作内容: 运瓦、调运砂浆、搭拆软梯脚手架、部分铺底灰、轧楞、铺瓦。　　　　　　计量单位:10m²

定　额　编　号			2-3-6	2-3-7	2-3-8	2-3-9	2-3-10
项　　目			蝴蝶瓦屋面				
			走廊、平房	厅堂	大殿	四方亭	多角亭
名　　称		单位	消　耗　量				
人工	合计工日	工日	5.810	7.720	10.100	8.620	8.730
	其中 普工	工日	1.161	1.544	2.020	1.724	1.745
	一般技工	工日	2.034	2.702	3.535	3.017	3.056
	高级技工	工日	2.615	3.474	4.545	3.879	3.929
材料	盖瓦 16×17(cm)	100块	10.840	13.430	—	13.430	13.430
	底瓦 19×20(cm)	100块	7.280	7.280	13.990	7.280	7.280
	斜沟瓦 24×24(cm)	100块	—	—	6.090	—	—
	混合砂浆 M5.0	m³	0.448	0.448	0.448	0.448	0.448
	纸筋石灰浆	m³	0.003	0.003	0.003	0.003	0.003
	炭黑	kg	0.060	0.060	0.060	0.060	0.060
	其他材料费	%	1.00	1.00	1.00	1.00	1.00
机械	灰浆搅拌机 200L	台班	0.113	0.113	0.113	0.113	0.113

工作内容: 运瓦、调运砂浆、打拆软梯脚手架、轧楞木制作、部分打眼、铺底灰、铺瓦、
嵌缝、抹面二糙一光、刷黑水二度。

计量单位: 10m²

定 额 编 号			2-3-11	2-3-12	2-3-13	2-3-14	2-3-15	2-3-16
项 目			筒瓦屋面					
			四方亭	多角亭	塔顶	走廊、平房、厅堂	大殿	纸筋粉筒瓦
名 称		单位	消 耗 量					
人工	合计工日	工日	9.584	9.776	10.040	9.992	10.208	8.904
	其中 普工	工日	1.917	1.955	2.008	1.999	2.041	1.781
	一般技工	工日	3.354	3.422	3.514	3.497	3.573	3.116
	高级技工	工日	4.313	4.399	4.518	4.496	4.594	4.007
材料	筒瓦 22×12(cm)	100块	2.140	2.140	—	—	—	—
	筒瓦 28×14(cm)	100块	—	—	1.690	1.690	—	—
	筒瓦 29.5×16(cm)	100块	—	—	—	—	1.360	—
	底瓦 19×20(cm)	100块	6.850	6.850	6.850	6.850	—	—
	斜沟瓦 24×24(cm)	100块	—	—	—	—	5.670	—
	混合砂浆 M5.0	m³	0.657	0.657	0.784	0.784	0.837	—
	纸筋石灰浆	m³	0.002	0.002	0.002	0.002	0.002	0.249
	锯材	m³	0.027	0.027	0.027	0.027	0.047	—
	炭黑	kg	1.230	1.230	1.430	1.430	1.390	2.440
	铁件	kg	1.420	1.420	1.420	1.420	2.660	—
	桐油	kg	—	—	—	—	—	1.300
	其他材料费	%	1.00	1.00	1.00	1.00	1.00	1.00
机械	灰浆搅拌机 200L	台班	0.165	0.165	0.197	0.197	0.210	0.062

3. 屋　脊

工作内容: 运砖瓦、调运砂浆、砌筑、抹面、刷黑水二度。　　　　　　　　　　　　计量单位:10m

定　额　编　号			2-3-17	2-3-18	2-3-19	2-3-20
项　　目			蝴蝶瓦脊			
			游脊	黄瓜环	一瓦条筑脊盖头灰	二瓦条筑脊盖头灰
名　　称		单位	消　耗　量			
人工	合计工日	工日	3.620	2.570	8.170	10.950
	其中 普工	工日	0.724	0.513	1.633	2.189
	一般技工	工日	1.267	0.900	2.860	3.833
	高级技工	工日	1.629	1.157	3.677	4.928
材料	盖瓦 16×17(cm)	100块	3.940	1.310	8.310	8.310
	黄瓜环盖 32×17(cm)(大)	100块	—	0.460	—	—
	黄瓜环底 32×17(cm)(大)	100块	—	0.460	—	—
	望砖 21×10.5×1.7(cm)	100块	0.960	—	0.960	2.880
	标准砖 240×115×53	块	—	—	46.000	46.000
	混合砂浆 M7.5	m³	0.198	0.204	0.172	0.172
	纸筋石灰浆	m³	0.143	0.013	0.236	0.298
	炭黑	kg	0.540	0.530	1.170	1.560
	其他材料费	%	1.00	1.00	1.00	1.00
机械	灰浆搅拌机 200L	台班	0.085	0.054	0.102	0.118

工作内容： 运砖瓦、调运砂浆、砌筑、抹面、刷黑水二度、桐油一度。　　　　　　　　计量单位：10m

定 额 编 号			2-3-21	2-3-22
项　　目			滚筒脊	
			二瓦条滚筒筑脊	三瓦条滚筒筑脊
名　　称		单位	消　耗　量	
人工	合计工日	工日	19.500	23.210
	其中 普工	工日	3.900	4.641
	一般技工	工日	6.825	8.124
	高级技工	工日	8.775	10.445
材料	盖瓦 16×17(cm)	100块	8.310	8.310
	筒瓦 15×12(cm)	100块	1.390	1.390
	望砖 21×10.5×1.7(cm)	100块	2.880	5.770
	标准砖 240×115×53	块	138.000	138.000
	混合砂浆 M7.5	m³	0.353	0.392
	水泥石灰纸筋灰浆 1:2:4	m³	0.115	0.115
	纸筋石灰浆	m³	0.260	0.309
	炭黑	kg	2.220	2.700
	桐油	kg	0.900	1.150
	铁件	kg	6.700	7.660
	其他材料费	%	1.00	1.00
机械	灰浆搅拌机 200L	台班	0.182	0.204

工作内容:运砖瓦、调运砂浆、砌筑、抹面、刷黑水二度、桐油一度。　　　　　　　　　　　　计量单位:10m

定　额　编　号			2-3-23	2-3-24	2-3-25	2-3-26
项　　　目			筒瓦脊			
			高(80cm)	高(120cm)	高(150cm)	高(195cm)
			四瓦条暗亮花筒	五瓦条暗亮花筒	七瓦条暗亮花筒	九瓦条暗亮花筒
名　　　称		单位	消　耗　量			
人工	合计工日	工日	42.420	57.370	70.280	85.750
	其中 普工	工日	8.484	11.473	14.056	17.149
	一般技工	工日	14.847	20.080	24.598	30.013
	高级技工	工日	19.089	25.817	31.626	38.588
材料	盖瓦 16×17(cm)	100块	1.310	1.310	1.310	1.310
	筒瓦 13×12(cm)	100块	3.150	3.320	3.320	3.320
	筒瓦 28×14(cm)	100块	1.140	1.140	1.140	—
	筒瓦 29.5×16(cm)	100块	—	—	—	1.080
	望砖 21×10.5×1.7(cm)	100块	5.770	4.800	10.570	16.330
	标准砖 240×115×53	块	159.000	400.000	518.000	774.000
	混合砂浆 M7.5	m³	0.400	0.208	0.328	0.498
	水泥石灰纸筋灰浆 1:2:4	m³	0.236	0.236	0.236	0.308
	纸筋石灰浆	m³	0.347	0.484	0.613	0.704
	炭黑	kg	3.420	5.020	6.400	7.290
	桐油	kg	1.340	1.480	1.930	2.290
	铁件	kg	14.970	26.190	42.000	73.990
	其他材料费	%	1.00	1.00	1.00	1.00
机械	灰浆搅拌机 200L	台班	0.246	0.232	0.294	0.378

工作内容：运砖瓦、调运砂浆、砌筑、抹面、刷黑水二度、桐油一度。　　　　　　　　计量单位：10m

定　额　编　号			2-3-27	2-3-28	2-3-29
项　　　目			筒瓦脊		
			高（80cm）	高（54cm）	增减高（10cm）
			四瓦条竖带	三瓦条干塘	竖带、干塘花筒脊
名　　　称		单位	消　耗　量		
人工	合计工日		工日	40.320	31.000	2.050
	其中	普工	工日	8.064	6.200	0.409
		一般技工	工日	14.112	10.850	0.718
		高级技工	工日	18.144	13.950	0.923
材料	筒瓦 13×12（cm）		100块	1.580	1.000	—
	筒瓦 15×12（cm）		100块	2.090	2.040	—
	标准砖 240×115×53		块	405.000	160.000	69.000
	混合砂浆 M7.5		m³	0.221	0.123	0.023
	望砖 21×10.5×1.7（cm）		100块	5.770	4.800	—
	纸筋石灰浆		m³	0.376	0.286	0.024
	水泥石灰纸筋灰浆 1:2:4		m³	0.173	0.173	—
	炭黑		kg	3.680	2.600	0.300
	桐油		kg	1.450	1.130	—
	其他材料费		%	1.00	1.00	1.00
机械	灰浆搅拌机 200L		台班	0.193	0.146	0.012

工作内容：运砖瓦、调运砂浆、砌筑、抹面、刷黑水二度、桐油一度。

定 额 编 号			2-3-30	2-3-31	2-3-32	2-3-33	2-3-34	2-3-35
项　　　　目			滚筒馂脊（m 以内）					环包脊
			3	4	5	6	7	
			10 条					10m
名　　　称		单位	消　耗　量					
人工	合计工日	工日	8.010	10.620	13.160	15.770	18.400	21.730
	其中 普工	工日	1.601	2.124	2.632	3.153	3.680	4.345
	一般技工	工日	2.804	3.717	4.606	5.520	6.440	7.606
	高级技工	工日	3.605	4.779	5.922	7.097	8.280	9.779
材料	筒瓦 15×12（cm）	100块	0.530	0.720	0.920	1.110	1.310	2.090
	沟头瓦 19.5×12（cm）	100块	0.020	0.020	0.020	0.020	0.020	—
	望砖 21×10.5×1.7（cm）	100块	1.000	1.350	1.670	2.030	2.380	3.840
	标准砖 240×115×53	块	48.000	64.000	83.000	100.000	118.000	200.000
	混合砂浆 M7.5	m³	0.061	0.085	0.107	0.131	0.154	0.258
	水泥石灰纸筋灰浆 1:2:4	m³	0.044	0.060	0.077	0.092	0.108	0.173
	纸筋石灰浆	m³	0.062	0.085	0.107	0.130	0.153	0.247
	炭黑	kg	0.530	0.720	0.910	1.100	1.300	2.090
	桐油	kg	0.280	0.390	0.480	0.590	0.690	1.120
	铁件	kg	7.470	8.260	9.700	14.330	15.670	—
	其他材料费	%	1.00	1.00	1.00	1.00	1.00	1.00
机械	灰浆搅拌机 200L	台班	0.042	0.058	0.073	0.088	0.104	0.170

工作内容：运砖瓦、调运砂浆、砌筑、刷黑水二度。　　　　　　　　　　　　　计量单位：10m

定　额　编　号			2-3-36	2-3-37	2-3-38	2-3-39	2-3-40
项　　　目			花砖脊				
			高（35cm以内）	高（49cm以内）	高（66cm以内）	高（80cm以内）	高（94cm以内）
			一皮花砖二线脚正垂戗脊	二皮花砖二线脚正垂脊	三皮花砖三线脚正脊	四皮花砖三线脚正脊	五皮花砖三线脚正脊
名　　称		单位	消　耗　量				
人工	合计工日	工日	5.190	6.480	7.880	8.990	10.190
	其中　普工	工日	1.037	1.296	1.576	1.797	2.037
	一般技工	工日	1.817	2.268	2.758	3.147	3.567
	高级技工	工日	2.336	2.916	3.546	4.046	4.586
材料	盖瓦 16×17（cm）	100块	3.090	3.090	3.090	3.090	3.090
	三开砖	100块	0.860	0.860	0.860	0.860	0.860
	定型砖	100块	0.410	0.410	0.410	0.410	0.410
	花脊砖	100块	0.680	1.350	2.030	2.700	3.380
	望砖 21×10.5×1.7（cm）	百块	0.340	0.680	1.010	1.350	1.690
	鼓针砖	百块	0.710	0.710	1.070	1.070	1.070
	坡水砖	百块	0.330	0.330	0.330	0.330	0.330
	压脊砖	百块	0.330	0.330	0.330	0.330	0.330
	混合砂浆 M7.5	m³	0.266	0.359	0.471	0.564	0.657
	炭黑	kg	1.500	1.920	2.430	2.850	3.270
	其他材料费	%	1.00	1.00	1.00	1.00	1.00
机械	灰浆搅拌机 200L	台班	0.067	0.090	0.118	0.141	0.164

工作内容：运砖瓦、调运砂浆、砌筑、刷黑水二度。 计量单位：10m

定 额 编 号			2-3-41	2-3-42	2-3-43	2-3-44
项 目			单面花砖博脊		板瓦叠脊	
			高（35cm以内）	高（49cm以内）	五层为准	每增减一层
			一皮花砖二线脚博脊	二皮花砖二线脚博脊		
名 称		单位	消 耗 量			
人工	合计工日	工日	3.680	4.790	19.970	3.790
	其中 普工	工日	0.736	0.957	3.993	0.757
	一般技工	工日	1.288	1.677	6.990	1.327
	高级技工	工日	1.656	2.156	8.987	1.706
材料	盖瓦 16×17（cm）	100块	1.540	1.540	—	—
	板瓦 25.6×22.4（cm）	100块	—	—	2.000	0.400
	三开砖	100块	0.860	0.860	—	—
	纸筋石灰浆	m³	—	—	0.021	0.004
	定型砖	100块	0.410	0.410	—	—
	花脊砖	100块	0.340	0.680	—	—
	望砖 21×10.5×1.7（cm）	100块	0.340	0.680	—	—
	鼓针砖	100块	0.710	0.710	—	—
	坡水砖	100块	0.330	0.330	—	—
	压脊砖	100块	0.330	0.330	—	—
	混合砂浆 M7.5	m³	0.138	0.184	—	—
	炭黑	kg	0.750	0.960	—	—
	其他材料费	%	1.00	1.00	1.00	1.00
机械	灰浆搅拌机 200L	台班	0.035	0.046	0.005	0.001

4. 围 墙 瓦 顶

工作内容：运瓦、调运砂浆、铺底灰、铺瓦、砌瓦头、安沟头、滴水、嵌缝、刷黑水二度。　　　　计量单位：10m

定　额　编　号			2-3-45	2-3-46	2-3-47
项　　　　目			蝴蝶瓦围墙瓦顶		
			展开宽（56cm）	展开宽（85cm）	展开宽增减（10cm）
			单落水	双落水	
名　　称		单位	消　耗　量		
人工	合计工日	工日	2.430	4.100	0.270
	其中 普工	工日	0.485	0.820	0.053
	一般技工	工日	0.851	1.435	0.095
	高级技工	工日	1.094	1.845	0.122
材料	盖瓦 16×17（cm）	100块	4.000	6.070	0.710
	底瓦 19×20（cm）	100块	2.560	3.880	0.460
	混合砂浆 M5.0	m³	0.077	0.111	0.015
	纸筋石灰浆	m³	0.018	0.036	—
	炭黑	kg	0.230	0.450	—
	其他材料费	%	1.00	1.00	1.00
机械	灰浆搅拌机 200L	台班	0.024	0.037	0.004

工作内容: 运瓦、调运砂浆、铺底灰、铺瓦、砌瓦头、安沟头、滴水、嵌缝、刷黑水二度。　　　　计量单位:10m

定　额　编　号			2-3-48	2-3-49	2-3-50
项　　目			筒瓦围墙瓦顶		
			展开宽(85cm)	展开宽(56cm)	展开宽增减(10cm)
			双落水	单落水	
名　　称		单位	消　耗　量		
人工	合计工日	工日	9.370	5.970	0.970
	其中 普工	工日	1.873	1.193	0.193
	一般技工	工日	3.280	2.090	0.340
	高级技工	工日	4.217	2.687	0.437
材料	盖瓦 16×17(cm)	100块	3.880	2.560	0.460
	筒瓦 15×12(cm)	100块	2.549	1.680	0.300
	沟头瓦 19.5×12(cm)	100块	0.940	0.470	—
	滴水瓦 20×19(cm)	100块	0.940	0.470	—
	混合砂浆 M5.0	m³	0.412	0.273	0.050
	炭黑	kg	1.050	0.690	0.120
	纸筋石灰浆	m³	0.002	0.001	—
	其他材料费	%	1.00	1.00	1.00
机械	灰浆搅拌机 200L	台班	0.104	0.069	0.043

5. 排山、沟头、花边、滴水、泛水、斜沟

工作内容: 运瓦、调运砂浆、筒瓦沟头打眼、滴水锯口、铺瓦抹面、刷黑水二度、桐油一度。

计量单位:10m

定 额 编 号			2-3-51	2-3-52	2-3-53
项 目			筒瓦排山	筒瓦檐口沟头滴水	
				大号筒瓦	二号筒瓦
名 称		单位	消 耗 量		
人工	合计工日	工日	8.810	3.670	3.800
	其中 普工	工日	1.761	0.733	0.760
	一般技工	工日	3.084	1.285	1.330
	高级技工	工日	3.965	1.652	1.710
材料	底瓦 19×20(cm)	100块	1.830	—	—
	滴水瓦 20×19(cm)	100块	0.470	—	0.470
	斜沟滴水瓦 24×24(cm)	100块	—	0.400	—
	筒瓦 15×12(cm)	100块	0.470	—	—
	沟头瓦 19.5×12(cm)	100块	0.470	—	—
	沟头瓦 25×14(cm)	100块	—	—	0.470
	沟头瓦 27×16(cm)	100块	—	0.400	—
	混合砂浆 M5.0	m³	0.263	0.148	0.126
	纸筋石灰浆	m³	0.082	0.023	0.023
	炭黑	kg	0.570	—	—
	桐油	kg	0.310	—	—
	铁件	kg	—	2.210	1.490
	其他材料费	%	1.00	1.00	1.00
机械	灰浆搅拌机 200L	台班	0.086	0.043	0.037

工作内容: 运瓦、调运砂浆、筒瓦沟头打眼、滴水锯口、铺瓦抹面、刷黑水二度。　　　　计量单位:10m

定 额 编 号				2-3-54	2-3-55
项　目				蝴蝶瓦檐口花边滴水	
				花边	滴水
名　称			单位	消 耗 量	
人工	合计工日		工日	0.330	1.080
	其中	普工	工日	0.065	0.216
		一般技工	工日	0.116	0.378
		高级技工	工日	0.149	0.486
材料	斜沟滴水瓦 24×24(cm)		100块	—	(0.400)
	花边瓦 18×18(cm)(中)		100块	0.470	—
	花边瓦 20×19(cm)(大)		100块	0.400	—
	滴水瓦 20×19(cm)		100块	—	0.470
	混合砂浆 M5.0		m³	—	0.031
	纸筋石灰浆		m³	—	0.023
	其他材料费		%	1.00	1.00
机械	灰浆搅拌机 200L		台班	—	0.014

注:如用蝴蝶大花边、沟头滴水,则用括号内数量,中号花边、大号滴水数扣除。

工作内容: 1. 砖泛水、瓦斜沟:运砖瓦、调运砂浆、砌筑、铺底灰、铺瓦、抹面、刷黑水一度。

2. 白铁泛水:放样、划线、截料、卷边、焊接、安装。

计量单位:10m

定 额 编 号			2-3-56	2-3-57	2-3-58	2-3-59
项 目			砖砌泛水	八五砖砌泛水	斜沟	
					蝴蝶瓦	白铁皮 宽(60cm)
名 称		单位	消 耗 量			
人工	合计工日	工日	1.990	2.210	2.310	0.600
	其中 普工	工日	0.397	0.441	0.461	0.120
	一般技工	工日	0.697	0.774	0.809	0.210
	高级技工	工日	0.896	0.995	1.040	0.270
材料	镀锌铁皮脊瓦26#	m²	—	—	—	6.360
	焊锡	kg	—	—	—	0.260
	标准砖 240×115×53	块	41.000	—	—	—
	八五砖 216×105×43	100块	—	0.590	—	—
	斜沟瓦 24×24(cm)	100块	—	—	1.530	—
	混合砂浆 M5.0	m³	0.014	0.016	—	—
	水泥石灰纸筋灰浆 1:2:4	m³	0.073	0.073	—	—
	纸筋石灰浆	m³	—	—	0.041	—
	炭黑	kg	0.720	0.720	0.300	—
	铁钉	kg	—	—	—	0.060
	其他材料费	%	1.00	1.00	1.00	1.00
机械	灰浆搅拌机 200L	台班	0.022	0.022	0.010	—

6.屋脊头

工作内容:放样、运砖瓦、调运砂浆、钢筋制作与安装、砌筑、安铁丝网、抹面、

雕塑、刷黑水二度、桐油一度。

计量单位:10 只

定 额 编 号				2-3-60	2-3-61	2-3-62	2-3-63
项 目				屋脊头(雕塑)(cm)			
				30×120(高)	33×150(高)	38×195(高)	长(70)
				五套龙吻	七套龙吻	九套龙吻	哺龙
名 称			单位	消 耗 量			
人工	合计工日		工日	220.400	260.200	319.600	79.100
	其中	普工	工日	44.080	52.040	63.920	15.820
		一般技工	工日	77.140	91.070	111.860	27.685
		高级技工	工日	99.180	117.090	143.820	35.595
材料	筒瓦 28×14(cm)		100块	0.200	0.300	—	—
	筒瓦 29.5×16(cm)		100块	—	—	0.300	—
	方砖 33×33×3.5(cm)		100块	0.200	0.200	0.200	—
	望砖 21×10.5×1.7(cm)		100块	1.200	1.300	1.500	3.000
	标准砖 240×115×53		块	120.000	130.000	150.000	300.000
	混合砂浆 M5.0		m³	2.440	3.900	7.440	—
	水泥石灰纸筋灰浆 1:2:4		m³	0.810	1.000	1.310	—
	盖瓦 16×17(cm)		100块	—	—	—	0.900
	花边瓦 18×18(cm)(中)		100块	—	—	—	0.100
	筒瓦 15×12(cm)		100块	—	—	—	0.800
	纸筋石灰浆		m³	0.720	0.890	1.170	0.560
	钢筋(综合)		t	0.530	0.230	0.330	0.190
	镀锌铁丝 20#		kg	0.130	0.200	0.320	—
	镀锌铁丝 16#		kg	1.700	2.600	3.900	—
	钢丝网 δ=1		m²	9.800	12.100	15.600	—
	水泥砂浆 1:1.5		m³	—	—	—	0.300
	炭黑		kg	9.600	14.100	19.900	6.300
	桐油		kg	5.400	6.900	9.400	2.300
	铁件		kg	58.100	72.600	94.400	—
	其他材料费		%	1.00	1.00	1.00	1.00
机械	灰浆搅拌机 200L		台班	0.990	1.450	2.480	0.220

工作内容: 放样、运砖瓦、调运砂浆、钢筋制作与安装、砌筑、安铁丝网、抹面、
雕塑、刷黑水二度、桐油一度。

计量单位:10 只

定　额　编　号				2-3-64	2-3-65	2-3-66	2-3-67
项　　目				屋脊头雕塑 长(55cm)			
				哺鸡	预制留孔纹头	纹头	方脚头
名　　称			单位	消　耗　量			
人工	合计工日		工日	53.500	33.500	27.600	25.900
	其中	普工	工日	10.700	6.700	5.520	5.180
		一般技工	工日	18.725	11.725	9.660	9.065
		高级技工	工日	24.075	15.075	12.420	11.655
材料	盖瓦 16×17(cm)		100块	3.300	0.800	0.800	0.800
	花边瓦 18×18(cm)(中)		100块	0.100	0.100	0.100	0.100
	望砖 21×10.5×1.7(cm)		100块	2.300	1.200	3.600	3.600
	筒瓦 15×12(cm)		100块	0.600	—	—	—
	水泥砂浆 1:2.5		m³	—	0.150	—	—
	混合砂浆 M5.0		m³	—	0.170	0.240	0.240
	纸筋石灰浆		m³	0.220	0.060	0.190	0.190
	标准砖 240×115×53		块	230.000	—	—	—
	钢筋(综合)		t	0.150	0.020	—	—
	水泥砂浆 1:1.5		m³	0.280	—	—	—
	镀锌铁丝 16#		kg	—	0.600	—	—
	锯材		m³	—	0.030	—	—
	炭黑		kg	8.300	0.900	1.300	1.300
	桐油		kg	1.500	—	—	—
	其他材料费		%	1.00	1.00	1.00	1.00
机械	灰浆搅拌机 200L		台班	0.130	0.100	0.110	0.110

工作内容: 1. 放样、运砖瓦、调运砂浆、钢筋制作与安装、砌筑、安铁丝网、抹面、
雕塑、刷黑水二度。

2. 雌毛脊、甘蔗段:运砖瓦、调运砂浆、砌筑、抹面、刷黑水二度。　　　　计量单位:10 只

定 额 编 号			2-3-68	2-3-69	2-3-70	2-3-71
项　　　目			屋脊头雕塑(cm)			
			长 55			长 20
			云头	果子头	雌毛脊	甘蔗段
名　　　称		单位	消　耗　量			
人工	合计工日	工日	33.300	31.600	18.100	5.900
	其中 普工	工日	6.660	6.320	3.620	1.180
	一般技工	工日	11.655	11.060	6.335	2.065
	高级技工	工日	14.985	14.220	8.145	2.655
材料	盖瓦 16×17(cm)	100块	0.800	0.800	4.200	1.400
	花边瓦 18×18(cm)(中)	100块	0.100	0.100	0.100	0.100
	滴水瓦 20×19(cm)	100块	—	—	0.100	—
	望砖 21×10.5×1.7(cm)	100块	3.600	3.600	10.000	0.700
	混合砂浆 M5.0	m³	0.240	0.240	0.200	0.070
	水泥石灰纸筋灰浆 1:2:4	m³	0.240	0.240	—	—
	纸筋石灰浆	m³	—	—	0.090	0.040
	炭黑	kg	1.300	1.300	0.900	0.300
	铁件	kg	—	—	34.300	—
	其他材料费	%	1.00	1.00	1.00	1.00
机械	灰浆搅拌机 200L	台班	0.120	0.120	0.070	0.030

工作内容: 1. 正脊吻座:放样、运砖瓦、调运砂浆、方砖加工雕刻、砌筑、刷黑水二度。
2. 屋脊头:放样、运砖、调运砂浆、砌筑、安铁丝网、抹面、雕塑、刷黑水二度。　　　　**计量单位:**10 只

定 额 编 号			2-3-72	2-3-73	2-3-74	2-3-75
项 目			花砖屋脊头(cm)		屋脊头(雕塑)	
			40(高)×55	40(高)×100	竖带吞头	戗根吞头
			正脊吻座			
名 称		单位	消 耗 量			
人工	合计工日	工日	111.400	92.800	44.000	35.200
	其中 普工	工日	22.280	18.560	8.800	7.040
	一般技工	工日	38.990	32.480	15.400	12.320
	高级技工	工日	50.130	41.760	19.800	15.840
材料	盖瓦 16×17(cm)	100块	1.300	1.300	—	—
	望砖 21×10.5×1.7(cm)	100块	—	—	5.000	5.000
	方砖 33×33×3.5(cm)	100块	0.100	0.100	—	—
	方砖 38×38×4(cm)	100块	—	—	0.100	0.100
	方砖 43×43×4.5(cm)	100块	0.900	0.500	—	—
	混合砂浆 M5.0	m³	3.400	2.600	0.300	0.300
	混合砂浆 1:1:6	m³	—	—	0.200	0.200
	纸筋石灰浆	m³	—	—	—	0.300
	炭黑	kg	1.900	1.200	—	—
	铁件	kg	—	—	5.000	5.000
	其他材料费	%	1.00	1.00	1.00	1.00
机械	灰浆搅拌机 200L	台班	0.850	0.650	0.200	0.200

工作内容：放样、运砖、调运砂浆、砌筑、安铁丝网、抹面、雕塑、刷黑水二度、桐油一度。

计量单位：10 只

定额编号				2-3-76	2-3-77
项目				屋脊头（雕塑）	
				宝顶	
				葫芦状	六角状
名称			单位	消耗量	
人工	合计工日		工日	67.700	55.200
	其中	普工	工日	13.540	11.040
		一般技工	工日	23.695	19.320
		高级技工	工日	30.465	24.840
材料	标准砖 240×115×53		块	930.000	910.000
	混合砂浆 M5.0		m^3	0.330	0.330
	水泥砂浆 1:2.5		m^3	0.360	—
	混合砂浆 1:1:6		m^3	—	0.130
	水泥石灰纸筋灰浆 1:2:4		m^3	0.210	0.130
	钢丝网 δ=1		m^2	15.600	—
	镀锌铁丝 16#		kg	4.500	—
	炭黑		kg	2.600	1.500
	桐油		kg	1.400	0.800
	铁件		kg	46.700	—
	其他材料费		%	1.00	1.00
机械	灰浆搅拌机 200L		台班	0.230	0.150

二、琉璃瓦屋面

1. 铺 琉 璃 瓦

工作内容:运料、调运砂浆、搭拆软梯脚手架、铺底灰、铺瓦、岩灰铺盖、清理、抹净。　　　计量单位:10m²

定　额　编　号			2-3-78	2-3-79	2-3-80	2-3-81
项　　　目			琉璃瓦屋面			
			四方亭		多角亭	
			4#瓦	5#瓦	4#瓦	5#瓦
名　　　称		单位	消　耗　量			
人工	合计工日	工日	9.584	10.064	9.776	10.264
	其中 普工	工日	1.917	2.013	1.955	2.053
	一般技工	工日	3.354	3.522	3.422	3.592
	高级技工	工日	4.313	4.529	4.399	4.619
材料	4#琉璃瓦底瓦 26×17.5(cm)	块	597.000	—	597.000	—
	5#琉璃瓦底瓦 21×12(cm)	块	—	1010.000	—	1010.000
	4#琉璃瓦盖瓦 22×11(cm)	块	233.000	—	233.000	—
	5#琉璃瓦盖瓦 16×8(cm)	块	—	437.000	—	437.000
	混合砂浆 M5.0	m³	0.620	0.524	0.620	0.524
	铁件	kg	1.420	1.420	1.420	1.420
	其他材料费	%	1.00	1.00	1.00	1.00
机械	灰浆搅拌机 200L	台班	0.129	0.109	0.129	0.109

工作内容: 运料、调运砂浆、搭拆软梯脚手架、铺底灰、铺瓦、岩灰铺盖、清理、抹净。　　　　计量单位:10m²

定　额　编　号			2-3-82	2-3-83	2-3-84	2-3-85
项　　　目			琉璃瓦屋面			
			塔顶		厅堂	
			3#瓦	4#瓦	2#瓦	3#瓦
名　　　称		单位	消　耗　量			
人工	合计工日	工日	10.040	10.544	9.152	9.632
	其中 普工	工日	2.008	2.109	1.831	1.927
	一般技工	工日	3.514	3.690	3.203	3.371
	高级技工	工日	4.518	4.745	4.118	4.334
材料	2#琉璃瓦底瓦 30×22(cm)	块	—	—	424.000	—
	3#琉璃瓦底瓦 29×20(cm)	块	477.000	—	—	477.000
	4#琉璃瓦底瓦 26×17.5(cm)	块	—	597.000	—	—
	2#琉璃瓦盖瓦 30×15(cm)	块	—	—	140.000	—
	3#琉璃瓦盖瓦 26×13(cm)	块	176.000	—	—	176.000
	4#琉璃瓦盖瓦 22×11(cm)	块	—	233.000	—	—
	混合砂浆 M5.0	m³	0.852	0.744	0.876	0.852
	铁件	kg	1.420	1.420	1.420	1.420
	其他材料费	%	1.00	1.00	1.00	1.00
机械	灰浆搅拌机 200L	台班	0.168	0.155	0.175	0.168

工作内容： 运料、调运砂浆、搭拆软梯脚手架、铺底灰、铺瓦、岩灰铺盖、清理、抹净。　　　　计量单位：10m²

定　额　编　号			2-3-86	2-3-87	2-3-88	2-3-89
项　　目			琉璃瓦屋面			
			大殿		走廊、平房、围墙	
			1#瓦	2#瓦	3#瓦	4#瓦
名　　称		单位	消　耗　量			
人工	合计工日	工日	10.208	10.720	8.632	9.104
	其中 普工	工日	2.041	2.144	1.727	1.821
	一般技工	工日	3.573	3.752	3.021	3.186
	高级技工	工日	4.594	4.824	3.884	4.097
材料	1#琉璃瓦底瓦 35×28（cm）	块	297.000	—	—	—
	2#琉璃瓦底瓦 30×22（cm）	块	—	393.000	—	—
	3#琉璃瓦底瓦 29×20（cm）	块	—	—	499.000	—
	4#琉璃瓦底瓦 26×17.5（cm）	块	—	—	—	597.000
	1#琉璃瓦盖瓦 30×18（cm）	块	114.000	—	—	—
	2#琉璃瓦盖瓦 30×15（cm）	块	—	130.000	—	—
	3#琉璃瓦盖瓦 26×13（cm）	块	—	—	183.000	—
	4#琉璃瓦盖瓦 22×11（cm）	块	—	—	—	233.000
	混合砂浆 M5.0	m³	0.793	0.698	0.568	0.620
	铁件	kg	2.660	2.660	1.420	1.420
	其他材料费	%	1.00	1.00	1.00	1.00
机械	灰浆搅拌机 200L	台班	0.198	0.175	0.142	0.129

2. 琉璃瓦剪边

工作内容: 运料、调运砂浆、铺底灰、铺瓦、嵌缝等全部操作过程。 计量单位:10m

定 额 编 号				2-3-90	2-3-91	2-3-92
项 目				檐头琉璃瓦剪边		
				1# 瓦	2# 瓦	3# 瓦
名 称			单位	消 耗 量		
人工	合计工日		工日	7.240	7.456	7.680
	其中	普工	工日	1.448	1.491	1.536
		一般技工	工日	2.534	2.610	2.688
		高级技工	工日	3.258	3.355	3.456
材料	1# 琉璃瓦底瓦 35×28(cm)		块	248.000	—	—
	2# 琉璃瓦底瓦 30×22(cm)		块	—	298.000	—
	3# 琉璃瓦底瓦 29×20(cm)		块	—	—	318.000
	1# 琉璃瓦盖瓦 30×18(cm)		块	76.000	—	—
	2# 琉璃瓦盖瓦 30×15(cm)		块	—	80.000	—
	3# 琉璃瓦盖瓦 26×13(cm)		块	—	—	91.000
	1# 琉璃花檐 30×18(cm)		块	34.330	—	—
	2# 琉璃花檐 30×15(cm)		块	—	38.150	—
	3# 琉璃花檐 26×13(cm)		块	—	—	46.820
	1# 琉璃滴水 37×28(cm)		块	34.330	—	—
	2# 琉璃滴水 32×22(cm)		块	—	38.150	—
	3# 琉璃滴水 28×20(cm)		块	—	—	46.820
	1# 琉璃钉帽 8cm		个	34.330	—	—
	2# 琉璃钉帽 6cm		个	—	38.150	—
	3# 琉璃钉帽 5cm		个	—	—	46.820
	混合砂浆 M5.0		m³	0.758	0.659	0.492
	铁件		kg	2.330	2.590	3.180
	其他材料费		%	1.00	1.00	1.00
机械	灰浆搅拌机 200L		台班	0.190	0.165	0.123

工作内容：运料、调运砂浆、铺底灰、铺瓦、嵌缝等全部操作规程。　　　　　　　　计量单位：10m

定　额　编　号			2-3-93	2-3-94
项　　目			檐头琉璃瓦剪边	
			4#瓦	5#瓦
名　　称		单位	消　耗　量	
人工	合计工日	工日	7.912	8.152
	其中　普工	工日	1.583	1.631
	一般技工	工日	2.769	2.853
	高级技工	工日	3.560	3.668
材料	4#琉璃瓦底瓦 26×17.5（cm）	块	420.000	—
	5#琉璃瓦底瓦 21×12（cm）	块	—	670.000
	4#琉璃瓦盖瓦 22×11（cm）	块	120.000	—
	5#琉璃瓦盖瓦 16×8（cm）	块	—	210.000
	4#琉璃花檐 22×11（cm）	块	54.210	—
	5#琉璃花檐 16×8（cm）	块	—	69.000
	4#琉璃滴水 26×18（cm）	块	54.210	—
	5#琉璃滴水 21×12（cm）	块	—	69.000
	3#琉璃钉帽 5cm	个	54.210	69.000
	混合砂浆 M5.0	m³	0.338	0.210
	铁件	kg	3.680	4.190
	其他材料费	%	1.00	1.00
机械	灰浆搅拌机 200L	台班	0.085	0.050

3. 琉 璃 屋 脊

工作内容: 运料、调运砂浆、混凝土浇捣、钢筋制安、脊柱当沟、安装、嵌缝、清理、
抹净。

计量单位:10m

定　额　编　号				2-3-95	2-3-96	2-3-97	2-3-98
项　　目				琉璃脊头			
				正脊		竖带脊	
				1#脊头	2#脊头	1#脊头	2#脊头
名　　称			单位	消　耗　量			
人工	合计工日		工日	7.312	6.616	6.976	6.312
	其中	普工	工日	1.463	1.323	1.395	1.263
		一般技工	工日	2.559	2.316	2.442	2.209
		高级技工	工日	3.290	2.977	3.139	2.840
材料	1#琉璃正脊 45×30×45(cm)		节	22.890	—	22.890	—
	2#琉璃正脊 30×20×30(cm)		节	—	34.330	—	34.330
	1#琉璃正当沟 26×22(cm)		块	79.000	—	—	—
	2#琉璃正当沟 26×18(cm)		块	—	79.000	—	—
	预拌混凝土 C20		m³	0.945	0.420	0.945	0.420
	标准砖 240×115×53		块	100.000	100.000	100.000	100.000
	混合砂浆 M5.0		m³	0.144	0.078	0.059	0.031
	水泥砂浆 1:2		m³	0.061	0.041	0.061	0.041
	圆钢(综合)		kg	30.850	29.040	30.850	29.040
	水泥砂浆 1:3		m³	0.046	0.038	—	—
	混合砂浆 1:0.2:2		m³	0.025	0.021	—	—
	其他材料费		%	1.00	1.00	1.00	1.00
机械	灰浆搅拌机 200L		台班	0.069	0.045	0.030	0.018

工作内容：运料、调运砂浆、混凝土浇捣、钢筋制安、脊柱当沟、安装、嵌缝、清理、抹净。

计量单位：10m

定 额 编 号			2-3-99	2-3-100	2-3-101	2-3-102
项 目			琉璃脊头			
			戗脊		博脊、围脊	
			1# 脊头	2# 脊头	1# 脊头	2# 脊头
名 称		单位	消 耗 量			
人工	合计工日	工日	11.552	10.448	6.344	5.736
	其中 普工	工日	2.311	2.089	1.269	1.147
	一般技工	工日	4.043	3.657	2.220	2.008
	高级技工	工日	5.198	4.702	2.855	2.581
材料	1# 琉璃戗脊 40×24×30（cm）	节	34.330	—	—	—
	2# 琉璃戗脊 30×20×30（cm）	节	—	34.330	—	—
	1# 琉璃花脊 40×15×60（cm）	节	—	—	17.170	—
	2# 琉璃花脊 20×15×40（cm）	节	—	—	—	25.750
	1# 琉璃斜当沟 26×22（cm）	块	79.000	—	—	—
	2# 琉璃斜当沟 25×18（cm）	块	—	82.400	—	—
	1# 琉璃正当沟 26×22（cm）	块	—	—	40.000	—
	2# 琉璃正当沟 26×18（cm）	块	—	—	—	40.000
	预拌混凝土 C20	m³	0.672	0.420	0.420	0.210
	标准砖 240×115×53	块	100.000	100.000	100.000	100.000
	混合砂浆 M5.0	m³	0.129	0.078	0.072	0.059
	水泥砂浆 1:2	m³	0.049	0.041	0.031	0.031
	水泥砂浆 1:3	m³	0.046	0.038	0.023	0.019
	混合砂浆 1:0.2:2	m³	0.025	0.021	0.012	0.010
	圆钢（综合）	kg	29.040	29.040	29.040	18.770
	其他材料费	%	1.00	1.00	1.00	1.00
机械	灰浆搅拌机 200L	台班	0.062	0.045	0.035	0.030

工作内容: 运料、调运砂浆、混凝土浇捣、钢筋制安、脊柱当沟、安装、嵌缝、清理、
抹净。

计量单位:10m

定　额　编　号			2-3-103	2-3-104	2-3-105	2-3-106
项　　目			围墙脊			
			双落水		单落水	
			1# 脊头	2# 脊头	1# 脊头	2# 脊头
名　　称		单位	消　耗　量			
人工	合计工日	工日	6.616	6.288	5.960	5.656
	其中 普工	工日	1.323	1.257	1.192	1.131
	一般技工	工日	2.316	2.201	2.086	1.980
	高级技工	工日	2.977	2.830	2.682	2.545
材料	1# 琉璃二戗脊 40×24×30(cm)	节	34.330	—	34.330	—
	2# 琉璃二戗脊 30×20×30(cm)	节	—	34.330	—	34.330
	2# 琉璃正当沟 26×18(cm)	块	79.000	—	40.000	—
	3# 琉璃正当沟 24×10(cm)	块	—	86.000	—	43.000
	预拌混凝土 C20	m³	0.672	0.420	0.672	0.420
	标准砖 240×115×53	块	100.000	100.000	100.000	100.000
	混合砂浆 M5.0	m³	0.094	0.043	0.094	0.043
	水泥砂浆 1:2	m³	0.054	0.041	0.054	0.041
	水泥砂浆 1:3	m³	0.038	0.021	0.019	0.011
	混合砂浆 1:0.2:2	m³	0.020	0.011	0.010	0.006
	圆钢(综合)	kg	29.040	27.820	29.040	27.820
	其他材料费	%	1.00	1.00	1.00	1.00
机械	灰浆搅拌机 200L	台班	0.052	0.029	0.044	0.025

4.花沿、斜沟、过桥脊、排山瓦

工作内容:运料、调运砂浆、铺灰、铺瓦、钉帽安装、清理、抹净。   计量单位:10m

定 额 编 号			2-3-107	2-3-108	2-3-109	2-3-110
项 目			花檐(沟头)滴水			
			1# 花檐	2# 花檐	3# 花檐	4# 花檐
名 称		单位	消 耗 量			
人工	合计工日	工日	3.800	3.990	4.190	4.400
	其中 普工	工日	0.760	0.797	0.837	0.880
	一般技工	工日	1.330	1.397	1.467	1.540
	高级技工	工日	1.710	1.796	1.886	1.980
材料	1# 琉璃花檐 30×18(cm)	块	34.330	—	—	—
	2# 琉璃花檐 30×15(cm)	块	—	38.150	—	—
	3# 琉璃花檐 26×13(cm)	块	—	—	46.820	—
	4# 琉璃花檐 22×11(cm)	块	—	—	—	54.210
	1# 琉璃滴水 37×28(cm)	块	34.330	—	—	—
	2# 琉璃滴水 32×22(cm)	块	—	38.150	—	—
	3# 琉璃滴水 28×20(cm)	块	—	—	46.820	—
	4# 琉璃滴水 26×18(cm)	块	—	—	—	54.210
	1# 琉璃钉帽 8cm	个	34.330	—	—	—
	2# 琉璃钉帽 6cm	个	—	38.150	—	—
	3# 琉璃钉帽 5cm	个	—	—	46.820	54.210
	混合砂浆 M5.0	m³	0.290	0.254	0.202	0.140
	铁件	kg	2.180	2.590	3.180	3.680
	其他材料费	%	1.00	1.00	1.00	1.00
机械	灰浆搅拌机 200L	台班	0.073	0.064	0.051	0.035

工作内容: 运料、调运砂浆、铺灰、铺瓦、钉帽安装、清理、抹净。 计量单位:10m

定 额 编 号			2-3-111	2-3-112	2-3-113	2-3-114
项 目			花檐(勾头)滴水	斜沟	过桥脊(黄瓜环)	
			5# 花檐		2# 过桥脊	3# 过桥脊
名 称		单位	消 耗 量			
人工	合计工日	工日	4.620	7.540	3.080	3.210
	其中 普工	工日	0.924	1.508	0.616	0.641
	一般技工	工日	1.617	2.639	1.078	1.124
	高级技工	工日	2.079	3.393	1.386	1.445
材料	5# 琉璃花檐 16×8(cm)	块	69.000	—	—	—
	斜沟盖瓦 30×18(cm)45°	块	—	73.570	—	—
	2# 过桥瓦底瓦 42×22(cm)	块	—	—	46.820	—
	1# 琉璃瓦底瓦 35×28(cm)	块	—	35.520	—	—
	3# 琉璃瓦底瓦 29×20(cm)	块	—	—	—	51.500
	5# 琉璃滴水 21×12(cm)	块	69.000	—	—	—
	斜沟底瓦 37×28(cm)45°	块	—	73.570	—	—
	2# 过桥瓦盖瓦 42×22(cm)	块	—	—	46.820	—
	3# 过桥瓦盖瓦 40×20(cm)	块	—	—	—	51.500
	3# 琉璃钉帽 5cm	个	69.000	—	—	—
	混合砂浆 M5.0	m³	0.098	0.658	0.541	0.483
	铁件	kg	4.190	4.860	—	—
	其他材料费	%	1.00	1.00	1.00	1.00
机械	灰浆搅拌机 200L	台班	0.025	0.165	0.135	0.121

工作内容：运料、调运砂浆、铺灰、铺瓦、钉帽安装、清理、抹净。 计量单位：10m

	定 额 编 号		2-3-115	2-3-116
	项 目		排山瓦	
			1#瓦	2#瓦
	名 称	单位	消 耗 量	
人工	合计工日	工日	8.340	8.810
	其中 普工	工日	1.668	1.761
	一般技工	工日	2.919	3.084
	高级技工	工日	3.753	3.965
材料	1#琉璃滴水 37×28（cm）	块	34.330	—
	2#琉璃滴水 32×22（cm）	块	—	38.150
	1#琉璃瓦底瓦 35×28（cm）	块	34.330	—
	2#琉璃瓦底瓦 30×22（cm）	块	—	38.150
	1#琉璃花檐 30×18（cm）	块	34.330	—
	2#琉璃花檐 30×15（cm）	块	—	38.150
	1#琉璃瓦盖瓦 30×18（cm）	块	34.330	—
	2#琉璃瓦盖瓦 30×15（cm）	块	—	38.150
	1#琉璃斜当沟 26×22（cm）	块	34.330	—
	2#琉璃斜当沟 25×18（cm）	块	—	38.150
	1#琉璃钉帽 8cm	个	34.330	—
	2#琉璃钉帽 6cm	个	—	38.150
	混合砂浆 M5.0	m³	0.270	0.221
	水泥砂浆 1:3	m³	0.023	0.019
	混合砂浆 1:0.2:2	m³	0.012	0.010
	铁件	kg	2.330	2.590
	其他材料费	%	1.00	1.00
机械	灰浆搅拌机 200L	台班	0.076	0.063

工作内容:运料、调运砂浆、铺灰、铺瓦、钉帽安装、清理、抹净。　　　　　　　　　　计量单位:10m

定　额　编　号			2-3-117	2-3-118
项　　目			排山瓦	
			3#瓦	4#瓦
名　　称		单位	消　耗　量	
人工	合计工日	工日	9.270	9.730
	其中 普工	工日	1.853	1.945
	一般技工	工日	3.245	3.406
	高级技工	工日	4.172	4.379
材料	3#琉璃滴水 28×20(cm)	块	46.820	—
	4#琉璃滴水 26×18(cm)	块	—	54.210
	3#琉璃瓦底瓦 29×20(cm)	块	46.820	—
	4#琉璃瓦底瓦 26×17.5(cm)	块	—	54.210
	3#琉璃花檐 26×13(cm)	块	46.820	—
	4#琉璃瓦盖瓦 22×11(cm)	块	—	54.210
	4#琉璃花檐 22×11(cm)	块	—	54.210
	3#琉璃瓦盖瓦 26×13(cm)	块	46.820	—
	3#琉璃钉帽 5cm	个	46.820	54.210
	4#琉璃斜当沟 cm	块	—	54.210
	3#琉璃斜当沟 24×10(cm)	块	46.820	—
	混合砂浆 M5.0	m³	0.184	0.128
	水泥砂浆 1:3	m³	0.011	0.011
	混合砂浆 1:0.2:2	m³	0.006	0.006
	铁件	kg	3.180	3.680
	其他材料费	%	1.00	1.00
机械	灰浆搅拌机 200L	台班	0.050	0.036

5. 正吻、合角吻、半面吻

工作内容： 运料、调运砂浆、铺灰、铺瓦、正吻安装、清理、抹净。 计量单位：10 座

定 额 编 号			2-3-119	2-3-120	2-3-121
项 目			正吻		
			回纹		
			高（cm）		
			50	60	70
名 称		单位	消 耗 量		
人工	合计工日	工日	9.600	11.000	12.500
	其中 普工	工日	1.920	2.200	2.500
	一般技工	工日	3.360	3.850	4.375
	高级技工	工日	4.320	4.950	5.625
材料	3#50cm 高琉璃回纹头 47×20×49（cm）	套	10.000	—	—
	2#60cm 高琉璃回纹头 60×20×60（cm）	套	—	10.000	—
	1#50cm 高琉璃回纹头 70×20×70（cm）	套	—	—	10.000
	3# 琉璃正当沟 24×10（cm）	块	40.300	—	—
	2# 琉璃正当沟 26×18（cm）	块	—	47.500	—
	1# 琉璃正当沟 26×22（cm）	块	—	—	55.500
	预拌混凝土 C20	m³	0.320	0.500	0.700
	标准砖 240×115×53	块	53.000	120.000	170.000
	混合砂浆 M5.0	m³	0.020	0.050	0.070
	水泥砂浆 1:2	m³	0.020	0.030	0.030
	水泥砂浆 1:3	m³	0.010	0.020	0.030
	混合砂浆 1:0.2:2	m³	0.010	0.010	0.020
	铁件	kg	18.100	19.900	29.600
	其他材料费	%	1.00	1.00	1.00
机械	灰浆搅拌机 200L	台班	0.020	0.030	0.040

工作内容:运料、调运砂浆、铺灰、铺瓦、正吻安装、清理、抹净。 计量单位:10 座

定 额 编 号			2-3-122	2-3-123	2-3-124
项 目			正吻		
			龙纹		
			高(cm)		
			80	100	120
名 称		单位	消 耗 量		
人工	合计工日	工日	14.700	16.900	19.100
	其中 普工	工日	2.940	3.380	3.820
	一般技工	工日	5.145	5.915	6.685
	高级技工	工日	6.615	7.605	8.595
材料	80cm 高琉璃龙纹	套	10.000	—	—
	100cm 高琉璃龙纹	套	—	10.000	—
	120cm 高琉璃龙纹	套	—	—	10.000
	1# 琉璃正当沟 26×22(cm)	块	55.500	63.400	71.300
	预拌混凝土 C20	m³	0.840	1.200	1.620
	标准砖 240×115×53	块	100.000	100.000	100.000
	混合砂浆 M5.0	m³	0.100	0.110	0.130
	水泥砂浆 1:2	m³	0.050	0.050	0.060
	水泥砂浆 1:3	m³	0.030	0.040	0.040
	混合砂浆 1:0.2:2	m³	0.020	0.020	0.020
	铁件	kg	43.100	49.800	56.400
	其他材料费	%	1.00	1.00	1.00
机械	灰浆搅拌机 200L	台班	0.050	0.060	0.060

工作内容:运料、调运砂浆、铺灰、铺瓦、合角吻安装、清理、抹净。 计量单位:10座

定 额 编 号			2-3-125	2-3-126	2-3-127
项 目			合角吻		
			3#合角吻	2#合角吻	1#合角吻
名 称		单位	消 耗 量		
人工	合计工日	工日	9.600	11.000	12.500
	其中 普工	工日	1.920	2.200	2.500
	一般技工	工日	3.360	3.850	4.375
	高级技工	工日	4.320	4.950	5.625
材料	3#琉璃合角吻 47×20×50(cm)	套	10.000	—	—
	2#琉璃合角吻 60×20×60(cm)	套	—	10.000	—
	1#琉璃合角吻 70×20×70(cm)	套	—	—	10.000
	3#琉璃正当沟 24×10(cm)	块	40.300	—	—
	2#琉璃正当沟 26×18(cm)	块	—	47.500	—
	1#琉璃正当沟 26×22(cm)	块	—	—	55.500
	预拌混凝土 C20	m³	0.230	0.360	0.490
	标准砖 240×115×53	块	100.000	100.000	100.000
	混合砂浆 M5.0	m³	0.020	0.050	0.070
	水泥砂浆 1:2	m³	0.020	0.030	0.030
	水泥砂浆 1:3	m³	0.010	0.020	0.030
	混合砂浆 1:0.2:2	m³	0.010	0.010	0.020
	铁件	kg	18.100	19.900	29.600
	其他材料费	%	1.00	1.00	1.00
机械	灰浆搅拌机 200L	台班	0.020	0.030	0.040

工作内容：运料、调运砂浆、铺灰、铺瓦、半面吻安装、清理、抹净。 计量单位：10座

		定 额 编 号		2-3-128	2-3-129	2-3-130
		项 目		半面吻		
				3# 半面正吻	2# 半面正吻	1# 半面正吻
		名 称	单位	消 耗 量		
人 工		合计工日	工日	7.700	8.800	10.000
	其中	普工	工日	1.540	1.760	2.000
		一般技工	工日	2.695	3.080	3.500
		高级技工	工日	3.465	3.960	4.500
材 料		3# 琉璃半面正吻 47×10×50（cm）	套	10.000	—	—
		2# 琉璃半面正吻 60×10×60（cm）	套	—	10.000	—
		1# 琉璃半面正吻 70×10×70（cm）	套	—	—	10.000
		3# 琉璃正当沟 24×10（cm）	块	40.300	—	—
		2# 琉璃正当沟 26×18（cm）	块	—	47.500	—
		1# 琉璃正当沟 26×22（cm）	块	—	—	55.500
		预拌混凝土 C20	m³	0.090	0.180	0.250
		标准砖 240×115×53	块	100.000	100.000	100.000
		混合砂浆 M5.0	m³	0.010	0.030	0.040
		水泥砂浆 1:2	m³	0.010	0.030	0.030
		水泥砂浆 1:3	m³	0.010	0.020	0.030
		混合砂浆 1:0.2:2	m³	0.010	0.010	0.020
		铁件	kg	18.100	19.900	29.600
		其他材料费	%	1.00	1.00	1.00
机械		灰浆搅拌机 200L	台班	0.010	0.020	0.030

6. 包头脊、翘角、套兽

工作内容: 运料、调运砂浆、铺灰、铺瓦、包头脊安装、清理、抹净。 计量单位: 10 座

定 额 编 号				2-3-131	2-3-132
项 目				包头脊	
				1# 包头脊	2# 包头脊
名 称			单位	消 耗 量	
人工	合计工日		工日	8.800	7.700
	其中	普工	工日	1.760	1.540
		一般技工	工日	3.080	2.695
		高级技工	工日	3.960	3.465
材料	1# 琉璃包头脊 45×30×45(cm)		套	10.000	—
	2# 琉璃包头脊 30×20×30(cm)		套	—	10.000
	1# 琉璃正当沟 26×22(cm)		块	35.700	—
	2# 琉璃正当沟 26×18(cm)		块	—	23.800
	预拌混凝土 C20		m³	4.270	2.030
	标准砖 240×115×53		块	100.000	100.000
	混合砂浆 M5.0		m³	0.060	0.030
	水泥砂浆 1:2		m³	0.030	0.020
	水泥砂浆 1:3		m³	0.020	0.010
	混合砂浆 1:0.2:2		m³	0.010	0.010
	铁件		kg	18.100	19.900
	其他材料费		%	1.00	1.00
机械	灰浆搅拌机 200L		台班	0.030	0.020

工作内容: 运料、调运砂浆、铺灰、铺瓦、翘角（或套兽）安装、清理、抹净。 计量单位:10座

定 额 编 号			2-3-133	2-3-134	2-3-135	2-3-136
项 目			翘角		套兽	
			普通翘角	兽型翘角	1#套兽	2#套兽
名 称		单位	消 耗 量			
人工	合计工日	工日	10.000	10.000	10.000	10.000
	其中 普工	工日	2.000	2.000	2.000	2.000
	一般技工	工日	3.500	3.500	3.500	3.500
	高级技工	工日	4.500	4.500	4.500	4.500
材料	翘角普通型 $50 \times 20 \times 18$（cm）	套	10.000	—	—	—
	翘角兽型 $50 \times 20 \times 18$（cm）	套	—	10.000	—	—
	A型套兽 $31 \times 20 \times 20$（cm）	套	—	—	10.000	—
	B型套兽 $27 \times 20 \times 22$（cm）	套	—	—	—	10.000
	铁件	kg	62.200	62.200	36.800	36.800
	其他材料费	%	1.00	1.00	1.00	1.00

7.宝　顶

工作内容:运料、调运砂浆、铺灰、铺瓦、宝顶安装、清理、抹净。　　　　　　　　　　　计量单位:10座

定　额　编　号			2-3-137	2-3-138	2-3-139	2-3-140	2-3-141	2-3-142
项　　目			琉璃宝顶(珠泡)					
			高(cm)					
			60	80	100	120	150	180
名　称		单位	消　耗　量					
人工	合计工日	工日	59.300	83.000	118.600	142.300	177.900	222.400
	其中 普工	工日	11.860	16.600	23.720	28.460	35.580	4.448
	一般技工	工日	20.755	29.050	41.510	49.805	62.265	7.784
	高级技工	工日	26.685	37.350	53.370	64.035	80.055	10.008
材料	60cm 高琉璃珠宝宝顶	套	10.000	—	—	—	—	—
	80cm 高琉璃珠宝宝顶	套	—	10.000	—	—	—	—
	100cm 高琉璃珠宝宝顶	套	—	—	10.000	—	—	—
	120cm 高琉璃珠宝宝顶	套	—	—	—	10.000	—	—
	150cm 高琉璃珠宝宝顶	套	—	—	—	—	10.000	—
	180cm 高琉璃珠宝宝顶	套	—	—	—	—	—	10.000
	预拌混凝土 C20	m³	0.580	1.550	3.230	5.820	10.920	13.500
	水泥砂浆 1:2	m³	0.060	0.110	0.180	0.250	0.400	0.580
	铁件	kg	39.800	54.700	108.900	132.300	160.100	193.700
	其他材料费	%	1.00	1.00	1.00	1.00	1.00	1.00
机械	灰浆搅拌机 200L	台班	0.020	0.030	0.050	0.060	0.100	0.100

工作内容: 运料、调运砂浆、铺灰、铺瓦、宝顶安装、清理、抹净。

计量单位:10 座

定　额　编　号			2-3-143	2-3-144	2-3-145	2-3-146	2-3-147	2-3-148
项　　目			琉璃宝顶(葫芦)					
			高(cm)					
			60	80	100	120	150	180
名　　称		单位	消　耗　量					
人工	合计工日	工日	69.200	96.900	138.400	166.100	207.200	263.900
	其中 普工	工日	13.840	19.380	27.680	33.220	41.440	52.780
	一般技工	工日	24.220	33.915	48.440	58.135	72.520	92.365
	高级技工	工日	31.140	43.605	62.280	74.745	93.240	118.755
材料	60cm 高琉璃葫芦宝顶	套	10.000	—	—	—	—	—
	80cm 高琉璃葫芦宝顶	套	—	10.000	—	—	—	—
	100cm 高琉璃葫芦宝顶	套	—	—	10.000	—	—	—
	120cm 高琉璃葫芦宝顶	套	—	—	—	10.000	—	—
	150cm 高琉璃葫芦宝顶	套	—	—	—	—	10.000	—
	180cm 高琉璃葫芦宝顶	套	—	—	—	—	—	10.000
	预拌混凝土 C20	m³	0.580	1.550	3.230	5.820	10.920	13.500
	水泥砂浆 1:2	m³	0.060	0.110	0.180	0.250	0.400	0.580
	铁件	kg	39.800	54.700	108.900	132.300	160.100	193.700
	其他材料费	%	1.00	1.00	1.00	1.00	1.00	1.00
机械	灰浆搅拌机 200L	台班	0.020	0.030	0.050	0.060	0.100	0.100

8. 走兽、花窗

工作内容：运料、调运砂浆、铺灰、铺瓦、走兽（或花窗）安装、清理、抹净。

定 额 编 号			2-3-149	2-3-150	2-3-151	2-3-152	2-3-153	2-3-154
项　目			琉璃走兽			琉璃花窗（cm）		
			高（cm）			30×30	60×40	50×35
			20	30	40			
计 量 单 位			只			10m²		
名　称		单位	消　耗　量					
人工	合计工日	工日	0.150	0.200	0.250	2.250	2.030	2.070
	其中 普工	工日	0.029	0.040	0.049	0.449	0.405	0.413
	一般技工	工日	0.053	0.070	0.088	0.788	0.711	0.725
	高级技工	工日	0.068	0.090	0.113	1.013	0.914	0.932
材料	20cm 高走兽	套	1.000	—	—	—	—	—
	30cm 高走兽	套	—	1.000	—	—	—	—
	40cm 高走兽	套	—	—	1.000	—	—	—
	琉璃花窗 30×30（cm）	块	—	—	—	114.000	—	—
	琉璃龙纹花窗 60×40（cm）	块	—	—	—	—	43.000	—
	琉璃凤纹花窗 50×35（cm）	块	—	—	—	—	—	59.000
	水泥砂浆 1:2	m³	—	—	—	0.075	0.042	0.051
	其他材料费	%	1.00	1.00	1.00	1.00	1.00	1.00
机械	灰浆搅拌机 200L	台班	—	—	—	0.019	0.011	0.013

第四章　抹灰工程

说　明

一、本章定额包括古建装饰抹灰,共一节。

二、本章抹灰不分等级,定额水平已考虑了建筑质量要求较高的情况。

三、本章定额的抹灰厚度及砂浆种类一般不得换算,如设计图纸对厚度与配合比有明确要求时,可以换算。

四、室内净高(山墙部分指室内地坪至山尖二分之一高度)在3.6m以内的墙面及天棚抹灰,已考虑了搭拆简易脚手架的因素。超过3.6m时,可另行计算抹灰脚手架。

五、本章定额仅适用于古式栏杆、抛方、博方及假方砧抹灰工程。

六、各种垛头、拱式门窗框、异型门窗框抹灰时,如粉线脚,其直线形每10m增加0.6工日,异(弧)型每10m增加1工日。

七、带密肋小梁及井字梁混凝土天棚抹灰,执行混凝土天棚抹灰项目,人工乘以系数1.5,弧形天棚抹灰,人工乘以系数1.2。

工程量计算规则

一、工程量均按设计图示尺寸计算。

二、内墙面抹灰。

内墙面抹灰面积应扣除门窗洞和空圈洞所占面积,不扣除踢脚线、挂镜线、0.3m² 以内的孔洞和墙面与构件交接处的面积,洞口侧壁和顶面亦不增加,但垛的侧面抹灰应与内墙抹灰工程量合并计算,内墙面抹灰的长度以主墙间净尺寸计算,其高度确定如下:

1. 无墙裙的,其高度按室内地坪面或楼面至天棚底面。

2. 有墙裙的,其高度按墙裙顶点至天棚底面。

三、外墙面抹灰:

1. 外墙面抹灰面积应扣除门、窗洞口和空圈所占面积,不扣除 0.3m² 以内的孔洞面积,门、窗洞口及空圈的侧壁、顶面和垛的侧壁抹灰,并入相应的墙面抹灰中计算。

2. 外墙裙抹灰按展开面积计算。

四、带椽条的混凝土板底抹灰按设计图示尺寸以展开面积计算,椽条两侧的抹灰面积并入天棚面积内。

五、带密肋小梁及井字梁混凝土天棚,其抹灰工程量按展开面积计算。

古建装饰抹灰

工作内容: 清理表面、调运砂浆,抹灰、找平、罩面、压光、起线。 计量单位:10m²

定 额 编 号			2-4-1	2-4-2	2-4-3	2-4-4	2-4-5	2-4-6
项 目			古建装饰抹灰					
			混合砂浆底、纸筋灰浆面					
			墙面、墙裙	各种垛头	拱式门窗框	异型门窗框	地圆地洞	半墙面砖
名 称		单位	消 耗 量					
人工	合计工日	工日	2.250	5.640	8.590	10.150	9.370	2.810
	其中 普工	工日	0.360	0.903	1.375	1.624	1.499	0.449
	一般技工	工日	0.630	1.579	2.405	2.842	2.624	0.787
	高级技工	工日	0.810	2.030	3.092	3.654	3.373	1.012
材料	水泥砂浆 1:2.5	m³	0.055	0.055	0.055	0.055	0.055	0.055
	混合砂浆 1:1:6	m³	0.153	0.153	0.153	0.153	0.153	0.153
	纸筋石灰浆	m³	0.021	0.021	0.021	0.021	0.021	0.021
	炭黑	kg	0.138	0.138	0.138	0.138	0.138	0.138
	水	m³	0.086	0.086	0.086	0.086	0.086	0.086
	其他材料费	%	1.00	1.00	1.00	1.00	1.00	1.00
机械	灰浆搅拌机 200L	台班	0.057	0.057	0.057	0.057	0.057	0.057

工作内容: *清理表面、调运砂浆,抹灰、找平、罩面、压光、起线。* 计量单位:10m²

定 额 编 号			2-4-7	2-4-8	2-4-9	2-4-10
项 目			古建装饰抹灰			
			混合砂浆打底、纸筋灰浆面		水泥砂浆底面	
			抛方、博风面层	字碑面层	空心座槛、栏杆面层	
					无线脚	直线脚
名 称		单位	消 耗 量			
人工	合计工日	工日	3.850	6.050	11.880	19.800
	其中 普工	工日	0.616	0.968	1.901	3.168
	一般技工	工日	1.078	1.694	3.326	5.544
	高级技工	工日	1.386	2.178	4.277	7.128
材料	混合砂浆 1:1:2	m³	0.088	0.088	0.119	0.119
	水泥砂浆 1:2.5	m³	—	—	0.086	0.086
	水泥砂浆 1:3	m³	—	—	0.077	0.077
	石灰砂浆 1:3	m³	0.119	0.119	—	—
	纸筋石灰浆	m³	0.021	0.021	—	—
	炭黑	kg	0.138	0.138	—	—
	水	m³	0.086	0.086	0.086	0.086
机械	灰浆搅拌机 200L	台班	0.057	0.057	0.071	0.071

工作内容: 1. 清理表面、调运砂浆。
2. 抹灰、找平、罩面、压光、起线。

计量单位:10m²

定 额 编 号			2-4-11	2-4-12	2-4-13	2-4-14
项 目			天棚抹灰			
			混凝土面层			
			混合砂浆面	纸筋灰浆面		
			混合砂浆底	混合砂浆底	混合砂浆底中	纸筋灰浆底
名 称		单位	消 耗 量			
人工	合计工日	工日	1.860	1.400	1.600	0.960
	其中 普工	工日	0.372	0.280	0.320	0.192
	一般技工	工日	0.651	0.490	0.560	0.336
	高级技工	工日	0.837	0.630	0.720	0.432
材料	水泥石灰砂浆 1:1:6	m³	—	—	0.072	—
	水泥石灰纸筋砂浆 1:3:9	m³	0.113	0.124	0.114	—
	水泥砂浆 1:2	m³	0.072	—	—	—
	纸筋石灰浆	m³	—	0.021	0.021	0.080
	水	m³	0.020	0.020	0.020	0.020
	其他材料费	%	1.00	1.00	1.00	1.00
机械	灰浆搅拌机 200L	台班	0.046	0.036	0.052	0.020

第五章　木作工程

说　明

一、本章定额包括立柱、圆梁、扁作梁、枋子、夹底、斗盘枋、圆木桁条、方木桁条、轩桁、连机、方木、圆木搁栅、帮脊木、矩圆形椽子、半圆单弯轩椽、矩形双弯轩椽、圆形椽子、矩形弯椽、茶壶档轩椽、矩形飞椽、圆形飞椽、戗角、斗拱、枕头木、梁垫、蒲鞋头、山雾云、里口木及其他配件、古式木窗、古式木门、古式栏杆、吴王靠、挂落及其他装饰，共十七节。

二、本章定额中的木构件规格，除注明者外，均以刨光为准，刨光损耗已包括在定额内（帮脊木未包括刨光）。定额中木材数量均为毛料。

三、本章定额木材均以一、二类木种为准，如采用三、四类木种，分别乘以系数：木门、窗制作人工和机械乘以系数 1.3，木门、窗安装人工乘以系数 1.15，其他项目的人工和机械乘以系数 1.35。

四、本章定额中木材以自然干燥为准，如需烘干时，另行计算。

五、本章定额中圆柱、方柱、圆梁、扁作梁、枋子、夹底、斗盘枋、圆木桁条、方木桁条、轩桁、连机、方木、圆木搁栅、矩圆形椽子、戗角如糙介不刨光者，其人工乘以系数 0.56，圆木、枋板材均改为 1.05m³，其他不变。

六、本章定额中圆梁、扁作梁以挖底不拔亥者为准，如拔亥，其人工乘以系数 1.1，如不挖底者其人工乘以系数 0.95。

七、本章定额中枋子、夹底、斗盘枋、圆木桁条中如云头做普通雕花，则人工增加 0.2 工日。

八、本章定额斗拱规格以五七为准（斗料：14cm×19.80cm×19.80cm 净料），刨光损耗 10mm 已包括在定额内，如做四六式者，枋材乘以系数 0.65，人工乘以系数 0.80，如做双四六者，枋材乘以系数 2.30，人工乘以系数 1.44。

九、柱头科（实拱）：一斗三升中枋材乘以系数 1.2，人工乘以系数 1.05；一斗六升中枋材乘以系数 1.3，人工乘以系数 1.08；单昂、重昂斗拱（一斗六升）中枋材乘以系数 1.35，人工乘以系数 1.09。

十、本章定额中水浪机、光面机以毛料 6.3cm×7.8cm×80cm 制作，与设计要求不符时，枋材按比例换算，其他不变。

十一、古式木长窗、木短窗、多角形短窗中，窗扇毛料规格边梃为 5.8cm×7.8cm，如与设计规定不符时，边梃方料可进行换算，其他不变。其中：长窗扇边梃枋材 0.349m³，短窗扇边梃枋材 0.345m³，多角形短窗扇边梃枋材 0.317m³。

十二、古式木长窗、木短窗、多角形短窗如做固定窗无框者，每 10m² 窗扇面积增加 0.166m³，其他不变。

十三、普通纱窗扇毛料规格边梃 4.8cm×6.8cm；插角乱纹嵌玻璃纱窗扇、仿古式长、短窗扇边梃 5.3cm×7.3cm，如与设计规定不符时，边梃枋材可进行换算，其他不变。其中：普通纱窗扇毛料规格边梃枋材 0.254m³；插角乱纹嵌玻璃纱窗扇、仿古式长窗扇边梃枋材 0.3m³；仿古式短窗扇边梃枋材 0.295m³。

十四、古式纱窗指古式窗嵌书画，上盖纱绸，本章定额中不含书画、纱绸。

十五、古式木门定额均未包括装锁，如装执手锁和弹簧锁每 10 把锁增加人工 2 工日，装弹子锁每 10 把增加人工 1 工日，锁的价格另计。

十六、玻璃厚度不同时，可按设计规定换算。

十七、本章中门、窗框扇断面尺寸见下表。

门、窗框扇断面尺寸

门窗类型	门窗樘毛料（mm）			门窗扇毛料（mm）					
	上槛	下槛	抱柱	门、窗挺	门、窗冒	隔堂板	外裙板	夹里板	窗心仔
古式木长窗（宫、葵、万字式）	120×115	120×220	95×110	60×80	58×78	25	20	—	31×19
古式木长窗（乱纹式）	120×115	120×220	95×110	60×80	58×78	25	20	—	31×37
古式木短窗（宫、葵、万字式）	120×115	120×115	95×110	58×78	58×78	25	20	—	31×19
古式木短窗（乱纹式）	120×115	120×115	95×110	58×78	58×78	25	20	—	31×37
古式多角形短窗（宫、葵、万字式）	88×108	88×108	88×108	58×78	58×78	—	—	—	31×19
古式多角形短窗（乱纹式）	88×108	88×108	88×108	58×78	58×78	—	—	—	31×37
古式普通纱窗	—	—	—	50×70	48×68	25	—	18	—
古式插角乱纹嵌玻璃纱窗	—	—	—	55×75	53×73	25	—	—	32×25
仿古式长窗	—	—	—	55×75	53×73	20	20	—	30×19
仿古式短窗	—	—	—	53×73	53×73	20	20	—	30×19
单面敲框档屏门	110×105	110×200	80×110	55×75	53×73	17	—	—	—
将军门	—	—	—	102×162	98×158	35	—	—	—

十八、木构件除云头，老、嫩戗头，昂头，水浪机，蒲鞋头普通雕花已计算外，其他雕花均未计算，如发生按实计算。

十九、木作工程中设计铁件用量与定额上不同时，可按实调整。

二十、下表中的规格（数量），供计算木戗角构件工程量时参考。

传统做法木戗角工程量计算参考表

单位：cm

序号	项目名称	木戗角 单位	摔网椽5~7根（界深1.20m）	摔网椽9~11根（界深1.50m）
1	老戗木	m³	14×16×300	16×20×380
2	嫩戗木	m³	11×18×100	13×22×120
3	戗伞木	m³	8×11×120×2÷2	8×14×150×2÷2
4	半圆摔网椽	m³	φ7×240×（10~14）根	φ8×300×（18~22）根
5	矩形摔网椽	m³	5×7×240×（10~14）根	6.5×8×300×（18~22）根
6	立脚飞椽	m³	6×8×100×（10~14）根	6.5×10×120×（18~22）根
7	关刀里口木	m³	14×18×190×2	16×20×240×2
8	关刀弯眠檐	m	6×2.5×650	6×2.5×750
9	弯封檐板	m	20×2.5×650	26×2.5×750
10	瓦口板	m	650	750
11	摔网板	m²	厚1.5：3.5m²	厚1.5：6.0m²

续表

序号	项目名称	单位	摔网椽5~7根（界深1.20m）	摔网椽9~11根（界深1.50m）
12	卷戗板	m²	厚1.0：2.5m²	厚1.0：3.0m²
13	鳖角壳板	m²	厚2.5：3.0m²	厚2.5：5.0m²
14	菱角木、龙径木	m³	8×18×150	10×22×250
15	硬木千斤销	个	7×6×70×1	7×6×70×1
	平面示意图（mm）			

序号	项目名称	单位	摔网椽13~15根（界深1.80m）	摔网椽17~19根（界深2.20m）
1	老戗木	m³	22×28×460	25×35×560
2	嫩戗木	m³	18×30×150	20×37×180
3	戗伞木	m³	10×20×180×2÷2	12×22×220×2÷2
4	半圆摔网椽	m³	φ10×360×（26~30）根	φ12×440×（34~38）根
5	矩形摔网椽	m³	8×10×360×（26~30）根	9×12×440×（34~38）根
6	立脚飞椽	m³	7.5×13×150×（26~30）根	9×16×180×（34~38）根
7	关刀里口木	m³	20×22×280×2	24×24×340×2
8	关刀弯眠檐	m	6.5×2.5×850	7×3×1000
9	弯封檐板	m	28×3×850	32×3×1000
10	瓦口板	m	850	1000
11	摔网板	m²	厚1.5：9m²	厚1.5：11m²
12	卷戗板	m²	厚1.0：3.5m²	厚1.0：5.0m²
13	鳖角壳板	m²	厚2.5：7.0m²	厚2.5：10m²
14	菱角木、龙径木	m³	14×30×300	18×35×350
15	硬木千斤销	个	10×8×120×1	10×8×140×1
	平面示意图（mm）			

注：1. 如设计规格、尺寸不同，可按设计规格、尺寸计算。

2. 本表不适用于亭子戗角，亭子戗角可按设计规格、尺寸计算。

二十一、宋式铺作展开面积见下表。

宋式铺作展开面积表　　　　　　　　　　　　　　单位：朵（攒）

铺作分类	展开面积	二等材	三等材	四等材	五等材	六等材	盖斗板、斜斗板相当于铺作的百分比（%）
斗口跳	m²	4.84	3.619	3.091	2.395	1.681	—
把头绞项作	m²	4.37	3.268	2.792	2.163	1.518	—
四铺作	m²	10.733	8.057	6.882	5.332	3.742	15
五铺作	m²	11.553	8.64	7.38	5.718	4.013	15
六铺作	m²	20.913	15.639	13.358	10.351	7.264	16
七铺作	m²	28.856	21.58	18.432	12.283	10.023	17
八铺作	m²	36.321	27.162	23.201	17.978	12.616	17

注：转角铺作相当于补间铺作的 3.5 倍。牌楼转角铺作相当于补间铺作的 6 倍。

工程量计算规则

一、立帖式屋架、柱、梁、枋子、斗盘（坐斗枋）、桁条、连机、椽子搁栅、关刀里口木、菱角木、枕头木、柱头坐斗、戗角等均按设计几何尺寸，以"m³"计算。

二、摔网板、卷戗板、鳌角壳板、垫拱板、疝填板、排疝板、望板、裙板、雨达板、坐槛、古式栏杆，均按设计几何尺寸，以"m²"计算。

三、吴王靠、挂落、夹堂板、里口木、封檐板、瓦口板、勒望、椽椀板、安椽头均按长度方向延长米计算。

四、斗拱、须弥座以"座"计算，梁垫、山雾云、棹木、水浪机、蒲鞋头、抱梁云、硬木销以"块（只）"计算。

五、古式木门窗，按门窗扇尺寸以面积计算，门窗框制作以上、中、下槛及抱柱长度计算。

六、飞罩、落地圆罩、方罩按外侧展开长度计算。

七、柱头：

1. 廊柱、步柱：高度从鼓磴面到机面（连机面）线再加四分之一柱头直径（榫头）计算。

2. 脊柱：高度从鼓磴面到机面线再加三分之一柱头直径（榫头）计算。

3. 柱顶坐斗拱或坐斗者：高度从鼓磴面到斗拱或坐斗底再加 3cm（榫头）计算。

八、桁条：

1. 正帖桁条：长度按跨度平均加 15cm（榫头）计算。

2. 边帖桁条：长度按跨度加另一边实际挑出长度计算。

九、连机：按每个跨度长度计算。

十、枋子：按跨度加柱子直径计算。

十一、梁：

1. 轩梁：当轩梁外（檐柱外边）有云头时，一头算至云头外边线，另一头按跨度加二分之一步柱直径长度计算。

2. 大梁：

（1）当一头挑出时：一头按挑出长度，另一头按跨度加二分之一柱径长度计算。

（2）当两头挑出时：按两头挑出总长度计算。

（3）当两头不挑出时：按跨度加两个二分之一柱径（两边）长度计算。

3. 山界梁、荷包梁：按两头挑出总长度计算。

4. 双步、三步、廊川：一头按挑出长度，另一头按跨度加二分之一柱径长度计算。

5. 矮柱（童柱）：

（1）圆矮柱：规格按大梁加 4cm 直径计算，高度：上到桁条底再加四分之一矮柱径，下到大梁二分之一直径再加 2cm 计算。

（2）扁作矮柱：宽、厚按大梁厚度计算，高度：上到桁条底再加四分之一矮柱厚，下到大梁三分之一高再加 2cm 计算。

十二、椽子：

1. 直椽：按每界斜长加披头（一个椽子直径）长度计算。

2. 茶壶档椽、弯椽：按水平投影长度计算。

十三、戗角：按本章说明"传统做法木戗角工程量计算参考表"计算。

十四、屋面坡度系数：按每界的平均坡度系数计算。

一、立 柱

工作内容: 1. 制作:放样、选料、用料、錾剥、刨光、划线、起线、凿眼、挖底、拔亥、
　　　　　锯榫、汇榫。
　　　2. 安装:安装、吊线、校正、临时支撑、伸入墙内部分刷水柏油。　　　　计量单位:m³

定　额　编　号			2-5-1	2-5-2	2-5-3	2-5-4	2-5-5
项　　　目			圆柱(cm 以内)				
			ϕ 14	ϕ 18	ϕ 22	ϕ 26	ϕ 30
名　　　称		单位	消　耗　量				
人工	合计工日	工日	20.917	18.839	16.700	13.385	12.032
	其中 普工	工日	4.183	3.767	3.340	2.677	2.407
	一般技工	工日	7.321	6.594	5.845	4.685	4.211
	高级技工	工日	9.413	8.478	7.515	6.023	5.414
材料	原木	m³	1.177	1.155	1.143	1.118	1.105
	其他材料费	%	0.50	0.50	0.50	0.50	0.50
机械	圆木车床	台班	0.590	0.300	0.300	0.194	0.194

工作内容: 1. 制作:放样、选料、用料、錾剥、刨光、划线、起线、凿眼、挖底、拔亥、
　　　　　锯榫、汇榫。
　　　2. 安装:安装、吊线、校正、临时支撑、伸入墙内部分刷水柏油。　　　　计量单位:m³

定　额　编　号			2-5-6	2-5-7	2-5-8	2-5-9
项　　　目			圆柱(cm 以内)			
			ϕ 34	ϕ 40	ϕ 44	ϕ 50
名　　　称		单位	消　耗　量			
人工	合计工日	工日	11.289	9.628	8.583	7.363
	其中 普工	工日	2.258	1.925	1.717	1.473
	一般技工	工日	3.951	3.370	3.004	2.577
	高级技工	工日	5.080	4.333	3.862	3.313
材料	原木	m³	1.111	1.109	1.095	1.098
	其他材料费	%	0.50	0.50	0.50	0.50
机械	圆木车床	台班	0.194	0.180	0.145	0.145

工作内容: 1. 制作:放样、选料、用料、鏊剥、刨光、划线、起线、凿眼、挖底、拔亥、
锯榫、汇榫。

2. 安装:安装、吊线、校正、临时支撑、伸入墙内部分刷水柏油。　计量单位:m³

定　额　编　号			2-5-10	2-5-11	2-5-12	2-5-13	2-5-14	2-5-15
项　　　目			方柱(cm 以内)					立柱
			14×14	18×18	22×22	26×26	30×30	多角形
名　　称		单位	消　耗　量					
人工	合计工日	工日	14.872	13.500	11.875	9.517	6.999	15.650
	其中 普工	工日	2.974	2.700	2.375	1.903	1.399	3.129
	一般技工	工日	5.205	4.725	4.156	3.331	2.450	5.478
	高级技工	工日	6.693	6.075	5.344	4.283	3.150	7.043
材料	板枋材	m³	1.124	1.099	1.097	1.091	1.083	—
	原木	m³	—	—	—	—	—	1.050
	其他材料费	%	0.50	0.50	0.50	0.50	0.50	0.50
机械	木工平刨床 500mm	台班	0.740	0.580	0.470	0.400	0.350	0.576
	圆木车床	台班	—	—	—	—	—	0.300

二、圆梁、扁作梁、枋子、夹底、斗盘枋、圆木桁条

工作内容: 1. 制作:放样、选料、用料、鏊剥、刨光、划线、起线、凿眼、挖底、拔亥、
锯榫、汇榫。

2. 安装:安装、吊线、校正、临时支撑、伸入墙内部分刷水柏油。　计量单位:m³

定　额　编　号			2-5-16	2-5-17	2-5-18	2-5-19
项　　　　目			圆梁		扁作梁	
			大梁、山界梁、双步、川坪		大梁、承重、山界梁、轩梁、荷包梁、双步	
			直径(cm 以内)	直径(cm 以上)	厚度(cm 以内)	厚度(cm 以上)
			φ24			
名　　称		单位	消　耗　量			
人工	合计工日	工日	19.201	21.303	20.760	17.910
	其中 普工	工日	3.841	4.261	4.152	3.581
	一般技工	工日	6.720	7.456	7.266	6.269
	高级技工	工日	8.640	9.586	9.342	8.060
材料	板枋材	m³	—	—	1.090	1.083
	原木	m³	1.142	1.217	—	—
	其他材料费	%	0.50	0.50	0.50	0.50
机械	木工平刨床 500mm	台班	—	—	0.370	0.340
	圆木车床	台班	0.370	0.194	—	—

工作内容: 1. 制作: 放样、选料、用料、錾剥、刨光、划线、起线、凿眼、挖底、拔亥、
锯榫、汇榫。

　　　2. 安装: 安装、吊线、校正、临时支撑、伸入墙内部分刷水柏油。　　　计量单位: m³

定 额 编 号			2-5-20	2-5-21	2-5-22	2-5-23
项　　目			枋子、夹底、斗盘枋			
			厚度（cm 以内）			厚度（cm 以上）
			8	12	15	
名　　称		单位	消　耗　量			
人工	合计工日	工日	15.890	12.420	10.690	7.870
	其中 普工	工日	3.177	2.484	2.137	1.573
	一般技工	工日	5.562	4.347	3.742	2.755
	高级技工	工日	7.151	5.589	4.811	3.542
材料	板枋材	m³	1.229	1.207	1.172	1.092
	其他材料费	%	0.50	0.50	0.50	0.50
机械	木工平刨床 500mm	台班	0.860	0.720	0.540	0.440

工作内容: 1. 制作: 选料、用料、錾剥、刨光、划线、起线、凿眼、挖底、拔亥、锯榫、汇榫。

　　　2. 安装: 安装、吊线、校正、临时支撑、伸入墙内部分刷水柏油。　　　计量单位: m³

定 额 编 号			2-5-24	2-5-25	2-5-26	2-5-27
项　　目			圆木桁条（cm 以内）			
			ϕ 12	ϕ 16	ϕ 20	ϕ 24
名　　称		单位	消　耗　量			
人工	合计工日	工日	12.068	9.804	6.400	5.182
	其中 普工	工日	2.413	1.961	1.280	1.036
	一般技工	工日	4.224	3.431	2.240	1.814
	高级技工	工日	5.431	4.412	2.880	2.332
材料	原木	m³	1.204	1.166	1.143	1.131
	其他材料费	%	0.50	0.50	0.50	0.50
机械	圆木车床	台班	0.730	0.300	0.300	0.300

注: 如轩枋,其人工乘以系数 1.35。

工作内容: 1. 制作:放样、选料、用料、鏨剥、刨光、划线、起线、凿眼、挖底、拔亥、锯榫、汇榫。

2. 安装:安装、吊线、校正、临时支撑、伸入墙内部分刷水柏油。　　　　　计量单位:m³

定 额 编 号			2-5-28	2-5-29	2-5-30	2-5-31
项　　目			圆木桁条(cm 以内)			
			φ28	φ32	φ36	φ40
名　　称		单位	消　耗　量			
人工	合计工日	工日	4.117	3.675	3.182	2.602
	其中 普工	工日	0.823	0.735	0.636	0.520
	一般技工	工日	1.441	1.286	1.114	0.911
	高级技工	工日	1.853	1.654	1.432	1.171
材料	原木	m³	1.120	1.111	1.108	1.095
	其他材料费	%	0.50	0.50	0.50	0.50
机械	圆木车床	台班	0.240	0.194	0.145	0.145

注: 如轩枋,其人工乘以系数 1.35。

工作内容: 1. 制作:放样、选料、用料、鏨剥、刨光、划线、起线、凿眼、挖底、拔亥、锯榫、汇榫。

2. 安装:安装、吊线、校正、临时支撑、伸入墙内部分刷水柏油。　　　　　计量单位:m³

定 额 编 号			2-5-32	2-5-33	2-5-34	2-5-35
项　　目			圆木轩桁(cm 以内)			
			φ12	φ16	φ20	φ24
名　　称		单位	消　耗　量			
人工	合计工日	工日	27.110	17.370	11.700	9.640
	其中 普工	工日	5.421	3.473	2.340	1.928
	一般技工	工日	9.489	6.080	4.095	3.374
	高级技工	工日	12.200	7.817	5.265	4.338
材料	原木	m³	1.204	1.166	1.143	1.131
	其他材料费	%	0.50	0.50	0.50	0.50
机械	圆木车床	台班	0.730	0.300	0.300	0.300

工作内容: 1. 制作:放样、选料、用料、鏨剥、刨光、划线、起线、凿眼、挖底、拔亥、
　　　　　　锯榫、汇榫。
　　　　　2. 安装:安装、吊线、校正、临时支撑、伸入墙内部分刷水柏油。　　　　　计量单位:m³

定　额　编　号			2-5-36	2-5-37	2-5-38	2-5-39
项　　　目			圆木轩桁(cm 以内)			
			ϕ28	ϕ32	ϕ36	ϕ40
名　　称		单位	消　耗　量			
人工	合计工日	工日	7.450	6.500	5.570	4.490
	其中 普工	工日	1.489	1.300	1.113	0.897
	一般技工	工日	2.608	2.275	1.950	1.572
	高级技工	工日	3.353	2.925	2.507	2.021
材料	原木	m³	1.120	1.111	1.108	1.095
	其他材料费	%	0.50	0.50	0.50	0.50
机械	圆木车床	台班	0.240	0.194	0.145	0.145

三、方木桁条、轩桁、连机

工作内容: 1. 制作:放样、选料、用料、鏨剥、刨光、划线、起线、凿眼、挖底、拔亥、
　　　　　　锯榫、汇榫。
　　　　　2. 安装:安装、吊线、校正、临时支撑、伸入墙内部分刷水柏油。　　　　　计量单位:m³

定　额　编　号			2-5-40	2-5-41	2-5-42	2-5-43
项　　　目			方木桁条			方木轩桁
			厚度(cm 以内)	厚度(cm 以上)		厚度(cm 以内)
			11	14		11
名　　称		单位	消　耗　量			
人工	合计工日	工日	7.750	6.030	5.390	13.160
	其中 普工	工日	1.549	1.205	1.077	2.632
	一般技工	工日	2.713	2.111	1.887	4.606
	高级技工	工日	3.488	2.714	2.426	5.922
材料	板枋材	m³	1.134	1.114	1.107	1.134
	其他材料费	%	0.50	0.50	0.50	0.50
机械	木工平刨床 500mm	台班	0.840	0.690	0.610	0.840

工作内容: 1. 制作：放样、选料、用料、錾剥、刨光、划线、起线、凿眼、挖底、拔亥、
锯榫、汇榫。

      2. 安装：安装、吊线、校正、临时支撑、伸入墙内部分刷水柏油。　　　　计量单位：m³

定 额 编 号			2-5-44	2-5-45	2-5-46	2-5-47
项 目			\多column方木轩桁		方木连机	
			厚度（cm以内）	厚度（cm以上）		
			14		5	8
名 称		单位	消 耗 量			
人工	合计工日	工日	10.770	8.980	25.180	10.820
	其中 普工	工日	2.153	1.796	5.036	2.164
	一般技工	工日	3.770	3.143	8.813	3.787
	高级技工	工日	4.847	4.041	11.331	4.869
材料	板枋材	m³	1.114	1.107	1.146	1.111
	其他材料费	%	0.50	0.50	0.50	0.50
机械	木工平刨床 500mm	台班	0.690	0.610	1.780	1.020

四、方木、圆木搁栅

工作内容: 1. 制作：放样、选料、用料、錾剥、刨光、划线、起线、凿眼、挖底、拔亥、
锯榫、汇榫。

      2. 安装：安装、吊线、校正、临时支撑、伸入墙内部分刷水柏油。　　　　计量单位：m³

定 额 编 号			2-5-48	2-5-49	2-5-50	2-5-51	2-5-52	2-5-53
项 目			方木搁栅			圆木搁栅		
			厚度（cm以内）		厚度（cm以上）	直径（cm以内）		
			11		14	16		20
名 称		单位	消 耗 量					
人工	合计工日	工日	10.800	8.530	7.140	13.870	12.530	5.931
	其中 普工	工日	2.160	1.705	1.428	2.773	2.505	1.186
	一般技工	工日	3.780	2.986	2.499	4.855	4.386	2.076
	高级技工	工日	4.860	3.839	3.213	6.242	5.639	2.669
材料	板枋材	m³	1.134	1.119	1.110	—	—	—
	原木	m³	—	—	—	1.178	1.163	1.141
	其他材料费	%	0.50	0.50	0.50	0.50	0.50	0.50
机械	木工平刨床 500mm	台班	0.840	0.690	0.610	—	—	—
	圆木车床	台班	—	—	—	0.730	0.370	0.370

五、帮脊木、矩圆形椽子

工作内容：1. 制作：放样、选料、用料、鏊剥、刨光、划线、起线、凿眼、挖底、拔亥、锯榫、汇榫。
　　　　　2. 安装：安装、吊线、校正、临时支撑、伸入墙内部分刷水柏油。　　　　　　　　计量单位：m³

定　额　编　号			2-5-54	2-5-55	2-5-56	2-5-57	2-5-58	2-5-59
项　　目			帮脊木方、圆、多角形	矩形椽子			半圆荷包形椽	
				周长（cm以内）	周长（cm以上）		直径（cm以内）	
				30	40		7	10
名　　称		单位	消　耗　量					
合计工日		工日	9.020	8.950	4.800	3.730	22.060	19.840
人工	其中 普工	工日	1.804	1.789	0.960	0.745	4.412	3.968
	一般技工	工日	3.157	3.133	1.680	1.306	7.721	6.944
	高级技工	工日	4.059	4.028	2.160	1.679	9.927	8.928
材料	原木	m³	1.050	—	—	—	—	—
	板枋材	m³	—	1.195	1.150	1.075	1.184	1.144
	圆钉	kg	1.830	3.200	1.890	2.200	2.940	1.590
	其他材料费	%	—	0.50	0.50	0.50	0.50	0.50
机械	木工平刨床500mm	台班	0.693	1.780	1.260	1.120	0.445	0.315

六、半圆单弯轩椽、矩形双弯轩椽

工作内容: 1. 制作:放样、选料、用料、鏖剥、刨光、划线、起线。

2. 安装:安装、吊线、校正、临时支撑、伸入墙内部分刷水柏油。 计量单位:m³

定 额 编 号			2-5-60	2-5-61	2-5-62	2-5-63	2-5-64	2-5-65
项 目			半圆单弯轩椽			半圆双弯轩椽		
			周长(cm 以内)					
			25	35	45	25	35	45
名 称		单位	消 耗 量					
人工	合计工日	工日	51.525	24.264	16.047	56.678	26.690	17.652
	其中 普工	工日	10.305	4.853	3.210	11.336	5.337	3.531
	一般技工	工日	18.034	8.492	5.616	19.837	9.342	6.178
	高级技工	工日	23.186	10.919	7.221	25.505	12.011	7.943
材料	板枋材	m³	1.770	1.667	1.736	1.770	1.667	1.736
	圆钉	kg	7.210	3.700	2.570	3.600	3.700	2.370
	其他材料费	%	0.50	0.50	0.50	0.50	0.50	0.50
机械	木工平刨床 500mm	台班	0.445	0.445	0.445	1.780	1.380	1.080

工作内容: 1. 制作:放样、选料、用料、鏖剥、刨光、划线、起线。

2. 安装:安装、吊线、校正、临时支撑、伸入墙内部分刷水柏油。 计量单位:m³

定 额 编 号			2-5-66	2-5-67	2-5-68
项 目			矩形双弯轩椽		
			周长(cm 以内)		
			25	35	45
名 称		单位	消 耗 量		
人工	合计工日	工日	71.127	32.886	23.607
	其中 普工	工日	14.226	6.577	4.722
	一般技工	工日	24.894	11.510	8.262
	高级技工	工日	32.007	14.799	10.623
材料	板枋材	m³	1.770	1.667	1.736
	圆钉	kg	3.600	3.700	2.370
	其他材料费	%	0.50	0.50	0.50
机械	木工平刨床 500mm	台班	1.780	1.380	1.080

七、圆形椽子、矩形弯椽

工作内容: 1. 制作:放样、选料、用料、鐾剥、刨光、划线、起线、凿眼、挖底、拔亥、锯榫、汇榫。

　　2. 安装:安装、吊线、校正、临时支撑、伸入墙内部分刷水柏油。　　　　　　　计量单位:m³

定　额　编　号			2-5-69	2-5-70	2-5-71	2-5-72	2-5-73	2-5-74
项　　　目			全圆形椽			矩形单弯椽		
			直径(cm 以内)		直径(cm 以上)	周长(cm 以内)		
			7	10		25	35	45
名　　称		单位	消　耗　量					
人工	合计工日	工日	9.140	5.450	4.750	45.005	21.936	12.547
	其中 普工	工日	1.828	1.089	0.949	9.001	4.387	2.510
	一般技工	工日	3.199	1.908	1.663	15.752	7.678	4.391
	高级技工	工日	4.113	2.453	2.138	20.252	9.871	5.646
材料	原木	m³	1.229	1.262	1.230	—	—	—
	板枋材	m³	—	—	—	1.770	1.667	1.736
	圆钉	kg	2.870	2.240	3.720	7.210	3.700	2.570
	其他材料费	%	0.50	0.50	0.50	0.50	0.50	0.50
机械	木工平刨床 500mm	台班	—	—	—	1.780	1.380	1.080
	圆木车床	台班	0.730	0.590	0.590	—	—	—

八、茶壶档轩椽、矩形飞椽

工作内容: 1. 制作:放样、选料、用料、錾剥、抛光、划线、起线。
2. 安装:安装、吊线、校正、临时支撑、伸入墙内部分刷水柏油。 计量单位:m³

定 额 编 号		2-5-75	2-5-76	2-5-77	2-5-78	2-5-79	2-5-80
项 目		茶壶档轩椽			矩形飞椽		
		周长(cm 以内)					
		25	35	45	25	35	45
名 称	单位	消 耗 量					
合计工日	工日	33.773	21.514	16.454	24.720	11.386	7.728
人工 其中 普工	工日	6.754	4.303	3.291	4.944	2.277	1.545
一般技工	工日	11.821	7.530	5.759	8.652	3.985	2.705
高级技工	工日	15.198	9.681	7.404	11.124	5.124	3.478
材料 板枋材	m³	1.233	1.185	1.164	1.257	1.181	1.160
圆钉	kg	3.630	2.480	1.860	7.600	3.380	3.370
其他材料费	%	0.50	0.50	0.50	0.50	0.50	0.50
机械 木工平刨床 500mm	台班	1.730	1.300	1.040	1.970	1.280	0.950

九、圆 形 飞 椽

工作内容: 1. 制作:放样、选料、用料、錾剥、抛光、划线、起线。

2. 安装:安装、吊线、校正、临时支撑、伸入墙内部分刷水柏油。 计量单位:m³

定 额 编 号			2-5-81	2-5-82	2-5-83
项 目			圆形飞椽		
			直径(cm以内)		直径(cm以上)
			7	10	
名 称		单位	消 耗 量		
人 工	合计工日	工日	25.795	13.651	10.685
	其中 普工	工日	5.159	2.730	2.137
	一般技工	工日	9.028	4.778	3.740
	高级技工	工日	11.608	6.143	4.808
材 料	原木	m³	1.328	1.281	1.233
	圆钉	kg	6.540	4.500	5.730
	其他材料费	%	0.50	0.50	0.50
机 械	圆木车床	台班	0.730	0.590	0.300
	木工平刨床 500mm	台班	0.243	0.243	0.243

十、戗 角

工作内容: 1. 制作:放样、选料、运料、断料、錾剥、刨光、起线、凿眼、锯榫、汇榫。

2. 安装:安装、校正、固定。

3. 老、嫩戗头普通雕花。 计量单位:m³

定 额 编 号			2-5-84	2-5-85	2-5-86	2-5-87
项 目			老戗木			
			周长(cm以内)			
			60	72	100	120
名 称		单位	消 耗 量			
人 工	合计工日	工日	31.520	24.216	16.256	10.760
	其中 普工	工日	6.304	4.843	3.251	2.152
	一般技工	工日	11.032	8.476	5.690	3.766
	高级技工	工日	14.184	10.897	7.315	4.842
材 料	板枋材	m³	1.156	1.167	1.089	1.080
	其他材料费	%	0.50	0.50	0.50	0.50
机 械	木工平刨床 500mm	台班	0.650	0.560	0.420	0.360

工作内容: 1. 制作:放样、选料、运料、断料、錾剥、刨光、起线、凿眼、锯榫、汇榫。

2. 安装:安装、校正、固定。

3. 老、嫩戗头普通雕花。

计量单位:m³

定 额 编 号			2-5-88	2-5-89	2-5-90	2-5-91
项 目			嫩戗木			
			周长(cm以内)			
			58	70	96	114
名 称		单位	消 耗 量			
人工	合计工日	工日	73.712	43.312	23.544	11.478
	其中 普工	工日	14.743	8.663	4.709	2.296
	一般技工	工日	25.799	15.159	8.240	4.017
	高级技工	工日	33.170	19.490	10.595	5.165
材料	板枋材	m³	1.073	1.073	1.073	1.091
	其他材料费	%	0.50	0.50	0.50	0.50
机械	木工平刨床 500mm	台班	0.740	0.600	0.440	0.370

工作内容: 1. 制作:放样、选料、运料、断料、錾剥、起线、凿眼、锯榫、汇榫。

2. 安装:安装、校正、固定。

计量单位:m³

定 额 编 号			2-5-92	2-5-93	2-5-94	2-5-95
项 目			戗山木(cm以内)			
			120×11×8	150×14×8	180×20×10	220×22×12
名 称		单位	消 耗 量			
人工	合计工日	工日	26.536	18.464	13.487	9.048
	其中 普工	工日	5.307	3.693	2.698	1.809
	一般技工	工日	9.288	6.462	4.720	3.167
	高级技工	工日	11.941	8.309	6.069	4.072
材料	板枋材	m³	1.119	1.110	1.100	1.092
	圆钉	kg	9.570	6.640	5.230	3.670
	其他材料费	%	0.50	0.50	0.50	0.50
机械	木工平刨床 500mm	台班	1.120	1.020	0.780	0.670

工作内容：1.制作：放样、选料、运料、断料、鏨剥、起线、凿眼、锯榫、汇榫。
　　　　　　2.安装：安装、校正、固定。

计量单位：m³

定　额　编　号			2-5-96	2-5-97	2-5-98	2-5-99
项　　目			半圆荷包形摔网椽			
			直径（cm 以内）			
			7	8	10	12
名　　称		单位	消　耗　量			
人工	合计工日	工日	24.630	20.210	16.730	15.040
	其中 普工	工日	4.925	4.041	3.345	3.008
	一般技工	工日	8.621	7.074	5.856	5.264
	高级技工	工日	11.084	9.095	7.529	6.768
材料	原木	m³	1.050	1.050	1.219	1.207
	圆钉	kg	2.830	2.800	3.130	2.810
	其他材料费	%	0.50	0.50	0.50	0.50
机械	圆木车床	台班	0.730	0.580	0.580	0.580
	木工平刨床 500mm	台班	0.243	0.243	0.243	0.243

工作内容：1.制作：放样、选料、运料、断料。
　　　　　　2.安装：安装、校正、固定。

计量单位：m³

定　额　编　号			2-5-100	2-5-101	2-5-102	2-5-103
项　　目			矩形摔网椽（cm 以内）			
			5×7	6.5×8	8×10	9×12
名　　称		单位	消　耗　量			
人工	合计工日	工日	19.350	16.035	12.930	10.215
	其中 普工	工日	3.869	3.207	2.585	2.043
	一般技工	工日	6.773	5.612	4.526	3.575
	高级技工	工日	8.708	7.216	5.819	4.597
材料	板枋材	m³	1.115	1.108	1.100	1.092
	圆钉	kg	4.190	5.000	3.930	3.240
	其他材料费	%	0.50	0.50	0.50	0.50
机械	木工平刨床 500mm	台班	1.780	1.450	1.170	1.010

工作内容: 1. 制作:放样、选料、运料、断料。

      2. 安装:安装、校正、固定。

计量单位:m³

定 额 编 号			2-5-104	2-5-105	2-5-106	2-5-107
项 目			立脚飞椽(cm 以内)			
			6×8	6.5×10	7.5×13	9×16
名 称		单位	消 耗 量			
人工	合计工日	工日	32.170	24.340	18.290	13.980
	其中 普工	工日	6.433	4.868	3.657	2.796
	一般技工	工日	11.260	8.519	6.402	4.893
	高级技工	工日	14.477	10.953	8.231	6.291
材料	板枋材	m³	1.120	1.120	1.120	1.050
	圆钉	kg	4.660	2.730	2.510	2.230
	其他材料费	%	0.50	0.50	0.50	0.50
机械	木工平刨床 500mm	台班	1.510	1.320	1.090	0.900

工作内容: 1. 制作:放样、选料、运料、断料。

      2. 安装:安装、校正、固定。

      3. 老、嫩戗头普通雕花。

计量单位:m³

定 额 编 号			2-5-108	2-5-109	2-5-110	2-5-111
项 目			关刀里口木(cm 以内)			
			14×18	16×20	20×22	24×24
名 称		单位	消 耗 量			
人工	合计工日	工日	36.300	33.150	29.890	27.450
	其中 普工	工日	7.260	6.629	5.977	5.489
	一般技工	工日	12.705	11.603	10.462	9.608
	高级技工	工日	16.335	14.918	13.451	12.353
材料	板枋材	m³	1.080	1.078	1.093	1.091
	圆钉	kg	1.800	1.660	1.560	1.280
	其他材料费	%	0.50	0.50	0.50	0.50
机械	木工平刨床 500mm	台班	0.660	0.580	0.490	0.430

工作内容: 1. 制作:放样、选料、运料、断料。

  2. 安装:安装、校正、固定。   计量单位:10m

定 额 编 号				2-5-112	2-5-113	2-5-114
项 目				关刀弯眠檐(cm 以内)		
				6×2.5	6.5×2.5	7×3
名 称			单位	消 耗 量		
人工工中	合计工日		工日	1.060	2.120	2.940
	其中	普工	工日	0.212	0.424	0.588
		一般技工	工日	0.371	0.742	1.029
		高级技工	工日	0.477	0.954	1.323
材料	板枋材		m³	0.032	0.051	0.065
	圆钉		kg	0.160	0.290	0.410
	其他材料费		%	0.50	0.50	0.50
机械	木工单面压刨床 600mm		台班	0.010	0.011	0.012

工作内容: 1. 制作:放样、选料、运料、断料。

  2. 安装:安装、校正、固定。   计量单位:10m

定 额 编 号				2-5-115	2-5-116	2-5-117	2-5-118
项 目				弯封檐板(cm 以内)			
				20×2.5	26×2.5	28×3	32×3
名 称			单位	消 耗 量			
人工工中	合计工日		工日	1.880	2.820	3.640	5.060
	其中	普工	工日	0.376	0.564	0.728	1.012
		一般技工	工日	0.658	0.987	1.274	1.771
		高级技工	工日	0.846	1.269	1.638	2.277
材料	板枋材		m³	0.080	0.105	0.128	0.168
	圆钉		kg	0.160	0.240	0.490	0.650
	其他材料费		%	0.50	0.50	0.50	0.50
机械	木工单面压刨床 600mm		台班	0.034	0.044	0.048	0.054

工作内容: 1. 制作:放样、选料、运料、断料。
            2. 安装:安装、校正、固定。

计量单位:10m²

定 额 编 号				2-5-119	2-5-120	2-5-121
项 目				摔网板	卷戗板	鳌角壳板
				厚度（cm 以内）		
				1.5	1	2.5
名 称			单位	消 耗 量		
人工	合计工日		工日	2.940	4.120	1.760
	其中	普工	工日	0.588	0.824	0.352
		一般技工	工日	1.029	1.442	0.616
		高级技工	工日	1.323	1.854	0.792
材料	板枋材		m³	0.200	0.250	0.370
	圆钉		kg	1.690	0.530	1.930
	其他材料费		%	0.50	0.50	0.50
机械	木工单面压刨床 600mm		台班	0.171	0.171	0.171

工作内容: 1. 制作:放样、选料、运料、断料。
            2. 安装:安装、校正、固定。

计量单位:m³

定 额 编 号				2-5-122	2-5-123	2-5-124	2-5-125
项 目				菱角木、龙径木（cm 以内）			
				8×18	10×22	14×30	18×35
名 称			单位	消 耗 量			
人工	合计工日		工日	39.020	20.200	12.930	7.990
	其中	普工	工日	7.804	4.040	2.585	1.597
		一般技工	工日	13.657	7.070	4.526	2.797
		高级技工	工日	17.559	9.090	5.819	3.596
材料	板枋材		m³	1.089	1.053	1.048	1.052
	圆钉		kg	3.100	2.980	2.240	1.720
	其他材料费		%	0.50	0.50	0.50	0.50
机械	木工平刨床 500mm		台班	0.936	0.754	0.540	0.436

工作内容: 1.制作:放样、选料、运料、断料。

　　　　　2.安装:安装、校正、固定。

定　额　编　号			2-5-126	2-5-127	2-5-128	2-5-129
项　　目			硬木千斤销(cm以内)			木构件加固定螺栓
			7×6×70	10×8×120	10×8×140	
			10个			10kg
名　　称		单位	消　耗　量			
人工	合计工日	工日	17.600	29.400	30.800	0.550
	其中 普工	工日	3.520	5.880	6.160	0.109
	一般技工	工日	6.160	10.290	10.780	0.193
	高级技工	工日	7.920	13.230	13.860	0.248
材料	板枋材	m³	0.040	0.120	0.140	—
	带帽六角螺栓 M12以外	kg	—	—	—	10.300
	其他材料费	%	0.50	0.50	0.50	0.50
机械	木工平刨床 500mm	台班	0.030	0.130	0.180	—

十一、斗　　拱

工作内容: 放样、选料、锯料、刨光、制作及安装(斗、升、拱、昂)。　　　　　　　　　计量单位:座

定　额　编　号			2-5-130	2-5-131	2-5-132
项　　目			一斗三升		
			一字形	丁字形	十字形
名　　称		单位	消　耗　量		
人工	合计工日	工日	2.794	3.869	4.512
	其中 普工	工日	0.559	0.774	0.903
	一般技工	工日	0.978	1.354	1.579
	高级技工	工日	1.257	1.741	2.030
材料	板枋材	m³	0.014	0.017	0.024
	圆钉	kg	0.010	0.010	0.010
	其他材料费	%	0.50	0.50	0.50
机械	木工平刨床 500mm	台班	0.007	0.009	0.010

工作内容：放样、选料、锯料、刨光、制作及安装（斗、升、拱、昂）。　　　　　**计量单位**：座

定　额　编　号			2-5-133	2-5-134	2-5-135
项　　　目			一斗六升		
			一字形	丁字形	十字形
名　　称		单位	消　耗　量		
人工	合计工日		工日	4.512	6.778	9.139
	其中	普工	工日	0.903	1.356	1.827
		一般技工	工日	1.579	2.372	3.199
		高级技工	工日	2.030	3.050	4.113
材料	板枋材		m³	0.023	0.032	0.039
	圆钉		kg	0.010	0.010	0.010
	其他材料费		%	0.50	0.50	0.50
机械	木工平刨床 500mm		台班	0.011	0.016	0.018

工作内容：放样、选料、锯料、刨光、制作及安装（斗、升、拱、昂），昂头普通雕花。　　　　　**计量单位**：座

定　额　编　号			2-5-136	2-5-137	2-5-138	2-5-139
项　　　目			单昂斗拱（一斗六升）		重昂斗拱（一斗六升）	
			丁字形	十字形	丁字形	十字形
名　　称		单位	消　耗　量			
人工	合计工日		工日	6.883	9.466	7.200	9.466
	其中	普工	工日	1.377	1.893	1.440	1.893
		一般技工	工日	2.409	3.313	2.520	3.313
		高级技工	工日	3.097	4.260	3.240	4.260
材料	板枋材		m³	0.038	0.044	0.043	0.050
	圆钉		kg	0.020	0.020	0.020	0.020
	其他材料费		%	0.50	0.50	0.50	0.50
机械	木工平刨床 500mm		台班	0.023	0.023	0.029	0.034

工作内容： 放样、选料、锯料、刨光、制作及安装（斗）。　　　　　　　　　　　　　　　　　计量单位：m³

定　额　编　号			2-5-140	2-5-141	2-5-142	2-5-143
项　　　目			柱头座斗（cm 以内）			
			18×18×16	24×24×20	30×30×24	45×45×30
名　　　称		单位	消　耗　量			
人工	合计工日	工日	52.646	40.518	31.132	18.356
	其中 普工	工日	10.529	8.104	6.227	3.671
	一般技工	工日	18.426	14.181	10.896	6.425
	高级技工	工日	23.691	18.233	14.009	8.260
材料	板枋材	m³	1.141	1.119	1.106	1.092
	其他材料费	%	0.50	0.50	0.50	0.50
机械	木工平刨床 500mm	台班	0.576	0.432	0.346	0.230

十二、枕头木、梁垫、蒲鞋头、山雾云

工作内容： 放样、选料、锯料、刨光、制作及安装。

定　额　编　号			2-5-144	2-5-145	2-5-146	2-5-147
项　　　目			枕头木	梁垫	山雾云	棹木
			（cm 以内）			
			10×18	14×18	200×18	40×60
计　量　单　位			m³	10 只	10 块	
名　　　称		单位	消　耗　量			
人工	合计工日	工日	28.990	3.530	19.990	19.990
	其中 普工	工日	5.797	0.705	3.997	3.997
	一般技工	工日	10.147	1.236	6.997	6.997
	高级技工	工日	13.046	1.589	8.996	8.996
材料	板枋材	m³	1.129	0.120	0.567	0.258
	圆钉	kg	8.100	0.310	—	—
	其他材料费	%	0.50	0.50	0.50	0.50
机械	木工平刨床 500mm	台班	0.810	0.144	0.374	0.115

工作内容：1. 放样、选料、锯料、刨光、制作及安装。

　　　　　2. 水浪机、蒲鞋头普通雕花。

定　额　编　号			2-5-148	2-5-149	2-5-150	2-5-151
项　　目			水浪机	光面机	蒲鞋头（包括小斗）	抱梁云
			（cm 以内）			
			7×5.5		14×16	80×34×4
计　量　单　位			10 只	10 只	10 只	10 块
名　　称		单位	消　耗　量			
人工	合计工日	工日	8.350	1.500	21.170	8.230
	其中 普工	工日	1.669	0.300	4.233	1.645
	一般技工	工日	2.923	0.525	7.410	2.881
	高级技工	工日	3.758	0.675	9.527	3.704
材料	板枋材	m³	0.044	0.044	0.134	0.151
	其他材料费	%	0.50	0.50	0.50	0.50
机械	木工平刨床 500mm	台班	0.074	0.074	0.100	—
	木工单面压刨床 600mm	台班	—	—	—	0.022

十三、里口木及其他配件

工作内容：放样、选料、锯料、刨光、制作及安装。

定　额　编　号			2-5-152	2-5-153	2-5-154	2-5-155	2-5-156
项　　目			里口木	封檐板	瓦口板	眠檐、勒望	木楼梯
			（cm 以内）				
			6×6.5	25×2.5	2.5×15	2×6	
			10m				10m²
名　　称		单位	消　耗　量				
人工	合计工日	工日	2.470	0.590	0.690	0.290	16.938
	其中 普工	工日	0.493	0.117	0.137	0.057	3.388
	一般技工	工日	0.865	0.207	0.242	0.102	5.928
	高级技工	工日	1.112	0.266	0.311	0.131	7.622
材料	板枋材	m³	0.029	0.080	0.024	0.015	1.490
	圆钉	kg	0.020	0.310	0.160	0.150	5.100
	其他材料费	%	—	0.50	0.50	0.50	0.50
机械	木工单面压刨床 600mm	台班	—	0.043	0.026	0.034	0.101
	木工平刨床 500mm	台班	1.662	—	—	—	—

工作内容: 放样、选料、锯料、刨光、制作及安装。

定 额 编 号				2-5-157	2-5-158	2-5-159	2-5-160
项 目				椽椀板	闸椽、安椽头	垫栱板	疝填板
				尺寸(cm 以内)			
				1×8	1×7		
计 量 单 位				10m		10m²	
名 称			单位	消 耗 量			
人工	合计工日		工日	1.180	0.590	2.520	7.060
	其中	普工	工日	0.236	0.117	0.504	1.412
		一般技工	工日	0.413	0.207	0.882	2.471
		高级技工	工日	0.531	0.266	1.134	3.177
材料	板枋材		m³	0.012	0.010	0.260	0.157
	圆钉		kg	—	0.030	—	—
	其他材料费		%	—	—	0.50	0.50
机械	木工单面压刨床 600mm		台班	0.014	0.012	0.171	0.171

工作内容: 放样、选料、锯料、刨光、制作及安装。

定 额 编 号				2-5-161	2-5-162	2-5-163	2-5-164
项 目				排疝板	夹堂板	清水望板	裙板
计 量 单 位				10m²	10m	10m²	
名 称			单位	消 耗 量			
人工	合计工日		工日	8.960	2.240	2.240	4.120
	其中	普工	工日	1.792	0.448	0.448	0.824
		一般技工	工日	3.136	0.784	0.784	1.442
		高级技工	工日	4.032	1.008	1.008	1.854
材料	板枋材		m³	0.379	0.032	0.187	0.210
	其他材料费		%	0.50	0.50	0.50	0.50
机械	木工单面压刨床 600mm		台班	0.171	0.005	0.171	0.171

注: 板毛料规格(2-5-161 子目板厚 3.5cm,2-5-162、2-5-163 子目板厚 1.8cm,2-5-164 子目板厚 2cm),如与设计不符, 木材可以换算。

十四、古式木窗

工作内容：窗扇、窗框、窗槛、抱柱、摇梗、楹子、窗闩、伸入墙内部分刷水柏油。　　　　计量单位：10m²

	定 额 编 号		2-5-165	2-5-166	2-5-167	2-5-168
	项　　目		古式木长窗扇制作			
			宫式	葵式	万字式	乱纹式
	名　　称	单位	消　耗　量			
人工	合计工日	工日	67.420	82.320	94.472	112.896
	其中 普工	工日	13.484	16.464	18.895	22.579
	一般技工	工日	23.597	28.812	33.065	39.514
	高级技工	工日	30.339	37.044	42.512	50.803
材料	板枋材	m³	0.569	0.569	0.569	0.647
	圆钉	kg	0.010	0.010	0.010	0.010
	其他材料费	%	0.50	0.50	0.50	0.50
机械	木工圆锯机 500mm	台班	0.034	0.034	0.034	0.038
	木工平刨床 500mm	台班	0.049	0.049	0.049	0.055
	木工三面压刨床 400mm	台班	0.011	0.011	0.011	0.012
	木工打眼机 16mm	台班	0.184	0.184	0.184	0.206
	木工开榫机 160mm	台班	0.013	0.013	0.013	0.015
	木工裁口机 400mm	台班	0.008	0.008	0.008	0.009

工作内容：窗扇、窗框、窗槛、抱柱、摇梗、楹子、窗闩、伸入墙内部分刷水柏油。   计量单位：10m²

定 额 编 号			2-5-169	2-5-170	2-5-171	2-5-172
项　目			古式木短窗扇制作			
			宫式	葵式	万字式	乱纹式
名　称		单位	消　耗　量			
人工	合计工日		工日	73.696	90.160	102.711	123.872
	其中	普工	工日	14.739	18.032	20.542	24.775
		一般技工	工日	25.794	31.556	35.949	43.355
		高级技工	工日	33.163	40.572	46.220	55.742
材料	板枋材		m³	0.459	0.459	0.459	0.562
	圆钉		kg	0.010	0.010	0.010	0.010
	其他材料费		%	0.50	0.50	0.50	0.50
机械	木工圆锯机 500mm		台班	0.030	0.030	0.030	0.036
	木工平刨床 500mm		台班	0.043	0.043	0.043	0.051
	木工三面压刨床 400mm		台班	0.009	0.009	0.009	0.011
	木工打眼机 16mm		台班	0.161	0.161	0.161	0.192
	木工开榫机 160mm		台班	0.012	0.012	0.012	0.014
	木工裁口机 400mm		台班	0.007	0.007	0.007	0.009

工作内容: 窗扇、窗框、窗槛、抱柱、摇梗、楹子、窗闩、伸入墙内部分刷水柏油。　　　计量单位: 10m²

定　额　编　号			2-5-173	2-5-174	2-5-175	2-5-176
项　　目			多角形短窗扇制作			
			宫室	葵式	万字式	乱纹式
名　　称		单位	消　耗　量			
合计工日		工日	88.592	108.192	123.088	148.176
人工	其中 普工	工日	17.719	21.639	24.617	29.635
	一般技工	工日	31.007	37.867	43.081	51.862
	高级技工	工日	39.866	48.686	55.390	66.679
材料	板枋材	m³	0.368	0.368	0.368	0.520
	圆钉	kg	0.020	0.020	0.020	0.020
	其他材料费	%	0.50	0.50	0.50	0.50
机械	木工圆锯机 500mm	台班	0.024	0.024	0.024	0.030
	木工平刨床 500mm	台班	0.034	0.034	0.034	0.044
	木工三面压刨床 400mm	台班	0.007	0.007	0.007	0.010
	木工打眼机 16mm	台班	0.129	0.129	0.129	0.165
	木工开榫机 160mm	台班	0.009	0.009	0.009	0.012
	木工裁口机 400mm	台班	0.006	0.006	0.006	0.008

工作内容:窗扇、窗框、窗槛、抱柱、摇梗、榻子、窗闩、伸入墙内部分刷水柏油。 计量单位:10m²

定 额 编 号			2-5-177	2-5-178	2-5-179	2-5-180
项 目			古式纱窗扇制作		仿古式长窗扇制作	
			普通镶边	插角乱纹嵌玻璃	各方槟式	六八角槟子
名 称		单位	消 耗 量			
人工	合计工日	工日	28.224	106.624	21.952	34.496
	其中 普工	工日	5.645	21.325	4.391	6.899
	一般技工	工日	9.878	37.318	7.683	12.074
	高级技工	工日	12.701	47.981	9.878	15.523
材料	板枋材	m³	0.455	0.427	0.468	0.488
	圆钉	kg	0.020	0.020	0.020	0.020
	其他材料费	%	0.50	0.50	0.50	0.50
机械	木工圆锯机 500mm	台班	0.027	0.026	0.028	0.029
	木工平刨床 500mm	台班	0.040	0.037	0.041	0.043
	木工三面压刨床 400mm	台班	0.009	0.008	0.009	0.009
	木工打眼机 16mm	台班	0.148	0.141	0.153	0.160
	木工开榫机 160mm	台班	0.011	0.010	0.011	0.011
	木工裁口机 400mm	台班	0.007	0.006	0.007	0.007

工作内容:窗扇、窗框、窗槛、抱柱、摇梗、榀子、窗闩、伸入墙内部分刷水柏油。　　　　　　计量单位:10m²

定 额 编 号			2-5-181	2-5-182	2-5-183	2-5-184
项　　目			仿古式长窗扇制作	仿古式短窗扇制作		
			满天星	各方槟式	六八角槟子	满天星
名　　称		单位	消　耗　量			
人工	合计工日	工日	45.472	24.304	43.120	53.312
	其中 普工	工日	9.095	4.861	8.624	10.663
	一般技工	工日	15.915	8.506	15.092	18.659
	高级技工	工日	20.462	10.937	19.404	23.990
材料	板枋材	m³	0.492	0.330	0.335	0.357
	圆钉	kg	0.020	0.010	0.010	0.010
	其他材料费	%	0.50	0.50	0.50	0.50
机械	木工圆锯机 500mm	台班	0.030	0.023	0.024	0.023
	木工平刨床 500mm	台班	0.043	0.033	0.035	0.034
	木工三面压刨床 400mm	台班	0.009	0.007	0.008	0.007
	木工打眼机 16mm	台班	0.161	0.122	0.131	0.127
	木工开榫机 160mm	台班	0.012	0.009	0.009	0.009
	木工裁口机 400mm	台班	0.007	0.006	0.006	0.006

工作内容:窗扇、窗框、窗槛、抱柱、摇梗、楹子、窗闩、伸入墙内部分刷水柏油。　　　　　　　　　计量单位:10m

定　额　编　号			2-5-185	2-5-186	2-5-187	2-5-188
项　　目			长窗框制作		短窗框制作	
			包括摇梗、楹子	不包括摇梗、楹子	包括摇梗、楹子	不包括摇梗、楹子
名　　称		单位	消　耗　量			
人工	合计工日	工日	3.451	2.590	3.136	1.722
	其中 普工	工日	0.690	0.517	0.627	0.344
	一般技工	工日	1.208	0.907	1.098	0.603
	高级技工	工日	1.553	1.166	1.411	0.775
材料	板枋材	m³	0.210	0.176	0.163	0.138
	其他材料费	%	0.50	0.50	0.50	0.50
机械	木工圆锯机 500mm	台班	0.040	0.033	0.033	0.026
	木工平刨床 500mm	台班	0.068	0.055	0.055	0.043
	木工三面压刨床 400mm	台班	0.068	0.055	0.055	0.043
	木工打眼机 16mm	台班	0.123	0.100	0.100	0.078
	木工开榫机 160mm	台班	0.059	0.048	0.048	0.037
	木工裁口机 400mm	台班	0.054	0.044	0.044	0.034

注: 1. 长窗框毛料规格,2-5-185、2-5-186 子目,其中:上槛 12cm×11.5cm,下槛 12cm×22cm,抱柱 9.5cm×11cm,与设计规格不符时,枋材可进行换算,但摇梗、楹子、窗闩附属材料不变。

　　 2. 短窗框毛料规格,2-5-187、2-5-188 子目,其中:上下槛 12cm×11.5cm,抱柱 9.5cm×11cm,用下连楹为准,如用上下连楹者每 10m 增加楹子枋材 0.009m³,如全部用短楹者,每 10m 扣除楹子枋材 0.006m³,其他不变。

工作内容： 1. 制作：窗扇、窗框、窗槛、抱柱、摇梗、榻子、窗闩、伸入墙内部分刷水柏油。

2. 安装：窗扇、窗框、窗槛、抱柱、摇梗、榻子、窗装配五金、玻璃。

定　额　编　号			2-5-189	2-5-190	2-5-191
项　　　目			多角形窗	长窗框扇安装	
			窗框制作	包括摇梗、榻子	不包括摇梗、榻子
计　量　单　位			10m	10m²	
名　　　称		单位	消　耗　量		
人工	合计工日	工日	2.744	6.580	3.290
	其中 普工	工日	0.549	1.316	0.657
	一般技工	工日	0.960	2.303	1.152
	高级技工	工日	1.235	2.961	1.481
材料	板枋材	m³	0.113	—	—
	圆钉	kg	0.020	1.350	0.500
	平板玻璃 δ3	m²	—	5.620	5.620
	其他材料费	%	0.50	0.50	0.50
机械	木工圆锯机 500mm	台班	0.056	—	—
	木工平刨床 500mm	台班	0.082	—	—
	木工三面压刨床 400mm	台班	0.018	—	—
	木工打眼机 16mm	台班	0.306	—	—
	木工开榫机 160mm	台班	0.022	—	—
	木工裁口机 400mm	台班	0.014	—	—

注： 多角形短窗框毛料规格 8.8cm×10.8cm。

工作内容： 窗扇、窗框、窗槛、抱柱、摇梗、榻子、窗玻璃。　　　　　　　　　计量单位：10m²

定　额　编　号			2-5-192	2-5-193	2-5-194
项　　　目			短窗框扇安装		多角形窗窗框扇安装
			包括摇梗、榻子	不包括摇梗、榻子	
名　　　称		单位	消　耗　量		
人工	合计工日	工日	6.034	2.898	2.821
	其中 普工	工日	1.207	0.580	0.565
	一般技工	工日	2.112	1.014	0.987
	高级技工	工日	2.715	1.304	1.269
材料	圆钉	kg	0.870	0.250	0.100
	平板玻璃 δ3	m²	7.920	7.920	11.520
	其他材料费	%	0.50	0.50	0.50

十五、古式木门

工作内容：1. 制作门扇、门闩、过墙板、伸入墙内部分刷水柏油。

2. 安装门扇、门闩、过墙板、装配铁件五金。   计量单位：10m²

定 额 编 号			2-5-195	2-5-196	2-5-197	2-5-198
项　　目			直拼库门		贡式橙子对子门	
			制作	安装	制作	安装
名　称		单位	消　耗　量			
人工	合计工日	工日	18.650	8.470	16.130	5.540
	其中 普工	工日	3.729	1.693	3.225	1.108
	一般技工	工日	6.528	2.965	5.646	1.939
	高级技工	工日	8.393	3.812	7.259	2.493
材料	板枋材	m³	0.608	0.243	0.444	0.205
	其他材料费	%	0.50	0.50	0.50	0.50
机械	木工圆锯机 500mm	台班	0.253	—	0.184	—
	木工平刨床 500mm	台班	0.770	—	0.561	—
	木工三面压刨床 400mm	台班	0.770	—	0.561	—
	木工打眼机 16mm	台班	0.111	—	0.081	—
	木工开榫机 160mm	台班	0.111	—	0.081	—
	木工裁口机 400mm	台班	0.085	—	0.062	—

注：1. 门扇毛料规格（2-5-195子目板厚5.5cm，2-5-197子目板厚4cm），如与设计不符，枋材可进行换算。

2. 过墙板（2-5-195子目）按6.5cm×30cm计算，如与设计不符，枋材可按比例换算。

工作内容: 1. 制作门扇、门闩、过墙板、伸入墙内部分刷水柏油。

          2. 安装门扇、门闩、过墙板、装配铁件五金。

定 额 编 号			2-5-199	2-5-200	2-5-201	2-5-202
项 目			直拼屏门	单面敲框档屏门	屏门框	屏门
			制作			安装
计 量 单 位			10m²		10m	10m²
名 称		单位	消 耗 量			
人工	合计工日	工日	17.640	23.410	4.540	7.560
	其中 普工	工日	3.528	4.681	0.908	1.512
	一般技工	工日	6.174	8.194	1.589	2.646
	高级技工	工日	7.938	10.535	2.043	3.402
材料	板枋材	m³	0.441	0.395	0.180	—
	圆钉	kg	—	—	—	1.350
	其他材料费	%	0.50	0.50	0.50	0.50
机械	木工圆锯机 500mm	台班	0.183	0.177	0.083	—
	木工平刨床 500mm	台班	0.556	0.539	0.252	—
	木工三面压刨床 400mm	台班	0.556	0.539	0.252	—
	木工打眼机 16mm	台班	0.080	0.078	0.037	—
	木工开榫机 160mm	台班	0.080	0.078	0.037	—
	木工裁口机 400mm	台班	0.062	0.060	0.028	—

注: 边梃(2-5-199子目)5.5cm×7.5cm,门板厚1.7cm,如与设计不符,枋材可进行换算。

工作内容: 1. 制作门扇、门闩、过墙板、伸入墙内部分刷水柏油。

2. 安装门扇、门闩、过墙板、装配铁件五金。

定 额 编 号			2-5-203	2-5-204	2-5-205	2-5-206
项 目			将军门		将军门刺	门上钉竹丝
			制作	安装	制作与安装	
计 量 单 位			10m²		100 个	10m²
名 称		单位	消 耗 量			
人工	合计工日	工日	11.090	5.540	7.280	31.750
	其中 普工	工日	2.217	1.108	1.456	6.349
	一般技工	工日	3.882	1.939	2.548	11.113
	高级技工	工日	4.991	2.493	3.276	14.288
材料	板枋材	m³	0.683	0.211	0.111	—
	圆钉	kg	0.880	—	—	8.400
	毛竹	根	—	—	—	15.000
	其他材料费	%	0.50	0.50	0.50	0.50
机械	木工圆锯机 500mm	台班	0.300	—	0.045	—
	木工平刨床 500mm	台班	0.915	—	0.138	—
	木工三面压刨床 400mm	台班	0.915	—	0.138	—
	木工打眼机 16mm	台班	0.132	—	0.020	—
	木工开榫机 160mm	台班	0.132	—	0.020	—
	木工裁口机 400mm	台班	0.101	—	0.015	—

注:门扇毛料规格(2-5-203)子目边梃 9.8cm×15.8cm,门板厚 3.5cm,桃子 7cm×10.5cm,如与设计不同时,枋材可按比例换算。门刺(2-5-205 子目)规格 25cm×φ6.5cm,如与设计规格不符,可按比例换算。

十六、古式栏杆

工作内容： 1. 栏杆扇、抱柱制作与安装。

2. 雨达板：拼板、双面刨光，包括芯子制作、安装。

3. 座槛：拼板、起线、制作与安装。 计量单位：10m²

定 额 编 号			2-5-207	2-5-208	2-5-209	2-5-210	2-5-211	2-5-212
项 目			古式栏杆制作			栏杆	雨达板	座槛
			灯景式	葵式万川	葵式乱纹	安装	制作、安装	
名 称		单位	消 耗 量					
人工	合计工日	工日	94.394	103.062	112.694	6.355	6.261	7.706
	其中 普工	工日	18.879	20.612	22.539	1.271	1.253	1.541
	一般技工	工日	33.038	36.072	39.443	2.224	2.191	2.697
	高级技工	工日	42.477	46.378	50.712	2.860	2.817	3.468
材料	板枋材	m³	0.405	0.426	0.679	0.151	0.242	0.472
	圆钉	kg	—	—	—	0.380	0.290	—
	其他材料费	%	0.50	0.50	0.50	0.50	0.50	0.50
机械	木工圆锯机 500mm	台班	0.030	0.024	0.032	—	0.013	0.020
	木工平刨床 500mm	台班	0.039	0.035	0.047	—	0.019	0.029
	木工单面压刨床 600mm	台班	0.008	0.008	0.010	—	0.004	0.006
	木工打眼机 16mm	台班	0.147	0.132	0.175	—	0.073	0.110
	木工开榫机 160mm	台班	0.011	0.010	0.013	—	0.005	0.008

注： 1. 边框（2-5-207~2-5-209 子目）规格 5.8cm×7.8cm，与设计规格不同时，可按比例换算。

2. 栏杆（2-5-210 子目）安装，如上面需要安装捺槛者，捺槛规格 12cm×7cm，与设计规格不同时，枋材可换算。

3. 毛料（2-5-211 子目）板厚 2cm，桄子 2.5cm×3cm，与设计不同时，可按比例换算。

十七、吴王靠、挂落及其他装饰

工作内容: 1. 制作:扇、抱柱。
2. 安装:扇、抱柱、装配铁件。

计量单位:10m

定 额 编 号			2-5-213	2-5-214	2-5-215	2-5-216
项　目			吴王靠制作			吴王靠
			竖芯式	宫万式	葵式	安装
名　称		单位	消 耗 量			
人工	合计工日	工日	47.040	60.480	72.800	2.690
	其中 普工	工日	9.408	12.096	14.560	0.537
	一般技工	工日	16.464	21.168	25.480	0.942
	高级技工	工日	21.168	27.216	32.760	1.211
材料	板枋材	m³	0.269	0.301	0.364	—
	其他材料费	%	0.50	0.50	0.50	0.50
机械	木工圆锯机 500mm	台班	0.019	0.029	0.003	—
	木工平刨床 500mm	台班	0.028	0.041	0.043	—
	木工三面压刨床 400mm	台班	0.006	0.009	0.009	—
	木工打眼机 16mm	台班	0.104	0.153	0.161	—
	木工开榫机 160mm	台班	0.008	0.012	0.012	—

注: 边框毛料规格(2-5-213、2-5-214子目)6.2cm×10.7cm,(2-5-215子目)6.2cm×11.2cm,抱柱毛料规格6.5cm×7.5cm,与设计规格不同时,木材可以换算,其他不变。

工作内容:1.制作:扇、抱柱。

　　　　　　2.安装:扇、抱柱、装配铁件。　　　　　　　　　　　　　　　计量单位:10m

定　额　编　号			2-5-217	2-5-218	2-5-219	2-5-220
项　　　目			挂落制作			挂落
			五纹头宫万式	五纹头宫万弯脚头	七纹头、句子头嵌结子	安装
名　　　称		单位	消　耗　量			
人工	合计工日		工日	28.224	35.280	54.432	3.024
	其中	普工	工日	5.645	7.056	10.887	0.605
		一般技工	工日	9.878	12.348	19.051	1.058
		高级技工	工日	12.701	15.876	24.494	1.361
材料	板枋材		m³	0.103	0.131	0.213	0.024
	其他材料费		%	0.50	0.50	0.50	—
	圆钉		kg	—	—	—	0.140

注:边框毛料规格(2-5-217子目)5.7cm×7.7cm,(2-5-218~2-5-219子目)6.2cm×8.2cm,抱柱毛料规格6.5cm×7.5cm,与设计规格不同时,木材可以换算,其他不变。

工作内容:1.制作:扇、抱柱。

　　　　　　2.安装:扇、抱柱、装配铁件。　　　　　　　　　　　　　　　计量单位:10m

定　额　编　号			2-5-221	2-5-222	2-5-223	2-5-224	2-5-225
项　　　目			飞罩制作				飞罩
			宫万式	葵式	藤茎	乱纹嵌结子	安装
名　　　称		单位	消　耗　量				
人工	合计工日		工日	32.256	38.304	42.336	86.688	4.032
	其中	普工	工日	6.451	7.661	8.467	17.337	0.807
		一般技工	工日	11.290	13.406	14.818	30.341	1.411
		高级技工	工日	14.515	17.237	19.051	39.010	1.814
材料	板枋材		m³	0.137	0.137	0.138	0.262	0.056
	圆钉		kg	—	—	—	0.010	0.190
	其他材料费		%	0.50	0.50	0.50	0.50	0.50

注:飞罩外框毛料规格5.8cm×7.8cm,与设计规格不同时,木材可以换算,其他不变。

工作内容：1. 制作：扇、抱柱。

2. 安装：扇、抱柱、装配铁件。 计量单位：10m

定 额 编 号			2-5-226	2-5-227	2-5-228	2-5-229	2-5-230	2-5-231
项 目			落地圆罩制作		落地方罩制作		落地圆罩	落地方罩
			宫葵式、菱角、海棠、冰片、梅花	乱纹嵌结子	宫葵式、菱角、海棠、冰片、梅花	乱纹嵌结子	安装	
名 称		单位	消 耗 量					
人工	合计工日	工日	87.696	164.304	78.624	129.024	5.544	4.032
	其中 普工	工日	17.539	32.861	15.725	25.805	1.109	0.807
	一般技工	工日	30.694	57.506	27.518	45.158	1.940	1.411
	高级技工	工日	39.463	73.937	35.381	58.061	2.495	1.814
材料	板枋材	m³	0.341	0.419	0.198	0.211	0.063	0.061
	圆钉	kg	0.010	0.010	0.010	0.010	0.220	0.220
	其他材料费	%	0.50	0.50	0.50	0.50	0.50	0.50

注：边框毛料规格（2-5-226~2-5-229子目）5.8cm×7.8cm，（2-5-230~2-5-231子目）抱柱规格8cm×9cm，设计规格不同时，按比例换算，其他不变。

工作内容：1. 制作：扇、抱柱。

2. 安装：扇、抱柱、装配铁件。 计量单位：座

定 额 编 号			2-5-232	2-5-233
项 目			须弥座制作与安装	
			普通直叠	漏空乱纹
名 称		单位	消 耗 量	
人工	合计工日	工日	1.008	3.528
	其中 普工	工日	0.201	0.705
	一般技工	工日	0.353	1.235
	高级技工	工日	0.454	1.588
材料	板枋材	m³	0.012	0.152
	圆钉	kg	0.020	—
	其他材料费	%	0.50	0.50

注：边框毛料规格（2-5-233子目）5.5cm×9.5cm，长乘以高80cm×22cm，设计规格不同时，按比例换算，其他不变。

第三册　清式营造则例

册　说　明

一、本册定额为《仿古建筑工程消耗量定额》的第三册,主要适用于以《清式营造则例》为主设计、建造的仿古建筑工程及其他建筑工程的仿古部分。

二、本册定额共分八章,包括砖作工程,石作工程,琉璃砖砌体工程,木作工程,屋面工程,地面工程,抹灰工程,油饰彩画工程。

三、本册定额的编制主要依据《清式营造则例》及其他技术文献资料,同时参考了有关现行的工程设计规范、施工验收规范、安全操作规程、质量评定标准等有关资料。

第一章 砖作工程

说　明

一、本章定额包括砌砖墙,贴砌砖,砖檐,墙帽,砖券(拱)、门窗套、须弥座,影壁、看面墙、廊心墙,共七节。

二、本章定额各节均为砌筑、安装的综合子目,其中墙身砌筑已综合了拱形墙、弧形墙、云墙等因素。

三、干摆、丝缝、淌白墙、衬里墙及其他墙身砌筑,均已包括除车棚券、砖拱券以外的各种券体,并包括透风砖雕刻、各种砖件的砍磨用工及材料砍磨损耗,不得另行计算。如使用成品砖砌筑时,人工按下表进行换算,材料中砖件消耗量乘以系数0.93。

类别	砖型	系数	类别	砖型	系数
干摆墙面砌筑	大城砖	0.222	淌白墙砌筑	大城砖	0.498
	二样城砖	0.244		二样城砖	0.520
	大停泥砖	0.266		大停泥砖	0.452
	小停泥砖	0.352		地扒砖	0.666
	贴斧刃陡砖	0.340		小停泥砖	0.602
丝缝墙面砌筑	二样城砖	0.281	方砖心摆砌	尺二方砖	0.475
	大停泥砖	0.306		尺四方砖	0.502
	小停泥砖	0.382		尺七方砖	0.468
	贴斧刃陡砖	0.577		—	—

四、冰盘檐、梢子、挂檐(落)、方砖心、博风头等,均以不带雕饰的一般做法为准。如设计要求做雕饰时,其雕饰用工需另行计算。

五、各种砖博风定额均含博头及其所需附件。

六、各种砖檐、墙帽均含本身内衬充填的所需工料,不得另行计算。

七、各种墙帽,定额是按双面编制的,若只做单面,按相应定额子目乘以系数0.65。

八、影壁、看面墙、廊心墙中的花心、角花砖件按成品考虑。

九、定额中选用的古建砖件规格见下表。

各种黏土砖件规格

名称	法定计量单位标注规格(mm)	名称	法定计量单位标注规格(mm)
大城砖	480×240×128	蓝机砖(仿古)	240×115×53
二样城砖	448×225×112	斧刃砖	240×118×42
大停泥砖	416×208×80	尺二方砖	384×384×58
小停泥砖	288×144×64	尺四方砖	448×448×64
大开条砖	288×144×64	尺七方砖	544×544×80
小开条砖	256×128×51	二尺方砖	640×640×112
大砂滚子砖	320×160×80	二尺二方砖	702×702×128
小砂滚子砖	288×144×70	二尺四方砖	768×768×114
地趴砖	384×192×96	—	—

工程量计算规则

一、干摆、丝缝、淌白墙面,贴砌各种面砖、花墙均按设计图示面积以"m²"计算。其中摆砌花饰以一砖(瓦)厚度为准,并综合了转角处的工料因素,计算面积时不扣除空花所占的面积。

二、砖墙面勾缝按设计图示面积计算,不扣除门窗洞口面积,但洞口侧面也不增加;墙帽、檐子勾缝按垂直投影面积计算。

三、各种檐按单面长度计算。

四、各种墙帽按长度计算。

五、车棚券按设计图示尺寸以体积计算,其余细砌、糙砌砖券按设计图示尺寸以露明面积计算。

六、干摆门窗套,按其中心线长度,分规格以长度计算。

七、须弥座按垂直投影面积计算,均含上下枋、上下枭、上下混、炉口、束腰、圭角及盖板等全部线条。

八、细作影壁、廊心、槛墙,其中方砖心按面积计算;不扣除花心、角花所占的面积。柱、枋子、上下槛,立八字均按其中线长度计算;小脊子、三岔头分别按数量计算。

九、摆砌博风、挂落按其中线长度计算,其中摆砌博风包括其下的二层直檐。

十、摆砌梢子、盘头安装按数量计算。

十一、堵抹椽档(燕窝)按长度计算,不扣除椽子所占长度。

一、砌 砖 墙

工作内容：准备工具、材料运输、灰浆调制、砖料砍磨、砌筑灌缝、打点背里、
清扫场地等。

计量单位：10m²

定 额 编 号			3-1-1	3-1-2	3-1-3	3-1-4	3-1-5
项　　　目			大城砖墙面		二城样砖墙面		
			干摆墙面	淌白墙面	干摆墙面	丝缝墙面	淌白墙面
名　　称		单位	消　耗　量				
人工	合计工日	工日	55.856	15.796	55.080	55.440	14.476
	其中 普工	工日	11.171	3.159	11.016	11.088	2.895
	一般技工	工日	19.550	5.529	19.278	19.404	5.067
	高级技工	工日	25.135	7.108	24.786	24.948	6.514
材料	大城砖 480×240×128	块	256.000	182.000	—	—	—
	二城样砖 448×224×112	块	—	—	345.000	335.000	325.000
	深月白灰	m³	—	0.240	—	—	0.260
	白灰浆	m³	0.320	—	0.420	0.570	—
	其他材料费	%	1.00	1.00	1.00	1.00	1.00
机械	灰浆搅拌机 200L	台班	0.080	0.060	0.100	0.140	0.070

工作内容: 准备工具、材料运输、灰浆调制、砖料砍磨、砌筑灌缝、打点背里、
　　　　　清扫场地等。

计量单位:10m²

定 额 编 号			3-1-6	3-1-7	3-1-8	3-1-9	3-1-10	3-1-11
项　　目			大停泥砖墙面			小停泥砖墙面		
			干摆墙面	丝缝墙面	淌白墙面	干摆墙面	丝缝墙面	淌白墙面
名　　称		单位	消　耗　量					
人工	合计工日	工日	58.808	57.584	16.445	52.000	47.112	20.760
	其中 普工	工日	11.761	11.517	3.289	10.400	9.423	4.152
	一般技工	工日	20.583	20.154	5.756	18.200	16.489	7.266
	高级技工	工日	26.464	25.913	7.400	23.400	21.200	9.342
材料	大停泥砖 416×208×80	块	391.000	379.000	379.000	—	—	—
	小停泥砖 288×144×64	块	—	—	—	753.000	723.000	695.000
	白灰浆	m³	0.300	0.397	—	0.270	0.330	—
	深月白灰	m³	—	—	0.240	—	—	0.220
	老浆灰	m³	—	0.025	—	—	0.035	—
	其他材料费	%	1.00	1.00	1.00	1.00	1.00	1.00
机械	灰浆搅拌机 200L	台班	0.700	0.100	0.060	0.060	0.080	0.050

工作内容：准备工具、材料运输、灰浆调制、砖料砍磨、砌筑灌缝、打点背里、
清扫场地等。

定 额 编 号			3-1-12	3-1-13	3-1-14	3-1-15	3-1-16
项 目			蓝四丁砖砌筑		糙砌城砖墙	勾缝	
			细砌	糙砌		砖墙勾老浆缝	麻刀灰
			10m²		10m³	10m²	
名 称		单位	消 耗 量				
人工	合计工日	工日	20.960	20.000	17.400	4.130	2.660
	其中 普工	工日	4.192	4.000	3.480	0.825	0.532
	一般技工	工日	7.336	7.000	6.090	1.446	0.931
	高级技工	工日	9.432	9.000	7.830	1.859	1.197
材料	蓝四丁砖 240×115×53	块	810.000	5200.000	—	—	—
	城砖 480×240×128	块	—	—	715.000	—	—
	水	m³	—	—	1.100	—	—
	老浆灰	m³	—	—	—	0.020	—
	混合砂浆 M5.0	m³	0.400	2.600	1.640	—	—
	深月白大麻刀灰（裹垄）	m³	—	—	—	—	0.121
	其他材料费	%	1.00	1.00	1.00	1.00	1.00
机械	灰浆搅拌机 200L	台班	0.100	0.650	0.410	0.060	0.030

二、贴砌砖

工作内容：准备工具、材料运输、灰浆调制、砖料砍磨、砌筑灌缝、打点背里、
清扫场地等。

计量单位：10m²

	定 额 编 号		3-1-17	3-1-18	3-1-19
	项 目		贴砌斧刃陡板		其他贴面
			干摆墙面	丝缝墙面	镶贴仿干摆、丝缝面砖
	名 称	单位	消 耗 量		
人工	合计工日	工日	23.424	24.075	6.560
	其中 普工	工日	4.685	4.815	1.312
	一般技工	工日	8.198	8.426	2.296
	高级技工	工日	10.541	10.834	2.952
材料	斧刃砖 240×118×42	块	429.000	407.000	—
	乳液型建筑胶粘剂	kg	—	—	2.200
	白灰浆	m³	0.120	0.100	—
	老浆灰	m³	—	0.015	—
	胶粘剂 DTA 砂浆	m³	—	—	0.050
	面砖（仿古）	m²	—	—	10.300
	其他材料费	%	1.00	1.00	1.00
机械	灰浆搅拌机 200L	台班	0.030	0.030	0.010

三、砖　檐

工作内容：准备工具、材料运输、灰浆调制、砖料砍磨、砌筑灌缝、打点背里、清扫场地等。

计量单位：10m

定　额　编　号			3-1-20	3-1-21	3-1-22	3-1-23	3-1-24	3-1-25
项　　目			细砌冰盘檐					
			无砖椽四层					
			尺二方砖	尺四方砖	大城砖	大停泥砖	小停泥砖	蓝四丁砖
名　　称		单位	消　耗　量					
人工	合计工日	工日	25.200	27.234	45.675	30.384	19.233	21.573
	其中 普工	工日	5.040	5.447	9.135	6.077	3.846	4.314
	一般技工	工日	8.820	9.532	15.986	10.634	6.732	7.551
	高级技工	工日	11.340	12.255	20.554	13.673	8.655	9.708
材料	尺二方砖　384×384×58	块	97.000	—	—	—	—	—
	尺四方砖　448×448×64	块	—	82.000	—	—	—	—
	大城砖　480×240×128	块	—	—	158.070	—	—	—
	大停泥砖　416×208×80	块	—	—	—	178.420	—	—
	小停泥砖　288×144×64	块	—	—	—	—	251.780	—
	蓝四丁砖　240×115×53	块	—	—	—	—	—	296.000
	白灰浆	m³	0.150	0.200	0.120	0.090	0.070	0.080
	其他材料费	%	1.00	1.00	1.00	1.00	1.00	1.00
机械	灰浆搅拌机　200L	台班	0.040	0.050	0.030	0.020	0.020	0.020

工作内容:准备工具、材料运输、灰浆调制、砖料砍磨、砌筑灌缝、打点背里、
清扫场地等。

计量单位:10m

定　额　编　号			3-1-26	3-1-27	3-1-28	3-1-29	3-1-30	3-1-31
项　　　目			细砌冰盘檐					
			无砖椽五层					
			尺二方砖	尺四方砖	大城砖	大停泥砖	小停泥砖	蓝四丁砖
名　　称		单位	消　耗　量					
人工	合计工日	工日	33.876	37.674	59.472	26.334	24.426	27.702
	其中 普工	工日	6.775	7.535	11.895	5.267	4.885	5.540
	一般技工	工日	11.857	13.186	20.815	9.217	8.549	9.696
	高级技工	工日	15.244	16.953	26.762	11.850	10.992	12.466
材料	尺二方砖　384×384×58	块	126.000	—	—	—	—	—
	尺四方砖　448×448×64	块	—	113.000	—	—	—	—
	大城砖　480×240×128	块	—	—	179.000	—	—	—
	大停泥砖　416×208×80	块	—	—	—	198.000	—	—
	小停泥砖　288×144×64	块	—	—	—	—	280.000	—
	蓝四丁砖　240×115×53	块	—	—	—	—	—	345.000
	白灰浆	m³	0.160	0.210	0.150	0.110	0.080	0.110
	其他材料费	%	1.00	1.00	1.00	1.00	1.00	1.00
机械	灰浆搅拌机　200L	台班	0.040	0.050	0.040	0.030	0.020	0.030

工作内容: 准备工具、材料运输、灰浆调制、砖料砍磨、砌筑灌缝、打点背里、清扫场地等。

计量单位: 10m

定 额 编 号			3-1-32	3-1-33	3-1-34	3-1-35	3-1-36
项 目			细砌冰盘檐				
			无砖椽六层				
			尺二方砖	尺四方砖	大停泥砖	小停泥砖	蓝四丁砖
名 称		单位	消 耗 量				
人工	合计工日	工日	44.019	48.312	39.699	27.837	32.022
	其中 普工	工日	8.803	9.663	7.939	5.567	6.404
	一般技工	工日	15.407	16.909	13.895	9.743	11.208
	高级技工	工日	19.809	21.740	17.865	12.527	14.410
材料	尺二方砖 384×384×58	块	145.300	—	—	—	—
	尺四方砖 448×448×64	块	—	127.000	—	—	—
	大停泥砖 416×208×80	块	—	—	255.000	—	—
	小停泥砖 288×144×64	块	—	—	—	375.000	—
	蓝四丁砖 240×115×53	块	—	—	—	—	443.000
	白灰浆	m³	0.190	0.240	0.140	0.110	0.140
	其他材料费	%	1.00	1.00	1.00	1.00	1.00
机械	灰浆搅拌机 200L	台班	0.050	0.060	0.030	0.030	0.030

工作内容：准备工具、材料运输、灰浆调制、砖料砍磨、砌筑灌缝、打点背里、
清扫场地等。

计量单位：10m

定 额 编 号			3-1-37	3-1-38	3-1-39	3-1-40	3-1-41	3-1-42
项 目			细砌冰盘檐					
			有砖椽五层			有砖椽六层		
			尺二方砖	尺四方砖	小停泥砖	尺二方砖	尺四方砖	小停泥砖
名 称		单位	消 耗 量					
人工	合计工日	工日	34.704	38.412	25.794	45.315	50.481	27.378
	其中 普工	工日	6.941	7.683	5.159	9.063	10.097	5.476
	一般技工	工日	12.146	13.444	9.028	15.860	17.668	9.582
	高级技工	工日	15.617	17.285	11.607	20.392	22.716	12.320
材料	尺二方砖 384×384×58	块	141.000	—	—	157.000	—	—
	尺四方砖 448×448×64	块	—	128.870	—	—	137.500	—
	小停泥砖 288×144×64	块	—	—	310.000	—	—	440.000
	白灰浆	m³	0.160	0.210	0.150	0.190	0.240	0.110
	其他材料费	%	1.00	1.00	1.00	1.00	1.00	1.00
机械	灰浆搅拌机 200L	台班	0.040	0.050	0.040	0.050	0.080	0.030

工作内容: 准备工具、材料运输、灰浆调制、砖料砍磨、砌筑灌缝、打点背里、清扫场地等。

计量单位: 10m

定 额 编 号			3-1-43	3-1-44	3-1-45	3-1-46	3-1-47
项 目			细砌冰盘檐				
			有砖橡七层				
			尺二方砖	尺四方砖	大停泥砖	小停泥砖	蓝四丁砖
名 称		单位	消 耗 量				
人工	合计工日	工日	4.177	57.186	45.558	32.661	32.661
	其中 普工	工日	0.835	11.437	9.112	6.533	6.533
	一般技工	工日	1.462	20.015	15.945	11.431	11.431
	高级技工	工日	1.880	25.734	20.501	14.697	14.697
材料	尺二方砖 384×384×58	块	178.000	—	—	—	—
	尺四方砖 448×448×64	块	—	155.760	—	—	—
	大停泥砖 416×208×80	块	—	—	283.000	—	—
	小停泥砖 288×144×64	块	—	—	—	419.210	—
	蓝四丁砖 240×115×53	块	—	—	—	—	487.000
	白灰浆	m³	0.220	0.270	0.170	0.140	0.170
	其他材料费	%	1.00	1.00	1.00	1.00	1.00
机械	灰浆搅拌机 200L	台班	0.050	0.070	0.060	0.030	0.040

工作内容: 准备工具、材料运输、灰浆调制、砖料砍磨、砌筑灌缝、打点背里、清扫场地等。

计量单位: 10m

定 额 编 号			3-1-48	3-1-49	3-1-50	3-1-51	3-1-52	3-1-53
项 目			淌白冰盘檐					
			四层					
			尺二方砖	尺四方砖	大城砖	大停泥砖	小停泥砖	蓝四丁砖
名 称		单位	消 耗 量					
人工	合计工日	工日	16.712	18.524	31.521	22.599	13.112	16.654
	其中 普工	工日	3.343	3.705	6.305	4.519	2.623	3.331
	一般技工	工日	5.849	6.483	11.032	7.910	4.589	5.829
	高级技工	工日	7.520	8.336	14.184	10.170	5.900	7.494
材料	尺二方砖 384×384×58	块	86.500	—	—	—	—	—
	尺四方砖 448×448×64	块	—	75.700	—	—	—	—
	大城砖 480×240×128	块	—	—	143.000	—	—	—
	大停泥砖 416×208×80	块	—	—	—	165.000	—	—
	小停泥砖 288×144×64	块	—	—	—	—	223.000	—
	蓝四丁砖 240×115×53	块	—	—	—	—	—	283.000
	白灰	kg	125.500	142.500	159.600	133.500	109.100	83.200
	青灰	kg	16.400	18.600	20.800	17.400	14.200	10.900
	麻刀	kg	4.700	5.300	5.900	5.000	4.100	3.100
	其他材料费	%	1.00	1.00	1.00	1.00	1.00	1.00
机械	灰浆搅拌机 200L	台班	0.050	0.050	0.060	0.050	0.040	0.030

工作内容：准备工具、材料运输、灰浆调制、砖料砍磨、砌筑灌缝、打点背里、
清扫场地等。

计量单位：10m

定　额　编　号			3-1-54	3-1-55	3-1-56	3-1-57	3-1-58	3-1-59
项　　　目			\multicolumn{6}{c}{淌白冰盘檐}					
			\multicolumn{6}{c}{五层}					
			尺二方砖	尺四方砖	大城砖	大停泥砖	小停泥砖	蓝四丁砖
名　　　称		单位	\multicolumn{6}{c}{消　耗　量}					
人工	合计工日	工日	21.099	22.337	36.785	30.365	15.367	19.639
	其中 普工	工日	4.219	4.467	7.357	6.073	3.074	3.927
	一般技工	工日	7.385	7.818	12.875	10.628	5.378	6.874
	高级技工	工日	9.495	10.052	16.553	13.664	6.915	8.838
材料	尺二方砖 384×384×58	块	115.300	—	—	—	—	—
	尺四方砖 448×448×64	块	—	101.000	—	—	—	—
	大城砖 480×240×128	块	—	—	165.000	—	—	—
	大停泥砖 416×208×80	块	—	—	—	193.000	—	—
	小停泥砖 288×144×64	块	—	—	—	—	260.200	—
	蓝四丁砖 240×115×53	块	—	—	—	—	—	330.000
	白灰	kg	156.200	178.000	199.800	166.400	136.400	103.000
	青灰	kg	20.400	23.200	26.100	21.700	17.800	13.400
	麻刀	kg	5.800	6.600	7.400	6.200	5.100	3.800
	其他材料费	%	1.00	1.00	1.00	1.00	1.00	1.00
机械	灰浆搅拌机 200L	台班	0.060	0.060	0.070	0.060	0.050	0.040

工作内容: 准备工具、材料运输、灰浆调制、砖料砍磨、砌筑灌缝、打点背里、
清扫场地等。

计量单位:10m

定　额　编　号			3-1-60	3-1-61	3-1-62	3-1-63
项　　　目			细砌小停泥直檐		糙砌小停泥直檐	
			一层	二层	一层	二层
名　称		单位	消　耗　量			
人工	合计工日	工日	2.637	5.994	0.567	1.017
	其中 普工	工日	0.527	1.199	0.114	0.203
	一般技工	工日	0.923	2.098	0.198	0.356
	高级技工	工日	1.187	2.697	0.255	0.458
材料	小停泥砖 288×144×64	块	42.000	81.400	36.200	80.000
	白灰	kg	20.500	40.900	28.000	70.200
	青灰	kg	—	—	3.600	9.200
	其他材料费	%	1.00	1.00	1.00	1.00
机械	灰浆搅拌机 200L	台班	0.010	0.020	0.010	0.030

工作内容: 准备工具、材料运输、灰浆调制、砖料砍磨、砌筑灌缝、打点背里、清扫场地等。

计量单位:10m

定 额 编 号			3-1-64	3-1-65	3-1-66	3-1-67	3-1-68	3-1-69
项　　目			菱角檐		鸡嗉檐		抽屉檐	砖瓦檐
			蓝四丁砖	大城砖	小停泥砖	大城砖		
名　　称		单位	消　耗　量					
人工		合计工日	工日	1.845	1.755	5.535	9.000	1.944	3.168
	其中	普工	工日	0.369	0.351	1.107	1.800	0.389	0.633
		一般技工	工日	0.646	0.614	1.937	3.150	0.680	1.109
		高级技工	工日	0.830	0.790	2.491	4.050	0.875	1.426
材料		蓝四丁砖 240×115×53	块	150.000	—	—	—	175.000	44.000
		大城砖 480×240×128	块	—	74.620	—	91.640	—	—
		小停泥砖 288×144×64	块	—	—	168.000	—	—	—
		板瓦 3#	块	—	—	—	—	—	69.000
		青灰	kg	8.000	—	8.000	—	8.900	7.100
		白灰	kg	61.400	—	61.400	—	68.200	54.600
		浅月白灰	m³	—	0.100	—	0.090	—	—
		其他材料费	%	1.00	1.00	1.00	1.00	1.00	1.00
机械		灰浆搅拌机 200L	台班	0.020	0.030	0.020	0.020	0.020	0.020

四、墙　　帽

工作内容: 准备工具、材料运输、灰浆调制、砖料砍磨、砌筑灌缝、打点背里、
清扫场地等。

计量单位:10m

定　额　编　号			3-1-70	3-1-71	3-1-72	3-1-73	3-1-74
项　　　　目			蓑衣顶墙帽				
			大城砖				
			三层	四层	五层	六层	七层
名　　　称		单位	消　耗　量				
人工	合计工日	工日	1.728	2.052	2.484	3.024	3.564
	其中 普工	工日	0.345	0.411	0.497	0.605	0.713
	一般技工	工日	0.605	0.718	0.869	1.058	1.247
	高级技工	工日	0.778	0.923	1.118	1.361	1.604
材料	大城砖 480×240×128	块	93.000	145.000	210.000	290.000	374.000
	砌筑水泥砂浆 M5.0	m³	0.090	0.140	0.200	0.310	0.370
	其他材料费	%	1.00	1.00	1.00	1.00	1.00
机械	灰浆搅拌机 200L	台班	0.020	0.040	0.050	0.080	0.090

工作内容：准备工具、材料运输、灰浆调制、砖料砍磨、砌筑灌缝、打点背里、清扫场地等。

计量单位：10m

定 额 编 号			3-1-75	3-1-76	3-1-77	3-1-78	3-1-79
项 目			蓑衣顶墙帽				
			蓝四丁砖				
			三层	四层	五层	六层	七层
名 称		单位	消 耗 量				
人工	合计工日	工日	2.160	2.565	3.060	3.690	4.275
	其中 普工	工日	0.432	0.513	0.612	0.737	0.855
	一般技工	工日	0.756	0.898	1.071	1.292	1.496
	高级技工	工日	0.972	1.154	1.377	1.661	1.924
材料	蓝四丁砖 240×115×53	块	244.800	408.000	612.000	816.000	1020.000
	砌筑水泥砂浆 M5.0	m³	0.090	0.130	0.180	0.240	0.320
	其他材料费	%	1.00	1.00	1.00	1.00	1.00
机械	灰浆搅拌机 200L	台班	0.020	0.030	0.050	0.060	0.080

工作内容: 准备工具、材料运输、灰浆调制、砖料砍磨、砌筑灌缝、打点背里、
清扫场地等。

计量单位: 10m

定 额 编 号			3-1-80	3-1-81	3-1-82	3-1-83	3-1-84	3-1-85
项 目			真硬顶墙帽					
			大城砖		尺四方砖	蓝四丁砖		
			一顺出	褥子面		八方锦	一顺出	褥子面
名 称		单位	消 耗 量					
人工	合计工日	工日	2.160	2.880	2.700	4.500	2.700	3.600
	其中 普工	工日	0.432	0.576	0.540	0.900	0.540	0.720
	一般技工	工日	0.756	1.008	0.945	1.575	0.945	1.260
	高级技工	工日	0.972	1.296	1.215	2.025	1.215	1.620
材料	大城砖 480×240×128	块	110.000	150.000	—	—	—	—
	尺四方砖 448×448×64	块	—	—	90.000	—	—	—
	蓝四丁砖 240×115×53	块	—	—	—	700.000	320.000	450.000
	砌筑水泥砂浆 M5.0	m³	0.290	0.510	0.210	0.440	0.130	0.210
	标准砖 240×115×53	块	220.000	354.000	240.000	—	—	—
	其他材料费	%	1.00	1.00	1.00	1.00	1.00	1.00
机械	灰浆搅拌机 200L	台班	0.070	0.130	0.050	0.110	0.030	0.050

工作内容:准备工具、材料运输、灰浆调制、砖料砍磨、砌筑灌缝、打点背里、
清扫场地等。

计量单位:10m

定 额 编 号			3-1-86	3-1-87	3-1-88	3-1-89
项　　　目			假硬顶墙帽		馒头顶宝盒顶墙帽	鹰不落顶墙帽
			宽度（mm 以内）			
			40	60		
名　　　称		单位	消　耗　量			
人 工		合计工日	工日	3.600	5.760	2.880	4.545
	其 中	普工	工日	0.720	1.152	0.576	0.909
		一般技工	工日	1.260	2.016	1.008	1.591
		高级技工	工日	1.620	2.592	1.296	2.045
材 料		标准砖 240×115×53	块	190.000	350.000	150.000	310.000
		浅月白中麻刀灰	m³	0.670	1.050	0.200	0.250
		混合砂浆 M5.0	m³	0.120	0.260	0.080	0.170
		其他材料费	%	1.00	1.00	1.00	1.00
机 械		灰浆搅拌机 200L	台班	0.200	0.380	0.070	1.010

工作内容:准备工具、材料运输、灰浆调制、砖料砍磨、砌筑灌缝、打点背里、
清扫场地等。

工作内容: 准备工具、材料运输、灰浆调制、砖料砍磨、砌筑灌缝、打点背里、清扫场地等。

计量单位:10m²

定 额 编 号			3-1-90	3-1-91	3-1-92	3-1-93	3-1-94	3-1-95
项 目			花瓦墙帽					
			板瓦			筒瓦		
			2 号	3 号	10 号	2 号	3 号	10 号
名 称		单位	消 耗 量					
人工	合计工日	工日	34.560	43.542	70.227	52.560	6.109	103.950
	其中 普工	工日	6.912	8.708	14.046	10.512	1.222	20.789
	一般技工	工日	12.096	15.240	24.579	18.396	2.138	36.383
	高级技工	工日	15.552	19.594	31.602	23.652	2.749	46.778
材料	深月白中麻刀灰	m³	0.090	0.100	0.150	0.130	0.150	0.240
	板瓦 2#	块	1029.000	—	—	—	—	—
	板瓦 3#	块	—	1344.000	—	—	—	—
	板瓦 10#	块	—	—	3188.000	—	—	—
	筒瓦 2#	块	—	—	—	1701.000	—	—
	筒瓦 3#	块	—	—	—	—	2541.000	—
	筒瓦 10#	块	—	—	—	—	—	4354.000
	其他材料费	%	1.00	1.00	1.00	1.00	1.00	1.00
机械	灰浆搅拌机 200L	台班	0.020	0.030	0.040	0.030	0.040	0.060

工作内容：准备工具、材料运输、灰浆调制、砖料砍磨、砌筑灌缝、打点背里、清扫场地等。

计量单位：10m²

定　额　编　号			3-1-96	3-1-97	3-1-98
项　　　　目			花瓦墙帽		
			筒瓦、板瓦混用		
			2 号	3 号	10 号
名　　称		单位	消　耗　量		
人工	合计工日	工日	47.709	58.590	92.871
	其中 普工	工日	9.542	11.717	18.574
	一般技工	工日	16.698	20.507	32.505
	高级技工	工日	21.469	26.366	41.792
材料	筒瓦 2#	块	851.000	—	—
	筒瓦 3#	块	—	1271.000	—
	筒瓦 10#	块	—	—	2177.000
	板瓦 2#	块	515.000	—	—
	板瓦 3#	块	—	672.000	—
	板瓦 10#	块	—	—	1594.000
	深月白中麻刀灰	m³	0.110	0.130	0.200
	其他材料费	%	1.00	1.00	1.00
机械	灰浆搅拌机 200L	台班	0.030	0.030	0.050

五、砖券(拱)、门窗套

工作内容: 准备工具、材料运输、灰浆调制、砖料砍磨、砌筑灌缝、打点背里、
清扫场地等。

计量单位:10m²

定 额 编 号			3-1-99	3-1-100	3-1-101	3-1-102	3-1-103
项　　目			车棚券 (10m³)	细砌砖券			
				木梳背券	平券	圆光券	异型券
名　　称		单位	消　耗　量				
人工	合计工日	工日	22.932	93.457	80.808	114.933	112.567
	其中 普工	工日	4.587	18.691	16.161	22.986	22.514
	一般技工	工日	8.026	32.710	28.283	40.227	39.398
	高级技工	工日	10.319	42.056	36.364	51.720	50.655
材料	大城砖 480×240×128	块	720.000	—	—	—	—
	青灰	kg	204.700	—	—	—	—
	小停泥砖 288×144×64	块	—	788.700	788.700	985.600	985.600
	白灰浆	m³	6.530	0.250	0.250	0.270	0.270
	其他材料费	%	1.00	1.00	1.00	1.00	1.00
机械	灰浆搅拌机 200L	台班	0.230	0.060	0.060	0.070	0.070

工作内容: 准备工具、材料运输、灰浆调制、砖料砍磨、砌筑灌缝、打点背里、
清扫场地等。

计量单位:10m²

定　额　编　号			3-1-104	3-1-105	3-1-106	3-1-107
项　　　目			糙砌砖券			
			木梳背券	平券	圆光券	异型券
名　　称		单位	消　耗　量			
人工	合计工日	工日	46.774	37.219	63.245	61.425
	其中 普工	工日	9.355	7.443	12.649	12.285
	一般技工	工日	16.371	13.027	22.136	21.499
	高级技工	工日	21.048	16.749	28.460	27.641
材料	小停泥砖 288×144×64	块	670.400	670.400	837.800	837.800
	深月白灰	m³	0.210	0.210	0.230	0.230
	其他材料费	%	1.00	1.00	1.00	1.00
机械	灰浆搅拌机 200L	台班	0.050	0.050	0.060	0.060

工作内容: 准备工具、材料运输、灰浆调制、砖料砍磨、砌筑灌缝、打点背里、
清扫场地等。

计量单位:10m

定 额 编 号			3-1-108	3-1-109	3-1-110	3-1-111
项 目			干摆门窗套			
			贴脸		侧壁	
			宽度(cm)			
			18以内	18以外	20以内	20以外
名 称		单位	消 耗 量			
合计工日		工日	18.300	24.300	18.300	24.300
人工	其中	普工	工日	3.660	4.860	3.660	4.860
		一般技工	工日	6.405	8.505	6.405	8.505
		高级技工	工日	8.235	10.935	8.235	10.935
材料	尺四方砖 448×448×64	块	18.000	—	18.000	—
	尺二方砖 384×384×58	块	—	40.000	—	40.000
	白灰	kg	20.500	27.300	20.500	27.300
	其他材料费	%	1.00	1.00	1.00	1.00
机械	灰浆搅拌机 200L	台班	0.010	0.010	0.010	0.010

六、须 弥 座

工作内容：准备工具、材料运输、灰浆调制、砖料砍磨、砌筑灌缝、打点背里、

清扫场地等。

计量单位：10m²

定 额 编 号			3-1-112	3-1-113
项 目			细砌须弥座	淌白须弥座
名 称		单位	消 耗 量	
人工	合计工日	工日	110.017	88.013
	其中 普工	工日	22.003	17.602
	一般技工	工日	38.506	30.805
	高级技工	工日	49.508	39.606
材料	尺四方砖 448×448×64	块	320.000	274.400
	白灰	kg	341.000	278.000
	其他材料费	%	1.00	1.00
机械	灰浆搅拌机 200L	台班	0.120	0.100

七、影壁、看面墙、廊心墙

工作内容: 准备工具、材料运输、灰浆调制、砖料砍磨、砌筑灌缝、打点背里、
清扫场地等。

计量单位:10m²

定 额 编 号			3-1-114	3-1-115
项 目			细作影壁、廊心墙、槛墙	
			方砖心	
			尺四方砖	尺二方砖
名 称		单位	消 耗 量	
人工	合计工日	工日	45.810	49.770
	其中 普工	工日	9.161	9.953
	一般技工	工日	16.034	17.420
	高级技工	工日	20.615	22.397
材料	尺四方砖 448×448×64	块	65.000	—
	尺二方砖 384×384×58	块	—	95.000
	白灰	kg	68.200	68.200
	其他材料费	%	1.00	1.00
机械	灰浆搅拌机 200L	台班	0.020	0.020

工作内容: 准备工具、材料运输、灰浆调制、砖料砍磨、砌筑灌缝、打点背里、清扫场地等。

计量单位: 10m

定　额　编　号			3-1-116	3-1-117	3-1-118	3-1-119	3-1-120
项　　目			细作影壁、廊心墙、槛墙				
			线枋子	柱子	箍头枋子	上、下槛	立八字
名　　　称		单位	消　耗　量				
人工	合计工日		工日	6.210	10.640	7.110	1.477	11.760
	其中	普工	工日	1.241	2.128	1.421	0.295	2.352
		一般技工	工日	2.174	3.724	2.489	0.517	4.116
		高级技工	工日	2.795	4.788	3.200	0.665	5.292
材料	小停泥砖 288×144×64		块	42.500	—	—	42.500	42.500
	大城砖 480×240×128		块	—	26.000	26.000	—	—
	白灰		kg	6.800	20.500	20.500	6.800	6.800
	其他材料费		%	1.00	1.00	1.00	1.00	1.00
机械	灰浆搅拌机 200L		台班	—	0.010	0.010	—	—

工作内容：准备工具、材料运输、灰浆调制、砖料砍磨、砌筑灌缝、打点背里、
清扫场地等。

定 额 编 号			3-1-121	3-1-122	3-1-123	3-1-124	3-1-125
项 目			细作影壁、廊心墙、槛墙				
			三岔头	马蹄磉	耳子	穿插档	小脊子
计 量 单 位			10 对	10 对	10 对	10 份	10 份
名 称		单位	消 耗 量				
合计工日		工日	9.270	20.520	9.270	24.480	24.390
人工	其中						
	普工	工日	1.853	4.104	1.853	4.896	4.877
	一般技工	工日	3.245	7.182	3.245	8.568	8.537
	高级技工	工日	4.172	9.234	4.172	11.016	10.976
材料	尺四方砖 448×448×64	块	7.000	—	—	20.000	—
	大城砖 480×240×128	块	—	10.000	—	—	—
	小停泥砖 288×144×64	块	—	—	10.000	—	50.000
	白灰	kg	13.600	13.600	13.600	—	6.800
	其他材料费	%	1.00	1.00	1.00	1.00	—
机械	灰浆搅拌机 200L	台班	0.010	0.010	0.010	—	—

工作内容: 准备工具、材料运输、灰浆调制、砖料砍磨、砌筑灌缝、打点背里、
清扫场地等。

计量单位:10m

定 额 编 号			3-1-126	3-1-127	3-1-128	3-1-129
项 目			干摆博风			
			尺七方砖	尺四方砖	尺二方砖	三才
名 称		单位	消 耗 量			
人工	合计工日	工日	38.979	34.267	33.887	26.382
	其中 普工	工日	7.795	6.854	6.778	5.276
	一般技工	工日	13.643	11.993	11.860	9.234
	高级技工	工日	17.541	15.420	15.249	11.872
材料	小停泥砖 288×144×64	块	100.000	100.000	100.000	92.400
	尺七方砖 544×544×80	块	25.600	—	—	—
	尺四方砖 448×448×64	块	—	34.000	—	18.600
	尺二方砖 384×384×58	块	—	—	35.200	—
	蓝四丁砖 240×115×53	块	1870.000	1400.000	130.000	530.000
	麻刀	kg	4.300	3.800	3.000	2.000
	砌筑水泥砂浆 M5.0	m³	1.060	0.790	0.670	0.300
	其他材料费	%	1.00	1.00	1.00	1.00
机械	灰浆搅拌机 200L	台班	0.270	0.200	0.170	0.080

工作内容： 准备工具、材料运输、灰浆调制、砖料砍磨、砌筑灌缝、打点背里、清扫场地等。

计量单位：10m

定 额 编 号				3-1-130	3-1-131	3-1-132
项 目				灰砌散装博风		
				三层	五层	七层
名 称			单位	消 耗 量		
人工	合计工日		工日	18.649	23.912	31.569
	其中	普工	工日	3.730	4.783	6.314
		一般技工	工日	6.527	8.369	11.049
		高级技工	工日	8.392	10.760	14.206
材料	小停泥砖 288×144×64		块	230.000	320.000	410.000
	蓝四丁砖 240×115×53		块	660.000	940.000	1670.000
	砌筑水泥砂浆 M5.0		m³	0.370	0.530	0.690
	麻刀		kg	2.300	3.000	—
	其他材料费		%	1.00	1.00	1.00
机械	灰浆搅拌机 200L		台班	0.090	0.130	0.170

工作内容: 准备工具、材料运输、灰浆调制、砖料砍磨、砌筑灌缝、打点背里、
清扫场地等。

计量单位:10m

定 额 编 号			3-1-133	3-1-134	3-1-135	3-1-136
项 目			砖挂落			
			尺七方砖	尺四方砖	尺二方砖	三才
名 称		单位	消 耗 量			
人工	合计工日	工日	18.098	21.841	20.710	9.380
	其中 普工	工日	3.620	4.369	4.141	1.876
	一般技工	工日	6.334	7.644	7.249	3.283
	高级技工	工日	8.144	9.828	9.320	4.221
材料	尺七方砖 544×544×80	块	22.100	—	—	—
	尺四方砖 448×448×64	块	—	23.200	4.000	13.400
	尺二方砖 384×384×58	块	—	—	32.300	—
	铁件(综合)	kg	5.000	5.000	—	—
	白灰	kg	136.400	136.400	109.100	54.600
	其他材料费	%	1.00	1.00	1.00	1.00
机械	灰浆搅拌机 200L	台班	0.050	0.050	0.040	0.020

工作内容: 准备工具、材料运输、灰浆调制、砖料砍磨、砌筑灌缝、打点背里、
清扫场地等。

计量单位:10 份

定　额　编　号			3-1-137	3-1-138	3-1-139	3-1-140	3-1-141	3-1-142
项　　　目			干摆稍子			灰砌稍子		
			带后续尾			尺七方砖	尺四方砖	尺二方砖
			尺七方砖	尺四方砖	尺二方砖			
名　　　称		单位	消　耗　量					
人工	合计工日	工日	103.230	96.210	63.270	62.100	52.020	44.460
	其中 普工	工日	20.645	19.241	12.653	12.420	10.404	8.892
	一般技工	工日	36.131	33.674	22.145	21.735	18.207	15.561
	高级技工	工日	46.454	43.295	28.472	27.945	23.409	20.007
材料	尺七方砖 544×544×80	块	63.000	16.500	—	63.000	16.500	—
	尺四方砖 448×448×64	块	52.000	93.000	68.500	—	41.000	16.500
	尺二方砖 384×384×58	块	—	—	41.000	—	—	41.000
	小停泥砖 288×144×64	块	500.000	440.000	390.000	500.000	440.000	390.000
	蓝四丁砖 240×115×53	块	300.000	250.000	200.000	300.000	250.000	200.000
	白灰	kg	170.500	109.100	95.500	122.800	61.400	47.700
	青灰	kg	—	—	—	16.000	8.000	6.200
	其他材料费	%	—	1.00	1.00	1.00	1.00	1.00
机械	灰浆搅拌机 200L	台班	0.060	0.040	0.030	0.050	0.020	0.020

工作内容: 准备工具、材料运输、灰浆调制、砖料砍磨、砌筑灌缝、打点背里、
清扫场地等。

	定 额 编 号		3-1-143	3-1-144
	项 目		蓝四丁砖盘头	堵抹椽档（燕窝）
	计 量 单 位		10 份	10m
	名 称	单位	消 耗 量	
人工	合计工日	工日	5.670	2.090
	其中 普工	工日	1.133	0.417
	一般技工	工日	1.985	0.732
	高级技工	工日	2.552	0.941
材料	蓝四丁砖 240×115×53	块	550.000	—
	标准砖 240×115×53	块	—	40.000
	砌筑水泥砂浆 M5.0	m³	0.340	—
	白灰	kg	30.900	259.200
	青灰	kg	—	66.100
	麻刀	kg	—	9.700
	其他材料费	%	1.00	1.00
机械	灰浆搅拌机 200L	台班	0.100	0.120

第二章 石 作 工 程

说　明

一、本章定额包括台基及台阶,望柱、栏板,墙身石活及门窗、槛石,其他,共四节。

二、本章定额中石构件按成品安装考虑,综合了安装的全部工序和用料。

三、本章定额中石材成品构件安装按相应成品构件加 1% 损耗。

四、不带雕饰的石活安装,均包括剁斧、砸花锤、打道等内容,若与设计要求不同时,不得调整。

五、柱顶石安装已综合了普通和异型,阶条石安装已综合了掏柱顶卡口的用工。

六、角柱和埋头的安装,不分规格形状,均执行本章定额。

七、方形门鼓石(幞头鼓)以正面做浅浮雕为准,圆形门鼓石为滚墩石以大鼓做转角莲为准。若与设计要求不同时,不得调整。

八、栏板、望柱等各成品石活安装项目,不分使用部位,均按本章定额执行。

九、遇有河底海墁项目时,应执行甬路、海墁地面相应子目。

工程量计算规则

一、须弥座台基、石窗芯按垂直投影面积以面积计算。

二、垂带台阶、如意踏跺、礓磋,均按水平投影面积计算。

三、柱顶石打透榫眼,以数量计算,透榫眼厚小于宽的 2/5 时,按相应子目乘以系数 0.5。

四、月洞元宝石、门枕石、门鼓石、锁口石、滚墩石、沟门、沟漏,分规格以数量计算。

五、石箅子、甬路、海墁地面(含河底海墁)、牙子石,按水平投影面积计算。

六、石沟嘴子、石角梁带兽头,均按图示尺寸以长度计算。

七、寻杖栏板、罗汉板,分别按其设计底边长度乘以平均高度,以面积计算。

八、抱鼓石按其设计底边长度乘以栏板高度,以面积计算。

九、望柱不分规格以数量计算。

十、其他项目台基等,均按图示尺寸以体积计算;图纸尺寸标注不全者,按下表执行。

石作工程量计算参考表

项目	厚	宽	埋深
土衬(砖砌陡板)	宽的 4/10	按细砖宽的 2 倍	—
土衬(石陡板)	同阶条石厚	陡板厚加 2 倍金边宽	—
埋头(侧面不露明)	同阶条厚	—	如带埋深,埋深按露明高
陡板	高的 1/3	—	—
柱顶石	宽的 1/2	—	—
象眼	高的 1/3	—	—
腰线石	—	高的 1.5 倍	—
槛垫石	宽的 1/3	—	—
须弥座各层	—	同上枋宽	—
须弥座土衬	同圭角厚	同上枋宽	—
夹杆石、镶杆石	—	—	按露明高

其中,阶条石计算体积时,不扣除柱顶石卡口所占的体积;券石、券脸石,均按最大矩形的体积;夹杆石、镶杆石,按截面积乘以高度(不扣除柱子所占体积)计算体积,独立须弥座按其顶面面积乘以图示高度计算体积。

十一、柱顶石按图示尺寸以体积计算;图纸尺寸标注不全者,按"石作工程量计算参考表"执行。其中,异型柱顶石,按最大矩形体积计算。

一、台基及台阶

工作内容： 准备工具、材料运输、调制灰浆、安装打拼头缝、打截头、安垫塞、灌浆及搭拆小型起重架、成品石料安装、清扫场地等。

定 额 编 号			3-2-1	3-2-2	3-2-3	3-2-4	3-2-5
项 目			阶条石	踏跺		陡板	土衬石
				台阶（带垂带）	如意踏跺		
计 量 单 位			m³	10m²	10m²	m³	m³
名 称		单位	消 耗 量				
人工	合计工日	工日	10.499	21.460	18.040	8.911	8.902
	其中 普工	工日	2.099	0.429	0.361	1.782	1.780
	一般技工	工日	3.675	0.751	0.631	3.119	3.116
	高级技工	工日	4.725	0.966	0.812	4.010	4.006
材料	阶条石	m³	1.010	—	—	—	—
	台阶（带垂带）	m²	—	10.100	—	—	—
	如意踏跺	m²	—	—	10.100	—	—
	陡板石	m³	—	—	—	1.010	—
	土衬石	m³	—	—	—	—	1.010
	砌筑水泥砂浆 M5.0	m³	0.348	0.650	0.500	0.408	0.418
	其他材料费	%	0.50	0.50	0.50	0.50	0.50
机械	灰浆搅拌机 200L	台班	0.078	0.160	0.130	0.102	0.105

工作内容: 准备工具、材料运输、调制灰浆、安装打拼头缝、打截头、安垫塞、灌浆及搭拆小型起重架、成品石料安装、清扫场地等。

定　额　编　号			3-2-6	3-2-7	3-2-8
项　　　　目			锁口石	地伏石	埋头
计　量　单　位			10 块	m³	m³
名　　称		单位	消　耗　量		
人工	合计工日	工日	8.630	11.989	9.396
	其中 普工	工日	1.725	2.398	1.879
	一般技工	工日	3.021	4.196	3.289
	高级技工	工日	3.884	5.395	4.228
材料	锁口石 仅用于本章定额	块	10.100	—	—
	地伏石	m³	—	1.010	—
	埋头石	m³	—	—	1.010
	砌筑水泥砂浆 M5.0	m³	0.030	0.311	0.308
	其他材料费	%	0.50	0.50	0.50
机械	灰浆搅拌机 200L	台班	0.010	0.078	0.077

工作内容: 准备工具、材料运输、调制灰浆、安装打拼头缝、打截头、安垫塞、灌浆及搭拆小型起重架、成品石料安装、清扫场地等。

计量单位:10m²

定　额　编　号			3-2-9	3-2-10
项　　　　目			礓磜石	
			礓磜石(带垂带)	礓磜石
名　　称		单位	消　耗　量	
人工	合计工日	工日	17.100	16.160
	其中 普工	工日	0.341	0.323
	一般技工	工日	0.599	0.566
	高级技工	工日	0.770	0.727
材料	礓磜石(带垂带)	m²	10.100	—
	礓磜石	m²	—	10.100
	砌筑水泥砂浆 M5.0	m³	0.500	0.500
	其他材料费	%	0.50	0.50
机械	灰浆搅拌机 200L	台班	0.130	0.130

工作内容: 准备工具、材料运输、调制灰浆、安装打拼头缝、打截头、安垫塞、灌浆及搭拆小型起重架、成
品石料安装、清扫场地等。

定 额 编 号			3-2-11	3-2-12	3-2-13	3-2-14	3-2-15
项 目			象眼(高在)		独立须弥座	须弥座台基	
			50cm 以内	50cm 以外		无雕刻	有雕刻
计 量 单 位			m³	m³	m³	10m²	10m²
名 称		单位	消 耗 量				
人工	合计工日	工日	6.405	5.530	11.560	134.240	204.260
	其中 普工	工日	1.281	1.105	2.312	26.848	40.852
	一般技工	工日	2.242	1.936	4.046	46.984	71.491
	高级技工	工日	2.882	2.489	5.202	60.408	91.917
材料	象眼(高 50cm 以内)	m³	1.010	—	—	—	—
	象眼(高 50cm 以外)	m³	—	1.010	—	—	—
	独立须弥座	m³	—	—	1.010	—	—
	须弥座台基(无雕饰)	m²	—	—	—	10.100	—
	须弥座台基(有雕饰)	m²	—	—	—	—	10.100
	1:3.5 水泥砂浆	m³	—	—	0.120	—	—
	砌筑水泥砂浆 M5.0	m³	0.408	0.408	—	0.750	0.750
	白水泥	kg	—	—	3.150	7.200	7.200
	铁件(综合)	kg	—	—	0.360	2.400	2.400
	其他材料费	%	0.50	0.50	0.50	0.50	0.50
机械	灰浆搅拌机 200L	台班	0.102	0.102	0.030	0.190	0.190

二、望柱、栏板

工作内容：准备工具、材料运输、调制灰浆、安装打拼头缝、打截头、安垫塞、灌浆及
搭拆小型起重架、成品石料安装、清扫场地等。

定 额 编 号			3-2-16	3-2-17	3-2-18	3-2-19
项 目			望柱	寻杖栏板	罗汉板（罗盘子、窝角裹棱）	抱鼓石
计量单位			10 根	10m²		
名 称		单位	消 耗 量			
人工	合计工日	工日	13.490	26.510	21.380	22.230
	其中 普工	工日	2.697	5.301	4.276	4.445
	一般技工	工日	4.722	9.279	7.483	7.781
	高级技工	工日	6.071	11.930	9.621	10.004
材料	望柱	根	10.100	—	—	—
	水泥（综合）	kg	30.000	—	—	—
	寻杖栏板	m²	—	10.100	—	—
	罗汉板（落盘子、窝角裹棱）	m²	—	—	10.100	—
	抱鼓石	m²	—	—	—	10.100
	水泥 32.5	kg	—	30.000	40.000	30.000
	其他材料费	%	0.50	0.50	0.50	0.50

三、墙身石活及门窗、槛石

工作内容: 准备工具、材料运输、调制灰浆、安装打拼头缝、打截头、安垫塞、灌浆及
　　　　搭拆小型起重架、成品石料安装、清扫场地等。　　　　　　　　　　计量单位:m³

定 额 编 号			3-2-20	3-2-21	3-2-22	3-2-23
项　　　　目			角柱石	压板砖	腰线石	挑檐石
名　　称		单位	消　耗　量			
人工	合计工日	工日	11.296	11.739	12.543	12.543
	其中 普工	工日	2.259	2.347	2.509	2.509
	一般技工	工日	3.954	4.109	4.390	4.390
	高级技工	工日	5.083	5.283	5.644	5.644
材料	角柱石	m³	1.010	—	—	—
	压板砖	m³	—	1.010	—	—
	腰线石	m³	—	—	1.010	—
	挑檐石	m³	—	—	—	1.010
	砌筑水泥砂浆 M5.0	m³	0.378	0.298	0.298	0.483
	其他材料费	%	0.50	0.50	0.50	0.50
机械	灰浆搅拌机 200L	台班	0.095	0.075	0.075	0.121

工作内容： 准备工具、材料运输、调制灰浆、安装打拼头缝、打截头、安垫塞、灌浆及搭拆小型起重架、成品石料安装、清扫场地等。

定 额 编 号			3-2-24	3-2-25	3-2-26	3-2-27
项 目			门窗			槛垫石、过门石、分心石
			券石	券脸石	石窗芯	
计 量 单 位			m³	m³	10m²	m³
名 称		单位	消 耗 量			
人工	合计工日	工日	20.315	22.572	11.500	2.280
	其中 普工	工日	4.063	4.515	2.300	0.456
	一般技工	工日	7.110	7.900	4.025	0.798
	高级技工	工日	9.142	10.157	5.175	1.026
材料	门窗（券石）	m³	1.010	—	—	—
	门窗（券脸石）	m³	—	1.010	—	—
	石窗芯	m²	—	—	10.100	—
	槛垫石、过门石、分心石	m³	—	—	—	1.010
	砌筑水泥砂浆 M5.0	m³	0.020	0.020	—	0.199
	水泥砂浆 1:3.5	m³	—	—	0.100	—
	其他材料费	%	0.50	0.50	0.50	0.50
机械	灰浆搅拌机 200L	台班	0.005	0.005	0.030	0.050

工作内容: 准备工具、材料运输、调制灰浆、安装打拼头缝、打截头、安垫塞、灌浆及搭拆小型起重架、成品石料安装、清扫场地等。

计量单位:10块

定　额　编　号			3-2-28	3-2-29	3-2-30	3-2-31	3-2-32
项　　目			月洞门元宝石	门枕石		门鼓石	
						幞头鼓	圆鼓
			长度（mm 以内）			长度（mm 以内）	
			1000	800	1200	1000	1200
名　　称		单位	消　耗　量				
人工	合计工日	工日	14.450	8.380	12.060	7.790	13.780
	其中 普工	工日	2.889	1.676	2.412	1.557	2.756
	一般技工	工日	5.058	2.933	4.221	2.727	4.823
	高级技工	工日	6.503	3.771	5.427	3.506	6.201
材料	月洞元宝石 1000mm 以内	块	10.100	—	—	—	—
	门枕石长 800mm 以内	块	—	10.100	—	—	—
	门枕石长 1200mm 以内	块	—	—	10.100	—	—
	门鼓石、幞头鼓长 1000mm 以内	块	—	—	—	10.100	—
	门鼓石、圆鼓长 1200mm 以内	块	—	—	—	—	10.100
	砌筑水泥砂浆 M5.0	m³	0.020	0.030	0.050	0.030	0.080
	其他材料费	%	0.50	0.50	0.50	0.50	0.50
机械	灰浆搅拌机 200L	台班	0.010	0.010	0.010	0.010	0.020

工作内容：准备工具、材料运输、调制灰浆、安装打拼头缝、打截头、安垫塞、灌浆及
搭拆小型起重架、成品石料安装、清扫场地等。　　　　　　　　　　　　　　计量单位：m³

定　额　编　号			3-2-33	3-2-34	3-2-35
项　　目			墙帽（压顶）		墙帽与角柱联做
			不出檐带八字	出檐带扣脊瓦	
名　　称		单位	消　耗　量		
人工	合计工日	工日	10.346	13.431	11.214
	其中 普工	工日	2.069	2.686	2.243
	一般技工	工日	3.621	4.701	3.925
	高级技工	工日	4.656	6.044	5.046
材料	墙帽（压顶石）不出檐	m³	1.010	—	—
	墙帽（压顶石）出檐	m³	—	1.010	—
	墙帽（压顶石）与角柱联做	m³	—	—	1.010
	砌筑水泥砂浆 M5.0	m³	0.052	0.052	0.090
	其他材料费	%	0.50	0.50	0.50
机械	灰浆搅拌机 200L	台班	0.013	0.013	0.025

工作内容: 准备工具、材料运输、调制灰浆、安装打拼头缝、打截头、安垫塞、灌浆及搭拆小型起重架、成品石料安装、清扫场地等。

定 额 编 号			3-2-36	3-2-37	3-2-38	3-2-39
项 目			柱顶石			柱顶石打透眼
			方鼓径	圆鼓径	带花饰	
计 量 单 位			m³	m³	m³	10 个
名 称		单位	消 耗 量			
人工	合计工日	工日	9.995	9.337	9.080	10.000
	其中 普工	工日	1.999	1.867	1.816	2.000
	一般技工	工日	3.498	3.268	3.178	3.500
	高级技工	工日	4.498	4.202	4.086	4.500
材料	柱顶石（方鼓径）	m³	1.010	—	—	—
	柱顶石（圆鼓径）	m³	—	1.010	—	—
	柱顶石（带花饰）	m³	—	—	1.010	—
	砌筑水泥砂浆 M5.0	m³	0.290	0.260	0.248	—
	其他材料费	%	0.50	0.50	0.50	—
机械	灰浆搅拌机 200L	台班	0.073	0.065	0.062	—

工作内容：准备工具、材料运输、调制灰浆、安装打拼头缝、打截头、安垫塞、灌浆及搭拆小型起重架、成
　　　　品石料安装、清扫场地等。

定　额　编　号			3-2-40	3-2-41
项　　　目			滚墩石（长1500mm以内）	夹杆石、镶杆石
			10个	10m³
名　　　称		单位	消　耗　量	
人工	合计工日	工日	16.060	105.070
	其中 普工	工日	3.212	21.013
	一般技工	工日	5.621	36.775
	高级技工	工日	7.227	47.282
材料	滚墩石 1500mm以内	个	10.100	—
	夹杆石、镶杆石	m³	—	10.100
	砌筑水泥砂浆 M5.0	m³	0.050	0.660
	铁件（综合）	kg	—	110.000
	其他材料费	%	0.50	0.50
机械	灰浆搅拌机 200L	台班	0.010	0.170

工作内容：准备工具、材料运输、调制灰浆、安装打拼头缝、打截头、安垫塞、灌浆及
搭拆小型起重架、成品石料安装、清扫场地等。

计量单位：10m²

定 额 编 号			3-2-42	3-2-43
项 目			甬路、海墁地面	
			130mm	每增厚 20mm
名 称		单位	消 耗 量	
人工	合计工日	工日	10.640	1.520
	其中 普工	工日	2.128	0.304
	一般技工	工日	3.724	0.532
	高级技工	工日	4.788	0.684
材料	甬路、海墁厚 130mm	m²	10.100	—
	甬路、海墁每增厚 20mm	m²	—	10.100
	水泥砂浆 1∶3	m³	0.500	—
	其他材料费	%	0.500	0.500
机械	灰浆搅拌机 200L	台班	0.130	—

工作内容：准备工具、材料运输、调制灰浆、安装打拼头缝、打截头、安垫塞、灌浆及搭拆小型起重架、成品石料安装、清扫场地等。

定 额 编 号		3-2-44	3-2-45	3-2-46	3-2-47
项　　目		牙子石（垂直厚度）		沟门、沟漏	石沟嘴子（宽 500mm 以内）
		13cm 以内	每增厚 2cm		
计 量 单 位		10m²	10m²	10 块	10m
名　　称	单位	消　耗　量			
人工	合计工日	工日	11.100	1.300	2.090	11.400
其中	普工	工日	2.220	0.260	0.417	2.280
	一般技工	工日	3.885	0.455	0.732	3.990
	高级技工	工日	4.995	0.585	0.941	5.130
材料	牙子石	m²	10.100	—	—	—
	牙子石 2cm	m²	—	10.100	—	—
	沟门、沟漏	块	—	—	10.100	—
	石沟嘴子宽 500mm 以内	m	—	—	—	10.100
	水泥砂浆 1:3	m³	0.500	—	0.020	0.040
	其他材料费	%	0.50		0.50	0.50
机械	灰浆搅拌机 200L	台班	0.010	—	0.010	0.010

工作内容：准备工具、材料运输、调制灰浆、安装打拼头缝、打截头、安垫塞、灌浆及搭拆小型起重架、成品石料安装、清扫场地等。

定　额　编　号			3-2-48	3-2-49
项　　　　　目			石箅子	石角梁带兽头 （厚度15cm以内）
计　量　单　位			10m²	10m
名　　称		单位	消　耗　量	
人工	合计工日	工日	2.300	5.255
	其中 普工	工日	0.460	1.051
	一般技工	工日	0.805	1.839
	高级技工	工日	1.035	2.365
材料	石箅子	m²	10.100	—
	石角梁带兽头（厚度15cm以内）	m	—	10.100
	水泥砂浆 1∶3	m³	0.100	0.040
	其他材料费	%	0.50	0.50
机械	灰浆搅拌机 200L	台班	0.030	0.010

四、其　　他

工作内容：准备工具、构图放样、成品券石券脸雕刻、修补清理。　　　　　　　　计量单位：10m²

定　额　编　号			3-2-50	3-2-51
项　　　　　目			门窗券石	
			券脸雕刻	
			卷草、卷云带子	莲花、龙凤
名　　称		单位	消　耗　量	
人工	合计工日	工日	18.050	24.130
	其中 普工	工日	3.609	4.825
	一般技工	工日	6.318	8.446
	高级技工	工日	8.123	10.859

第三章 琉璃砖砌体工程

说　　明

一、本章定额包括琉璃墙身,琉璃博风、挂落、滴珠板,琉璃须弥座、梁枋、垫板、柱子、斗拱等配件,共三节。

二、本章定额各节均为砌筑、安装的综合子目,其中琉璃墙身砌筑已综合了拱形墙、云墙等因素。

三、各种琉璃砖檐及琉璃墙帽均含本身内衬充填的所需工料,不得另行计算。

四、琉璃墙帽,本章定额是按双面编制的,若只做单面,按相应定额基价乘以系数 0.65。

工程量计算规则

一、平砌琉璃砖、陡砌琉璃砖、贴砌琉璃面砖、拼砌花心、琉璃花墙均按图示面积以面积计算。其中琉璃花墙,综合了转角处的工料因素,计算面积时不扣除空花所占的面积。砖檐、墙帽另行按相应子目执行,不得并入墙(柱)内计算。

二、摆砌琉璃檐子按单面长度计算。

三、琉璃博风摆砌包括博风头,但不包括其下的托山混,琉璃博风按垂直投影面积计算,琉璃托山混按长度计算。

四、摆砌琉璃梢子按数量计算。

五、摆砌琉璃帽按长度计算。

六、琉璃须弥座按垂直投影面积计算,均含上下枋、上下枭、上下混、炉口、束腰、圭角及盖板等全部线条。

七、琉璃挂落、琉璃滴珠板、梁枋、垫板、坠山花均按垂直投影面积计算。

八、琉璃斗拱分踩别、科别及高度以"攒"计算。

九、琉璃椽飞、柱子、线砖、均按其中线长度计算,琉璃挑檐桁分不同高度按其中线长度计算。

十、琉璃耳子、雀替、霸王拳、枕头木、宝瓶、角梁、套兽及琉璃马蹄磉、垂头分别按数量计算。

一、琉璃墙身

工作内容: 准备工具、材料运输、打琉璃珠、样活、摆砌、勾缝、擦缝、打点、清扫场地等。

计量单位:10m²

定 额 编 号			3-3-1	3-3-2	3-3-3	3-3-4	3-3-5
项 目			琉璃砖平砌	琉璃砖陡砌	贴砌琉璃面砖	拼砌琉璃花心、角花	琉璃花墙
名 称		单位	消 耗 量				
人工	合计工日	工日	9.690	8.058	13.770	17.901	8.670
	其中 普工	工日	1.937	1.612	2.753	3.581	1.733
	一般技工	工日	3.392	2.820	4.820	6.265	3.035
	高级技工	工日	4.361	3.626	6.197	8.055	3.902
材料	琉璃砖	块	374.700	185.100	—	—	553.000
	琉璃面砖	m²	—	—	10.300	—	—
	琉璃花心	m²	—	—	—	10.300	—
	白灰	kg	204.000	115.300	115.300	115.300	62.000
	圆钉	kg	—	—	—	1.000	—
	麻刀	kg	7.000	5.000	5.000	5.000	4.000
	其他材料费	%	1.00	1.00	1.00	1.00	1.00
机械	灰浆搅拌机 200L	台班	0.070	0.040	0.040	0.040	0.020

工作内容: 准备工具、材料运输、打琉璃珠、样活、摆砌、勾缝、擦缝、打点、
清扫场地等。

计量单位: 10m

定 额 编 号			3-3-6	3-3-7	3-3-8
项 目			琉璃墙帽	琉璃冰盘檐	
				四层	五层
名 称		单位	消 耗 量		
人工	合计工日	工日	4.650	3.681	3.876
	其中 普工	工日	0.929	0.737	0.775
	一般技工	工日	1.628	1.288	1.357
	高级技工	工日	2.093	1.656	1.744
材料	筒瓦六样	件	35.000	—	—
	琉璃砖	块	72.100	—	—
	琉璃面砖	m²	—	55.000	55.000
	琉璃直檐	件	—	27.500	27.500
	琉璃半混	件	—	27.500	27.500
	琉璃枭	件	—	—	27.500
	琉璃护口	件	—	—	27.500
	白灰	kg	35.500	62.000	71.000
	麻刀	kg	3.000	4.000	4.000
	其他材料费	%	1.00	1.00	1.00
机械	灰浆搅拌机 200L	台班	0.010	0.020	0.030

工作内容：准备工具、材料运输、打琉璃珠、样活、摆砌、勾缝、擦缝、打点、
清扫场地等。

计量单位：10 份

定 额 编 号			3-3-9	3-3-10	3-3-11	3-3-12
项 目			琉璃梢子			
			无后续尾	有后续尾		
				三层	四层	五层
名 称		单位	消 耗 量			
人工	合计工日	工日	18.742	26.238	29.518	33.891
	其中 普工	工日	3.748	5.248	5.904	6.778
	一般技工	工日	6.560	9.183	10.331	11.862
	高级技工	工日	8.434	11.807	13.283	15.251
材料	琉璃砖	块	30.600	255.000	382.500	553.400
	琉璃梢子、戗檐	份	10.100	10.100	10.100	10.100
	琉璃盘头	块	20.000	20.000	20.000	20.000
	白灰	kg	56.600	129.600	166.400	211.400
	氧化铁红	kg	1.590	4.660	4.780	5.900
	麻刀	kg	2.100	4.800	6.200	2.900
	其他材料费	%	1.00	1.00	1.00	1.00
机械	灰浆搅拌机 200L	台班	0.020	0.050	0.060	0.080

二、琉璃博风、挂落、滴珠板

工作内容：准备工具、材料运输、打琉璃珠、样活、摆砌、勾缝、擦缝、打点、清扫场地等。

定　额　编　号			3-3-13	3-3-14	3-3-15	3-3-16
项　　　目			琉璃博风硬山、歇山、悬山	琉璃托山混	琉璃挂落	琉璃滴珠板
计　量　单　位			10m²	10m	10m²	10m²
名　　　称		单位	消　耗　量			
人工	合计工日	工日	10.450	2.190	7.980	6.080
	其中 普工	工日	2.089	0.437	1.596	1.216
	一般技工	工日	3.658	0.767	2.793	2.128
	高级技工	工日	4.703	0.986	3.591	2.736
材料	琉璃博风板	m²	10.100	—	—	—
	琉璃砖	件	—	51.100	—	—
	琉璃挂落	m²	—	—	10.100	—
	琉璃滴珠板	m²	—	—	—	10.100
	白灰	kg	74.300	45.700	39.600	44.300
	铁件（综合）	kg	—	—	8.100	5.000
	氧化铁红	kg	2.100	1.280	1.110	—
	麻刀	kg	2.800	1.700	1.470	—
	其他材料费	%	1.00	1.00	1.00	1.00
机械	灰浆搅拌机 200L	台班	0.030	0.020	0.010	0.020

三、琉璃须弥座、梁枋、垫板、柱子、斗拱等配件

工作内容：准备工具、材料运输、打琉璃珠、样活、摆砌、勾缝、擦缝、打点、清扫场地等。

定 额 编 号			3-3-17	3-3-18	3-3-19	3-3-20	3-3-21	3-3-22	3-3-23
项 目			琉璃线砖	琉璃须弥座	琉璃梁枋、垫板	琉璃方、圆柱子	琉璃耳子	琉璃雀替	琉璃霸王拳
计 量 单 位			10m	10m²		10m	10 份	10 对	10 份
名 称		单位	消 耗 量						
人工	合计工日	工日	4.100	26.030	19.380	3.990	1.140	1.140	1.140
	其中 普工	工日	0.820	5.205	3.876	0.797	0.228	0.228	0.228
	一般技工	工日	1.435	9.111	6.783	1.397	0.399	0.399	0.399
	高级技工	工日	1.845	11.714	8.721	1.796	0.513	0.513	0.513
材料	琉璃砖	件	31.400	—	—	—	—	—	—
	琉璃檐砖	件	—	360.800	—	—	—	—	—
	琉璃梁、枋、垫板	m²	—	—	10.100	—	—	—	—
	琉璃方、圆柱	m	—	—	—	10.100	—	—	—
	琉璃耳子	件	—	—	—	—	10.100	—	—
	琉璃雀替	份	—	—	—	—	—	10.100	—
	琉璃霸王拳	块	—	—	—	—	—	—	10.100
	白灰	kg	10.230	417.700	144.500	8.180	0.680	0.680	0.680
	氧化铁红	kg	0.300	12.930	4.050	0.290	0.020	0.020	0.020
	麻刀	kg	0.380	17.200	5.380	0.300	0.030	0.030	0.030
	其他材料费	%	1.00	1.00	1.00	1.00	1.00	1.00	1.00
机械	灰浆搅拌机 200L	台班	—	0.170	0.050	—	—	—	—

工作内容: 准备工具、材料运输、打琉璃珠、样活、摆砌、勾缝、擦缝、打点、
清扫场地等。

计量单位: 10m²

定 额 编 号				3-3-24
项 目				坠山花
名 称			单位	消 耗 量
人工	合计工日		工日	19.500
	其中	普工	工日	3.900
		一般技工	工日	6.825
		高级技工	工日	8.775
材料	琉璃异型板		m²	10.100
	白灰		kg	142.540
	氧化铁红		kg	3.930
	麻刀		kg	5.230
	其他材料费		%	1.00
机械	灰浆搅拌机 200L		台班	0.005

工作内容: 准备工具、材料运输、打琉璃珠、样活、摆砌、勾缝、擦缝、打点、清扫场地等。 计量单位: 攒

定 额 编 号				3-3-25	3-3-26	3-3-27	3-3-28
项 目				平身科斗拱			
				琉璃斗拱三踩		琉璃斗拱五踩	
				高度（mm）			
				300 以下	300 以上	400 以下	400 以上
名 称			单位	消 耗 量			
人工	合计工日		工日	0.380	0.428	0.428	0.570
	其中	普工	工日	0.076	0.085	0.085	0.113
		一般技工	工日	0.133	0.150	0.150	0.200
		高级技工	工日	0.171	0.193	0.193	0.257
材料	三踩平身科斗拱 300 以下		攒	1.010	—	—	—
	五踩平身科斗拱 400 以下		攒	—	—	1.010	—
	三踩平身科斗拱 300 以上		攒	—	1.010	—	—
	五踩平身科斗拱 400 以上		攒	—	—	—	1.010
	白灰		kg	10.910	10.910	13.640	13.640
	铁件（综合）		kg	0.500	0.600	0.750	0.850
	其他材料费		%	1.00	1.00	1.00	1.00
机械	灰浆搅拌机 200L		台班	0.004	0.004	0.005	0.005

工作内容：准备工具、材料运输、打琉璃珠、样活、摆砌、勾缝、擦缝、打点、清扫场地等。 **计量单位：**攒

定 额 编 号			3-3-29	3-3-30	3-3-31
项 目			平身科斗拱		
			琉璃斗拱七踩		
			高度（mm）		
			500 以下	700 以下	700 以上
名 称		单位	消 耗 量		
人工	合计工日	工日	0.428	0.570	0.751
	其中 普工	工日	0.085	0.113	0.150
	一般技工	工日	0.150	0.200	0.263
	高级技工	工日	0.193	0.257	0.338
材料	七踩平身科斗拱 500 以下	攒	1.010	—	—
	七踩平身科斗拱 700 以下	攒	—	1.010	—
	七踩平身科斗拱 700 以上	攒	—	—	1.010
	白灰	kg	15.000	15.000	17.730
	铁件（综合）	kg	1.000	1.100	1.250
	其他材料费	%	1.00	1.00	1.00
机械	灰浆搅拌机 200L	台班	0.005	0.005	0.006

工作内容：准备工具、材料运输、打琉璃珠、样活、摆砌、勾缝、擦缝、打点、清扫场地等。 **计量单位：**攒

定 额 编 号			3-3-32	3-3-33	3-3-34	3-3-35
项 目			角科斗拱			
			琉璃斗拱三踩		琉璃斗拱五踩	
			高度（mm）			
			300 以下	300 以上	400 以下	400 以上
名 称		单位	消 耗 量			
人工	合计工日	工日	0.428	0.570	0.456	0.627
	其中 普工	工日	0.085	0.113	0.091	0.126
	一般技工	工日	0.150	0.200	0.160	0.219
	高级技工	工日	0.193	0.257	0.205	0.282
材料	三踩角科斗拱 300 以下	攒	1.010	—	—	—
	五踩角科斗拱 400 以下	攒	—	—	1.010	—
	三踩角科斗拱 300 以上	攒	—	1.010	—	—
	五踩角科斗拱 400 以上	攒	—	—	—	1.010
	白灰	kg	10.910	10.910	13.640	13.640
	铁件（综合）	kg	0.500	0.600	0.750	0.850
	其他材料费	%	1.00	1.00	1.00	1.00
机械	灰浆搅拌机 200L	台班	0.004	0.004	0.005	0.005

工作内容：准备工具、材料运输、打琉璃珠、样活、摆砌、勾缝、擦缝、打点、清扫场地等。　**计量单位**：攒

定 额 编 号				3-3-36	3-3-37	3-3-38
项　　　　　目				角科斗拱		
				琉璃斗拱七踩		
				高度（mm）		
				500 以下	700 以下	700 以上
名　　　称			单位	消　　耗　　量		
人工	合计工日		工日	0.519	0.751	1.140
	其中	普工	工日	0.103	0.150	0.228
		一般技工	工日	0.182	0.263	0.399
		高级技工	工日	0.234	0.338	0.513
材料	七踩角科斗拱 500 以下		攒	1.010	—	—
	七踩角科斗拱 700 以下		攒	—	1.010	—
	七踩角科斗拱 700 以上		攒	—	—	1.010
	白灰		kg	15.000	15.000	17.730
	铁件（综合）		kg	1.000	1.100	1.250
	其他材料费		%	1.00	1.00	1.00
机械	灰浆搅拌机 200L		台班	0.005	0.005	0.006

工作内容：准备工具、材料运输、打琉璃珠、样活、摆砌、勾缝、擦缝、打点、清扫场地等。

定 额 编 号				3-3-39	3-3-40	3-3-41	3-3-42
项　　　　　目				琉璃枕头木	琉璃宝瓶	琉璃角梁	琉璃套兽
计 量 单 位				10 件	10 个	10 根	10 个
名　　　称			单位	消　　　耗　　　量			
人工	合计工日		工日	1.140	2.190	1.240	1.810
	其中	普工	工日	0.228	0.437	0.248	0.361
		一般技工	工日	0.399	0.767	0.434	0.634
		高级技工	工日	0.513	0.986	0.558	0.815
材料	套兽六样		件	—	—	—	10.100
	琉璃宝瓶		个	—	10.100	—	—
	琉璃角梁		根	—	—	10.100	—
	琉璃枕头木		件	10.100	—	—	—
	白灰		kg	13.600	13.600	54.500	13.600
	铁件（综合）		kg	—	—	20.000	—
	麻刀		kg	5.000	1.000	3.000	1.000
	其他材料费		%	1.00	1.00	1.00	1.00
机械	灰浆搅拌机 200L		台班	—	—	0.020	—

工作内容: 准备工具、材料运输、打琉璃珠、样活、摆砌、勾缝、擦缝、打点、
清扫场地等。

计量单位: 10m

定 额 编 号			3-3-43	3-3-44	3-3-45	3-3-46	3-3-47
项 目			挑檐桁		正身琉璃椽飞	翼角琉璃椽飞	马蹄磉、垂头（10份）
			直径（mm）				
			120以下	160以下			
名 称		单位	消 耗 量				
人工	合计工日	工日	1.520	1.810	2.850	5.700	1.140
	其中 普工	工日	0.304	0.361	0.569	1.140	0.023
	一般技工	工日	0.532	0.634	0.998	1.995	0.040
	高级技工	工日	0.684	0.815	1.283	2.565	0.051
材料	琉璃挑檐桁	m	10.100	10.100	—	—	—
	正身椽飞	m	—	—	10.100	—	—
	翼角椽飞	m	—	—	—	10.100	—
	琉璃砖	件	—	—	—	—	—
	琉璃马蹄磉、垂头	件	—	—	—	—	10.100
	白灰	kg	54.500	54.500	47.700	47.700	0.680
	铁件（综合）	kg	—	—	15.200	15.200	—
	氧化铁红	kg	—	—	—	—	0.020
	麻刀	kg	3.000	3.000	3.000	3.000	0.030
	其他材料费	%	1.00	1.00	1.00	1.00	1.00
机械	灰浆搅拌机 200L	台班	0.020	0.020	0.020	0.020	—

第四章　木　作　工　程

说　明

一、本章定额包括柱,梁,桁(檩)、角梁、由戗、枋,人字屋架,椽、望板、柁墩、角背、垫板、承重、木作配件,斗拱,古式门窗,古式栏杆,鹅颈靠背、楣子(挂落)、飞罩、墙、地板及天花,匾额、楹联及博古架,木作三防处理,共十四节。

二、本章定额中的木构件规格,除注明者外,均以刨光为准,刨光损耗已包括在定额内。定额中木材数量均为毛料。

本章定额中的木材均以一、二类木种为准,如采用三、四类木种,分别乘以下系数:木门、窗制作人工和机械消耗量乘以系数 1.3,木门、窗安装人工乘以系数 1.15,其他项目的人工和机械消耗量乘以系数 1.35。

本章定额中木材以自然干燥为准,如需烘干时,另行计算。

三、各种柱的制作、安装(吊装)定额中均已综合考虑了其角柱的不同情况,执行时不得调整,其中:

1. 棂星门柱执行圆擎檐柱、牌楼戗柱定额;

2. 牌楼明柱与边柱均执行重檐金柱、通柱、牌楼柱定额;

3. 高拱柱已包括与其相连的通天斗;

4. 下端带有垂头悬挑童柱,执行攒尖雷公柱、交金灯笼柱定额。

四、凡一端或两端榫头交在柱头卯口中的枋,均执行普通大额枋、单额枋、桁檩枋定额;两端榫头均插入柱身卯眼中的枋,均执行普通小额枋、跨空枋、穿插枋定额。

五、递角梁,执行各架梁相应定额子目。

六、三至九架梁、月梁、三步梁、双步梁、单步梁及抱头梁,均以普通梁头为准,设计要求挖翘拱者执行带麻叶头梁的定额。

七、采步金两端不论做成梁头或檩头,定额均不调整。

八、扣金、插金仔角梁的翘头以贴做为准。

九、荷叶柁墩及在梁底柱头上单独使用承托梁的通雀替,执行角云、捧梁云、麻叶假梁头定额。

十、建筑物(不包括牌楼)木构件吊装定额,均以单檐建筑吊装为准,重檐、三层檐及多层檐建筑预算价乘以系数 1.10。

十一、翼角翘飞部分的望板、连檐制作、安装乘以系数 1.3,屋面同一坡面的望板(连檐)正身部分小于翼角翘飞部分的面积(长度)时,正身部分与翼角翘飞部分的工程量合并计算,乘以系数 1.2。同一屋顶望板做法不同时应分别套用定额。

十二、挂檐板和挂落板,凡露明者执行挂檐板定额,其板外另装面层执行挂落板定额。

十三、木楼板后净面磨平定额,只适用于其上无铺装的直接油饰的做法。

十四、人字屋架及防腐、防火等项目是仿古建筑工程的专用子目。人字屋架定额中已包括了刨光、垫囊、包假柁头等因素,如设计不同时均不做调整。

十五、木构件项目若设计为垂花门者,执行相应定额子目。

十六、除另有注明者外,木构架制作、安装均不包括安铁件。设计要求加铁件者另按铁件安装定额执行。

十七、斗拱及附件除牌楼斗拱外,斗口均以 8cm 为准,牌楼斗拱以 5cm 为准,如设计斗口尺寸与定额规定不同时,按下列表调整。

各种斗拱斗口尺寸调整表

斗口（cm）	5	6	7	8	9	10	11	12	13	14	15
人工调整系数	0.700	0.780	0.880	1.000	1.130	1.280	1.480	1.680	1.900	2.140	2.400
材料调整系数	0.250	0.430	0.670	1.000	1.420	1.950	2.536	3.225	4.145	5.156	6.315

牌楼斗拱斗口尺寸调整表

斗口（cm）	4	5	6	7	8
人工调整系数	0.830	1.000	1.130	1.280	1.430
材料调整系数	0.520	1.000	1.720	2.730	3.890

1.昂翘、平座斗拱外拽附件包括正心枋、外拽枋、挑檐枋及外拽斜盖斗板,里拽附件包括里拽枋、井口枋及里拽斜盖斗板,其中昂翘斗拱里拽不论使用单材拱、麻叶拱、三幅云拱,定额均不调整。

2.品字斗拱附件包括正心枋、拽枋、井口枋。

3.牌楼斗拱附件包括正心枋、拽枋、挑檐枋、斜盖斗板。

4.垫拱板系各类斗拱通用附件,定额子目中为制作用工,其安装工均已包括在各类斗拱相应子目中。

5.垫拱板镂雕金钱眼、牌楼斗拱雕做如意昂嘴及斗拱的各层安装,定额是综合编制的,执行时不得调整。

6.各种斗拱角科带枋的分部件,以科中为界,外拽的工料包括在角科斗拱之内。

十八、木装修中古式门窗,古式栏杆鹅颈靠背(美人靠)、楣子(挂落)、飞罩、墙、地板及天花,匾额、楹联及博古架除另有注明者外,定额中均含制作、安装相应所用的铁件和五金的消耗量。

1.槅扇、槛窗、风门、帘架及余塞腿子、随支摘窗夹门等子目均包括边抹、裙板、绦环板的制作和安装,但不包括各种心屉,各种心屉按相应定额另行计算。

2.支摘窗不分边抹、心屉、按全扇计量,支摘纱扇包括钉铁纱。

3.玻璃安装,定额是按3mm厚平板玻璃编制的,若设计使用其他玻璃或厚度不同者,允许换算,但用量不得调整。

4.各种卡子花、团花、握拳、匾托、花牙子、雀替等装饰件,定额中均含雕制和安装,不另计算。

5.各种槛、框、腰枋、通连楹及门枕,定额中已综合了槅扇、槛窗、支摘窗、大门、屏门及内檐装修等不同情况,执行中一律不做调整。

6.通连楹挖弯、起边线者执行门枕定额。

7.门簪截面不分形状(如六边、八边形),或是否起梅花线,定额均不调整。其端面以素面为准,端面如作雕饰者,按下表补充雕刻加工人工消耗量。

门簪雕刻用工增加表

单位:个

项目	单位	起素边（直径 mm）		起边刻字（直径 mm）		雕四季花卉（直径 mm）	
		150 以内	150 以外	150 以内	150 以外	150 以内	150 以外
人工 加工 消耗量	工日	0.216	0.270	1.025	1.363	1.222	1.644

8.槅扇、槛窗定额中已综合了边抹起线、起凸、打凹、裙板、绦环板单面起凸、双面起凸或贴作等不同情况,不论设计采用何种做法,定额均不调整。裙板、绦环板需雕刻者,其雕刻费用另行计算。

9.各种心屉无论有无仔边,定额均不调整。

10.什锦窗桶座已综合考虑了墙体的不同厚度并按单、双面贴脸分别列项,仔屉按单面并综合了各种窗形。

11.本章的单玻、一玻一纱窗及镶板门定额内均包括门窗框口,窗不分单扇、多扇,门不分有无亮子,均执行同一定额。

12.本章定额中未包括新式标准门窗及特殊五金项目,设计采用新式标准门窗(包括金属门窗)时,执行《房屋建筑与装饰工程消耗量定额》TY 01-31-2015 相应项目。

13.内、外檐方格心屉,方格支摘窗扇,均包括玻璃心屉、方格心屉。

十九、木作工程中设计铁件用量与定额上不同时可按实调整。

工程量计算规则

一、工程量计算所取定的尺寸除另有注明者外,均以设计图示尺寸为准。

二、木构件等按构件按长度乘以最大圆形或矩形截面以体积计算,其中攒尖雷公柱的截面积按其外接圆面积计算,扶脊木截面积按其脊檩截面积计算。长度计算方法如下:

1.柱类按图示长度,即由柱顶石(或墩斗)上皮算至梁、平板枋或檩下皮,套顶下埋部分按实长计入;带通天斗的牌楼柱柱高算至檩(桁)上皮,通天斗包括在内,不另计算。

2.梁、角梁、枋、承重等,端头为半榫或银锭榫的算至柱中;端头为透榫或箍头榫的算至榫头外端(无图示者按本定额第二册"第五章 木作工程"加榫规则计算),但仔角梁套兽榫不计算长度;承重出挑部分算至挂檐(落)板外皮。

3.瓜柱、太平梁上雷公柱长及柁墩高按图示尺寸;攒尖雷公柱长无图示尺寸时,按设计柱径的7倍计算其长度。

4.桁檩长按梁架轴线间距计算,搭角出头部分按实际长度并入计算;悬山出挑、歇山收山者,山面算至博风板外皮;硬山建筑算至排山梁架外皮,硬山搁檩者算至山墙中心线。

5.由额垫板、桁檩垫板由柱中算至柱中。

6.楞木、沿边木长按梁架轴线间距,挑出部分算至挂檐(落)板外皮。

7.踏脚木长度按外皮尺寸,两端算至角梁中心线。

三、木基层的工程量按以下列法分别计算:

1.直椽按檩中至檩中斜长计算,檐椽出挑量至端头外皮,后尾与承椽枋相交者量至枋中线,翼角椽单根长度按其正身檐椽单根长度计算,翘飞椽按攒计算。

2.大连檐:硬、悬山建筑两端量至博风外皮,带角梁的建筑按仔角梁端头中点连线分段计算。

3.闸档板、小连檐:硬山建筑两端量至排山梁架中线,悬山建筑量至博风外皮,带角梁的建筑按老角梁端头中点连线分段计算,闸档板不扣除椽子所占长度。

4.椽椀、隔椽板、机枋条长度计算方法与檩长计算方法相同。

5.预制板下木椽按图示长度计算。

四、博脊板、棋枋板、镶嵌柁档板、博风板、挂檐(落)、山花板、镶嵌象眼山花板、牌楼云龙花板,均按垂直投影面积计算。其中山花板、镶嵌象眼山花板不扣除檩窝所占面积。

五、滴珠板按长度乘以凸尖处竖直宽度,以面积计算。

六、木楼板按构架轴线间面积计算。其中不扣除柱子所占面积,但需扣除楼梯井所占面积。

七、人字屋架按图示尺寸以竣工木料体积计算。其中方木每刨光一面增加2.5mm的刨光损耗量;附属于人字屋架上的木夹板、垫木、风撑、垫囊木托,假梁头等,均应并入屋架竣工木料工程量内计算。

八、望板防腐按图示尺寸以面积计算。

九、檩木、楞木防腐按涂刷面积计算。

十、木柱防腐按数量计算。

十一、木材面防火涂料按图示尺寸以面积计算。

十二、大雀替、三幅云拱、麻叶云拱等以数量计算。

十三、各种斗拱以"攒"计算。其中角科斗拱与平身科斗拱联做者应分别按"2攒"计算,但不得计算附件。

十四、各种斗拱附件以档计算。

十五、斗拱保护网按图示尺寸以面积计算。

十六、各种槛、框、腰枋、通连楹、门栊按图示长度计算。其中槛长量至柱中,抱框、间框(柱)、腰枋量至槛（框）里口。

十七、窗榻板、坐凳面（板）按柱中至柱中长度（扣除出入口水平长度，但坐凳的膝盖腿应计算长度）乘以板宽，以面积计算。

十八、门头板、余塞板按框内垂直投影面积计算。

十九、帘架按大框外面积计算。

二十、桶子板、包镶桶子口按展开面积计算。

二十一、过木按图示尺寸以体积计算。长度无图示尺寸者，按洞口宽乘以 1.4 计算其长度。

二十二、各种心屉（不包括什锦窗心屉）有仔边者按仔边外围面积计算，无仔边者按所接触的边抹里口面积计算。

二十三、槅扇、槛窗、风门及帘架余塞腿子，支摘窗及夹门、屏门、各种大门、攒边门、坐凳楣子及吊挂楣子等均按边抹外围面积计算。门枢、坐凳楣子的落地腿、吊挂楣子的白菜头等框外延伸部分已包括在定额内，不另计算面积。

二十四、单玻窗、一玻一纱窗及镶板门，均按图示门窗框外围面积计算，门窗框不另计算。

二十五、各类栏杆以地面上皮至扶手上皮间高度乘长度（不扣除望柱），楼梯栏杆按其垂直投影面积计算。

二十六、木楼梯按楼梯段斜长乘楼梯帮外围宽度以面积计算。

二十七、鹅颈靠背（美人靠）按上口长度计算。

二十八、井口天花按井口枋里口（贴梁外口）面积计算，仿井口天花（天棚）按图示面积计算。

二十九、各种匾联按其投影面积计算。

三十、什锦窗、门簪、卡子花、工字、握拳、花牙子、木门钉、匾托、面叶、包叶、壶瓶护口等，分别按数量计算。

三十一、玻璃安装按框（扇）外围面积计算。

一、柱

工作内容：1. 制作与安装（吊装）。

2. 排制分伐杆、样板、选配料、截料、刨光、划线、雕凿成型、弹安装线、标写安装号、试装等，圆形截面的构、部位包括砍疖子、剥刮树皮、砍圆。　　　　计量单位：m³

定　额　编　号			3-4-1	3-4-2	3-4-3	3-4-4	3-4-5	3-4-6
项　　　　目			檐柱、单檐金柱		重檐金柱、通柱、牌楼柱		中柱、山柱	
			柱径 （mm 以下）	柱径 （mm 以上）	柱径 （mm 以下）	柱径 （mm 以上）	柱径 （mm 以下）	柱径 （mm 以上）
			250		300			
名　　称		单位	消　耗　量					
人工	合计工日	工日	19.227	13.630	17.475	12.424	16.225	12.088
	其中　普工	工日	3.846	2.725	3.495	2.485	3.245	2.417
	一般技工	工日	6.729	4.771	6.116	4.348	5.679	4.231
	高级技工	工日	8.652	6.134	7.864	5.591	7.301	5.440
材料	原木	m³	1.210	1.210	1.210	1.210	1.210	1.210
	其他材料费	%	0.50	0.50	0.50	0.50	0.50	0.50
机械	圆木车床	台班	0.300	0.194	0.194	0.194	0.194	0.194

工作内容：1. 制作与安装（吊装）。

2. 排制分伐杆、样板、选配料、截料、刨光、划线、雕凿成型、弹安装线、标写安装号、试装等，圆形截面的构、部位包括砍疖子、剥刮树皮、砍圆。　　　　计量单位：m³

定　额　编　号			3-4-7	3-4-8	3-4-9	3-4-10	3-4-11
项　　　　目			圆擎檐柱、牌楼戗柱		垂花门中柱		
			柱径 （mm 以下）	柱径 （mm 以上）	柱径（mm 以内）		柱径 （mm 以外）
			250		200		250
名　　称		单位	消　耗　量				
人工	合计工日	工日	14.350	8.719	21.982	18.092	15.200
	其中　普工	工日	2.869	1.743	4.396	3.619	3.040
	一般技工	工日	5.023	3.052	7.694	6.332	5.320
	高级技工	工日	6.458	3.924	9.892	8.141	6.840
材料	原木	m³	1.210	1.210	1.210	1.210	1.210
	铁钉	kg	—	—	2.100	2.100	2.100
	其他材料费	%	0.50	0.50	0.50	0.50	0.50
机械	圆木车床	台班	0.300	0.194	0.300	0.300	0.194

工作内容: 1. 制作与安装（吊装）。

　　　　　2. 排制分仗杆、样板、选配料、截料、刨光、划线、雕凿成型、弹安装线、标写安装号、试装等,圆形截面的构、部位包括砍疖子、剥刮树皮、砍圆。　　　　　计量单位:m³

定　额　编　号			3-4-12	3-4-13	3-4-14	3-4-15
项　　　　目			梅花柱、风廊柱		方擎檐柱、抱柱	
			边宽（mm 以下）	边宽（mm 以上）	边宽（mm 以下）	边宽（mm 以上）
			250			
名　　　称		单位	消　耗　量			
人工	合计工日	工日	11.194	10.705	9.810	7.495
	其中 普工	工日	2.239	2.141	1.961	1.499
	一般技工	工日	3.918	3.747	3.434	2.623
	高级技工	工日	5.037	4.817	4.415	3.373
材料	板枋材	m³	1.170	1.170	1.170	1.170
	其他材料费	%	0.50	0.50	0.50	0.50
机械	木工平刨床 500mm	台班	0.415	0.415	0.415	0.415

工作内容: 1. 制作与安装（吊装）。

　　　　　2. 排制分仗杆、样板、选配料、截料、刨光、划线、雕凿成型、弹安装线、标写安装号、试装等,圆形截面的构、部位包括砍疖子、剥刮树皮、砍圆。　　　　　计量单位:m³

定　额　编　号			3-4-16	3-4-17
项　　　　目			童柱	
			柱径（mm 以下）	柱径（mm 以上）
			300	
名　　　称		单位	消　耗　量	
人工	合计工日	工日	18.924	14.682
	其中 普工	工日	3.785	2.936
	一般技工	工日	6.623	5.139
	高级技工	工日	8.516	6.607
材料	原木	m³	1.210	1.210
	其他材料费	%	0.50	0.50
机械	圆木车床	台班	0.240	0.180

工作内容: 1.制作与安装(吊装)。

2.排制分伐杆、样板、选配料、截料、刨光、划线、雕凿成型、弹安装线、标写
安装号、试装等,圆形截面的构、部位包括砍疖子、剥刮树皮、砍圆。　计量单位:m³

定 额 编 号			3-4-18	3-4-19	3-4-20	3-4-21
项　　目			金瓜柱			
			不带角背口		带角背口	
			柱径(mm以下)	柱径(mm以上)	柱径(mm以下)	柱径(mm以上)
			250			
名　　称		单位	消 耗 量			
人工	合计工日	工日	21.587	12.840	27.265	15.603
	其中 普工	工日	4.318	2.568	5.453	3.121
	一般技工	工日	7.555	4.494	9.543	5.461
	高级技工	工日	9.714	5.778	12.269	7.021
材料	原木	m³	1.210	1.210	1.210	1.210
	其他材料费	%	0.50	0.50	0.50	0.50
机械	圆木车床	台班	0.300	0.194	0.300	0.194

工作内容: 1.制作与安装(吊装)。

2.排制分伐杆、样板、选配料、截料、刨光、划线、雕凿成型、弹安装线、标写
安装号、试装等,圆形截面的构、部位包括砍疖子、剥刮树皮、砍圆。　计量单位:m³

定 额 编 号			3-4-22	3-4-23	3-4-24	3-4-25
项　　目			脊瓜柱			
			不带角背口		带角背口	
			柱径(mm以下)	柱径(mm以上)	柱径(mm以下)	柱径(mm以上)
			250			
名　　称		单位	消 耗 量			
人工	合计工日	工日	19.672	11.807	23.798	14.240
	其中 普工	工日	3.935	2.362	4.760	2.848
	一般技工	工日	6.885	4.132	8.329	4.984
	高级技工	工日	8.852	5.313	10.709	6.408
材料	原木	m³	1.210	1.210	1.210	1.210
	其他材料费	%	0.50	0.50	0.50	0.50
机械	圆木车床	台班	0.300	0.194	0.300	0.194

工作内容: 1. 制作与安装(吊装)。

　　　　2. 排制分仗杆、样板、选配料、截料、刨光、划线、雕凿成型、弹安装线、标写

　　　　安装号、试装等,圆形截面的构、部位包括砍疖子、剥刮树皮、砍圆。　　**计量单位:** m³

定　额　编　号			3-4-26	3-4-27	3-4-28	3-4-29
项　　目			交金瓜柱		太平梁上雷公柱	
			柱径(mm以下)	柱径(mm以上)	柱径(mm以下)	柱径(mm以上)
			250			
名　　称		单位	消　耗　量			
人工	合计工日	工日	34.970	20.729	28.557	16.936
	其中 普工	工日	6.993	4.146	5.711	3.387
	一般技工	工日	12.240	7.255	9.995	5.928
	高级技工	工日	15.737	9.328	12.851	7.621
材料	原木	m³	1.210	1.210	1.210	1.210
	其他材料费	%	0.50	0.50	0.50	0.50
机械	圆木车床	台班	0.300	0.194	0.300	0.190

工作内容: 1. 制作与安装(吊装)。

　　　　2. 排制分仗杆、样板、选配料、截料、刨光、划线、雕凿成型、弹安装线、标写

　　　　安装号、试装等,圆形截面的构、部位包括砍疖子、剥刮树皮、砍圆。　　**计量单位:** m³

定　额　编　号			3-4-30	3-4-31
项　　目			攒尖雷公柱、交金灯笼柱	
			带风摆垂柳头	带莲瓣芙蓉垂头
名　　称		单位	消　耗　量	
人工	合计工日	工日	69.540	94.810
	其中 普工	工日	13.908	18.961
	一般技工	工日	24.339	33.184
	高级技工	工日	31.293	42.665
材料	原木	m³	1.210	1.210
	其他材料费	%	0.50	0.50
机械	圆木车床	台班	0.194	0.194

工作内容: 1. 制作与安装(吊装)。

　　　　　2. 排制分仗杆、样板、选配料、截料、刨光、划线、雕凿成型、弹安装线、
　　　　　　标写安装号、试装等,圆形截面的构、部位包括砍疖子、剥刮树皮、
　　　　　　砍圆,板类构、部件包括企口拼缝、穿带、制作边缝压条等。　　　　　计量单位:m³

定　额　编　号				3-4-32	3-4-33	3-4-34
项　　目				垂花门垂柱		
				带风摆垂柳头	带莲瓣芙蓉垂头	四季花草贴脸垂头
名　　称			单位	消　耗　量		
人工	合计工日		工日	100.150	114.200	129.600
	其中	普工	工日	20.029	22.840	25.920
		一般技工	工日	35.053	39.970	45.360
		高级技工	工日	45.068	51.390	58.320
材料	板枋材		m³	1.170	1.170	1.170
	铁钉		kg	2.600	2.600	2.600
	其他材料费		%	0.50	0.50	0.50
机械	木工平刨床 500mm		台班	1.037	1.037	1.037

工作内容: 1. 制作与安装(吊装)。

　　　　　2. 排制分仗杆、样板、选配料、截料、刨光、划线、雕凿成型、弹安装线、
　　　　　　标写安装号、试装等,板类构、部件包括企口拼缝、穿带、制作边缝
　　　　　　压条等。　　　　　　　　　　　　　　　　　　　　　　　计量单位:10 根

定　额　编　号				3-4-35	3-4-36	3-4-37	3-4-38
项　　目				牌楼高拱柱(包括通天斗)			
				50mm 斗口			
				五踩	七踩	九踩	十一踩
名　　称			单位	消　耗　量			
人工	合计工日		工日	45.100	48.000	51.000	53.800
	其中	普工	工日	9.020	9.600	10.200	10.760
		一般技工	工日	15.785	16.800	17.850	18.830
		高级技工	工日	20.295	21.600	22.950	24.210
材料	板枋材		m³	3.430	3.561	3.699	3.838
	其他材料费		%	0.50	0.50	0.50	0.50
机械	木工平刨床 500mm		台班	6.220	6.220	6.220	6.220

工作内容：1. 制作与安装（吊装）。

2. 排制分仗杆、样板、选配料、截料、刨光、划线、雕凿成型、弹安装线、标写安装号、试装等，板类构、部件包括企口拼缝、穿带、制作边缝压条等。

计量单位：10根

定　额　编　号			3-4-39	3-4-40	3-4-41	3-4-42
项　　　　目			垂花门摺柱		牌楼摺柱	
					柱长（mm以内）	柱长（mm以外）
			不落海棠池	落海棠池	600	
名　　　称		单位	消　耗　量			
人工	合计工日	工日	1.800	3.530	3.230	4.880
	其中 普工	工日	0.360	0.705	0.645	0.976
	一般技工	工日	0.630	1.236	1.131	1.708
	高级技工	工日	0.810	1.589	1.454	2.196
材料	板枋材	m³	0.040	0.040	0.210	0.470
	其他材料费	%	0.50	0.50	0.50	0.50

二、梁

工作内容：1. 制作与安装（吊装）。

2. 排制分仗杆、样板、选配料、截料、刨光、划线、雕凿成型、弹安装线、标写安装号、试装等，板类构、部件包括企口拼缝、穿带、制作边缝压条等。

计量单位：m³

定　额　编　号			3-4-43	3-4-44	3-4-45	3-4-46
项　　　　目			带桃尖的梁		带麻叶头的梁	
			梁宽（mm以下）	梁宽（mm以上）	梁宽（mm以下）	梁宽（mm以上）
			300			
名　　　称		单位	消　耗　量			
人工	合计工日	工日	21.540	14.080	22.135	16.436
	其中 普工	工日	4.308	2.816	4.427	3.287
	一般技工	工日	7.539	4.928	7.747	5.753
	高级技工	工日	9.693	6.336	9.961	7.396
材料	板枋材	m³	1.170	1.170	1.170	1.170
	其他材料费	%	0.50	0.50	0.50	0.50
机械	木工平刨床500mm	台班	0.346	0.346	0.346	0.346

工作内容: 1. 制作与安装(吊装)。

　　　　　 2. 排制分仗杆、样板、选配料、截料、刨光、划线、雕凿成型、弹安装线、
　　　　　　 标写安装号、试装等,板类构、部件包括企口拼缝、穿带、制作边缝
　　　　　　 压条等。

计量单位: m³

定额编号			3-4-47	3-4-48	3-4-49	3-4-50	3-4-51
项　目			九架梁	七架梁、卷棚八架梁	五架梁、卷棚六架梁	卷棚四架梁	
						梁宽(mm以下)	梁宽(mm以上)
						250	
名　称		单位	消　耗　量				
人工	合计工日	工日	4.165	5.690	7.600	13.668	8.289
	其中 普工	工日	0.833	1.137	1.520	2.733	1.658
	一般技工	工日	1.458	1.992	2.660	4.784	2.901
	高级技工	工日	1.874	2.561	3.420	6.151	3.730
材料	板枋材	m³	1.170	1.170	1.170	1.170	1.170
	其他材料费	%	0.50	0.50	0.50	0.50	0.50
机械	木工平刨床500mm	台班	0.207	0.259	0.259	0.415	0.415

工作内容: 1. 制作与安装(吊装)。

　　　　　 2. 排制分仗杆、样板、选配料、截料、刨光、划线、雕凿成型、弹安装线、
　　　　　　 标写安装号、试装等,板类构、部件包括企口拼缝、穿带、制作边缝
　　　　　　 压条等。

计量单位: m³

定额编号			3-4-52	3-4-53	3-4-54	3-4-55	3-4-56
项　目			三架梁		月梁		三步梁
			梁宽(mm以下)	梁宽(mm以上)	梁宽(mm以下)	梁宽(mm以上)	
			250		200		
名　称		单位	消　耗　量				
人工	合计工日	工日	12.409	8.986	26.980	19.950	5.914
	其中 普工	工日	2.482	1.797	5.396	3.989	1.183
	一般技工	工日	4.343	3.145	9.443	6.983	2.070
	高级技工	工日	5.584	4.044	12.141	8.978	2.661
材料	板枋材	m³	1.170	1.170	1.170	1.170	1.170
	其他材料费	%	0.50	0.50	0.50	0.50	0.50
机械	木工平刨床500mm	台班	0.415	0.415	0.519	0.519	0.259

工作内容：1. 制作与安装（吊装）。

　　　　　2. 排制分仗杆、样板、选配料、截料、刨光、划线、雕凿成型、弹安装线、标写安装号、试装等，板类构、部件包括企口拼缝、穿带、制作边缝压条等。

计量单位：m³

定　额　编　号			3-4-57	3-4-58	3-4-59	3-4-60
项　　　目			双步梁		单步梁、抱头梁、斜抱头梁	
			梁宽（mm 以下）	梁宽（mm 以上）	梁宽（mm 以下）	梁宽（mm 以上）
			300			
名　　称		单位	消　耗　量			
人工	合计工日	工日	9.438	7.133	11.723	8.937
	其中 普工	工日	1.888	1.426	2.345	1.787
	一般技工	工日	3.303	2.497	4.103	3.128
	高级技工	工日	4.247	3.210	5.275	4.022
材料	板枋材	m³	1.170	1.170	1.170	1.170
	其他材料费	%	0.50	0.50	0.50	0.50
机械	木工平刨床 500mm	台班	0.346	0.346	0.346	0.346

工作内容：1. 制作与安装（吊装）。

　　　　　2. 排制分仗杆、样板、选配料、截料、刨光、划线、雕凿成型、弹安装线、标写安装号、试装等，板类构、部件包括企口拼缝、穿带、制作边缝压条等。

计量单位：m³

定　额　编　号			3-4-61	3-4-62
项　　　目			扒梁、抹角梁、太平梁	
			梁宽（mm 以下）	梁宽（mm 以上）
			300	
名　　称		单位	消　耗　量	
人工	合计工日	工日	7.233	5.662
	其中 普工	工日	1.446	1.132
	一般技工	工日	2.532	1.982
	高级技工	工日	3.255	2.548
材料	板枋材	m³	1.170	1.170
	其他材料费	%	0.50	0.50
机械	木工平刨床 500mm	台班	0.346	0.346

工作内容: 1. 制作与安装(吊装)。

　　　　2. 排制分仗杆、样板、选配料、截料、刨光、划线、雕凿成型、弹安装线、标写安装号、试装等,板类构、部件包括企口拼缝、穿带、制作边缝压条等。

计量单位:m³

定 额 编 号				3-4-63	3-4-64	3-4-65	3-4-66
项　　目				垂花门麻叶抱头梁			
				独立柱式		廊罩式	
				梁宽(mm 以下)	梁宽(mm 以上)	梁宽(mm 以下)	梁宽(mm 以上)
				250			
名　　称			单位	消　耗　量			
人工	合计工日		工日	33.729	22.970	24.870	14.215
	其中	普工	工日	6.746	4.593	4.973	2.843
		一般技工	工日	11.805	8.040	8.705	4.975
		高级技工	工日	15.178	10.337	11.192	6.397
材料	板枋材		m³	1.170	1.170	1.170	1.170
	其他材料费		%	0.50	0.50	0.50	0.50
机械	木工平刨床 500mm		台班	0.415	0.415	0.415	0.415

工作内容: 1. 制作与安装(吊装)。

　　　　2. 排制分仗杆、样板、选配料、截料、刨光、划线、雕凿成型、弹安装线、标写安装号、试装等,板类构、部件包括企口拼缝、穿带、制作边缝压条等。

计量单位:m³

定 额 编 号				3-4-67	3-4-68
项　　目				垂花门麻叶抱头梁	
				一殿一卷式	
				梁宽(mm 以下)	梁宽(mm 以上)
				250	
名　　称			单位	消　耗　量	
人工	合计工日		工日	18.855	13.786
	其中	普工	工日	3.771	2.757
		一般技工	工日	6.599	4.825
		高级技工	工日	8.485	6.204
材料	板枋材		m³	1.170	1.170
	其他材料费		%	0.50	0.50
机械	木工平刨床 500mm		台班	0.415	0.415

工作内容: 1. 制作与安装(吊装)。

2. 排制分仗杆、样板、选配料、截料、刨光、划线、雕凿成型、弹安装线、标写安装号、试装等,板类构、部件包括企口拼缝、穿带、制作边缝压条等。

定　额　编　号			3-4-69
项　　　目			混凝土梁外包板
			10m³
名　　　称		单位	消　耗　量
人工	合计工日	工日	1.090
	其中 普工	工日	0.217
	一般技工	工日	0.382
	高级技工	工日	0.491
材料	板枋材	m³	0.030
	中密度板	m²	11.700
	其他材料费	%	0.50
机械	木工平刨床500mm	台班	—

工作内容: 1. 制作与安装(吊装)。

2. 排制分仗杆、样板、选配料、截料、刨光、划线、雕凿成型、弹安装线、标写安装号、试装等,板类构、部件包括企口拼缝、穿带、制作边缝压条等。

计量单位:m³

定　额　编　号			3-4-70	3-4-71	3-4-72	3-4-73
项　　　目			桃尖假梁头		抱头梁假梁头	
			梁宽(mm以下)	梁宽(mm以上)	梁宽(mm以下)	梁宽(mm以上)
			300			
名　　　称		单位	消　耗　量			
人工	合计工日	工日	29.640	18.620	18.525	12.635
	其中 普工	工日	5.928	3.724	3.705	2.527
	一般技工	工日	10.374	6.517	6.484	4.422
	高级技工	工日	13.338	8.379	8.336	5.686
材料	板枋材	m³	1.090	1.090	1.090	1.090
	其他材料费	%	0.50	0.50	0.50	0.50
机械	木工平刨床500mm	台班	0.346	0.346	0.346	0.346

工作内容: 1. 制作与安装（吊装）。

　　　　2. 排制分仗杆、样板、选配料、截料、刨光、划线、雕凿成型、弹安装线、标写安装号、试装等,圆形截面的构、部位包括砍疖子、剥刮树皮、砍圆,板类构、部件包括企口拼缝、穿带、制作边缝压条等。

计量单位:m³

定 额 编 号			3-4-74	3-4-75
项　　目			踩步金	
			梁宽（mm 以下）	梁宽（mm 以上）
			300	
名　　称		单位	消 耗 量	
人工	合计工日	工日	14.630	9.405
	其中 普工	工日	2.925	1.881
	一般技工	工日	5.121	3.292
	高级技工	工日	6.584	4.232
材料	板枋材	m³	1.090	1.090
	其他材料费	%	0.50	0.50
机械	木工平刨床 500mm	台班	0.356	0.303

三、桁（檩）、角梁、由戗、枋

工作内容: 1. 制作与安装（吊装）。

　　　　2. 排制分仗杆、样板、选配料、截料、刨光、划线、雕凿成型、弹安装线、标写安装号、试装等,板类构、部件包括企口拼缝、穿带、制作边缝压条等。

计量单位:m³

定 额 编 号			3-4-76	3-4-77
项　　目			圆檩（包括带搭交檩头）	
			檩径（mm 以下）	檩径（mm 以上）
			250	
名　　称		单位	消 耗 量	
人工	合计工日	工日	11.018	7.347
	其中 普工	工日	2.204	1.470
	一般技工	工日	3.856	2.571
	高级技工	工日	4.958	3.306
材料	原木	m³	1.210	1.210
	板枋材	m³	—	—
	其他材料费	%	0.50	0.50
机械	圆木车床	台班	0.300	0.194

工作内容: 1. 制作与安装(吊装)。
 2. 排制分仗杆、样板、选配料、截料、刨光、划线、雕凿成型、弹安装线、标写安装号、试装等,板类构、部件包括企口拼缝、穿带、制作边缝压条等。

计量单位:m³

定 额 编 号			3-4-78	3-4-79	3-4-80
项 目			老角梁	由戗	扣金、插金仔角梁
名 称		单位	消 耗 量		
人工	合计工日	工日	21.470	16.815	24.415
	其中 普工	工日	4.293	3.363	4.883
	一般技工	工日	7.515	5.885	8.545
	高级技工	工日	9.662	7.567	10.987
材料	板枋材	m³	1.090	1.090	1.090
	其他材料费	%	0.50	0.50	0.50
机械	木工平刨床500mm	台班	0.381	0.457	0.753

工作内容: 1. 制作与安装(吊装)。
 2. 排制分仗杆、样板、选配料、截料、刨光、划线、雕凿成型、弹安装线、标写安装号、试装等,圆形截面的构、部位包括砍疖子、剥刮树皮、砍圆,板类构、部件包括企口拼缝、穿带、制作边缝压条等。

计量单位:m³

定 额 编 号			3-4-81	3-4-82	3-4-83	3-4-84
项 目			压金仔角梁(刀把角梁)		窝角仔角梁	
			梁宽(mm以下)	梁宽(mm以上)	梁宽(mm以下)	梁宽(mm以上)
			180			
名 称		单位	消 耗 量			
人工	合计工日	工日	20.283	13.110	28.785	13.490
	其中 普工	工日	4.057	2.621	5.757	2.697
	一般技工	工日	7.099	4.589	10.075	4.722
	高级技工	工日	9.127	5.900	12.953	6.071
材料	板枋材	m³	1.090	1.090	1.090	1.090
	其他材料费	%	0.50	0.50	0.50	0.50
机械	木工平刨床500mm	台班	0.602	0.527	0.753	0.753

工作内容: 1. 制作与安装(吊装)。

2. 排制分仗杆、样板、选配料、截料、刨光、划线、雕凿成型、弹安装线、标写安装号、试装等,板类构、部件包括企口拼缝、穿带、制作边缝压条等。

计量单位:m³

定 额 编 号				3-4-85	3-4-86
项 目				普通大额枋、单额枋、桁檩枋	
				枋高(mm 以下)	枋高(mm 以上)
				250	
名 称			单位	消 耗 量	
人 工	合计工日		工日	10.145	7.280
	其中	普工	工日	2.029	1.456
		一般技工	工日	3.551	2.548
		高级技工	工日	4.565	3.276
材 料	板枋材		m³	1.090	1.090
	其他材料费		%	0.50	0.50
机 械	木工平刨床 500mm		台班	0.447	0.447

工作内容: 1. 制作与安装(吊装)。

2. 排制分仗杆、样板、选配料、截料、刨光、划线、雕凿成型、弹安装线、标写安装号、试装等,板类构、部件包括企口拼缝、穿带、制作边缝压条等。

计量单位:m³

定 额 编 号				3-4-87	3-4-88
项 目				大额枋、单额枋(一端带三岔头箍头枋高)	
				(mm 以下)	(mm 以上)
				250	
名 称			单位	消 耗 量	
人 工	合计工日		工日	15.295	9.025
	其中	普工	工日	3.059	1.805
		一般技工	工日	5.353	3.159
		高级技工	工日	6.883	4.061
材 料	板枋材		m³	1.090	1.090
	其他材料费		%	0.50	0.50
机 械	木工平刨床 500mm		台班	0.447	0.447

工作内容： 1. 制作与安装（吊装）。

2. 排制分仗杆、样板、选配料、截料、刨光、划线、雕凿成型、弹安装线、标写安装号、试装等，板类构、部件包括企口拼缝、穿带、制作边缝压条等。

计量单位：m³

定 额 编 号				3-4-89	3-4-90
项 目				大额枋、单额枋	
				一端带霸王拳箍头	二端带霸王拳箍头
名 称			单位	消 耗 量	
人工	合计工日		工日	7.980	9.975
	其中	普工	工日	1.596	1.995
		一般技工	工日	2.793	3.491
		高级技工	工日	3.591	4.489
材料	板枋材		m³	1.090	1.090
	其他材料费		%	0.50	0.50
机械	木工平刨床 500mm		台班	0.302	0.432

工作内容： 1. 制作与安装（吊装）。

2. 排制分仗杆、样板、选配料、截料、刨光、划线、雕凿成型、弹安装线、标写安装号、试装等，板类构、部件包括企口拼缝、穿带、制作边缝压条等。

计量单位：m³

定 额 编 号				3-4-91	3-4-92
项 目				大额枋、单额枋（二端带三岔头箍头枋高）	
				（mm 以下）	（mm 以上）
				250	
名 称			单位	消 耗 量	
人工	合计工日		工日	18.810	9.880
	其中	普工	工日	3.761	1.976
		一般技工	工日	6.584	3.458
		高级技工	工日	8.465	4.446
材料	板枋材		m³	1.090	1.090
	其他材料费		%	0.50	0.50
机械	木工平刨床 500mm		台班	0.447	0.447

工作内容: 1. 制作与安装(吊装)。

2. 排制分仗杆、样板、选配料、截料、刨光、划线、雕凿成型、弹安装线、标写安装号、试装等,板类构、部件包括企口拼缝、穿带、制作边缝压条等。

计量单位:m³

定 额 编 号			3-4-93	3-4-94	3-4-95	3-4-96
项　　　目			普通小额枋、跨空枋、棋枋、博脊穿插枋、间枋、天花枋		带麻叶头的小额枋、穿插枋	
			枋高(mm以下)	枋高(mm以上)	枋高(mm以下)	枋高(mm以上)
			300		200	
名　　称		单位	消　耗　量			
人工	合计工日	工日	14.535	8.360	23.655	13.775
	其中 普工	工日	2.907	1.672	4.731	2.755
	一般技工	工日	5.087	2.926	8.279	4.821
	高级技工	工日	6.541	3.762	10.645	6.199
材料	板枋材	m³	1.090	1.090	1.090	1.090
	其他材料费	%	0.50	0.50	0.50	0.50
机械	木工平刨床500mm	台班	0.432	0.432	0.778	0.778

工作内容: 1. 制作与安装(吊装)。

2. 排制分仗杆、样板、选配料、截料、刨光、划线、雕凿成型、弹安装线、标写安装号、试装等,板类构、部件包括企口拼缝、穿带、制作边缝压条等。

计量单位:m³

定 额 编 号			3-4-97	3-4-98
项　　　目			垂花门麻叶穿插枋	
			独立柱式	
			枋高(mm以下)	枋高(mm以上)
			200	
名　　称		单位	消　耗　量	
人工	合计工日	工日	60.600	46.670
	其中 普工	工日	12.120	9.333
	一般技工	工日	21.210	16.335
	高级技工	工日	27.270	21.002
材料	板枋材	m³	1.090	1.090
	其他材料费	%	0.50	0.50
机械	木工平刨床500mm	台班	0.778	0.778

工作内容: 1. 制作与安装(吊装)。

2. 排制分仗杆、样板、选配料、截料、刨光、划线、雕凿成型、弹安装线、
标写安装号、试装等,板类构、部件包括企口拼缝、穿带、制作边缝
压条等。

计量单位:m³

定 额 编 号			3-4-99	3-4-100	3-4-101	3-4-102
项 目			垂花门麻叶穿插枋			
			廊罩式		一殿一卷式	
			枋高(mm 以下)	枋高(mm 以上)	枋高(mm 以下)	枋高(mm 以上)
			200			
名 称		单位	消 耗 量			
人工	合计工日	工日	46.496	36.130	36.280	28.740
	其中 普工	工日	9.299	7.225	7.256	5.748
	一般技工	工日	16.274	12.646	12.698	10.059
	高级技工	工日	20.923	16.259	16.326	12.933
材料	板枋材	m³	1.090	1.090	1.090	1.090
	其他材料费	%	0.50	0.50	0.50	0.50
机械	木工平刨床 500mm	台班	0.778	0.778	0.778	0.778

工作内容: 1. 制作与安装(吊装)。

2. 排制分仗杆、样板、选配料、截料、刨光、划线、雕凿成型、弹安装线、
标写安装号、试装等,板类构、部件包括企口拼缝、穿带、制作边缝
压条等。

计量单位:m³

定 额 编 号			3-4-103	3-4-104
项 目			平板枋	
			枋高(mm 以下)	枋高(mm 以上)
			100	
名 称		单位	消 耗 量	
人工	合计工日	工日	16.750	10.856
	其中 普工	工日	3.349	2.171
	一般技工	工日	5.863	3.800
	高级技工	工日	7.538	4.885
材料	板枋材	m³	1.090	1.090
	其他材料费	%	0.50	0.50
机械	木工平刨床 500mm	台班	1.380	0.864

工作内容: 1. 制作与安装(吊装)。

2. 排制分仗杆、样板、选配料、截料、刨光、划线、雕凿成型、弹安装线、标写安装号、试装等,板类构、部件包括企口拼缝、穿带、制作边缝压条等。

计量单位:m³

定 额 编 号			3-4-105	3-4-106	3-4-107	3-4-108	3-4-109
项　　　目			随梁枋	承椽枋	扶脊木	帘栊枋	
						厚(mm 以下)	厚(mm 以上)
						200	
名　　　称		单位	消　耗　量				
人工	合计工日	工日	8.360	12.825	27.645	21.206	13.720
	其中　普工	工日	1.672	2.565	5.529	4.241	2.744
	一般技工	工日	2.926	4.489	9.676	7.422	4.802
	高级技工	工日	3.762	5.771	12.440	9.543	6.174
材料	板枋材	m³	1.090	1.090	—	1.090	1.090
	原木	m³	—	—	1.210	—	—
	其他材料费	%	0.50	0.50	0.50	0.50	0.50
机械	木工平刨床 500mm	台班	0.292	0.292	—	0.778	0.778
	圆木车床	台班	—	—	0.194	—	—

工作内容: 1. 制作与安装(吊装)。

2. 排制分仗杆、样板、选配料、截料、刨光、划线、雕凿成型、弹安装线、标写安装号、试装等,板类构、部件包括企口拼缝、穿带、制作边缝压条等。

计量单位:10 块

定 额 编 号			3-4-110	3-4-111	3-4-112	3-4-113	3-4-114	3-4-115
项　　　目			燕尾枋					
			厚(mm 以下)					
			30	40	50	70	100	150
名　　　称		单位	消　耗　量					
人工	合计工日	工日	1.900	2.190	2.470	2.950	5.700	9.120
	其中　普工	工日	0.380	0.437	0.493	0.589	1.140	1.824
	一般技工	工日	0.665	0.767	0.865	1.033	1.995	3.192
	高级技工	工日	0.855	0.986	1.112	1.328	2.565	4.104
材料	板枋材	m³	0.020	0.040	0.080	0.140	0.200	0.250
	其他材料费	%	0.50	0.50	0.50	0.50	0.50	0.50
机械	木工平刨床 500mm	台班	21.610	18.520	12.960	9.260	6.480	4.320

四、人 字 屋 架

工作内容： 1. 制作与安装（吊装）。

　　　　　　2. 排制分仗杆、样板、选配料、截料、刨光、划线、雕凿成型、弹安装线、

　　　　　　标写安装号、修整榫卯、试装等。

计量单位：m³

定　额　编　号				3-4-116
项　　目				人字屋架
名　　称			单位	消　耗　量
人工	合计工日		工日	6.755
	其中	普工	工日	1.351
		一般技工	工日	2.364
		高级技工	工日	3.040
材料	板枋材		m³	1.090
	其他材料费		%	0.50
机械	木工平刨床500mm		台班	0.467

五、椽、望板

工作内容： 找规矩、钉牢、齐头、垂直起重、挖桁檩窝等。

计量单位：10m

定　额　编　号			3-4-117	3-4-118	3-4-119	3-4-120	3-4-121
项　　目			圆直椽制作与安装　直径（cm以内）				
			6	7	8	9	10
名　　称		单位	消　耗　量				
人工	合计工日		工日	0.403	0.448	0.448	0.493	0.493
	其中	普工	工日	0.081	0.089	0.089	0.098	0.098
		一般技工	工日	0.141	0.157	0.157	0.173	0.173
		高级技工	工日	0.181	0.202	0.202	0.222	0.222
材料	原木	m³	0.043	0.059	0.077	0.097	0.120
	圆钉	kg	0.200	0.200	0.300	0.300	0.400
	其他材料费	%	0.50	0.50	0.50	0.50	0.50
机械	圆木车床	台班	0.034	0.040	0.046	0.052	0.057

工作内容： 找规矩、钉牢、齐头、垂直起重、挖桁檩窝等。　　　　　　　　计量单位：10m

定　额　编　号			3-4-122	3-4-123	3-4-124	3-4-125	3-4-126
项　　　目			圆直椽制作与安装　直径（cm以内）				
			11	12	13	14	15
名　　　称		单位	消　耗　量				
人工	合计工日	工日	0.538	0.538	0.627	0.627	0.672
	其中　普工	工日	0.108	0.108	0.126	0.126	0.135
	一般技工	工日	0.188	0.188	0.219	0.219	0.235
	高级技工	工日	0.242	0.242	0.282	0.282	0.302
材料	原木	m³	0.145	0.164	0.191	0.221	0.252
	自制铁钉	kg	0.500	0.500	0.500	0.800	0.800
	其他材料费	%	0.50	0.50	0.50	0.50	0.50
机械	圆木车床	台班	0.063	0.069	0.075	0.080	0.086

工作内容： 找规矩、钉牢、齐头、垂直起重、挖桁檩窝等。　　　　　　　　计量单位：10m

定　额　编　号			3-4-127	3-4-128	3-4-129	3-4-130	3-4-131
项　　　目			圆翼角椽制作与安装　直径（cm以内）				
			6	7	8	9	10
名　　　称		单位	消　耗　量				
人工	合计工日	工日	1.176	1.232	1.288	1.344	1.456
	其中　普工	工日	0.235	0.247	0.257	0.269	0.291
	一般技工	工日	0.412	0.431	0.451	0.470	0.510
	高级技工	工日	0.529	0.554	0.580	0.605	0.655
材料	原木	m³	0.043	0.059	0.077	0.097	0.116
	圆钉	kg	0.200	0.200	0.300	0.300	0.400
	其他材料费	%	0.50	0.50	0.50	0.50	0.50
机械	圆木车床	台班	0.021	0.028	0.037	0.046	0.057

工作内容：找规矩、钉牢、齐头、垂直起重、挖桁檩窝等。　　　　　　　　　　　　　　计量单位：10m

定　额　编　号			3-4-132	3-4-133	3-4-134	3-4-135	3-4-136
项　　　目			圆翼角椽制作与安装 直径（cm 以内）				
			11	12	13	14	15
名　　　称		单位	消　耗　量				
人工	合计工日	工日	1.512	1.568	1.624	1.680	1.434
	其中 普工	工日	0.303	0.313	0.325	0.336	0.287
	一般技工	工日	0.529	0.549	0.568	0.588	0.502
	高级技工	工日	0.680	0.706	0.731	0.756	0.645
材料	原木	m³	0.139	0.164	0.191	0.221	0.252
	圆钉	kg	0.500	—	—	—	—
	自制铁钉	kg	—	0.500	0.500	0.500	0.800
	其他材料费	%	0.50	0.50	0.50	0.50	0.50
机械	圆木车床	台班	0.069	0.083	0.097	0.112	0.129

工作内容：找规矩、钉牢、齐头、垂直起重、挖桁檩窝等。　　　　　　　　　　　　　　计量单位：10m

定　额　编　号			3-4-137	3-4-138	3-4-139	3-4-140	3-4-141	3-4-142
项　　　目			方直椽刨光顺接铺钉 直径（cm 以内）					
			5	6	7	8	9	10
名　　　称		单位	消　耗　量					
人工	合计工日	工日	0.400	0.400	0.480	0.480	0.480	0.480
	其中 普工	工日	0.080	0.080	0.096	0.096	0.096	0.096
	一般技工	工日	0.140	0.140	0.168	0.168	0.168	0.168
	高级技工	工日	0.180	0.180	0.216	0.216	0.216	0.216
材料	板枋材	m³	0.032	0.044	0.059	0.076	0.095	0.116
	圆钉	kg	0.200	0.200	0.200	0.300	0.300	0.400
	其他材料费	%	0.50	0.50	0.50	0.50	0.50	0.50
机械	木工平刨床 500mm	台班	0.052	0.062	0.073	0.083	0.093	0.104

工作内容: 找规矩、钉牢、齐头、垂直起重、挖桁檩窝等。　　　　　　　　　　　　　　计量单位:10m

定　额　编　号			3-4-143	3-4-144	3-4-145	3-4-146	3-4-147	3-4-148
项　　　目			方直椽不刨光乱插头铺钉　直径(cm以内)					
			5	6	7	8	9	10
名　　称		单位	消　耗　量					
人工	合计工日	工日	0.320	0.320	0.320	0.320	0.320	0.320
	其中　普工	工日	0.064	0.064	0.064	0.064	0.064	0.064
	一般技工	工日	0.112	0.112	0.112	0.112	0.112	0.112
	高级技工	工日	0.144	0.144	0.144	0.144	0.144	0.144
材料	板枋材	m³	0.026	0.038	0.052	0.067	0.085	0.105
	圆钉	kg	0.200	0.200	0.200	0.300	0.300	0.400
	其他材料费	%	0.50	0.50	0.50	0.50	0.50	0.50

工作内容: 找规矩、钉牢、齐头、垂直起重、挖桁檩窝等。　　　　　　　　　　　　　　计量单位:10m

定　额　编　号			3-4-149	3-4-150	3-4-151	3-4-152	3-4-153	3-4-154
项　　　目			方翼角椽制作与安装　直径(cm以内)					
			5	6	7	8	9	10
名　　称		单位	消　耗　量					
人工	合计工日	工日	0.952	1.008	1.120	1.176	1.232	1.840
	其中　普工	工日	0.191	0.201	0.224	0.235	0.247	0.368
	一般技工	工日	0.333	0.353	0.392	0.412	0.431	0.644
	高级技工	工日	0.428	0.454	0.504	0.529	0.554	0.828
材料	板枋材	m³	0.041	0.058	0.077	0.099	0.123	0.151
	圆钉	kg	0.200	0.200	0.200	0.300	0.300	0.400
	其他材料费	%	0.50	0.50	0.50	0.50	0.50	0.50
机械	木工平刨床 500mm	台班	0.052	0.062	0.073	0.083	0.093	0.104

工作内容:找规矩、钉牢、齐头、垂直起重、挖桁檩窝等。　　　　　　　　　　　　　计量单位:10根

定　额　编　号			3-4-155	3-4-156	3-4-157	3-4-158	3-4-159	3-4-160
项　　　目			飞椽制作与安装　直径(cm以内)					
			5	6	7	8	9	10
名　　　称		单位	消　耗　量					
人工	合计工日	工日	0.640	0.720	0.800	0.880	1.120	1.280
	其中 普工	工日	0.128	0.144	0.160	0.176	0.224	0.256
	一般技工	工日	0.224	0.252	0.280	0.308	0.392	0.448
	高级技工	工日	0.288	0.324	0.360	0.396	0.504	0.576
材料	板枋材	m³	0.023	0.032	0.043	0.072	0.090	0.138
	圆钉	kg	0.200	0.200	0.300	0.300	0.500	0.600
	其他材料费	%	0.50	0.50	0.50	0.50	0.50	0.50
机械	木工平刨床 500mm	台班	0.078	0.093	0.109	0.124	0.140	0.156

工作内容:找规矩、钉牢、齐头、垂直起重、挖桁檩窝等。　　　　　　　　　　　　　计量单位:10根

定　额　编　号			3-4-161	3-4-162	3-4-163	3-4-164	3-4-165
项　　　目			飞椽制作与安装　直径(cm以内)				
			11	12	13	14	15
名　　　称		单位	消　耗　量				
人工	合计工日	工日	1.600	1.760	1.920	2.240	2.560
	其中 普工	工日	0.320	0.352	0.384	0.448	0.512
	一般技工	工日	0.560	0.616	0.672	0.784	0.896
	高级技工	工日	0.720	0.792	0.864	1.008	1.152
材料	板枋材	m³	0.165	0.234	0.273	0.368	0.420
	自制铁钉	kg	0.800	0.900	0.900	1.000	1.900
	其他材料费	%	0.50	0.50	0.50	0.50	0.50
机械	木工平刨床 500mm	台班	0.171	0.187	0.202	0.218	0.233

工作内容: 找规矩、钉牢、齐头、垂直起重、挖桁檩窝等。　　　　　　　　　　　　　计量单位:攒

定　额　编　号			3-4-166	3-4-167	3-4-168	3-4-169	3-4-170
项　　　目			翘飞椽制作与安装　直径（5cm以内）				
			七翘	九翘	十一翘	十三翘	十五翘
名　　　称		单位	消　耗　量				
人工	合计工日	工日	2.400	3.120	3.720	4.440	5.160
	其中 普工	工日	0.480	0.624	0.744	0.888	1.032
	一般技工	工日	0.840	1.092	1.302	1.554	1.806
	高级技工	工日	1.080	1.404	1.674	1.998	2.322
材料	板枋材	m³	0.088	0.114	0.139	0.164	0.189
	圆钉	kg	0.420	0.540	0.660	0.780	0.900
	其他材料费	%	0.50	0.50	0.50	0.50	0.50
机械	木工平刨床 500mm	台班	0.458	0.593	0.723	0.853	0.983

工作内容: 找规矩、钉牢、齐头、垂直起重、挖桁檩窝等。　　　　　　　　　　　　　计量单位:攒

定　额　编　号			3-4-171	3-4-172	3-4-173	3-4-174
项　　　目			翘飞椽制作与安装　直径（6cm以内）			
			七翘	九翘	十一翘	十三翘
名　　　称		单位	消　耗　量			
人工	合计工日	工日	2.880	3.720	4.560	5.400
	其中 普工	工日	0.576	0.744	0.912	1.080
	一般技工	工日	1.008	1.302	1.596	1.890
	高级技工	工日	1.296	1.674	2.052	2.430
材料	板枋材	m³	0.123	0.158	0.193	0.228
	圆钉	kg	0.420	0.540	0.660	0.780
	其他材料费	%	0.50	0.50	0.50	0.50
机械	木工平刨床 500mm	台班	0.424	0.544	0.665	0.786

工作内容：找规矩、钉牢、齐头、垂直起重、挖桁檩窝等。　　　　　　　　　　　　　　　**计量单位**：攒

定 额 编 号			3-4-175	3-4-176	3-4-177	3-4-178	3-4-179
项　　　目			翘飞椽制作与安装 直径（7cm以内）				
			九翘	十一翘	十三翘	十五翘	十七翘
名　　　称		单位	消　耗　量				
人工	合计工日		工日	4.440	5.520	6.480	7.440	8.520
	其中	普工	工日	0.888	1.104	1.296	1.488	1.704
		一般技工	工日	1.554	1.932	2.268	2.604	2.982
		高级技工	工日	1.998	2.484	2.916	3.348	3.834
材料	板枋材		m³	0.211	0.258	0.305	0.352	0.399
	圆钉		kg	0.720	0.880	1.040	1.200	1.360
	其他材料费		%	0.50	0.50	0.50	0.50	0.50
机械	木工平刨床 500mm		台班	0.535	0.654	0.773	0.892	1.012

工作内容：找规矩、钉牢、齐头、垂直起重、挖桁檩窝等。　　　　　　　　　　　　　　　**计量单位**：攒

定 额 编 号			3-4-180	3-4-181	3-4-182	3-4-183	3-4-184
项　　　目			翘飞椽制作与安装 直径（8cm以内）				
			九翘	十一翘	十三翘	十五翘	十七翘
名　　　称		单位	消　耗　量				
人工	合计工日		工日	5.280	6.480	7.680	8.880	10.080
	其中	普工	工日	1.056	1.296	1.536	1.776	2.016
		一般技工	工日	1.848	2.268	2.688	3.108	3.528
		高级技工	工日	2.376	2.916	3.456	3.996	4.536
材料	板枋材		m³	0.341	0.417	0.492	0.568	0.644
	圆钉		kg	0.720	0.880	1.040	1.200	1.360
	其他材料费		%	0.50	0.50	0.50	0.50	0.50
机械	木工平刨床 500mm		台班	0.651	0.796	0.939	1.084	1.229

工作内容: 找规矩、钉牢、齐头、垂直起重、挖桁檩窝等。　　　　　　　　　　　　　计量单位:攒

定　额　编　号			3-4-185	3-4-186	3-4-187	3-4-188	3-4-189
项　　　目			翘飞椽制作与安装　直径(9cm以内)				
			九翘	十一翘	十三翘	十五翘	十七翘
名　　　称		单位	消　耗　量				
人工	合计工日	工日	6.240	7.560	9.000	10.440	11.760
	其中　普工	工日	1.248	1.512	1.800	2.088	2.352
	一般技工	工日	2.184	2.646	3.150	3.654	4.116
	高级技工	工日	2.808	3.402	4.050	4.698	5.292
材料	板枋材	m³	0.429	0.524	0.619	0.715	0.810
	圆钉	kg	0.900	1.100	1.300	1.500	1.700
	其他材料费	%	0.50	0.50	0.50	0.50	0.50
机械	木工平刨床500mm	台班	0.653	0.798	0.942	1.088	1.233

工作内容: 找规矩、钉牢、齐头、垂直起重、挖桁檩窝等。　　　　　　　　　　　　　计量单位:攒

定　额　编　号			3-4-190	3-4-191	3-4-192	3-4-193	3-4-194
项　　　目			翘飞椽制作与安装　直径(10cm以内)				
			十一翘	十三翘	十五翘	十七翘	十九翘
名　　　称		单位	消　耗　量				
人工	合计工日	工日	8.880	10.440	12.000	13.680	15.240
	其中　普工	工日	1.776	2.088	2.400	2.736	3.048
	一般技工	工日	3.108	3.654	4.200	4.788	5.334
	高级技工	工日	3.996	4.698	5.400	6.156	6.858
材料	板枋材	m³	0.809	0.956	1.103	1.250	1.397
	圆钉	kg	0.900	1.100	1.300	1.500	1.700
	其他材料费	%	0.50	0.50	0.50	0.50	0.50
机械	木工平刨床500mm	台班	0.986	1.165	1.344	1.524	1.703

工作内容：找规矩、钉牢、齐头、垂直起重、挖桁檩窝等。 计量单位：攒

定 额 编 号			3-4-195	3-4-196	3-4-197	3-4-198	3-4-199
项 目			翘飞椽制作与安装 直径（11cm 以内）				
			十一翘	十三翘	十五翘	十七翘	十九翘
名 称		单位	消 耗 量				
人工	合计工日	工日	10.200	12.000	13.800	15.720	17.520
	其中 普工	工日	2.040	2.400	2.760	3.144	3.504
	一般技工	工日	3.570	4.200	4.830	5.502	6.132
	高级技工	工日	4.590	5.400	6.210	7.074	7.884
材料	板枋材	m³	1.000	1.182	1.363	1.545	1.727
	自制铁钉	kg	3.740	4.420	5.100	5.780	6.460
	其他材料费	%	0.50	0.50	0.50	0.50	0.50
机械	木工平刨床 500mm	台班	1.000	1.182	1.363	1.545	1.727

工作内容：找规矩、钉牢、齐头、垂直起重、挖桁檩窝等。 计量单位：攒

定 额 编 号			3-4-200	3-4-201	3-4-202	3-4-203	3-4-204
项 目			翘飞椽制作与安装 直径（12cm 以内）				
			十一翘	十三翘	十五翘	十七翘	十九翘
名 称		单位	消 耗 量				
人工	合计工日	工日	11.520	13.680	15.840	17.880	20.040
	其中 普工	工日	2.304	2.736	3.168	3.576	4.008
	一般技工	工日	4.032	4.788	5.544	6.258	7.014
	高级技工	工日	5.184	6.156	7.128	8.046	9.018
材料	板枋材	m³	1.414	1.671	1.928	2.185	2.442
	自制铁钉	kg	4.400	5.200	6.000	6.800	7.600
	其他材料费	%	0.50	0.50	0.50	0.50	0.50
机械	木工平刨床 500mm	台班	1.191	1.407	1.623	1.840	2.056

工作内容：找规矩、钉牢、齐头、垂直起重、挖桁檩窝等。 计量单位：攒

定 额 编 号			3-4-205	3-4-206	3-4-207	3-4-208	3-4-209
项 目			翘飞椽制作与安装 直径（13cm 以内）				
			十三翘	十五翘	十七翘	十九翘	二十一翘
名 称		单位	消 耗 量				
人工	合计工日	工日	15.480	17.880	20.280	22.680	24.960
	其中 普工	工日	3.096	3.576	4.056	4.536	4.992
	一般技工	工日	5.418	6.258	7.098	7.938	8.736
	高级技工	工日	6.966	8.046	9.126	10.206	11.232
材料	板枋材	m³	1.913	2.208	2.502	2.797	3.091
	自制铁钉	kg	5.460	6.300	7.140	7.980	8.820
	其他材料费	%	0.50	0.50	0.50	0.50	0.50
机械	木工平刨床 500mm	台班	1.366	1.576	1.786	1.997	2.206

工作内容：找规矩、钉牢、齐头、垂直起重、挖桁檩窝等。 计量单位：攒

定 额 编 号			3-4-210	3-4-211	3-4-212	3-4-213	3-4-214
项 目			翘飞椽制作与安装 直径（14cm 以内）				
			十三翘	十五翘	十七翘	十九翘	二十一翘
名 称		单位	消 耗 量				
人工	合计工日	工日	17.400	20.040	22.800	25.440	28.080
	其中 普工	工日	3.480	4.008	4.560	5.088	5.616
	一般技工	工日	6.090	7.014	7.980	8.904	9.828
	高级技工	工日	7.830	9.018	10.260	11.448	12.636
材料	板枋材	m³	2.580	2.976	3.373	3.770	4.167
	自制铁钉	kg	5.720	6.600	7.480	8.360	9.240
	其他材料费	%	0.50	0.50	0.50	0.50	0.50
机械	木工平刨床 500mm	台班	1.589	1.833	2.078	2.322	2.567

工作内容：找规矩、钉牢、齐头、垂直起重、挖桁檩窝等。 计量单位：攒

定 额 编 号			3-4-215	3-4-216	3-4-217	3-4-218	3-4-219
项 目			翘飞椽制作与安装 直径（15cm 以内）				
			十三翘	十五翘	十七翘	十九翘	二十一翘
名 称		单位	消 耗 量				
人工	合计工日	工日	19.440	22.440	25.440	28.440	31.440
	其中 普工	工日	3.888	4.488	5.088	5.688	6.288
	一般技工	工日	6.804	7.854	8.904	9.954	11.004
	高级技工	工日	8.748	10.098	11.448	12.798	14.148
材料	板枋材	m³	2.943	3.396	3.848	4.301	4.754
	自制铁钉	kg	5.240	7.200	8.160	9.120	10.080
	其他材料费	%	0.50	0.50	0.50	0.50	0.50
机械	木工平刨床 500mm	台班	1.573	1.815	2.056	2.299	2.541

工作内容：找规矩、钉牢、齐头、垂直起重、挖桁檩窝等。 计量单位：10 根

定 额 编 号			3-4-220	3-4-221	3-4-222	3-4-223	3-4-224	3-4-225
项 目			罗锅椽制作与安装 直径（cm 以内）					
			5	6	7	8	9	10
名 称		单位	消 耗 量					
人工	合计工日	工日	0.720	0.880	1.120	1.280	1.600	2.000
	其中 普工	工日	0.144	0.176	0.224	0.256	0.320	0.400
	一般技工	工日	0.252	0.308	0.392	0.448	0.560	0.700
	高级技工	工日	0.324	0.396	0.504	0.576	0.720	0.900
材料	板枋材	m³	0.032	0.055	0.088	0.132	0.186	0.254
	圆钉	kg	0.200	0.200	0.200	0.300	0.300	0.500
	其他材料费	%	0.50	0.50	0.50	0.50	0.50	0.50
机械	木工平刨床 500mm	台班	0.026	0.031	0.036	0.042	0.047	0.520

工作内容：找规矩、钉牢、齐头、垂直起重、挖桁檩窝等。　　　　　　　　　　　　　**计量单位：**10块

定　额　编　号			3-4-226	3-4-227	3-4-228	3-4-229	3-4-230	3-4-231
项　　　　目			枕头木制作与安装　直径（cm以内）					
			5	6	7	8	9	10
名　　　称		单位	消　耗　量					
人工	合计工日	工日	0.880	1.200	1.440	1.760	2.080	2.320
	其中 普工	工日	0.176	0.240	0.288	0.352	0.416	0.464
	一般技工	工日	0.308	0.420	0.504	0.616	0.728	0.812
	高级技工	工日	0.396	0.540	0.648	0.792	0.936	1.044
材料	板枋材	m³	0.024	0.043	0.069	0.104	0.148	0.204
	圆钉	kg	0.300	0.300	0.500	0.500	0.500	0.600
	其他材料费	%	0.50	0.50	0.50	0.50	0.50	0.50
机械	木工平刨床500mm	台班	0.052	0.062	0.073	0.084	0.095	0.104

工作内容：找规矩、钉牢、齐头、垂直起重、挖桁檩窝等。　　　　　　　　　　　　　**计量单位：**10块

定　额　编　号			3-4-232	3-4-233	3-4-234	3-4-235	3-4-236
项　　　　目			枕头木制作与安装　厚度（cm以内）				
			11	12	13	14	15
名　　　称		单位	消　耗　量				
人工	合计工日	工日	2.640	2.880	3.200	3.520	3.760
	其中 普工	工日	0.528	0.576	0.640	0.704	0.752
	一般技工	工日	0.924	1.008	1.120	1.232	1.316
	高级技工	工日	1.188	1.296	1.440	1.584	1.692
材料	板枋材	m³	0.273	0.355	0.452	0.565	0.696
	圆钉	kg	0.600	0.600	0.700	0.700	0.700
	其他材料费	%	0.50	0.50	0.50	0.50	0.50
机械	木工平刨床500mm	台班	0.114	0.125	0.135	0.146	0.156

工作内容： 找规矩、钉牢、齐头、垂直起重、挖桁檩窝等。　　　　　　　　计量单位：10m

定　额　编　号			3-4-237	3-4-238	3-4-239	3-4-240	3-4-241	3-4-242
项　　　　目			机枋条制作与安装　椽径（cm 以内）					
			5	6	7	8	9	10
名　　称		单位	消　耗　量					
人工	合计工日	工日	0.230	0.250	0.280	0.300	0.320	0.350
	其中 普工	工日	0.045	0.049	0.056	0.060	0.064	0.069
	一般技工	工日	0.081	0.088	0.098	0.105	0.112	0.123
	高级技工	工日	0.104	0.113	0.126	0.135	0.144	0.158
材料	板枋材	m³	0.017	0.024	0.032	0.040	0.050	0.061
	圆钉	kg	0.040	0.040	0.045	0.045	0.050	0.050
	其他材料费	%	0.50	0.50	0.50	0.50	0.50	0.50
机械	木工平刨床 500mm	台班	0.052	0.062	0.073	0.083	0.093	0.104

工作内容： 找规矩、钉牢、齐头、垂直起重、挖桁檩窝等。　　　　　　　　计量单位：10m

定　额　编　号			3-4-243	3-4-244	3-4-245	3-4-246	3-4-247	3-4-248
项　　　　目			大连檐制作与安装　高度（cm 以内）					
			5	6	7	8	9	10
名　　称		单位	消　耗　量					
人工	合计工日	工日	0.560	0.620	0.700	0.770	0.830	0.900
	其中 普工	工日	0.112	0.124	0.140	0.153	0.165	0.180
	一般技工	工日	0.196	0.217	0.245	0.270	0.291	0.315
	高级技工	工日	0.252	0.279	0.315	0.347	0.374	0.405
材料	板枋材	m³	0.023	0.032	0.043	0.056	0.070	0.085
	圆钉	kg	1.300	1.100	1.000	0.900	0.800	0.700
	其他材料费	%	0.50	0.50	0.50	0.50	0.50	0.50
机械	木工单面压刨床 600mm	台班	0.006	0.020	0.024	0.027	0.030	0.034

工作内容：找规矩、钉牢、齐头、垂直起重、挖桁檩窝等。　　　　　　　　　　　　　计量单位：10m

定　额　编　号			3-4-249	3-4-250	3-4-251	3-4-252	3-4-253
项　　　目			大连檐制作与安装　高度（cm 以内）				
			11	12	13	14	15
名　　称		单位	消　耗　量				
人工	合计工日	工日	0.970	1.030	1.100	1.180	1.250
	其中 普工	工日	0.193	0.205	0.220	0.236	0.249
	一般技工	工日	0.340	0.361	0.385	0.413	0.438
	高级技工	工日	0.437	0.464	0.495	0.531	0.563
材料	板枋材	m³	0.103	0.121	0.142	0.164	0.187
	自制铁钉	kg	0.600	1.000	0.900	0.900	0.800
	其他材料费	%	0.50	0.50	0.50	0.50	0.50
机械	木工圆锯机 500mm	台班	0.003	0.003	0.003	0.003	0.003
	木工单面压刨床 600mm	台班	0.038	0.041	0.045	0.048	0.082

工作内容：找规矩、钉牢、齐头、垂直起重、挖桁檩窝等。　　　　　　　　　　　　　计量单位：10m

定　额　编　号			3-4-254	3-4-255	3-4-256	3-4-257	3-4-258	3-4-259
项　　　目			小连檐制作与安装　高度（cm 以内）					
			2	2.5	3	3.5	4	4.5
名　　称		单位	消　耗　量					
人工	合计工日	工日	0.250	0.290	0.320	0.350	0.380	0.420
	其中 普工	工日	0.049	0.057	0.064	0.069	0.076	0.084
	一般技工	工日	0.088	0.102	0.112	0.123	0.133	0.147
	高级技工	工日	0.113	0.131	0.144	0.158	0.171	0.189
材料	板枋材	m³	0.019	0.024	0.030	0.037	0.044	0.052
	圆钉	kg	0.400	0.400	0.300	0.700	0.600	0.600
	其他材料费	%	0.50	0.50	0.50	0.50	0.50	0.50
机械	木工圆锯机 500mm	台班	0.048	0.004	0.040	0.004	0.004	0.004
	木工单面压刨床 600mm	台班	0.004	0.050	0.480	0.053	0.055	0.057

工作内容: 找规矩、钉牢、齐头、垂直起重、挖桁檩窝等。 计量单位:10m

定 额 编 号				3-4-260	3-4-261	3-4-262	3-4-263	3-4-264
项 目				圆椽椽椀制作与安装 椽径(cm以内)				
				8	10	12	14	16
名 称			单位	消 耗 量				
人 工	合计工日		工日	0.960	1.120	1.280	1.360	1.440
	其 中	普工	工日	0.192	0.224	0.256	0.272	0.288
		一般技工	工日	0.336	0.392	0.448	0.476	0.504
		高级技工	工日	0.432	0.504	0.576	0.612	0.648
材 料	板枋材		m³	0.027	0.040	0.057	0.075	0.098
	圆钉		kg	0.100	0.100	0.100	0.100	0.100
	其他材料费		%	0.50	0.50	0.50	0.50	0.50
机 械	木工圆锯机 500mm		台班	0.002	0.002	0.003	0.004	0.004
	木工平刨床 500mm		台班	0.045	0.051	0.058	0.065	0.072

工作内容: 找规矩、钉牢、齐头、垂直起重、挖桁檩窝等。 计量单位:10m

定 额 编 号				3-4-265	3-4-266	3-4-267	3-4-268	3-4-269	3-4-270
项 目				方椽椽椀制作与安装 椽径(cm以内)			闸档板制作与安装 椽径(cm以内)		
				6	8	10	6	8	10
名 称			单位	消 耗 量					
人 工	合计工日		工日	0.350	0.480	0.610	0.540	0.550	0.560
	其 中	普工	工日	0.069	0.096	0.121	0.108	0.109	0.112
		一般技工	工日	0.123	0.168	0.214	0.189	0.193	0.196
		高级技工	工日	0.158	0.216	0.275	0.243	0.248	0.252
材 料	板枋材		m³	0.017	0.026	0.039	0.008	0.010	0.017
	圆钉		kg	0.100	0.090	0.090	0.100	0.090	0.090
	其他材料费		%	0.50	0.50	0.50	0.50	0.50	0.50
机 械	木工圆锯机 500mm		台班	0.038	0.002	0.002	0.002	0.003	0.003
	木工平刨床 500mm		台班	0.002	0.450	0.051	0.041	0.048	0.055

工作内容: 找规矩、钉牢、齐头、垂直起重、挖桁檩窝等。　　　　　　　　　　　　　　　计量单位:10m

定　额　编　号			3-4-271	3-4-272	3-4-273	3-4-274	3-4-275
项　　目			闸档板制作与安装 椽径 （cm 以内）			隔椽板制作与安装 椽径 （cm 以内）	
			12	14	16	8	12
名　　称		单位	消　耗　量				
人工	合计工日	工日	0.580	0.580	0.590	0.220	0.240
	其中 普工	工日	0.116	0.116	0.117	0.044	0.048
	一般技工	工日	0.203	0.203	0.207	0.077	0.084
	高级技工	工日	0.261	0.261	0.266	0.099	0.108
材料	板枋材	m³	0.020	0.024	0.033	0.018	0.032
	圆钉	kg	0.080	0.060	0.060	0.050	0.050
	其他材料费	%	0.50	0.50	0.50	0.50	0.50
机械	木工圆锯机 500mm	台班	0.004	0.004	0.004	0.003	0.004
	木工平刨床 500mm	台班	0.062	0.068	0.075	0.048	0.062

工作内容: 找规矩、钉牢、齐头、垂直起重、挖桁檩窝等。　　　　　　　　　　　　　　　计量单位:10m²

定　额　编　号			3-4-276	3-4-277	3-4-278	3-4-279
项　　目			带柳叶缝望板制作与安装			
			板厚（cm）		板厚每增加（cm）	刨光
			2.1（1.8）	2.5（2.2）	0.5	
名　　称		单位	消　耗　量			
人工	合计工日	工日	0.840	0.880	0.040	0.600
	其中 普工	工日	0.168	0.176	0.008	0.120
	一般技工	工日	0.294	0.308	0.014	0.210
	高级技工	工日	0.378	0.396	0.018	0.270
材料	板枋材	m³	0.315	0.375	0.075	—
	圆钉	kg	1.300	1.800	0.300	—
	其他材料费	%	0.50	0.50	0.50	0.50
机械	木工单面压刨床 600mm	台班	—	—	—	0.023
	木工圆锯机 500mm	台班	0.171	0.171	0.171	—

注: 括号内为刨光后的厚度。

工作内容: 找规矩、钉牢、齐头、垂直起重、挖桁檩窝等。 计量单位:10m²

定 额 编 号			3-4-280	3-4-281	3-4-282	3-4-283
项 目			毛望板铺钉			
			板厚(cm)			板厚每增加(cm)
			1.8	2.1	2.5	0.5
名 称		单位	消 耗 量			
人工	合计工日	工日	0.480	0.488	0.496	0.024
	其中 普工	工日	0.096	0.097	0.099	0.005
	一般技工	工日	0.168	0.171	0.174	0.008
	高级技工	工日	0.216	0.220	0.223	0.011
材料	板枋材	m³	0.223	0.261	0.310	0.062
	圆钉	kg	1.300	1.300	1.800	0.300
	其他材料费	%	0.50	0.50	0.50	0.50
机械	木工圆锯机 500mm	台班	0.023	0.023	0.023	0.023

工作内容: 找规矩、钉牢、齐头、垂直起重、挖桁檩窝等。 计量单位:10m

定 额 编 号			3-4-284	3-4-285	3-4-286	3-4-287
项 目			瓦口制作			
			6样琉璃瓦	7、8、9样琉璃瓦及1、2、3号布筒瓦	10号布筒瓦	特1、2、3号布板瓦
名 称		单位	消 耗 量			
人工	合计工日	工日	0.400	0.400	0.400	0.400
	其中 普工	工日	0.080	0.080	0.080	0.080
	一般技工	工日	0.140	0.140	0.140	0.140
	高级技工	工日	0.180	0.180	0.180	0.180
材料	板枋材	m³	0.030	0.021	0.018	0.030
	圆钉	kg	0.200	0.200	0.100	0.100
	其他材料费	%	0.50	0.50	0.50	0.50
机械	木工圆锯机 500mm	台班	0.002	0.002	0.002	0.002
	木工平刨床 500mm	台班	0.045	0.045	0.045	0.045

工作内容：找规矩、钉牢、齐头、垂直起重、挖桁檩窝等。　　　　　计量单位：10m

定　额　编　号				3-4-288	3-4-289	3-4-290	3-4-291
项　　　目				预制板下制作与安装木椽			
				椽径（mm 以内）			
				60	70	80	90
名　　称			单位	消　耗　量			
人工	合计工日		工日	0.390	0.390	0.460	0.460
	其中	普工	工日	0.077	0.077	0.092	0.092
		一般技工	工日	0.137	0.137	0.161	0.161
		高级技工	工日	0.176	0.176	0.207	0.207
材料	板枋材		m³	0.040	0.060	0.080	0.100
	其他材料费		%	0.50	0.50	0.50	0.50
机械	木工平刨床 500mm		台班	0.620	0.730	0.830	0.930

工作内容：找规矩、钉牢、齐头、垂直起重、挖桁檩窝等。　　　　　计量单位：10m

定　额　编　号				3-4-292	3-4-293	3-4-294
项　　　目				预制板下制作与安装木椽		
				椽径（mm 以内）		
				100	110	120
名　　称			单位	消　耗　量		
人工	合计工日		工日	0.460	0.500	0.500
	其中	普工	工日	0.092	0.100	0.100
		一般技工	工日	0.161	0.175	0.175
		高级技工	工日	0.207	0.225	0.225
材料	板枋材		m³	0.110	0.130	0.150
	其他材料费		%	0.50	0.50	0.50
机械	木工平刨床 500mm		台班	1.040	1.140	1.250

工作内容：1. 制作与安装（吊装）。

2. 排制分仗杆、样板、选配料、截料、刨光、划线、雕凿成型、弹安装线、
标写安装号、试装等，圆形截面的构、部位包括砍疖子、剥刮树皮、砍
圆，板类构、部件包括企口拼缝、穿带、制作边缝压条等。 计量单位：10个

定 额 编 号			单位	3-4-295	3-4-296	3-4-297	3-4-298
项 目				梅花钉			
				直径（mm以内）			直径（mm以外）
				60	80	100	
名 称			单位	消 耗 量			
人工	合计工日		工日	0.173	0.188	0.218	0.263
	其中	普工	工日	0.034	0.037	0.044	0.053
		一般技工	工日	0.061	0.066	0.076	0.092
		高级技工	工日	0.078	0.085	0.098	0.118
材料	板枋材		m³	0.219	0.238	0.276	0.333
	其他材料费		%	0.50	0.50	0.50	0.50

工作内容：1. 制作与安装（吊装）。

2. 排制分仗杆、样板、选配料、截料、刨光、划线、雕凿成型、弹安装线、
标写安装号、试装等，板类构、部件包括企口拼缝、穿带、制作边缝
压条等。 计量单位：10m²

定 额 编 号			单位	3-4-299	3-4-300	3-4-301	3-4-302	3-4-303	3-4-304
项 目				立闸山花板				镶嵌象眼山花板	
				无雕刻		包括雕刻绶带		板厚（mm）	板厚每增加（mm）
				板厚（mm）	板厚每增加（mm）	板厚（mm）	板厚每增加（mm）	30	10
				50	10	50	10		
名 称			单位	消 耗 量					
人工	合计工日		工日	4.960	0.350	158.860	2.910	5.050	0.350
	其中	普工	工日	0.992	0.069	31.772	0.581	1.009	0.069
		一般技工	工日	1.736	0.123	55.601	1.019	1.768	0.123
		高级技工	工日	2.232	0.158	71.487	1.310	2.273	0.158
材料	板枋材		m³	0.750	0.130	0.750	0.360	0.480	0.130
	其他材料费		%	0.50	0.50	0.50	0.50	0.50	0.50
机械	木工单面压刨床600mm		台班	0.340	—	0.340	—	0.340	

工作内容: 1. 制作与安装(吊装)。

2. 排制分仗杆、样板、选配料、截料、刨光、划线、雕凿成型、弹安装线、标写安装号、试装等,板类构、部件包括企口拼缝、穿带、制作边缝压条等。

计量单位:10m²

定 额 编 号			单位	3-4-305	3-4-306	3-4-307	3-4-308	3-4-309	3-4-310
项 目				挂檐板					
				无雕刻		带雕刻			
				板厚(mm)	板厚每增加(mm)	云盘线纹	落地起万字	贴做博古花卉	板厚每增加(mm)
						板厚(mm)			
				30	10	50			10
名 称			单位	消 耗 量					
人工	合计工日		工日	4.370	0.260	107.220	141.420	175.620	0.350
	其中	普工	工日	0.873	0.052	21.444	28.284	35.124	0.069
		一般技工	工日	1.530	0.091	37.527	49.497	61.467	0.123
		高级技工	工日	1.967	0.117	48.249	63.639	79.029	0.158
材料	板枋材		m³	0.440	0.130	0.700	0.700	0.820	0.130
	其他材料费		%	0.50	0.50	0.58	0.50	0.50	0.50
机械	木工单面压刨床 600mm		台班	0.340	—	0.340	0.340	0.340	—

工作内容: 1. 制作与安装(吊装)。

2. 排制分仗杆、样板、选配料、截料、刨光、划线、雕凿成型、弹安装线、标写安装号、试装等,板类构、部件包括企口拼缝、穿带、制作边缝压条等。

计量单位:10m²

定 额 编 号			单位	3-4-311	3-4-312	3-4-313	3-4-314	3-4-315	3-4-316
项 目				挂落板		滴珠板		博风板	
				板厚(mm)	板厚每增加(mm)	板厚(mm)	板厚每增加(mm)	悬山、歇山	
								板厚(mm)	板厚每增加(mm)
				50	10	40	10	50	10
名 称			单位	消 耗 量					
人工	合计工日		工日	5.730	0.260	10.850	0.350	8.960	0.440
	其中	普工	工日	1.145	0.052	2.170	0.069	1.792	0.088
		一般技工	工日	2.006	0.091	3.798	0.123	3.136	0.154
		高级技工	工日	2.579	0.117	4.882	0.158	4.032	0.198
材料	板枋材		m³	0.700	0.130	0.570	0.130	0.700	0.130
	其他材料费		%	0.50	0.50	0.50	0.50	0.50	0.50
机械	木工单面压刨床 600mm		台班	0.340	—	0.340	0.340	0.340	—

工作内容: 1. 制作与安装(吊装)。

2. 排制分仗杆、样板、选配料、截料、刨光、划线、雕凿成型、弹安装线、标写安装号、试装等,板类构、部件包括企口拼缝、穿带、制作边缝压条等。

计量单位: 10 份

定　额　编　号			3-4-317	3-4-318	3-4-319	3-4-320
项　　　目			云牌博风板(50mm 斗口)			
			五踩	七踩	九踩	十一踩
名　　称		单位	消　耗　量			
人工	合计工日	工日	33.380	38.250	42.980	42.980
	其中 普工	工日	6.676	7.649	8.596	8.596
	一般技工	工日	11.683	13.388	15.043	15.043
	高级技工	工日	15.021	17.213	19.341	19.341
材料	板枋材	m³	1.000	1.230	1.600	2.020
	其他材料费	%	0.50	0.50	0.50	0.50
机械	木工单面压刨床 600mm	台班	0.680	0.680	0.680	0.680

工作内容: 1. 制作与安装(吊装)。

2. 排制分仗杆、样板、选配料、截料、刨光、划线、雕凿成型、弹安装线、标写安装号、试装等,板类构、部件包括企口拼缝、穿带、制作边缝压条等。

定　额　编　号			3-4-321	3-4-322
项　　　目			博脊板、棋枋板、镶嵌柁挡板	
			厚(30mm)	板厚每增加 10mm
			10m²	
名　　称		单位	消　耗　量	
人工	合计工日	工日	3.680	0.260
	其中 普工	工日	0.736	0.052
	一般技工	工日	1.288	0.091
	高级技工	工日	1.656	0.117
材料	板枋材	m³	0.480	0.130
	其他材料费	%	0.50	0.50
机械	木工单面压刨床 600mm	台班	0.680	—

六、柁墩、角背、垫板、承重

工作内容: 1. 制作与安装(吊装)。

2. 排制分仗杆、样板、选配料、截料、刨光、划线、雕凿成型、弹安装线、标写
安装号、试装等,板类构、部件包括企口拼缝、穿带、制作边缝压条等。 **计量单位:**m³

	定 额 编 号		3-4-323	3-4-324	3-4-325	3-4-326
	项 目		柁墩	交金墩	角背	荷叶角背
	名 称	单位	消 耗 量			
人工	合计工日	工日	29.525	44.405	35.378	113.303
	其中 普工	工日	5.905	8.881	7.076	22.661
	一般技工	工日	10.334	15.542	12.382	39.656
	高级技工	工日	13.286	19.982	15.920	50.986
材料	板枋材	m³	1.170	1.170	1.170	1.170
	其他材料费	%	0.50	0.50	0.50	0.50
机械	木工平刨床 500mm	台班	0.207	0.207	0.513	0.513

工作内容: 1. 制作与安装(吊装)。

2. 排制分仗杆、样板、选配料、截料、刨光、划线、雕凿成型、弹安装线、标写
安装号、试装等,板类构、部件包括企口拼缝、穿带、制作边缝压条等。 **计量单位:**m³

	定 额 编 号		3-4-327	3-4-328	3-4-329	3-4-330
	项 目		童柱下墩斗(包括铁箍)	由额垫板	桁檩垫板	承重
	名 称	单位	消 耗 量			
人工	合计工日	工日	20.528	7.118	4.464	10.730
	其中 普工	工日	4.105	1.424	0.893	2.145
	一般技工	工日	7.185	2.491	1.562	3.756
	高级技工	工日	9.238	3.203	2.009	4.829
材料	板枋材	m³	1.170	1.090	1.090	1.090
	铁件(综合)	kg	133.000	—	—	—
	其他材料费	%	0.50	0.50	0.50	0.50
机械	木工平刨床 500mm	台班	0.513	0.726	1.245	0.346

七、木作配件

工作内容：1.制作与安装（吊装）。
2.排制分仗杆、样板、选配料、截料、刨光、划线、雕凿成型、弹安装线、标写安装号、试装等，板类构、部件包括企口拼缝、穿带、制作边缝压条等。

计量单位：10 个

定　额　编　号			3-4-331	3-4-332
项　　　目			三幅云拱（厚 80mm）	麻叶云拱（厚 80mm）
名　　　称		单位	消　耗　量	
人工	合计工日		工日	37.500	12.500
	其中	普工	工日	7.500	2.500
		一般技工	工日	13.125	4.375
		高级技工	工日	16.875	5.625
材料	板枋材		m³	0.180	0.110
	其他材料费		%	0.50	0.50
机械	木工平刨床 500mm		台班	0.080	0.070

工作内容：1.制作与安装（吊装）。
2.排制分仗杆、样板、选配料、截料、刨光、划线、雕凿成型、弹安装线、标写安装号、试装等，板类构、部件包括企口拼缝、穿带、制作边缝压条等。

计量单位：m³

定　额　编　号			3-4-333	3-4-334
项　　　目			角云、捧梁云、麻叶假梁头	
			梁宽（mm 以下）	梁宽（mm 以上）
			300	
名　　　称		单位	消　耗　量	
人工	合计工日		工日	26.175	20.003
	其中	普工	工日	5.235	4.001
		一般技工	工日	9.161	7.001
		高级技工	工日	11.779	9.001
材料	板枋材		m³	1.090	1.090
	其他材料费		%	0.50	0.50
机械	木工平刨床 500mm		台班	0.513	0.513

工作内容: 1. 制作与安装(吊装)。

　　　　2. 排制分仗杆、样板、选配料、截料、刨光、划线、雕凿成型、弹安装线、
　　　　标写安装号、试装等,板类构、部件包括企口拼缝、穿带、制作边缝
　　　　压条等。

计量单位:10块

定　额　编　号			3-4-335	3-4-336	3-4-337	3-4-338	3-4-339	3-4-340
项　　　目			大雀替					
			云龙			卷草		
			长(mm以内)					
			800	1000	1200	600	800	1000
名　　　称		单位	消　耗　量					
人工	合计工日	工日	92.700	133.200	183.680	52.880	73.950	105.080
	其中 普工	工日	18.540	26.640	36.736	10.576	14.789	21.016
	一般技工	工日	32.445	46.620	64.288	18.508	25.883	36.778
	高级技工	工日	41.715	59.940	82.656	23.796	33.278	47.286
材料	板枋材	m³	0.520	1.020	1.770	0.220	0.520	1.020
	其他材料费	%	0.50	0.50	0.50	0.50	0.50	0.50
机械	木工单面压刨床600mm	台班	0.310	0.390	0.470	0.230	0.310	0.390

工作内容: 1. 制作与安装(吊装)。

　　　　2. 排制分仗杆、样板、选配料、截料、刨光、划线、雕凿成型、弹安装线、
　　　　标写安装号、试装等,板类构、部件包括企口拼缝、穿带、制作边缝
　　　　压条等。

计量单位:10块

定　额　编　号			3-4-341	3-4-342	3-4-343	3-4-344
项　　　目			卷草骑马雀替			
			长(mm以内)			
			600	900	1200	1500
名　　　称		单位	消　耗　量			
人工	合计工日	工日	63.680	80.630	112.430	158.930
	其中 普工	工日	12.736	16.125	22.485	31.785
	一般技工	工日	22.288	28.221	39.351	55.626
	高级技工	工日	28.656	36.284	50.594	71.519
材料	板枋材	m³	0.100	0.330	0.790	1.540
	其他材料费	%	0.50	0.50	0.50	0.50
机械	木工平刨床500mm	台班	0.230	0.350	0.470	0.580

工作内容: 1. 制作与安装(吊装)。

　　　　　2. 排制分仗杆、样板、选配料、截料、刨光、划线、雕凿成型、弹安装线、
　　　　　　标写安装号、试装等,圆形截面的构、部位包括砍疖子、剥刮树皮、
　　　　　　砍圆,板类构、部件包括企口拼缝、穿带、制作边缝压条等。　　　　计量单位:块

定　额　编　号			3-4-345	3-4-346	3-4-347	3-4-348	3-4-349
项　　　目			菱角　木厚(mm 以内)				
			60	70	80	90	100
名　　　称		单位	消　耗　量				
人工	合计工日		工日	14.350	15.960	17.580	19.380	21.280
	其中	普工	工日	2.869	3.192	3.516	3.876	4.256
		一般技工	工日	5.023	5.586	6.153	6.783	7.448
		高级技工	工日	6.458	7.182	7.911	8.721	9.576
材料	板枋材		m³	0.330	0.380	0.580	0.660	0.940
	其他材料费		%	0.50	0.50	0.50	0.50	0.50
机械	木工平刨床 500mm		台班	0.620	0.730	0.850	0.950	1.040

工作内容: 1. 制作与安装(吊装)。

　　　　　2. 排制分仗杆、样板、选配料、截料、刨光、划线、雕凿成型、弹安装线、
　　　　　　标写安装号、试装等,板类构、部件包括企口拼缝、穿带、制作边缝
　　　　　　压条等。　　　　　　　　　　　　　　　　　　　　　　　　　计量单位:10块

定　额　编　号			3-4-350	3-4-351
项　　目			替木　长(mm 以下)	
			1000	1500
名　　　称		单位	消　耗　量	
人工	合计工日		工日	6.000	9.600
	其中	普工	工日	1.200	1.920
		一般技工	工日	2.100	3.360
		高级技工	工日	2.700	4.320
材料	板枋材		m³	0.120	0.250
	其他材料费		%	0.50	0.50

工作内容: 1. 制作与安装(吊装)。

2. 排制分仗杆、样板、选配料、截料、刨光、划线、雕凿成型、弹安装线、标写安装号、试装等,板类构、部件包括企口拼缝、穿带、制作边缝压条等。

计量单位: 10块

定　额　编　号			3-4-352	3-4-353	3-4-354	3-4-355
项　　　目			雀替下云墩	荷叶墩	独立柱式垂花门通雀替	独立柱式垂花门壶瓶抱牙
名　　称		单位	消　耗　量			
人工	合计工日	工日	107.630	5.780	54.000	9.750
	其中 普工	工日	21.525	1.156	10.800	1.949
	一般技工	工日	37.671	2.023	18.900	3.413
	高级技工	工日	48.434	2.601	24.300	4.388
材料	板枋材	m³	1.330	0.020	0.188	0.250
	其他材料费	%	0.50	0.50	0.50	0.50

工作内容: 1. 制作与安装(吊装)。

2. 排制分仗杆、样板、选配料、截料、刨光、划线、雕凿成型、弹安装线、标写安装号、试装等,板类构、部件包括企口拼缝、穿带、制作边缝压条等。

计量单位: m³

定　额　编　号			3-4-356	3-4-357	3-4-358
项　　　目			沿边木、楞木	踏脚木	草架柱及穿梁
名　　称		单位	消　耗　量		
人工	合计工日	工日	5.240	12.215	25.175
	其中 普工	工日	1.048	2.443	5.035
	一般技工	工日	1.834	4.275	8.811
	高级技工	工日	2.358	5.497	11.329
材料	板枋材	m³	1.090	1.090	1.170
	其他材料费	%	0.50	0.50	0.50
机械	木工平刨床 500mm	台班	0.467	1.245	—

工作内容: 1. 制作与安装(吊装)。

2. 排制分伐杆、样板、选配料、截料、刨光、划线、雕凿成型、弹安装线、标写安装号、试装等,板类构、部件包括企口拼缝、穿带、制作边缝压条等。

定 额 编 号				3-4-359	3-4-360	3-4-361	3-4-362
项 目				花板		云龙花板	
				起鼓雕镂	不起鼓雕镂	板厚 40mm	板厚每增 10mm
				10 块		10m²	
名 称			单位	消 耗 量			
人工	合计工日		工日	19.100	12.750	345.068	43.253
	其中	普工	工日	3.820	2.549	69.013	8.650
		一般技工	工日	6.685	4.463	120.774	15.139
		高级技工	工日	8.595	5.738	155.281	19.464
材料	板枋材		m³	0.050	0.040	0.520	0.120
	其他材料费		%	0.50	0.50	0.50	0.50
机械	木工单面压刨床 600mm		台班	—	—	0.340	—

工作内容: 制作、镂雕、安装。 计量单位:10 块

定 额 编 号				3-4-363	3-4-364	3-4-365	3-4-366
项 目				花牙子		骑马牙子	
				卷草夔龙 长度(mm 以内)	四季花草 长度(mm 以外)	卷草夔龙 长度(mm 以内)	四季花草 长度(mm 以外)
				500		700	
名 称			单位	消 耗 量			
人工	合计工日		工日	15.400	20.300	22.320	28.600
	其中	普工	工日	3.080	4.060	4.464	5.720
		一般技工	工日	5.390	7.105	7.812	10.010
		高级技工	工日	6.930	9.135	10.044	12.870
材料	板枋材		m³	0.050	0.050	0.060	0.060
	其他材料费		%	0.50	0.50	0.50	0.50
机械	木工单面压刨床 600mm		台班	0.070	0.070	0.120	0.120

工作内容: 1. 制作与安装（吊装）。

2. 排制分伏杆、样板、选配料、截料、刨光、划线、雕凿成型、弹安装线、标写安装号、试装等,板类构、部件包括企口拼缝、穿带、制作边缝压条等。

计量单位:10kg

定　额　编　号				3-4-367
项　　目				霸王杠
名　　称			单位	消　耗　量
人工	合计工日		工日	0.900
	其中	普工	工日	0.180
		一般技工	工日	0.315
		高级技工	工日	0.405
材料	连接铁件		kg	10.300
	其他材料费		%	0.50

八、斗　拱

工作内容: 1. 斗拱制作包括翘、昂、要头、撑头、桁椀、正心拱、单材拱及斗、升、销等全部部件制作及挖掘、拱眼,雕刻麻叶云、三幅云及草架摆验,做样板等。

2. 斗拱安装包括斗拱本身各部件及所有附件。

计量单位:攒

定　额　编　号				3-4-368	3-4-369
项　　目				平身科斗拱	
				一斗三升斗拱	一斗二升麻叶斗拱
名　　称			单位	消　耗　量	
人工	合计工日		工日	1.786	4.608
	其中	普工	工日	0.357	0.921
		一般技工	工日	0.625	1.613
		高级技工	工日	0.804	2.074
材料	板枋材		m³	0.032	0.094
	其他材料费		%	0.50	0.50
机械	木工圆锯机 500mm		台班	0.001	0.002
	木工平刨床 500mm		台班	0.014	0.041

工作内容: 1.斗拱制作包括翘、昂、耍头、撑头、桁椀、正心拱、单材拱及斗、升、销等全
　　　　　　部部件制作及挖掘、拱眼,雕刻麻叶云、三幅云及草架摆验,做样板等。

　　　　　2.斗拱安装包括斗拱本身各部件及所有附件。　　　　　　　　　　**计量单位:**攒

定　额　编　号			3-4-370	3-4-371	3-4-372	3-4-373	3-4-374
项　　　目			平身科斗拱				
			三踩单昂斗拱	五踩单翘单昂斗拱	五踩重昂斗拱	七踩单翘重昂斗拱	九踩重翘重昂斗拱
名　　称		单位	消　耗　量				
人工	合计工日		工日	8.427	13.433	13.946	18.896	22.268
	其中	普工	工日	1.686	2.686	2.789	3.779	4.453
		一般技工	工日	2.949	4.702	4.881	6.614	7.794
		高级技工	工日	3.792	6.045	6.276	8.503	10.021
材料	板枋材		m³	0.147	0.277	0.286	0.496	0.625
	其他材料费		%	0.50	0.50	0.50	0.50	0.50
机械	木工圆锯机 500mm		台班	0.003	0.006	0.006	0.011	0.014
	木工平刨床 500mm		台班	0.064	0.121	0.125	0.217	0.274

工作内容: 1.斗拱制作包括翘、昂、耍头、撑头、桁椀、正心拱、单材拱及斗、升、销等全
　　　　　　部部件制作及挖掘、拱眼,雕刻麻叶云、三幅云及草架摆验,做样板等。

　　　　　2.斗拱安装包括斗拱本身各部件及所有附件。　　　　　　　　　　**计量单位:**攒

定　额　编　号			3-4-375	3-4-376	3-4-377	3-4-378
项　　　目			平身科斗拱			
			三踩平座斗拱	五踩平座斗拱	七踩平座斗拱	九踩平座斗拱
名　　称		单位	消　耗　量			
人工	合计工日		工日	6.878	10.403	17.803	22.230
	其中	普工	工日	1.376	2.081	3.561	4.445
		一般技工	工日	2.407	3.641	6.231	7.781
		高级技工	工日	3.095	4.681	8.011	10.004
材料	板枋材		m³	0.135	0.220	0.380	0.519
	其他材料费		%	0.50	0.50	0.50	0.50
机械	木工圆锯机 500mm		台班	0.003	0.005	0.008	0.011
	木工平刨床 500mm		台班	0.059	0.096	0.167	0.227

工作内容： 1. 斗拱制作包括翘、昂、耍头、撑头、桁椀、正心拱、单材拱及斗、升、销等全部部件制作及挖掘、拱眼，雕刻麻叶云、三幅云及草架摆验，做样板等。

2. 斗拱安装包括斗拱本身各部件及所有附件。

计量单位：攒

定 额 编 号				3-4-379	3-4-380	3-4-381	3-4-382
项 目				平身科斗拱			
				三踩品字斗拱	五踩品字斗拱	七踩品字斗拱	九踩品字斗拱
名 称			单位	消 耗 量			
人工	合计工日		工日	7.885	13.072	18.725	23.275
	其中	普工	工日	1.577	2.615	3.745	4.655
		一般技工	工日	2.760	4.575	6.554	8.146
		高级技工	工日	3.548	5.882	8.426	10.474
材料	板枋材		m³	0.127	0.252	0.387	0.501
	其他材料费		%	0.50	0.50	0.50	0.50
机械	木工圆锯机 500mm		台班	0.003	0.006	0.008	0.011
	木工平刨床 500mm		台班	0.056	0.110	0.170	0.220

工作内容： 1. 斗拱制作包括翘、昂、耍头、撑头、桁椀、正心拱、单材拱及斗、升、销等全部部件制作及挖掘、拱眼，雕刻麻叶云、三幅云及草架摆验，做样板等。

2. 斗拱安装包括斗拱本身各部件及所有附件。

计量单位：攒

定 额 编 号				3-4-383	3-4-384	3-4-385	3-4-386	3-4-387
项 目				平身科斗拱				
				五踩单翘单昂牌楼斗拱	五踩重昂牌楼斗拱	七踩单翘重昂牌楼斗拱	九踩单翘三昂牌楼斗拱	十一踩重翘三昂牌楼斗拱
名 称			单位	消 耗 量				
人工	合计工日		工日	9.985	10.422	12.778	15.454	18.330
	其中	普工	工日	1.997	2.084	2.556	3.091	3.665
		一般技工	工日	3.495	3.648	4.472	5.409	6.416
		高级技工	工日	4.493	4.690	5.750	6.954	8.249
材料	板枋材		m³	0.075	0.087	0.122	0.131	0.238
	其他材料费		%	0.50	0.50	0.50	0.50	0.50
机械	木工圆锯机 500mm		台班	0.002	0.002	0.003	0.003	0.005
	木工平刨床 500mm		台班	0.033	0.038	0.054	0.057	0.104

工作内容：1. 斗拱制作包括翘、昂、耍头、撑头、桁椀、正心拱、单材拱及斗、升、销等全部部件制作及挖掘、拱眼，雕刻麻叶云、三幅云及草架摆验，做样板等。

2. 斗拱安装包括斗拱本身各部件及所有附件。　　　　　　　　计量单位：攒

定 额 编 号			3-4-388	3-4-389	3-4-390	3-4-391	3-4-392
项　　目			平身科斗拱				
			三踩单昂溜金斗拱	五踩单昂溜金斗拱	五踩重昂溜金斗拱	七踩单昂溜金斗拱	九踩重昂溜金斗拱
名　　称		单位	消　耗　量				
人工	合计工日	工日	18.744	25.365	25.650	26.448	46.110
	其中 普工	工日	3.749	5.073	5.129	5.289	9.221
	一般技工	工日	6.560	8.878	8.978	9.257	16.139
	高级技工	工日	8.435	11.414	11.543	11.902	20.750
材料	板枋材	m³	0.340	0.538	0.643	0.577	1.223
	其他材料费	%	0.50	0.50	0.50	0.50	0.50
机械	木工圆锯机 500mm	台班	0.007	0.012	0.014	0.013	0.027
	木工平刨床 500mm	台班	0.149	0.236	0.282	0.253	0.536

工作内容：1. 斗拱制作包括翘、昂、耍头、撑头、桁椀、正心拱、单材拱及斗、升、销等全部部件制作及挖掘、拱眼，雕刻麻叶云、三幅云及草架摆验，做样板等。

2. 斗拱安装包括斗拱本身各部件及所有附件。　　　　　　　　计量单位：攒

定 额 编 号			3-4-393	3-4-394
项　　目			柱头科斗拱	
			一斗三升斗拱	一斗二升麻叶斗拱
名　　称		单位	消　耗　量	
人工	合计工日	工日	2.090	8.113
	其中 普工	工日	0.417	1.622
	一般技工	工日	0.732	2.840
	高级技工	工日	0.941	3.651
材料	板枋材	m³	0.041	0.185
	其他材料费	%	0.50	0.50
机械	木工圆锯机 500mm	台班	0.001	0.004
	木工平刨床 500mm	台班	0.018	0.081

工作内容:1.斗拱制作包括翘、昂、耍头、撑头、桁椀、正心拱、单材拱及斗、升、销等全
　　　　　部部件制作及挖掘、拱眼,雕刻麻叶云、三幅云及草架摆验,做样板等。

2.斗拱安装包括斗拱本身各部件及所有附件。　　　　　计量单位:攒

定 额 编 号				3-4-395	3-4-396	3-4-397	3-4-398	3-4-399
项　　目				柱头科斗拱				
				三踩单昂斗拱	五踩单翘单昂斗拱	五踩重昂斗拱	七踩单翘重昂斗拱	九踩重翘重昂斗拱
名　　称			单位	消　耗　量				
人工工	合计工日		工日	7.781	13.101	13.804	19.599	24.634
	其中	普工	工日	1.557	2.621	2.761	3.919	4.927
		一般技工	工日	2.723	4.585	4.831	6.860	8.622
		高级技工	工日	3.501	5.895	6.212	8.820	11.085
材料	板枋材		m³	0.137	0.334	0.351	0.472	0.687
	其他材料费		%	0.50	0.50	0.50	0.50	0.50
机械	木工圆锯机 500mm		台班	0.003	0.007	0.008	0.010	0.015
	木工平刨床 500mm		台班	0.060	0.146	0.154	0.207	0.301

工作内容:1.斗拱制作包括翘、昂、耍头、撑头、桁椀、正心拱、单材拱及斗、升、销等全
　　　　　部部件制作及挖掘、拱眼,雕刻麻叶云、三幅云及草架摆验,做样板等。

2.斗拱安装包括斗拱本身各部件及所有附件。　　　　　计量单位:攒

定 额 编 号				3-4-400	3-4-401	3-4-402	3-4-403
项　　目				柱头科斗拱			
				三踩平座斗拱	五踩平座斗拱	七踩平座斗拱	九踩平座斗拱
名　　称			单位	消　耗　量			
人工工	合计工日		工日	6.356	9.795	18.117	21.000
	其中	普工	工日	1.271	1.959	3.623	4.200
		一般技工	工日	2.225	3.428	6.341	7.350
		高级技工	工日	2.860	4.408	8.153	9.450
材料	板枋材		m³	0.121	0.218	0.368	0.575
	其他材料费		%	0.50	0.50	0.50	0.50
机械	木工圆锯机 500mm		台班	0.003	0.005	0.008	0.013
	木工平刨床 500mm		台班	0.053	0.096	0.161	0.252

工作内容：1. 斗拱制作包括翘、昂、耍头、撑头、桁椀、正心拱、单材拱及斗、升、销等全
部部件制作及挖掘、拱眼，雕刻麻叶云、三幅云及草架摆验，做样板等。

2. 斗拱安装包括斗拱本身各部件及所有附件。 计量单位：攒

定 额 编 号			3-4-404	3-4-405	3-4-406	3-4-407
项 目			柱头科斗拱			
			三踩品字斗拱	五踩品字斗拱	七踩品字斗拱	九踩品字斗拱
名 称		单位	消 耗 量			
人工	合计工日	工日	6.175	13.576	20.378	26.942
	其中 普工	工日	1.235	2.715	4.076	5.388
	一般技工	工日	2.161	4.752	7.132	9.430
	高级技工	工日	2.779	6.109	9.170	12.124
材料	板枋材	m³	0.123	0.320	0.459	0.674
	其他材料费	%	0.50	0.50	0.50	0.50
机械	木工圆锯机 500mm	台班	0.003	0.007	0.010	0.015
	木工平刨床 500mm	台班	0.054	0.140	0.201	0.295

工作内容：1. 斗拱制作包括翘、昂、耍头、撑头、桁椀、正心拱、单材拱及斗、升、销等全
部部件制作及挖掘、拱眼，雕刻麻叶云、三幅云及草架摆验，做样板等。

2. 斗拱安装包括斗拱本身各部件及所有附件。 计量单位：攒

定 额 编 号			3-4-408	3-4-409
项 目			角科斗拱	
			一斗三升斗拱	一斗二升麻叶斗拱
名 称		单位	消 耗 量	
人工	合计工日	工日	8.113	7.572
	其中 普工	工日	1.622	1.515
	一般技工	工日	2.840	2.650
	高级技工	工日	3.651	3.407
材料	板枋材	m³	0.185	0.185
	其他材料费	%	0.50	0.50
机械	木工圆锯机 500mm	台班	0.004	0.004
	木工平刨床 500mm	台班	0.081	0.081

工作内容: 1. 斗拱制作包括翘、昂、耍头、撑头、桁椀、正心拱、单材拱及斗、升、销等全部部件制作及挖掘、拱眼,雕刻麻叶云、三幅云及草架摆验,做样板等。

2. 斗拱安装包括斗拱本身各部件及所有附件。 计量单位:攒

定 额 编 号				3-4-410	3-4-411	3-4-412	3-4-413	3-4-414
项 目				角科斗拱				
				三踩单昂斗拱	五踩单翘单昂斗拱	五踩重昂斗拱	七踩单翘重昂斗拱	九踩重翘重昂斗拱
名 称			单位	消 耗 量				
人工	合计工日		工日	18.345	39.254	37.126	57.846	79.848
	其中	普工	工日	3.669	7.851	7.425	11.569	15.969
		一般技工	工日	6.421	13.739	12.994	20.246	27.947
		高级技工	工日	8.255	17.664	16.707	26.031	35.932
材料	板枋材		m³	0.348	0.740	0.758	1.614	2.552
	其他材料费		%	0.50	0.50	0.50	0.50	0.50
机械	木工圆锯机 500mm		台班	0.008	0.016	0.016	0.035	0.055
	木工平刨床 500mm		台班	0.153	0.324	0.332	0.707	1.118

工作内容: 1. 斗拱制作包括翘、昂、耍头、撑头、桁椀、正心拱、单材拱及斗、升、销等全部部件制作及挖掘、拱眼,雕刻麻叶云、三幅云及草架摆验,做样板等。

2. 斗拱安装包括斗拱本身各部件及所有附件。 计量单位:攒

定 额 编 号				3-4-415	3-4-416	3-4-417	3-4-418
项 目				角科斗拱			
				三踩平座斗拱	五踩平座斗拱	七踩平座斗拱	九踩平座斗拱
名 称			单位	消 耗 量			
人工	合计工日		工日	15.799	27.588	48.498	65.826
	其中	普工	工日	3.159	5.517	9.700	13.165
		一般技工	工日	5.530	9.656	16.974	23.039
		高级技工	工日	7.110	12.415	21.824	29.622
材料	板枋材		m³	0.165	0.454	1.449	2.174
	其他材料费		%	0.50	0.50	0.50	0.50
机械	木工圆锯机 500mm		台班	0.004	0.010	0.031	0.047
	木工平刨床 500mm		台班	0.072	0.199	0.635	0.952

工作内容：1. 斗拱制作包括翘、昂、耍头、撑头、桁椀、正心拱、单材拱及斗、升、销等全部部件制作及挖掘、拱眼,雕刻麻叶云、三幅云及草架摆验,做样板等。

2. 斗拱安装包括斗拱本身各部件及所有附件。 计量单位:攒

定 额 编 号			3-4-419	3-4-420	3-4-421	3-4-422	3-4-423
项 目			角科斗拱				
			五踩单翘单昂牌楼斗拱	五踩重昂牌楼斗拱	七踩单翘重昂牌楼斗拱	九踩单翘三昂牌楼斗拱	十一踩重翘三昂牌楼斗拱
名 称		单位	消 耗 量				
人工	合计工日	工日	30.467	31.170	56.614	76.969	104.450
	其中 普工	工日	6.094	6.233	11.323	15.394	20.889
	一般技工	工日	10.663	10.910	19.815	26.939	36.558
	高级技工	工日	13.710	14.027	25.476	34.636	47.003
材料	板枋材	m³	0.254	0.275	0.418	0.785	1.138
	其他材料费	%	0.50	0.50	0.50	0.50	0.50
机械	木工圆锯机 500mm	台班	0.006	0.006	0.009	0.017	0.025
	木工平刨床 500mm	台班	0.111	0.121	0.183	0.344	0.499

工作内容：1. 斗拱制作包括翘、昂、耍头、撑头、桁椀、正心拱、单材拱及斗、升、销等全部部件制作及挖掘、拱眼,雕刻麻叶云、三幅云及草架摆验,做样板等。

2. 斗拱安装包括斗拱本身各部件及所有附件。 计量单位:攒

定 额 编 号			3-4-424	3-4-425	3-4-426	3-4-427	3-4-428	3-4-429
项 目			角科斗拱					
			三踩单昂溜金斗拱	五踩单翘溜金斗拱	五踩重昂溜金斗拱	七踩单翘重昂溜金斗拱	七踩重昂溜金斗拱	九踩重翘重昂溜金斗拱
名 称		单位	消 耗 量					
人工	合计工日	工日	31.236	52.697	51.960	78.660	52.697	100.590
	其中 普工	工日	6.247	10.539	10.392	15.732	10.539	20.117
	一般技工	工日	10.933	18.444	18.186	27.531	18.444	35.207
	高级技工	工日	14.056	23.714	23.382	35.397	23.714	45.266
材料	板枋材	m³	0.872	1.653	1.823	3.444	1.721	4.562
	其他材料费	%	0.50	0.50	0.50	0.50	0.50	0.50
机械	木工圆锯机 500mm	台班	0.019	0.036	0.040	0.075	0.037	0.099
	木工平刨床 500mm	台班	0.382	0.724	0.799	1.509	0.754	1.998

工作内容：1.斗拱制作包括翘、昂、耍头、撑头、桁椀、正心拱、单材拱及斗、升、销等全部部件制作及挖掘、拱眼，雕刻麻叶云、三幅云及草架摆验，做样板等。

2.斗拱安装包括斗拱本身各部件及所有附件。

定 额 编 号			3-4-430	3-4-431	3-4-432	3-4-433	3-4-434
项 目			单翘云拱麻叶斗拱	隔架斗拱			丁斗拱（包括小斗）
				一斗二升重拱荷叶雀替	一斗三升重拱荷叶雀替	十字	
计量单位			攒	攒	攒	攒	10 份
名 称		单位	消 耗 量				
人工	合计工日	工日	15.742	13.395	12.379	7.049	6.180
	其中 普工	工日	3.148	2.679	2.475	1.410	1.236
	一般技工	工日	5.510	4.688	4.333	2.467	2.163
	高级技工	工日	7.084	6.028	5.571	3.172	2.781
材料	板枋材	m³	0.102	0.248	0.211	0.621	0.140
	其他材料费	%	0.50	0.50	0.50	0.50	0.50
机械	木工圆锯机 500mm	台班	0.002	0.005	0.005	0.014	—
	木工平刨床 500mm	台班	0.045	0.109	0.093	0.272	0.006

工作内容：1.斗拱制作包括翘、昂、耍头、撑头、桁椀、正心拱、单材拱及斗、升、销等全部部件制作及挖掘、拱眼，雕刻麻叶云、三幅云及草架摆验，做样板等。

2.斗拱安装包括斗拱本身各部件及所有附件。

定 额 编 号			3-4-435	3-4-436	3-4-437
项 目			垫拱板		斗拱保护网（包括油漆）
			单拱	重拱	10m²
			10 块		
名 称		单位	消 耗 量		
人工	合计工日	工日	0.860	1.050	3.900
	其中 普工	工日	0.172	0.209	0.780
	一般技工	工日	0.301	0.368	1.365
	高级技工	工日	0.387	0.473	1.755
材料	板枋材	m³	0.100	0.150	—
	镀锌拧花网	m²	—	—	10.600
	其他材料费	%	0.50	0.50	0.50

工作内容: 1. 斗拱制作包括翘、昂、耍头、撑头、桁椀、正心拱、单材拱及斗、升、销等全部部件制作及挖掘、拱眼,雕刻麻叶云、三幅云及草架摆验,做样板等。

2. 斗拱安装包括斗拱本身各部件及所有附件。　　　　　　　　　计量单位:10 档

定 额 编 号			3-4-438	3-4-439	3-4-440	3-4-441	3-4-442
项　　目			一斗三升及麻叶斗拱附件(正心枋)	平座斗拱外拽附件			
				三踩	五踩	七踩	九踩
名　　称		单位	消　耗　量				
人工	合计工日	工日	1.240	3.140	7.410	11.500	14.600
	其中 普工	工日	0.248	0.628	1.481	2.300	2.920
	一般技工	工日	0.434	1.099	2.594	4.025	5.110
	高级技工	工日	0.558	1.413	3.335	5.175	6.570
材料	板枋材	m³	0.210	0.450	1.110	1.780	2.240
	其他材料费	%	0.50	0.50	0.50	0.50	0.50
机械	木工平刨床 500mm	台班	0.100	0.197	0.490	0.780	0.490

工作内容: 1. 斗拱制作包括翘、昂、耍头、撑头、桁椀、正心拱、单材拱及斗、升、销等全部部件制作及挖掘、拱眼,雕刻麻叶云、三幅云及草架摆验,做样板等。

2. 斗拱安装包括斗拱本身各部件及所有附件。　　　　　　　　　计量单位:10 档

定 额 编 号			3-4-443	3-4-444	3-4-445	3-4-446
项　　目			平座斗拱里拽附件			
			三踩	五踩	七踩	九踩
名　　称		单位	消　耗　量			
人工	合计工日	工日	2.850	4.750	6.940	8.650
	其中 普工	工日	0.569	0.949	1.388	1.729
	一般技工	工日	0.998	1.663	2.429	3.028
	高级技工	工日	1.283	2.138	3.123	3.893
材料	板枋材	m³	0.330	0.580	0.830	1.080
	其他材料费	%	0.50	0.50	0.50	0.50
机械	木工平刨床 500mm	台班	0.150	0.250	0.360	0.470

工作内容: 1. 斗拱制作包括翘、昂、耍头、撑头、桁椀、正心拱、单材拱及斗、升、销等全部部件制作及挖掘、拱眼,雕刻麻叶云、三幅云及草架摆验,做样板等。

2. 斗拱安装包括斗拱本身各部件及所有附件。

计量单位:10 档

定 额 编 号				3-4-447	3-4-448	3-4-449	3-4-450
项　　目				品字斗拱附件			
				三踩	五踩	七踩	九踩
名　　称			单位	消　耗　量			
人工	合计工日		工日	6.750	11.880	17.010	22.140
	其中	普工	工日	1.349	2.376	3.401	4.428
		一般技工	工日	2.363	4.158	5.954	7.749
		高级技工	工日	3.038	5.346	7.655	9.963
材料	板枋材		m³	0.870	1.580	2.280	2.990
	其他材料费		%	0.50	0.50	0.50	0.50
机械	木工平刨床 500mm		台班	0.380	0.690	1.000	1.000

工作内容: 1. 斗拱制作包括翘、昂、耍头、撑头、桁椀、正心拱、单材拱及斗、升、销等全部部件制作及挖掘、拱眼,雕刻麻叶云、三幅云及草架摆验,做样板等。

2. 斗拱安装包括斗拱本身各部件及所有附件。

计量单位:10 档

定 额 编 号				3-4-451	3-4-452	3-4-453	3-4-454
项　　目				牌楼斗拱附件			
				五踩	七踩	九踩	十一踩
名　　称			单位	消　耗　量			
人工	合计工日		工日	5.990	9.310	12.160	15.600
	其中	普工	工日	1.197	1.861	2.432	3.120
		一般技工	工日	2.097	3.259	4.256	5.460
		高级技工	工日	2.696	4.190	5.472	7.020
材料	板枋材		m³	0.510	0.750	0.930	1.110
	其他材料费		%	0.50	0.50	0.50	0.50
机械	木工平刨床 500mm		台班	0.220	0.330	0.410	0.490

九、古式门窗

工作内容：1. 制作、安装等。

2. 窗榻板、筒子板等靠墙、接地的装修，下木砖、刷防腐剂及安装铁件等。　计量单位：10m²

定 额 编 号			3-4-455	3-4-456	3-4-457	3-4-458	3-4-459	3-4-460
项 目			外檐槅扇	内檐槅扇	风门、帘架及余塞腿子	随支摘窗夹门	槛窗	方格支摘窗扇（固定直行方格）
			不含心屉					
名 称		单位	消 耗 量					
人工	合计工日	工日	11.040	11.760	10.000	10.560	9.440	22.880
	其中 普工	工日	2.208	2.352	2.000	2.112	1.888	4.576
	一般技工	工日	3.864	4.116	3.500	3.696	3.304	8.008
	高级技工	工日	4.968	5.292	4.500	4.752	4.248	10.296
材料	板枋材	m³	0.520	0.460	0.430	0.410	0.530	0.340
	其他材料费	%	0.50	0.50	0.50	0.50	0.50	0.50
机械	木工圆锯机 500mm	台班	0.210	0.190	0.180	0.170	0.220	0.140
	木工平刨床 500mm	台班	0.650	0.570	0.530	0.510	0.660	0.420
	木工三面压刨床 400mm	台班	0.650	0.570	0.530	0.510	0.660	0.420
	木工打眼机 16mm	台班	0.090	0.080	0.080	0.070	0.100	0.060
	木工开榫机 160mm	台班	0.090	0.080	0.080	0.070	0.100	0.060
	木工裁口机 400mm	台班	0.070	0.060	0.060	0.060	0.070	0.050

注：如安装采用转轴铰接，人工增加 1 个工日。

工作内容: 1. 制作、安装等。

　　　　　2. 窗榻板、筒子板等靠墙、接地的装修,下木砖、刷防腐剂及安装铁件等。　　**计量单位:**10m²

定　额　编　号			3-4-461	3-4-462	3-4-463
项　　　目			斜万字心屉支摘窗扇	冰裂纹心屉支摘窗扇	龟背锦心屉支摘窗扇
名　　称		单位	消　耗　量		
人工	合计工日	工日	41.600	47.840	35.360
	其中 普工	工日	8.320	9.568	7.072
	一般技工	工日	14.560	16.744	12.376
	高级技工	工日	18.720	21.528	15.912
材料	板枋材	m³	0.350	0.370	0.370
	乳胶	kg	1.100	1.200	1.100
	圆钉	kg	1.000	1.000	1.000
	其他材料费	%	0.50	0.50	0.50
机械	木工圆锯机 500mm	台班	0.140	0.150	0.150
	木工平刨床 500mm	台班	0.430	0.460	0.460
	木工三面压刨床 400mm	台班	0.430	0.460	0.460
	木工打眼机 16mm	台班	0.060	0.070	0.070
	木工开榫机 160mm	台班	0.060	0.070	0.070
	木工裁口机 400mm	台班	0.050	0.050	0.050

工作内容: 1. 制作、安装等。
　　　　2. 窗榻板、筒子板等靠墙、接地的装修,下木砖、刷防腐剂及安装铁件等。　**计量单位:** 10份

定　额　编　号			3-4-464	3-4-465	3-4-466
项　目			直折线形边框什锦窗		
			桶座洞口面积 （m² 以内）		桶座洞口面积 （m² 以外）
			0.5	0.8	
名　称		单位	消　耗　量		
人工	合计工日	工日	4.400	5.432	7.488
	其中 普工	工日	0.880	1.087	1.497
	一般技工	工日	1.540	1.901	2.621
	高级技工	工日	1.980	2.444	3.370
材料	板枋材	m³	0.250	0.350	0.460
	乳胶	kg	0.500	0.600	0.700
	圆钉	kg	1.000	1.500	2.000
	其他材料费	%	0.50	0.50	0.50
机械	木工圆锯机 500mm	台班	0.102	0.143	0.188
	木工平刨床 500mm	台班	0.310	0.435	0.570
	木工三面压刨床 400mm	台班	0.310	0.435	0.570
	木工打眼机 16mm	台班	0.045	0.063	0.083
	木工开榫机 160mm	台班	0.045	0.063	0.083
	木工裁口机 400mm	台班	0.034	0.048	0.063

工作内容: 1. 制作、安装等。

2. 窗榻板、筒子板等靠墙、接地的装修,下木砖、刷防腐剂及安装铁件等。 **计量单位:** 10份

定 额 编 号				3-4-467	3-4-468	3-4-469
项　　目				直折线形边框什锦窗		
				贴脸洞口面积 （m² 以内）	贴脸洞口面积 （m² 以外）	
				0.5	0.8	
名　　称			单位	消 耗 量		
人工	合计工日		工日	4.496	5.616	7.768
	其中	普工	工日	0.899	1.123	1.553
		一般技工	工日	1.574	1.966	2.719
		高级技工	工日	2.023	2.527	3.496
材料	板枋材		m³	0.060	0.090	0.130
	乳胶		kg	0.500	0.600	0.700
	圆钉		kg	0.400	0.500	0.600
	其他材料费		%	0.50	0.50	0.50
机械	木工圆锯机 500mm		台班	0.024	0.040	0.053
	木工平刨床 500mm		台班	0.075	0.112	0.161
	木工三面压刨床 400mm		台班	0.075	0.112	0.161
	木工打眼机 16mm		台班	0.011	0.016	0.023
	木工开榫机 160mm		台班	0.011	0.016	0.023
	木工裁口机 400mm		台班	0.008	0.012	0.018

工作内容: 1. 制作、安装等。

2. 窗榻板、筒子板等靠墙、接地的装修,下木砖、刷防腐剂及安装铁件等。　**计量单位:** 10扇

定　额　编　号				3-4-470	3-4-471	3-4-472
项　　　目				直折线形边框什锦窗		
				无榥条仔屉洞口面积（m² 以内）		无榥条仔屉洞口面积（m² 以外）
				0.5	0.8	
名　　　称			单位	消　耗　量		
人工	合计工日		工日	4.024	4.960	6.832
	其中	普工	工日	0.805	0.992	1.367
		一般技工	工日	1.408	1.736	2.391
		高级技工	工日	1.811	2.232	3.074
材料	板枋材		m³	0.030	0.040	0.070
	乳胶		kg	0.500	0.600	0.700
	圆钉		kg	0.400	0.500	0.600
	其他材料费		%	0.50	0.50	0.50
机械	木工圆锯机 500mm		台班	0.012	0.016	0.029
	木工平刨床 500mm		台班	0.037	0.050	0.087
	木工三面压刨床 400mm		台班	0.037	0.050	0.087
	木工打眼机 16mm		台班	0.005	0.007	0.013
	木工开榫机 160mm		台班	0.005	0.007	0.013
	木工裁口机 400mm		台班	0.004	0.005	0.010

工作内容: 1. 制作、安装等。

2. 窗榻板、筒子板等靠墙、接地的装修,下木砖、刷防腐剂及安装铁件等。　**计量单位:** 10扇

定　额　编　号			3-4-473	3-4-474	3-4-475
项　　　目			直折线形边框什锦窗		
			带棂条仔屉洞口面积 （m² 以内）		带棂条仔屉洞口 面积（m² 以外）
			0.5	0.8	
名　　　称		单位	消　耗　量		
人工	合计工日	工日	16.848	19.840	24.808
	其中 普工	工日	3.369	3.968	4.961
	一般技工	工日	5.897	6.944	8.683
	高级技工	工日	7.582	8.928	11.164
材料	板枋材	m³	0.080	0.120	0.180
	乳胶	kg	0.500	0.600	0.700
	圆钉	kg	1.000	1.500	2.000
	其他材料费	%	0.50	0.50	0.50
机械	木工圆锯机 500mm	台班	0.033	0.049	0.070
	木工平刨床 500mm	台班	0.099	0.150	0.224
	木工三面压刨床 400mm	台班	0.099	0.150	0.224
	木工打眼机 16mm	台班	0.014	0.022	0.032
	木工开榫机 160mm	台班	0.014	0.022	0.032
	木工裁口机 400mm	台班	0.011	0.016	0.016

工作内容: 1. 制作、安装等。

2. 窗榻板、筒子板等靠墙、接地的装修,下木砖、刷防腐剂及安装铁件等。　计量单位:10 份

定 额 编 号			3-4-476	3-4-477	3-4-478
项　　　　目			曲线形边框什锦窗		
			桶座洞口面积 (m² 以内)	桶座洞口面积 (m² 以外)	
			0.5	0.8	
名　　称		单位	消　耗　量		
人工	合计工日	工日	19.840	21.904	24.992
	其中 普工	工日	3.968	4.381	4.999
	一般技工	工日	6.944	7.666	8.747
	高级技工	工日	8.928	9.857	11.246
材料	板枋材	m³	0.300	0.400	0.600
	乳胶	kg	0.600	0.700	1.000
	圆钉	kg	2.000	3.000	5.000
	其他材料费	%	0.50	0.50	0.50
机械	木工圆锯机 500mm	台班	0.122	0.163	0.245
	木工平刨床 500mm	台班	0.373	0.497	0.745
	木工三面压刨床 400mm	台班	0.373	0.497	0.745
	木工打眼机 16mm	台班	0.054	0.072	0.108
	木工开榫机 160mm	台班	0.054	0.072	0.108
	木工裁口机 400mm	台班	0.041	0.055	0.082

工作内容: 1. 制作、安装等。

2. 窗榻板、筒子板等靠墙、接地的装修,下木砖、刷防腐剂及安装铁件等。 计量单位:10 份

定 额 编 号			3-4-479	3-4-480	3-4-481
项 目			曲线形边框什锦窗		
			贴脸洞口面积 （m² 以内）	贴脸洞口面积 （m² 以外）	
			0.5	0.8	
名 称		单位	消 耗 量		
人工	合计工日	工日	6.368	7.960	10.576
	其中 普工	工日	1.273	1.592	2.115
	一般技工	工日	2.229	2.786	3.702
	高级技工	工日	2.866	3.582	4.759
材料	板枋材	m³	0.120	0.180	0.260
	乳胶	kg	0.600	0.700	1.000
	圆钉	kg	0.400	0.500	0.600
	其他材料费	%	0.50	0.50	0.50
机械	木工圆锯机 500mm	台班	0.049	0.073	0.106
	木工平刨床 500mm	台班	0.149	0.224	0.323
	木工三面压刨床 400mm	台班	0.149	0.224	0.323
	木工打眼机 16mm	台班	0.022	0.032	0.047
	木工开榫机 160mm	台班	0.022	0.032	0.047
	木工裁口机 400mm	台班	0.016	0.025	0.036

工作内容: 1. 制作、安装等。

2. 窗榻板、筒子板等靠墙、接地的装修,下木砖、刷防腐剂及安装铁件等。 **计量单位:** 10扇

定 额 编 号			3-4-482	3-4-483	3-4-484
项 目			曲线形边框什锦窗		
			无榇条仔屉洞口 面积(m² 以内)		无榇条仔屉洞口 面积(m² 以外)
			0.5		0.8
名 称		单位	消 耗 量		
人工	合计工日	工日	5.896	7.024	9.176
	其中 普工	工日	1.179	1.405	1.835
	一般技工	工日	2.064	2.458	3.212
	高级技工	工日	2.653	3.161	4.129
材料	板枋材	m³	0.060	0.090	0.140
	乳胶	kg	0.500	0.600	0.700
	圆钉	kg	0.400	0.500	0.600
	其他材料费	%	0.50	0.50	0.50
机械	木工圆锯机 500mm	台班	0.024	0.037	0.057
	木工平刨床 500mm	台班	0.075	0.112	0.174
	木工三面压刨床 400mm	台班	0.075	0.112	0.174
	木工打眼机 16mm	台班	0.011	0.016	0.025
	木工开榫机 160mm	台班	0.011	0.016	0.025
	木工裁口机 400mm	台班	0.008	0.012	10.019

工作内容: 1. 制作、安装等。
　　2. 窗榻板、筒子板等靠墙、接地的装修,下木砖、刷防腐剂及安装铁件等。　**计量单位:** 10扇

定　额　编　号			3-4-485	3-4-486	3-4-487
项　　　　目			曲线形边框什锦窗		
			带棂条仔屉洞口面积(m² 以内)	带棂条仔屉洞口面积(m² 以外)	
			0.5	0.8	
名　　称		单位	消　耗　量		
人工		合计工日	工日	22.000	24.992	29.952
	其中	普工	工日	4.400	4.999	5.991
		一般技工	工日	7.700	8.747	10.483
		高级技工	工日	9.900	11.246	13.478
材料		板枋材	m³	0.100	0.140	0.200
		乳胶	kg	2.000	2.500	3.500
		圆钉	kg	0.400	0.500	0.600
		其他材料费	%	0.50	0.50	0.50
机械		木工圆锯机 500mm	台班	0.041	0.057	0.082
		木工平刨床 500mm	台班	0.124	0.174	0.248
		木工三面压刨床 400mm	台班	0.124	0.174	0.248
		木工打眼机 16mm	台班	0.018	0.025	0.036
		木工开榫机 160mm	台班	0.018	0.025	0.036
		木工裁口机 400mm	台班	0.014	0.019	0.027

工作内容：1.制作、安装等。

2.窗榻板、筒子板等靠墙、接地的装修，下木砖、刷防腐剂及安装铁件等。

定 额 编 号			3-4-488	3-4-489	3-4-490	3-4-491	3-4-492
项 目			槅扇、槛窗、支摘窗安玻璃	什锦窗安装平板玻璃		支摘纱窗	一玻一纱窗
				单面	双面		
计 量 单 位			10m²	10樘	10樘	10m²	10m²
名 称		单位	消 耗 量				
人工	合计工日	工日	0.860	2.380	4.280	13.490	11.500
	其中 普工	工日	0.172	0.476	0.856	2.697	2.300
	一般技工	工日	0.301	0.833	1.498	4.722	4.025
	高级技工	工日	0.387	1.071	1.926	6.071	5.175
材料	木压条	m	—	20.000	40.000	—	—
	板枋材	m³	—	—	—	0.200	0.670
	平板玻璃 δ3	m²	11.000	11.000	11.000	—	—
	其他材料费	%	0.50	0.50	0.50	0.50	0.50
机械	木工圆锯机 500mm	台班	—	—	—	0.080	0.270
	木工平刨床 500mm	台班	—	—	—	0.250	0.830
	木工三面压刨床 400mm	台班	—	—	—	0.250	0.830
	木工打眼机 16mm	台班	—	—	—	0.040	0.120
	木工开榫机 160mm	台班	—	—	—	0.040	0.120
	木工裁口机 400mm	台班	—	—	—	0.030	0.090

工作内容: 1. 制作、安装等。

2. 窗榻板、筒子板等靠墙、接地的装修,下木砖、刷防腐剂及安装铁件等。　　计量单位:10m

定 额 编 号			3-4-493	3-4-494	3-4-495	3-4-496	3-4-497	3-4-498
项　　目			上槛、中槛、下槛、风槛抱框、间框(柱)腰枋连楹 厚度(mm 以内)					
			70	80	90	100	110	120
名　称		单位	消　耗　量					
合计工日		工日	2.000	2.280	2.470	2.760	2.950	3.230
人工	其中	普工	工日	0.400	0.456	0.493	0.552	0.589	0.645
		一般技工	工日	0.700	0.798	0.865	0.966	1.033	1.131
		高级技工	工日	0.900	1.026	1.112	1.242	1.328	1.454
材料	板枋材		m³	0.160	0.190	0.240	0.290	0.350	0.420
	其他材料费		%	0.50	0.50	0.50	0.50	0.50	0.50
机械	木工圆锯机 600mm		台班	0.070	0.080	0.100	0.120	0.140	0.170
	木工平刨床 500mm		台班	0.200	0.240	0.300	0.360	0.430	0.520
	木工三面压刨床 400mm		台班	0.200	0.240	0.300	0.360	0.430	0.520
	木工打眼机 16mm		台班	0.030	0.030	0.040	0.050	0.060	0.080
	木工开榫机 160mm		台班	0.030	0.030	0.040	0.050	0.060	0.080
	木工裁口机 400mm		台班	0.020	0.030	0.030	0.040	0.050	0.060

工作内容: 1. 制作、安装等。

2. 窗榻板、筒子板等靠墙、接地的装修,下木砖、刷防腐剂及安装铁件等。 计量单位:10m

定 额 编 号			3-4-499	3-4-500	3-4-501	3-4-502	3-4-503	3-4-504
项 目			门桄 厚度(mm 以内)					
			70	80	90	100	110	120
名 称		单位	消 耗 量					
人工	合计工日	工日	12.160	12.730	13.300	13.870	14.540	15.200
	其中 普工	工日	2.432	2.545	2.660	2.773	2.908	3.040
	一般技工	工日	4.256	4.456	4.655	4.855	5.089	5.320
	高级技工	工日	5.472	5.729	5.985	6.242	6.543	6.840
材料	板枋材	m³	0.160	0.190	0.240	0.290	0.350	0.420
	其他材料费	%	0.50	0.50	0.50	0.50	0.50	0.50

工作内容: 1. 制作、安装等。

2. 窗榻板、筒子板等靠墙、接地的装修,下木砖、刷防腐剂及安装铁件等。

定 额 编 号			3-4-505	3-4-506
项 目			帘架大框	帘架荷叶墩、荷叶栓头
计 量 单 位			10m²	10 套
名 称		单位	消 耗 量	
人工	合计工日	工日	2.190	23.750
	其中 普工	工日	0.437	4.749
	一般技工	工日	0.767	8.313
	高级技工	工日	0.986	10.688
材料	板枋材	m³	0.150	0.160
	其他材料费	%	0.50	0.50

工作内容: 1. 制作、安装等。

　　　　　2. 窗槅板、筒子板等靠墙、接地的装修,下木砖、刷防腐剂及安装铁件等。　　**计量单位:** 10m²

定　额　编　号			3-4-507	3-4-508	3-4-509	3-4-510
项　　　　目			实踏大门		撒带大门	
			板厚(mm)	每增厚(mm)	板厚(mm)	每增厚(mm)
			80	10	80	10
名　　　称		单位	消　耗　量			
人工	合计工日	工日	50.640	1.070	27.840	1.240
	其中 普工	工日	10.128	0.213	5.568	0.248
	一般技工	工日	17.724	0.375	9.744	0.434
	高级技工	工日	22.788	0.482	12.528	0.558
材料	板枋材	m³	1.120	0.140	0.920	0.120
	其他材料费	%	0.50	0.50	0.50	0.50
机械	木工圆锯机 500mm	台班	0.460	0.060	0.380	0.050
	木工平刨床 500mm	台班	1.390	0.170	1.140	0.150
	木工三面压刨床 400mm	台班	1.390	0.170	1.140	0.150
	木工打眼机 16mm	台班	0.200	0.030	0.170	0.020
	木工开榫机 160mm	台班	0.200	0.030	0.170	0.020
	木工裁口机 400mm	台班	0.150	0.020	0.130	0.020

工作内容: 1. 制作、安装等。

2. 窗榻板、筒子板等靠墙、接地的装修,下木砖、刷防腐剂及安装铁件等。 计量单位:10m²

定 额 编 号			3-4-511	3-4-512	3-4-513	3-4-514
项 目			攒边门		屏门	
			板厚(mm)	每增厚(mm)	板厚(mm)	每增厚(mm)
			60	10	40	10
名 称		单位	消 耗 量			
人工	合计工日	工日	37.050	1.240	22.230	1.240
	其 普工	工日	7.409	0.248	4.445	0.248
	一般技工	工日	12.968	0.434	7.781	0.434
	中 高级技工	工日	16.673	0.558	10.004	0.558
材料	板枋材	m³	0.660	0.110	0.650	0.140
	其他材料费	%	0.50	0.50	0.50	0.50
机械	木工圆锯机 500mm	台班	0.270	0.040	0.270	0.060
	木工平刨床 500mm	台班	0.820	0.140	0.810	0.170
	木工三面压刨床 400mm	台班	0.820	0.140	0.810	0.170
	木工打眼机 16mm	台班	0.120	0.020	0.120	0.030
	木工开榫机 160mm	台班	0.120	0.020	0.120	0.030
	木工裁口机 400mm	台班	0.090	0.020	0.090	0.020

工作内容: 1. 制作、安装等。

2. 窗榻板、筒子板等靠墙、接地的装修,下木砖、刷防腐剂及安装铁件等。 计量单位:10个

定 额 编 号			3-4-515	3-4-516	3-4-517
项 目			门簪		门木钉
			直径(mm以内)	直径(mm以外)	
			150		
名 称		单位	消 耗 量		
人工	合计工日	工日	11.880	15.490	2.380
	其 普工	工日	2.376	3.097	0.476
	一般技工	工日	4.158	5.422	0.833
	中 高级技工	工日	5.346	6.971	1.071
材料	板枋材	m³	0.120	0.310	0.020
	其他材料费	%	0.50	0.50	0.50

工作内容：1. 制作、安装等。

　　2. 窗榻板、筒子板等靠墙、接地的装修，下木砖、刷防腐剂及安装铁件等。　　计量单位：10m²

定　额　编　号			3-4-518	3-4-519	3-4-520	3-4-521
项　　目			窗榻板		门头板、余塞板	
			厚度（mm）	每增厚（mm）	厚度（mm）	每增厚（mm）
			60	10	20	5
名　　称		单位	消　耗　量			
人工	合计工日	工日	5.700	0.480	4.090	0.190
	其中　普工	工日	1.140	0.096	0.817	0.037
	一般技工	工日	1.995	0.168	1.432	0.067
	高级技工	工日	2.565	0.216	1.841	0.086
材料	板枋材	m³	0.730	0.110	0.340	0.060
	其他材料费	%	0.50	0.50	0.50	0.50
机械	木工圆锯机 500mm	台班	0.300	0.040	0.140	0.020
	木工平刨床 500mm	台班	0.910	0.140	0.420	0.070
	木工三面压刨床 400mm	台班	0.910	0.140	0.420	0.070
	木工打眼机 16mm	台班	0.130	0.020	0.060	0.010
	木工开榫机 160mm	台班	0.130	0.020	0.060	0.010
	木工裁口机 400mm	台班	0.100	0.020	0.050	0.010

工作内容: 1. 制作、安装等。

2. 窗榻板、筒子板等靠墙、接地的装修,下木砖、刷防腐剂及安装铁件等。

定 额 编 号			3-4-522	3-4-523	3-4-524	3-4-525	3-4-526	3-4-527
项 目			木门枕	过木	槅扇、槛窗面叶	大门包叶	门钹	壶瓶护口
			m³		10 件			10 对
名 称		单位	消 耗 量					
人工	合计工日	工日	13.110	4.275	0.570	1.900	1.690	4.750
	其中 普工	工日	2.621	0.855	0.113	0.380	0.337	0.949
	一般技工	工日	4.589	1.496	0.200	0.665	0.592	1.663
	高级技工	工日	5.900	1.924	0.257	0.855	0.761	2.138
材料	板枋材	m³	1.090	1.090	—	—	—	—
	面叶	块	—	—	10.100	—	—	—
	包叶	块	—	—	—	10.100	—	—
	门跋	件	—	—	—	—	10.100	—
	壶瓶护口	对	—	—	—	—	—	10.100
	其他材料费	%	0.50	0.50	0.50	0.50	0.50	0.50
机械	木工圆锯机 500mm	台班	0.477	0.477	—	—	—	—
	木工平刨床 500mm	台班	1.453	1.453	—	—	—	—
	木工三面压刨床 400mm	台班	1.453	1.453	—	—	—	—
	木工打眼机 16mm	台班	0.210	0.210	—	—	—	—
	木工开榫机 160mm	台班	0.210	0.210	—	—	—	—
	木工裁口机 400mm	台班	0.161	0.161	—	—	—	—

工作内容: 1. 制作、安装等。

2. 窗榻板、筒子板等靠墙、接地的装修,下木砖、刷防腐剂及安装铁件等。 计量单位:10m²

定 额 编 号			3-4-528	3-4-529	3-4-530	3-4-531	3-4-532
项 目			外檐槅扇、槛窗菱花心屉		外檐槅扇、槛窗方格心屉		
			双交四椀	三交六椀	单面	双面夹玻	一玻一纱
名 称		单位	消 耗 量				
合计工日		工日	100.420	143.640	24.700	37.050	32.110
人工	普工	工日	20.084	28.728	4.940	7.409	6.421
	一般技工	工日	35.147	50.274	8.645	12.968	11.239
	高级技工	工日	45.189	64.638	11.115	16.673	14.450
材料	板枋材	m³	0.450	0.320	0.270	0.430	0.330
	铁纱	m²	—	—	—	—	12.000
	其他材料费	%	0.50	0.50	0.50	0.50	0.50
机械	木工圆锯机 500mm	台班	0.180	0.130	0.110	0.180	0.130
	木工平刨床 500mm	台班	0.560	0.400	0.340	0.530	0.410
	木工三面压刨床 400mm	台班	0.560	0.400	0.340	0.530	0.410
	木工打眼机 16mm	台班	0.080	0.060	0.050	0.080	0.060
	木工开榫机 160mm	台班	0.080	0.060	0.050	0.080	0.060
	木工裁口机 400mm	台班	0.060	0.040	0.040	0.060	0.050

工作内容: 1. 制作、安装等。

2. 窗榻板、筒子板等靠墙、接地的装修,下木砖、刷防腐剂及安装铁件等。 计量单位:10m²

定 额 编 号			3-4-533	3-4-534
项 目			内檐榻扇方格心屉	
			单面	双面夹玻(纱)
名 称		单位	消 耗 量	
人工	合计工日	工日	23.470	34.580
	其中 普工	工日	4.693	6.916
	一般技工	工日	8.215	12.103
	高级技工	工日	10.562	15.561
材料	板枋材	m³	0.240	0.390
	其他材料费	%	0.50	0.50
机械	木工圆锯机 500mm	台班	0.100	0.160
	木工平刨床 500mm	台班	0.300	0.480
	木工三面压刨床 400mm	台班	0.300	0.480
	木工打眼机 16mm	台班	0.040	0.070
	木工开榫机 160mm	台班	0.040	0.070
	木工裁口机 400mm	台班	0.030	0.050

工作内容：1. 制作、安装等。

2. 窗榻板、筒子板等靠墙、接地的装修，下木砖、刷防腐剂及安装铁件等。　计量单位：10m²

定　额　编　号			3-4-535	3-4-536	3-4-537	3-4-538	3-4-539
项　　　　目			外檐灯笼锦心屉制作与安装			内檐灯笼锦心屉制作与安装	
			单面	双面夹玻	一玻一纱	单面	双面夹玻
名　　称		单位	消　耗　量				
人工	合计工日	工日	18.720	28.080	24.960	15.600	22.880
	其中 普工	工日	3.744	5.616	4.992	3.120	4.576
	一般技工	工日	6.552	9.828	8.736	5.460	8.008
	高级技工	工日	8.424	12.636	11.232	7.020	10.296
材料	板枋材	m³	0.170	0.270	0.260	0.150	0.240
	乳胶	kg	0.400	0.700	0.600	0.400	0.700
	圆钉	kg	0.700	0.700	0.100	0.600	0.600
	铁纱	m²	—	—	12.000	—	—
	其他材料费	%	0.50	0.50	0.50	0.50	0.50
机械	木工圆锯机 500mm	台班	0.070	0.110	0.110	0.060	0.100
	木工平刨床 500mm	台班	0.210	0.340	0.320	0.190	0.300
	木工三面压刨床 400mm	台班	0.210	0.340	0.320	0.190	0.300
	木工打眼机 16mm	台班	0.030	0.050	0.050	0.030	0.040
	木工开榫机 160mm	台班	0.030	0.050	0.050	0.030	0.040
	木工裁口机 400mm	台班	0.020	0.040	0.040	0.020	0.030

工作内容: 1. 制作、安装等。
  2. 窗榻板、筒子板等靠墙、接地的装修,下木砖、刷防腐剂及安装铁件等。 计量单位:10m²

定 额 编 号			3-4-540	3-4-541	3-4-542	3-4-543	3-4-544
项 目			外檐步步紧心屉制作与安装			内檐步步紧心屉制作与安装	
			单面	双面夹玻	一玻一纱	单面	双面夹玻（纱）
名 称		单位	消 耗 量				
人工	合计工日	工日	22.880	34.320	29.120	21.840	32.240
	其中 普工	工日	4.576	6.864	5.824	4.368	6.448
	一般技工	工日	8.008	12.012	10.192	7.644	11.284
	高级技工	工日	10.296	15.444	13.104	9.828	14.508
材料	板枋材	m³	0.210	0.330	0.250	0.190	0.300
	乳胶	kg	0.500	0.900	0.700	0.500	0.900
	圆钉	kg	0.700	0.700	1.000	0.600	0.600
	铁纱	m²	—	—	12.000	—	—
	其他材料费	%	0.50	0.50	0.50	0.50	0.50
机械	木工圆锯机 500mm	台班	0.090	0.130	0.100	0.080	0.120
	木工平刨床 500mm	台班	0.260	0.410	0.310	0.240	0.370
	木工三面压刨床 400mm	台班	0.260	0.410	0.310	0.240	0.370
	木工打眼机 16mm	台班	0.040	0.060	0.040	0.030	0.050
	木工开榫机 160mm	台班	0.040	0.060	0.040	0.030	0.050
	木工裁口机 400mm	台班	0.030	0.050	0.030	0.030	0.040

工作内容: 1. 制作、安装等。

2. 窗榻板、筒子板等靠墙、接地的装修,下木砖、刷防腐剂及安装铁件等。　　**计量单位:** 10m²

定　额　编　号			3-4-545	3-4-546	3-4-547	3-4-548	3-4-549
项　　目			外檐盘肠心屉制作与安装			内檐盘肠心屉制作与安装	
			单面	双面夹玻	一玻一纱	单面	双面夹玻（纱）
名　　称		单位	消　耗　量				
人工	合计工日	工日	27.040	40.560	33.280	26.000	38.480
	其中 普工	工日	5.408	8.112	6.656	5.200	7.696
	一般技工	工日	9.464	14.196	11.648	9.100	13.468
	高级技工	工日	12.168	18.252	14.976	11.700	17.316
材料	板枋材	m³	0.190	0.300	0.270	0.170	0.270
	乳胶	kg	0.500	0.900	0.700	0.500	0.900
	圆钉	kg	0.700	0.700	1.000	0.600	0.600
	铁纱	m²	—	—	12.000	—	—
	其他材料费	%	0.50	0.50	0.50	0.50	0.50
机械	木工圆锯机 500mm	台班	0.080	0.120	0.110	0.070	0.110
	木工平刨床 500mm	台班	0.240	0.370	0.340	0.210	0.340
	木工三面压刨床 400mm	台班	0.240	0.370	0.340	0.210	0.340
	木工打眼机 16mm	台班	0.030	0.050	0.050	0.030	0.050
	木工开榫机 160mm	台班	0.030	0.050	0.050	0.030	0.050
	木工裁口机 400mm	台班	0.030	0.040	0.040	0.020	0.040

工作内容： 1. 制作、安装等。
　　　　　 2. 窗榻板、筒子板等靠墙、接地的装修，下木砖、刷防腐剂及安装铁件等。　　**计量单位：** 10m²

定 额 编 号			3-4-550	3-4-551	3-4-552	3-4-553	3-4-554
项　　目			外檐正万字拐子锦心屉制作与安装			内檐正万字拐子锦心屉制作与安装	
			单面	双面夹玻	一玻一纱	单面	双面夹玻（纱）
名　　称		单位	消　耗　量				
人工	合计工日	工日	29.120	43.680	35.360	27.040	40.560
	其中 普工	工日	5.824	8.736	7.072	5.408	8.112
	一般技工	工日	10.192	15.288	12.376	9.464	14.196
	高级技工	工日	13.104	19.656	15.912	12.168	18.252
材料	板枋材	m³	0.220	0.360	0.300	0.200	0.320
	乳胶	kg	0.600	1.000	0.800	0.600	1.000
	圆钉	kg	0.700	0.700	1.000	0.600	0.600
	铁纱	m²	—	—	12.000	—	—
	其他材料费	%	0.50	0.50	0.50	0.50	0.50
机械	木工圆锯机 500mm	台班	0.090	0.150	0.120	0.080	0.130
	木工平刨床 500mm	台班	0.270	0.450	0.370	0.250	0.400
	木工三面压刨床 400mm	台班	0.270	0.450	0.370	0.250	0.400
	木工打眼机 16mm	台班	0.040	0.060	0.050	0.040	0.060
	木工开榫机 160mm	台班	0.040	0.060	0.050	0.040	0.060
	木工裁口机 400mm	台班	0.030	0.050	0.040	0.030	0.040

工作内容: 1. 制作、安装等。

2. 窗榻板、筒子板等靠墙、接地的装修,下木砖、刷防腐剂及安装铁件等。 计量单位:10m²

定 额 编 号			3-4-555	3-4-556	3-4-557	3-4-558	3-4-559
项 目			外檐斜万字心屉制作与安装			内檐斜万字心屉制作与安装	
			单面	双面夹玻	一玻一纱	单面	双面夹玻(纱)
名 称		单位	消 耗 量				
人工	合计工日	工日	37.440	56.160	43.680	35.360	53.040
	其中 普工	工日	7.488	11.232	8.736	7.072	10.608
	一般技工	工日	13.104	19.656	15.288	12.376	18.564
	高级技工	工日	16.848	25.272	19.656	15.912	23.868
材料	板枋材	m³	0.230	0.370	0.300	0.210	0.330
	乳胶	kg	0.500	0.900	0.700	0.500	0.900
	圆钉	kg	0.700	0.700	1.000	0.600	0.600
	铁纱	m²	—	—	12.000	—	—
	其他材料费	%	0.50	0.50	0.50	0.50	0.50
机械	木工圆锯机 500mm	台班	0.090	0.150	0.120	0.090	0.130
	木工平刨床 500mm	台班	0.290	0.460	0.370	0.260	0.410
	木工三面压刨床 400mm	台班	0.290	0.460	0.370	0.260	0.410
	木工打眼机 16mm	台班	0.040	0.070	0.050	0.040	0.060
	木工开榫机 160mm	台班	0.040	0.070	0.050	0.040	0.060
	木工裁口机 400mm	台班	0.030	0.050	0.040	0.030	0.050

工作内容: 1. 制作、安装等。

2. 窗榻板、筒子板等靠墙、接地的装修,下木砖、刷防腐剂及安装铁件等。 **计量单位:** 10m²

定 额 编 号			3-4-560	3-4-561	3-4-562	3-4-563	3-4-564
项 目			外檐龟背锦心屉制作与安装			内檐龟背锦心屉制作与安装	
			单面	双面夹玻	一玻一纱	单面	双面夹玻（纱）
名 称		单位	消 耗 量				
人工	合计工日	工日	31.200	46.800	37.440	29.120	43.680
	其中 普工	工日	6.240	9.360	7.488	5.824	8.736
	一般技工	工日	10.920	16.380	13.104	10.192	15.288
	高级技工	工日	14.040	21.060	16.848	13.104	19.656
材料	板枋材	m³	0.270	0.430	0.330	0.240	0.390
	乳胶	kg	0.700	1.200	0.900	0.700	1.200
	圆钉	kg	0.700	0.700	1.000	0.600	0.600
	铁纱	m²	—	—	12.000	—	—
	其他材料费	%	0.50	0.50	0.50	0.50	0.50
机械	木工圆锯机 500mm	台班	0.110	0.180	0.130	0.100	0.160
	木工平刨床 500mm	台班	0.340	0.530	0.410	0.300	0.480
	木工三面压刨床 400mm	台班	0.340	0.530	0.410	0.300	0.480
	木工打眼机 16mm	台班	0.050	0.080	0.060	0.040	0.070
	木工开榫机 160mm	台班	0.050	0.080	0.060	0.040	0.070
	木工裁口机 400mm	台班	0.040	0.060	0.050	0.030	0.050

工作内容: 1. 制作、安装等。

2. 窗榻板、筒子板等靠墙、接地的装修,下木砖、刷防腐剂及安装铁件等。　**计量单位:**10m²

定　额　编　号			3-4-565	3-4-566	3-4-567	3-4-568	3-4-569
项　　　目			外檐冰裂纹心屉 制作与安装			内檐冰裂纹心屉 制作与安装	
			单面	双面夹玻	一玻一纱	单面	双面夹玻 (纱)
名　　称		单位	消　耗　量				
人工	合计工日	工日	43.680	55.120	49.920	41.600	62.400
	其中 普工	工日	8.736	11.024	9.984	8.320	12.480
	一般技工	工日	15.288	19.292	17.472	14.560	21.840
	高级技工	工日	19.656	24.804	22.464	18.720	28.080
材料	板枋材	m³	0.280	0.440	0.330	0.250	0.400
	乳胶	kg	0.800	1.400	1.000	0.800	1.400
	圆钉	kg	0.700	0.700	1.000	0.600	0.600
	铁纱	m²	—	—	12.000	—	—
	其他材料费	%	0.50	0.50	0.50	0.50	0.50
机械	木工圆锯机 500mm	台班	0.110	0.180	0.130	0.100	0.160
	木工平刨床 500mm	台班	0.350	0.550	0.410	0.310	0.500
	木工三面压刨床 400mm	台班	0.350	0.550	0.410	0.310	0.500
	木工打眼机 16mm	台班	0.050	0.080	0.060	0.040	0.070
	木工开榫机 160mm	台班	0.050	0.080	0.060	0.040	0.070
	木工裁口机 400mm	台班	0.040	0.060	0.050	0.030	0.050

工作内容: 1. 制作、安装等。

2. 窗榻板、筒子板等靠墙、接地的装修,下木砖、刷防腐剂及安装铁件等。 **计量单位:** 10 个

定 额 编 号			3-4-570	3-4-571	3-4-572	3-4-573
项 目			卡子花			
			四季花草团花	四季花草	福寿团花	福字
名 称		单位	消 耗 量			
人工	合计工日	工日	5.130	6.270	7.980	10.260
	其中 普工	工日	1.025	1.253	1.596	2.052
	一般技工	工日	1.796	2.195	2.793	3.591
	高级技工	工日	2.309	2.822	3.591	4.617
材料	板枋材	m³	0.007	0.009	0.007	0.009
	其他材料费	%	0.50	0.50	0.50	0.50

工作内容: 1. 制作、安装等。

2. 窗榻板、筒子板等靠墙、接地的装修,下木砖、刷防腐剂及安装铁件等。 **计量单位:** 10 个

定 额 编 号			3-4-574	3-4-575
项 目			工字	握拳
名 称		单位	消 耗 量	
人工	合计工日	工日	1.140	0.475
	其中 普工	工日	0.228	0.095
	一般技工	工日	0.399	0.166
	高级技工	工日	0.513	0.214
材料	板枋材	m³	0.003	0.001
	其他材料费	%	0.50	0.50

工作内容: 1.制作、安装等。

2.窗榻板、筒子板等靠墙、接地的装修,下木砖、刷防腐剂及安装铁件等。　计量单位:10m²

定 额 编 号			3-4-576	3-4-577	3-4-578	3-4-579
项 目			筒子板		包镶桶子口	门下槛包铜板
			厚度(mm)	每增厚(mm)		
			40	10		
名 称		单位	消 耗 量			
人工	合计工日	工日	10.830	1.710	5.130	3.370
	其中 普工	工日	2.165	0.341	1.025	0.673
	一般技工	工日	3.791	0.599	1.796	1.180
	高级技工	工日	4.874	0.770	2.309	1.517
材料	铜板	m²	—	—	—	10.100
	板枋材	m³	0.610	0.130	0.130	—
	胶合板 5mm	m²	—	—	10.700	—
	其他材料费	%	0.50	0.50	0.50	0.50
机械	木工圆锯机 500mm	台班	0.250	—	—	—
	木工平刨床 500mm	台班	0.760	—	—	—
	木工三面压刨床 400mm	台班	0.760	—	—	—
	木工打眼机 16mm	台班	0.110	—	—	—
	木工开榫机 160mm	台班	0.110	—	—	—
	木工裁口机 400mm	台班	0.080	—	—	—

十、古式栏杆

工作内容：制作与安装、边抹、心屉、白菜头、落地腿及框外的延伸部分等。 计量单位：10m²

定额编号			3-4-580	3-4-581	3-4-582	3-4-583	3-4-584
项 目			寻杖栏杆	直挡栏杆	花栏杆	西洋瓶坐凳楣子	直棍条坐凳楣子
名 称		单位	消 耗 量				
人工	合计工日	工日	128.160	11.040	30.720	12.240	11.710
	其中 普工	工日	25.632	2.208	6.144	2.448	2.341
	一般技工	工日	44.856	3.864	10.752	4.284	4.099
	高级技工	工日	57.672	4.968	13.824	5.508	5.270
材料	板枋材	m³	0.730	0.710	0.610	0.660	0.520
	乳胶	kg	—	—	—	1.000	—
	圆钉	kg	—	—	—	0.900	—
	其他材料费	%	0.50	0.50	0.50	0.50	0.50
机械	木工圆锯机 500mm	台班	0.300	0.290	0.250	0.250	0.210
	木工平刨床 500mm	台班	0.910	0.880	0.760	0.750	0.650
	木工三面压刨床 400mm	台班	0.910	0.880	0.760	0.750	0.650
	木工打眼机 16mm	台班	0.130	1.280	0.110	0.100	0.090
	木工开榫机 160mm	台班	0.130	1.280	0.110	0.080	0.070
	木工裁口机 400mm	台班	0.100	0.100	0.080	0.100	0.090

工作内容：制作与安装、边抹、心屉、白菜头、落地腿及框外的延伸部分等。　　　　　　计量单位：10m²

定　额　编　号			3-4-585	3-4-586
项　　目			坐凳面	
			板厚（mm）	每增厚（mm）
			50	10
名　　称		单位	消　耗　量	
人工	合计工日	工日	6.940	0.480
	其中 普工	工日	1.388	0.096
	一般技工	工日	2.429	0.168
	高级技工	工日	3.123	0.216
材料	板枋材	m³	0.640	0.130
	其他材料费	%	0.50	0.50
机械	木工三面压刨床 400mm	台班	0.770	—
	木工圆锯机 500mm	台班	0.260	—
	木工平刨床 500mm	台班	0.770	—
	木工打眼机 16mm	台班	0.120	—
	木工开榫机 160mm	台班	0.120	—
	木工裁口机 400mm	台班	0.080	—

十一、鹅颈靠背、楣子（挂落）、飞罩

工作内容：制作与安装、边抹、心屉、白菜头、落地腿及框外的延伸部分等。

定　额　编　号			3-4-587	3-4-588	3-4-589	3-4-590	3-4-591	3-4-592	3-4-593
项　　　　目			鹅颈靠背（美人靠）	步步紧		灯笼锦		盘肠锦	
				软樘	硬樘	软樘	硬樘	软樘	硬樘
计　量　单　位			10m	10m²	10m²	10m²	10m²	10m²	10m²
名　　称		单位	消　耗　量						
人工	合计工日	工日	20.160	30.910	32.830	21.090	26.110	42.430	44.350
	其中 普工	工日	4.032	6.181	6.565	4.217	5.221	8.485	8.869
	一般技工	工日	7.056	10.819	11.491	7.382	9.139	14.851	15.523
	高级技工	工日	9.072	13.910	14.774	9.491	11.750	19.094	19.958
材料	板枋材	m³	1.020	0.500	0.550	0.470	0.520	0.500	0.550
	乳胶	kg	—	1.000	1.000	1.000	1.000	1.000	1.000
	圆钉	kg	—	1.100	1.100	1.100	1.100	1.100	1.100
	其他材料费	%	0.50	0.50	0.50	0.50	0.50	0.50	0.50
机械	木工圆锯机 500mm	台班	0.420	0.210	0.210	0.210	0.210	0.210	0.210
	木工平刨床 500mm	台班	1.270	0.630	0.630	0.630	0.630	0.630	0.630
	木工三面压刨床 400mm	台班	1.270	0.630	0.630	0.630	0.630	0.630	0.630
	木工打眼机 16mm	台班	0.180	0.090	0.090	0.090	0.090	0.090	0.090
	木工开榫机 160mm	台班	0.180	0.090	0.090	0.090	0.090	0.090	0.090
	木工裁口机 400mm	台班	0.140	0.070	0.070	0.070	0.070	0.070	0.070

工作内容：制作与安装、边抹、心屉、白菜头、落地腿及框外的延伸部分等。 计量单位：10m²

定 额 编 号			3-4-594	3-4-595	3-4-596	3-4-597	3-4-598	3-4-599
项 目			金线如意		万字拐子		斜万字	
			软樘	硬樘	软樘	硬樘	软樘	硬樘
名 称		单位	消 耗 量					
合计工日		工日	50.110	52.030	39.550	41.470	53.950	55.870
人工	其中	普工	工日	10.021	10.405	7.909	8.293	10.789	11.173
		一般技工	工日	17.539	18.211	13.843	14.515	18.883	19.555
		高级技工	工日	22.550	23.414	17.798	18.662	24.278	25.142
材料	板枋材	m³	0.530	0.580	0.520	0.570	0.520	0.580
	乳胶	kg	1.200	1.200	1.100	1.100	1.200	1.200
	圆钉	kg	1.100	1.100	1.100	1.100	1.100	1.100
	其他材料费	%	0.50	0.50	0.50	0.50	0.50	0.50
机械	木工圆锯机 500mm	台班	0.210	0.210	0.210	0.210	0.210	0.210
	木工平刨床 500mm	台班	0.630	0.630	0.630	0.630	0.630	0.630
	木工三面压刨床 400mm	台班	0.630	0.630	0.630	0.630	0.630	0.630
	木工打眼机 16mm	台班	0.090	0.090	0.090	0.090	0.090	0.090
	木工开榫机 160mm	台班	0.090	0.090	0.090	0.090	0.090	0.090
	木工裁口机 400mm	台班	0.070	0.070	0.070	0.070	0.070	0.070

工作内容:制作与安装、边抹、心屉、白菜头、落地腿及框外的延伸部分等。 计量单位:10m²

定 额 编 号			3-4-600	3-4-601	3-4-602	3-4-603
项 目			龟背锦		冰裂纹	
			软樘	硬樘	软樘	硬樘
名 称		单位	消 耗 量			
人工	合计工日	工日	42.430	44.350	59.710	61.630
	其中 普工	工日	8.485	8.869	11.941	12.325
	一般技工	工日	14.851	15.523	20.899	21.571
	高级技工	工日	19.094	19.958	26.870	27.734
材料	板枋材	m³	0.560	0.610	0.570	0.620
	乳胶	kg	1.200	1.200	1.500	1.500
	圆钉	kg	1.100	1.100	1.100	1.100
	其他材料费	%	0.50	0.50	0.50	0.50
机械	木工圆锯机 500mm	台班	0.230	0.250	0.230	0.250
	木工平刨床 500mm	台班	0.700	0.760	0.700	0.760
	木工三面压刨床 400mm	台班	0.700	0.760	0.700	0.700
	木工打眼机 16mm	台班	0.100	0.110	0.100	0.100
	木工裁口机 400mm	台班	0.100	0.110	0.100	0.100
	木工开榫机 160mm	台班	0.080	0.080	0.080	0.080

十二、墙、地板及天花

工作内容: 制作与安装包括触地、触墙部分刷防腐油。

计量单位:10m²

定 额 编 号			3-4-604	3-4-605	3-4-606	3-4-607	3-4-608	3-4-609
项 目			栈板墙		木楼板			木楼梯
			板厚（mm）	每增厚（mm）	板厚（mm）	板每增厚（mm）	安装后净面磨平	
			20	5	40	10		
名 称		单位	消 耗 量					
人工	合计工日	工日	4.788	0.168	3.460	0.240	0.960	16.100
	其中 普工	工日	0.957	0.033	0.692	0.048	0.192	3.220
	一般技工	工日	1.676	0.059	1.211	0.084	0.336	5.635
	高级技工	工日	2.155	0.076	1.557	0.108	0.432	7.245
材料	板枋材	m³	0.384	0.096	0.600	0.130	—	1.490
	乳胶	kg	10.000	0.400	—	—	—	—
	圆钉	kg	2.000	0.800	—	—	—	5.000
	其他材料费	%	0.50	—	0.50	0.50	—	0.50
机械	木工圆锯机 500mm	台班	—	—	—	—	—	0.430
	木工平刨床 500mm	台班	—	—	—	—	—	1.320
	木工单面压刨床 600mm	台班	—	—	0.340	—	—	1.320
	木工打眼机 16mm	台班	—	—	—	—	—	0.190
	木工开榫机 160mm	台班	—	—	—	—	—	0.190
	木工裁口机 400mm	台班	—	—	0.080	—	—	0.150

工作内容：井口天花包括帽儿梁、支梁、贴梁、井口板等。 计量单位：10m²

定 额 编 号			3-4-610	3-4-611
项 目			井口天花	仿井口天花棚（带压条）
			井口板边长（mm 以内）	
			800	
名 称		单位	消 耗 量	
人工	合计工日	工日	14.250	4.370
	其中 普工	工日	2.849	0.873
	一般技工	工日	4.988	1.530
	高级技工	工日	6.413	1.967
材料	板枋材	m³	0.950	0.500
	其他材料费	%	0.50	0.50
机械	木工圆锯机 500mm	台班	0.390	0.200
	木工平刨床 500mm	台班	1.180	0.620
	木工三面压刨床 400mm	台班	1.180	0.620
	木工打眼机 16mm	台班	0.170	0.090
	木工开榫机 160mm	台班	0.170	0.090
	木工裁口机 400mm	台班	0.130	0.070

十三、匾额、楹联及博古架

工作内容: 匾额制作不包括刻字及安装,匾托包括制、雕、安装。 计量单位:10m²

定 额 编 号			3-4-612	3-4-613
项 目			素面额	
			厚(mm)	每增厚(mm)
			60	10
名 称		单位	消 耗 量	
人工	合计工日	工日	41.800	2.470
	其中 普工	工日	8.360	0.493
	一般技工	工日	14.630	0.865
	高级技工	工日	18.810	1.112
材料	板枋材	m³	0.850	0.120
	其他材料费	%	0.50	0.50
机械	木工平刨床 500mm	台班	0.120	—

工作内容: 匾额制作不包括刻字及安装,匾托包括制、雕、安装。 计量单位:10m²

定 额 编 号			3-4-614	3-4-615	3-4-616	3-4-617
项 目			素面联(平面)		素面联(弧面)	
			厚(mm)	每增厚(mm)	厚(mm)	每增厚(mm)
			60	10	60	10
名 称		单位	消 耗 量			
人工	合计工日	工日	41.800	2.470	41.800	2.470
	其中 普工	工日	8.360	0.493	8.360	0.493
	一般技工	工日	14.630	0.865	14.630	0.865
	高级技工	工日	18.810	1.112	18.810	1.112
材料	板枋材	m³	0.850	0.120	0.850	0.120
	其他材料费	%	0.50	0.50	0.50	0.50
机械	木工平刨床 500mm	台班	0.340	—	0.340	—

工作内容：匾额制作不包括刻字及安装，匾托包括制、雕、安装。 **计量单位：**10对

定 额 编 号			3-4-618	3-4-619
项 目			单匾托	
			素面	万字回纹
名 称		单位	消 耗 量	
人工	合计工日	工日	6.180	30.880
	其中 普工	工日	1.236	6.176
	一般技工	工日	2.163	10.808
	高级技工	工日	2.781	13.896
材料	板枋材	m³	0.180	0.180
	其他材料费	%	0.50	0.50

工作内容：匾额制作不包括刻字及安装，匾托包括制、雕、安装。 **计量单位：**10块

定 额 编 号			3-4-620	3-4-621	3-4-622	3-4-623
项 目			云龙纹通匾托		万字花草通匾托	
			长度（cm以内）	长度（cm以外）	长度（cm以内）	长度（cm以外）
			10			
名 称		单位	消 耗 量			
人工	合计工日	工日	123.500	195.000	61.750	98.800
	其中 普工	工日	24.700	39.000	12.349	19.760
	一般技工	工日	43.225	68.250	21.613	34.580
	高级技工	工日	55.575	87.750	27.788	44.460
材料	板枋材	m³	0.330	0.720	0.330	0.720
	其他材料费	%	0.50	0.50	0.50	0.50

工作内容: 匾额制作不包括刻字及安装,匾托包括制、雕、安装。　　　　　　　　　　计量单位:10m²

定　额　编　号				3-4-624	3-4-625
项　　目				楹联	博古架
名　　称			单位	消　耗　量	
人工	合计工日		工日	2.660	6.880
	其中	普工	工日	0.532	1.376
		一般技工	工日	0.931	2.408
		高级技工	工日	1.197	3.096
材料	板枋材		m³	0.350	—
	大芯板		m²	—	15.980
	切片皮		m²	—	33.380
	其他材料费		%	0.50	0.50
机械	木工单面压刨床 600mm		台班	0.340	0.550

十四、木作三防处理

工作内容: 防腐:打扫、清理、刷防腐油等。

定　额　编　号				3-4-626	3-4-627	3-4-628	3-4-629
项　　目				望板	檩、楞木	木柱	木材面防火
				刷防腐油			
计　量　单　位				10m²	10个	10根	10m²
名　　称			单位	消　耗　量			
人工	合计工日		工日	0.190	0.100	0.190	0.090
	其中	普工	工日	0.037	0.020	0.037	0.017
		一般技工	工日	0.067	0.035	0.067	0.032
		高级技工	工日	0.086	0.045	0.086	0.041
材料	防腐油		kg	3.000	1.800	4.500	—
	防火涂料		kg	—	—	—	5.100
	其他材料费		%	0.50	0.50	0.50	0.50

工作内容: 防腐:打扫、清理、刷防腐油等。

定 额 编 号			3-4-630	3-4-631
项 目			木构件加铁箍、拉接扁铁	木构件固定螺栓
			10kg	
名 称		单位	消 耗 量	
人工	合计工日	工日	1.000	0.500
	其中 普工	工日	0.200	0.100
	一般技工	工日	0.350	0.175
	高级技工	工日	0.450	0.225
材料	连接铁件	kg	10.300	—
	六角螺栓带螺母 M12 以外	kg	—	10.300
	其他材料费	%	0.50	0.50

注:木构件加铁箍、扁铁,如需剔槽时,人工用量乘以系数2。

第五章　屋　面　工　程

说　明

一、本章定额包括屋面基层、布瓦屋面、琉璃瓦屋面，共三节。

二、本章定额已综合了各种屋面不同的檐高及坡长，使用定额时不得调整。

三、本章定额中苫泥背的厚度是按一遍平均 50mm 厚计算的，不足 50mm 的，按 50mm 计算，如设计为两遍时乘以 2 计算；灰背厚按 30mm 计算，不足 30mm 的，按 30mm 计算。

四、合瓦的檐头已综合了瓦头费用。

五、屋面铺瓦不含檐头附件。

六、布瓦调垂脊均按 2 号瓦编制，若与设计要求不同时，可调整瓦的数量，其他不变。

七、琉璃剪边定额，指非琉璃瓦屋面与琉璃瓦檐头或脊部的剪边做法，不包括琉璃瓦的变色剪边做法。剪边部分以"一勾二筒"做法为准，并已包括了檐头附件在内。"一勾二筒"以外者按下表乘以系数调整定额单价。如做只有一块勾头的琉璃剪边，则执行相应的檐头附件定额子目。

"一勾一筒""一勾三筒""一勾四筒"调整系数表

剪边做法	一勾一筒	一勾三筒	一勾四筒
调整系数	0.60	1.40	1.73

八、墙帽、牌楼、门罩等铺琉璃瓦按坡长在"一勾四筒"以内者，执行琉璃瓦剪边定额。

九、墙帽、牌楼、门罩等铺瓦坡长超过"一勾四筒"者，执行屋面铺瓦定额；但单坡铺瓦面积小于 12m² 者，分别按相应定额乘下表系数执行。

单坡铺瓦面积 12m² 以内调整系数表

类别　系数　面积	6m² 以内	12m² 以内
布瓦类	1.14	1.10
琉璃瓦类	1.05	1.04

十、所有调脊定额均综合了直形脊、拱形脊、弧形脊等因素在内。

十一、屋面天沟、窝角沟的附件执行檐头附件定额。

十二、铃铛排山脊定额已包括安排山勾滴、铺耳子瓦及安钉帽。

十三、宝顶安装（琉璃、黑活）均包括底座和顶珠的安装、砌筑，不分形状均执行本章定额。其中黑活宝顶的顶珠的高度由底座上皮算至珠顶面。

十四、蝎子尾脊中的平草、跨草、落落草砖件均为成品。

十五、一般建筑工程，设计为仿古形式屋面时，在防水层以下部分应按《房屋建筑与装饰工程消耗量定额》（TY01-31-2015）执行；防水层以上按本章相应定额子目及工程量计算规则执行；只做墙帽、门罩、垂花门顶时，均按本定额相应子目执行。

十六、庑殿、攒尖垂脊、戗（岔）脊、角脊、硬山、悬山、铃铛排山脊、披水排山脊的附件中每条只包括一件仙人或走兽，如实际发生安装件数与定额中不一致，可按实际发生的走兽件数进行调整，其他不得调整。

十七、除屋面过垄脊（卷棚）以外的各种调脊中的罗锅部分，相应子目中已将所需主材做了增减调整，编制预算时其罗锅部分，按份计算增价。

工程量计算规则

一、苫背、铺瓦按屋面图示形状以面积计算,其各部分边线规定如下:

1. 檐头长度以木基屋或砖檐外边线为准。

2. 屋面剖面为曲线者,坡长按曲线长度计算。

3. 硬山、悬山建筑,两山以博风外皮为准。

4. 歇山建筑挑山边线与硬山、悬山相同,撒头上边线以博风外皮连线为准。

5. 重檐建筑,下层檐上边线以重檐金柱(或重檐童柱)外皮连线为准。

6. 带角梁的建筑,檐头长度以仔角梁端头中点连线为准,屋角飞檐冲出部分面积不增加。

7. 望板勾缝、抹护板灰、苫背、泥背不扣除连檐、扶脊木、角梁所占面积,铺瓦不扣除各种脊所占面积。

二、檐头附件、铺檐头琉璃瓦剪边以长度计算,其中硬山、悬山建筑算至博风外皮,带角梁的建筑算至仔角梁端中点。

三、各种脊均按长度计算,其中:

1. 正脊带吻(兽)、围脊及清水脊应扣除吻(兽)、平草、跨草、落落草所占长度。

2. 过垄脊、鞍子脊算至边垄外皮。

3. 歇山垂脊,下端算至兽座或盘子外皮,上端有正吻(兽)的算至吻(兽)外皮,无正吻(兽)的算至正脊中线。

4. 戗脊、角脊及庑殿、攒尖、硬山、悬山垂脊带垂(岔)兽者,按兽前(包括兽)、兽后分别由趟头外皮算至兽后口;兽后部分由兽后口起计算,戗脊算至垂脊外皮,角脊算至合角吻外皮,庑殿、攒尖建筑垂脊算至吻或宝顶外皮,硬山、悬山建筑垂脊有正吻的,算至正脊中线。

5. 布瓦屋面的无陡板垂脊,由规矩盘子或勾头外皮算至正脊中线。

6. 披水梢垄由勾头外皮算至正脊中线。

7. 博脊算至挂尖头。

四、各种脊附件不分尖山、圆山(卷棚)均按每一坡为单位,以"条"计算。

五、正吻、合角吻、宝顶、云冠以"份"计算,合角吻按每角算一份。

六、星星瓦按图示长度计算。

一、屋 面 基 层

工作内容：材料运输、调制灰浆、铺设简易脚手架、屋面苫背分层摊抹、拍麻刀、
轧实、赶光等。

计量单位：10m²

定 额 编 号			3-5-1	3-5-2	3-5-3	3-5-4	3-5-5	3-5-6
项 目			护板灰	泥背滑秸	泥背麻刀	青灰背	月白灰背	白灰背
				厚（mm 以内）				
				50		30		
名 称		单位	消 耗 量					
人工	合计工日	工日	0.330	0.820	0.820	4.670	2.540	2.050
	其中 普工	工日	0.065	0.164	0.164	0.933	0.508	0.409
	一般技工	工日	0.116	0.287	0.287	1.635	0.889	0.718
	高级技工	工日	0.149	0.369	0.369	2.102	1.143	0.923
材料	白灰	kg	105.000	105.000	105.000	210.000	234.500	234.500
	青灰	kg	13.500	—	—	47.000	31.000	—
	幼麻筋（麻刀）	kg	3.800	—	3.200	10.200	18.000	18.000
	滑秸	kg	—	4.200	—	—	—	—
	其他材料费	%	1.00	1.00	1.00	1.00	1.00	1.00
机械	灰浆搅拌机 200L	台班	0.040	0.040	0.040	0.090	0.100	0.080

工作内容: 材料运输、调制灰浆、铺设简易脚手架、屋面苫背分层摊抹、拍麻刀、
轧实、赶光等。

计量单位: 10m²

	定 额 编 号		3-5-7	3-5-8
	项 目		望板勾缝	锡背
	名 称	单位	消 耗 量	
人工	合计工日	工日	0.250	3.800
	其中 普工	工日	0.049	0.760
	一般技工	工日	0.088	1.330
	高级技工	工日	0.113	1.710
材料	铝板 $\delta 3$	kg	—	392.200
	焊锡	kg	—	1.500
	幼麻筋（麻刀）	kg	0.300	—
	青灰	kg	1.300	—
	白灰	kg	10.000	—
	其他材料费	%	1.00	1.00

二、布 瓦 屋 面

工作内容:铺瓦及檐头附近包括铺设简易脚手架、分中、号垄、排钉或砌抹瓦口、
铺瓦、安勾滴、安钉帽、窝角沟、天沟附件、打点等。 计量单位:10m²

定 额 编 号			3-5-9	3-5-10	3-5-11	3-5-12	3-5-13
项 目			筒瓦屋面(裹垄)				
			头号	1号	2号	3号	10号
名 称		单位	消 耗 量				
人工	合计工日	工日	9.230	9.230	11.070	12.920	14.760
	其中 普工	工日	1.845	1.845	2.213	2.584	2.952
	一般技工	工日	3.231	3.231	3.875	4.522	5.166
	高级技工	工日	4.154	4.154	4.982	5.814	6.642
材料	板瓦 1#	块	—	654.000	—	—	—
	板瓦 2#	块	—	—	816.000	—	—
	板瓦 3#	块	—	—	—	1050.000	—
	板瓦 10#	块	—	—	—	—	2626.000
	筒瓦 1#	块	—	218.000	—	—	—
	筒瓦 2#	块	—	—	272.000	—	—
	筒瓦 3#	块	—	—	—	350.000	—
	筒瓦 10#	块	—	—	—	—	875.000
	幼麻筋(麻刀)	kg	—	6.100	5.800	6.000	6.000
	青灰	kg	—	21.000	20.100	21.000	21.000
	白灰	kg	—	375.000	350.000	345.000	345.000
	板瓦	块	409.730	—	—	—	—
	筒瓦	块	136.580	—	—	—	—
	掺灰泥 4:6	m³	0.780	—	—	—	—
	深月白中麻刀灰(扎档)	m³	0.060	—	—	—	—
	深月白中麻刀灰	m³	0.180	—	—	—	—
	其他材料费	%	1.00	1.00	1.00	1.00	1.00
机械	灰浆搅拌机 200L	台班	0.255	0.140	0.130	0.130	0.130

工作内容:铺瓦及檐头附近包括铺设简易脚手架、分中、号垄、排钉或砌抹瓦口、
铺瓦、安勾滴、安钉帽、窝角沟、天沟附件、打点等。　　　　　计量单位:10m²

定 额 编 号			3-5-14	3-5-15	3-5-16	3-5-17	3-5-18
项　　　目			筒瓦檐头附件(裹垄)				
			头号	1 号	2 号	3 号	10 号
名　　　称		单位	消　耗　量				
人工	合计工日	工日	2.490	2.760	2.760	3.690	4.150
	其中 普工	工日	0.497	0.552	0.552	0.737	0.829
	一般技工	工日	0.872	0.966	0.966	1.292	1.453
	高级技工	工日	1.121	1.242	1.242	1.661	1.868
材料	滴水 1#	块	—	42.000	—	—	—
	滴水 2#	块	—	—	47.000	—	—
	滴水 3#	块	—	—	—	55.000	—
	滴水 10#	块	—	—	—	—	74.000
	勾头 1#	块	—	42.000	—	—	—
	勾头 2#	块	—	—	47.000	—	—
	勾头 3#	块	—	—	—	55.000	—
	勾头 10#	块	—	—	—	—	74.000
	白灰	kg	—	158.200	133.700	118.000	62.500
	青灰	kg	—	20.500	17.300	15.300	8.200
	幼麻筋(麻刀)	kg	—	5.900	5.000	4.400	2.400
	勾头	块	37.500	—	—	—	—
	滴水	块	37.500	—	—	—	—
	深月白中麻刀灰	m³	0.230	—	—	—	—
	松烟	kg	0.250	—	—	—	—
	骨胶	kg	0.100	—	—	—	—
	其他材料费	%	1.00	1.00	1.00	1.00	1.00
机械	灰浆搅拌机 200L	台班	0.060	0.060	0.050	0.050	0.030

工作内容: 铺瓦及檐头附近包括铺设简易脚手架、分中、号垄、排钉或砌抹瓦口、

铺瓦、安勾滴、安钉帽、窝角沟、天沟附件、打点等。

计量单位:10m²

定 额 编 号			3-5-19	3-5-20	3-5-21	3-5-22	3-5-23
项 目			筒瓦檐头附件(捉节夹垄)				
			头号	1 号	2 号	3 号	10 号
名 称		单位	消 耗 量				
人工	合计工日	工日	2.300	2.490	2.490	2.770	3.690
	其中 普工	工日	0.460	0.497	0.497	0.553	0.737
	一般技工	工日	0.805	0.872	0.872	0.970	1.292
	高级技工	工日	1.035	1.121	1.121	1.247	1.661
材料	滴水 1#	块	—	45.000	—	—	—
	滴水 2#	块	—	—	50.000	—	—
	滴水 3#	块	—	—	—	58.000	—
	滴水 10#	块	—	—	—	—	80.000
	勾头 1#	块	—	45.000	—	—	—
	勾头 2#	块	—	—	50.000	—	—
	勾头 3#	块	—	—	—	58.000	—
	勾头 10#	块	—	—	—	—	80.000
	白灰	kg	—	132.300	111.800	99.600	53.200
	青灰	kg	—	17.200	14.500	12.900	6.900
	幼麻筋(麻刀)	kg	—	4.900	4.100	3.700	2.000
	勾头	块	39.600	—	—	—	—
	滴水	块	39.600	—	—	—	—
	深月白中麻刀灰	m³	0.190	—	—	—	—
	松烟	kg	0.250	—	—	—	—
	骨胶	kg	0.100	—	—	—	—
	其他材料费	%	1.00	1.00	1.00	1.00	1.00
机械	灰浆搅拌机 200L	台班	0.050	0.050	0.050	0.040	0.020

工作内容: 铺瓦及檐头附近包括铺设简易脚手架、分中、号垄、排钉或砌抹瓦口、

铺瓦、安勾滴、安钉帽、窝角沟、天沟附件、打点等。　　　　计量单位:10m²

	定　额　编　号		3-5-24	3-5-25	3-5-26	3-5-27	3-5-28
	项　　目		筒瓦屋面(捉节夹垄)				
			头号	1号	2号	3号	10号
	名　　称	单位	消　耗　量				
人工	合计工日	工日	7.380	7.380	8.310	11.070	13.840
	其中 普工	工日	1.476	1.476	1.661	2.213	2.768
	一般技工	工日	2.583	2.583	2.909	3.875	4.844
	高级技工	工日	3.321	3.321	3.740	4.982	6.228
材料	板瓦 1#	块	—	704.000	—	—	—
	板瓦 2#	块	—	—	855.000	—	—
	板瓦 3#	块	—	—	—	1079.000	—
	板瓦 10#	块	—	—	—	—	2828.000
	筒瓦 1#	块	—	235.000	—	—	—
	筒瓦 2#	块	—	—	285.000	—	—
	筒瓦 3#	块	—	—	—	360.000	—
	筒瓦 10#	块	—	—	—	—	943.000
	幼麻筋(麻刀)	kg	—	3.600	3.900	4.600	4.600
	青灰	kg	—	12.500	13.600	16.400	16.400
	白灰	kg	—	310.000	300.000	310.000	310.000
	板瓦	块	441.250	—	—	—	—
	筒瓦	块	147.080	—	—	—	—
	掺灰泥 4:6	m³	0.780	—	—	—	—
	深月白中麻刀灰(扎档)	m³	0.060	—	—	—	—
	深月白中麻刀灰	m³	0.080	—	—	—	—
	其他材料费	%	1.00	1.00	1.00	1.00	1.00
机械	灰浆搅拌机 200L	台班	0.230	0.120	0.110	0.120	0.120

工作内容: 铺瓦及檐头附近包括铺设简易脚手架、分中、号垄、排钉或砌抹瓦口、
铺瓦、安勾滴、安钉帽、窝角沟、天沟附件、打点等。

计量单位:10m²

	定 额 编 号		3-5-29	3-5-30	3-5-31
	项 目		合瓦屋面		
			1 号	2 号	3 号
	名 称	单位	消 耗 量		
人工	合计工日	工日	10.150	10.700	11.160
	其中 普工	工日	2.029	2.140	2.232
	一般技工	工日	3.553	3.745	3.906
	高级技工	工日	4.568	4.815	5.022
材料	板瓦 1#	块	1285.000	—	—
	板瓦 2#	块	—	1357.000	—
	板瓦 3#	块	—	—	1722.000
	幼麻筋（麻刀）	kg	4.400	4.400	5.200
	青灰	kg	15.300	15.300	18.500
	白灰	kg	396.500	377.400	385.500
	其他材料费	%	1.00	1.00	1.00
机械	灰浆搅拌机 200L	台班	0.150	0.140	0.150

工作内容: 铺瓦及檐头附近包括铺设简易脚手架、分中、号垄、排钉或砌抹瓦口、

铺瓦、安勾滴、安钉帽、窝角沟、天沟附件、打点等。 计量单位:10m²

定 额 编 号			3-5-32	3-5-33	3-5-34	3-5-35
项 目			干茬瓦屋面			
			2 号	3 号	10 号	干茬瓦檐头每10m 增加材料
名 称		单位	消 耗 量			
人工	合计工日	工日	6.360	6.730	7.380	—
	其中 普工	工日	1.272	1.345	1.476	—
	一般技工	工日	2.226	2.356	2.583	—
	高级技工	工日	2.862	3.029	3.321	—
材料	板瓦	块	1028.900	1317.600	2952.500	—
	深月白中麻刀灰	m³	—	—	—	0.020
	掺灰泥 4:6	m³	0.600	0.540	0.540	—
	其他材料费	%	1.00	1.00	1.00	—
机械	灰浆搅拌机 200L	台班	0.150	0.135	0.135	0.010

工作内容: 调脊包括安脊桩、扎尖、摆砌各种脊件,布瓦脊及宝顶包括砍制各种
砖件,清水脊的蝎子尾包括平草、跨草、落落草的雕刻等。

计量单位:10m

定　额　编　号			3-5-36	3-5-37	3-5-38	3-5-39
项　　目			带吻(兽)正脊			
			带陡板 高度(mm 以下)		带陡板 高度(mm 以上)	无陡板
			500	700		
名　　称		单位	消　耗　量			
人工	合计工日	工日	30.090	32.470	33.950	16.480
	其中 普工	工日	6.017	6.493	6.789	3.296
	一般技工	工日	10.532	11.365	11.883	5.768
	高级技工	工日	13.541	14.612	15.278	7.416
材料	板瓦 1#	块	120.000	120.000	120.000	120.000
	筒瓦 1#	块	60.000	60.000	60.000	6.000
	大开条砖 288×144×64	块	84.000	84.000	84.000	37.900
	地趴砖 384×192×96	块	86.800	86.800	86.800	—
	尺二方砖 384×384×58	块	28.000	—	54.200	—
	尺四方砖 448×448×64	块	—	28.000	—	—
	小停泥砖 288×144×64	块	—	—	—	74.000
	幼麻筋(麻刀)	kg	12.900	13.700	16.200	10.900
	青灰	kg	45.100	47.800	56.700	38.000
	白灰	kg	347.800	368.200	436.500	293.200
	其他材料费	%	1.00	1.00	1.00	1.00
机械	灰浆搅拌机 200L	台班	0.140	0.150	0.180	0.120

工作内容: 调脊包括安脊桩、扎尖、摆砌各种脊件,布瓦脊及宝顶包括砍制各种
砖件,清水脊的蝎子尾包括平草、跨草、落落草的雕刻等。　　　　　　　　计量单位: 10m

定　额　编　号			3-5-40	3-5-41	3-5-42
项　　目			鞍子脊		
			1 号	2 号	3 号
名　　称		单位	消　耗　量		
人工	合计工日	工日	6.640	7.630	8.610
	其中 普工	工日	1.328	1.525	1.721
	一般技工	工日	2.324	2.671	3.014
	高级技工	工日	2.988	3.434	3.875
材料	板瓦 1#	块	47.000	—	—
	板瓦 2#	块	—	53.300	—
	板瓦 3#	块	—	—	61.800
	1# 折腰、续折腰	块	130.200	—	—
	2# 折腰、续折腰	块	—	148.700	—
	3# 折腰、续折腰	块	—	—	171.200
	白灰	kg	402.400	382.000	368.200
	青灰	kg	52.200	49.600	47.800
	蓝机砖	块	15.500	15.500	20.600
	幼麻筋(麻刀)	kg	14.900	14.200	13.700
	其他材料费	%	1.00	1.00	1.00
机械	灰浆搅拌机 200L	台班	0.160	0.160	0.150

工作内容: 调脊包括安脊桩、扎尖、摆砌各种脊件,布瓦脊及宝顶包括砍制各种砖件,清水脊的蝎子尾包括平草、跨草、落落草的雕刻等。

定 额 编 号			3-5-43	3-5-44	3-5-45	3-5-46
项 目			清水脊	蝎子尾脊		
				平草	跨草	落落草
计 量 单 位			10m	10份	10份	10份
名 称		单位	消 耗 量			
人工	合计工日	工日	13.280	16.500	13.200	20.100
	其中 普工	工日	2.656	3.300	2.640	4.020
	一般技工	工日	4.648	5.775	4.620	7.035
	高级技工	工日	5.976	7.425	5.940	9.045
材料	小停泥砖 288×144×64	块	48.000	—	—	—
	板瓦 1#	块	156.000	—	—	—
	板瓦 2#	块	—	140.000	140.000	140.000
	勾头 2#	块	—	20.800	20.800	20.800
	筒瓦 2#	块	—	30.900	30.900	30.900
	平草	份	—	10.000	—	—
	跨草	份	—	—	10.000	—
	落落草	份	—	—	—	10.000
	木方	m³	—	0.010	0.010	0.010
	白灰	kg	163.700	109.100	109.100	109.100
	青灰	kg	21.200	14.200	14.200	14.200
	蓝机砖	块	157.000	81.000	81.000	81.000
	幼麻筋(麻刀)	kg	6.100	4.000	4.000	4.000
	其他材料费	%	1.00	1.00	1.00	1.00
机械	灰浆搅拌机 200L	台班	0.070	0.040	0.040	0.040

工作内容: 调脊包括安脊桩、扎尖、摆砌各种脊件,布瓦脊及宝顶包括砍制各种

砖件,清水脊的蝎子尾包括平草、跨草、落落草的雕刻等。

计量单位:10m

	定 额 编 号		3-5-47	3-5-48	3-5-49
	项 目		布瓦屋面垂脊带陡板		
			庑殿攒尖兽前	庑殿攒尖兽后高（mm 以内）	庑殿攒尖兽后高（mm 以外）
				400	
	名 称	单位	消 耗 量		
人工	合计工日	工日	16.320	27.880	30.750
	其中 普工	工日	3.264	5.576	6.149
	一般技工	工日	5.712	9.758	10.763
	高级技工	工日	7.344	12.546	13.838
材料	尺二方砖 384×384×58	块	—	—	27.600
	小停泥砖 288×144×64	块	—	80.000	—
	板瓦 2#	块	115.600	115.600	115.600
	筒瓦 2#	块	10.000	57.800	57.800
	白灰	kg	122.700	225.100	231.900
	青灰	kg	16.000	29.200	30.100
	蓝机砖	块	91.000	183.000	183.000
	幼麻筋（麻刀）	kg	4.500	8.300	8.600
	其他材料费	%	1.00	1.00	1.00
机械	灰浆搅拌机 200L	台班	0.050	0.090	0.090

工作内容: 调脊包括安脊桩、扎尖、摆砌各种脊件,布瓦脊及宝顶包括砍制各种

砖件,清水脊的蝎子尾包括平草、跨草、落落草的雕刻等。　　　　　　　计量单位:10m

定 额 编 号			3-5-50	3-5-51	3-5-52
项　　　　目			布瓦屋面垂脊带陡板		
			悬山硬山兽前	悬山硬山兽后高 (mm 以内)	悬山硬山兽后高 (mm 以外)
				400	
名　　　称		单位	消　耗　量		
人工	合计工日	工日	19.190	29.850	32.640
	其中 普工	工日	3.837	5.969	6.528
	一般技工	工日	6.717	10.448	11.424
	高级技工	工日	8.636	13.433	14.688
材料	尺二方砖 384×384×58	块	—	—	27.600
	小停泥砖 288×144×64	块	—	80.000	—
	滴水 2#	块	50.000	50.000	50.000
	勾头 2#	块	50.000	50.000	50.000
	板瓦 2#	块	165.600	165.600	165.600
	筒瓦 2#	块	10.000	57.800	57.800
	白灰	kg	211.400	225.100	231.900
	青灰	kg	27.400	29.200	30.100
	蓝机砖	块	91.000	183.000	183.000
	幼麻筋(麻刀)	kg	7.800	8.300	8.600
	其他材料费	%	1.00	1.00	1.00
机械	灰浆搅拌机 200L	台班	0.090	0.090	0.090

工作内容：调脊包括安脊桩、扎尖、摆砌各种脊件，布瓦脊及宝顶包括砍制各种
砖件，清水脊的蝎子尾包括平草、跨草、落落草的雕刻等。

计量单位：10m

定 额 编 号			3-5-53	3-5-54
项　　　　目			布瓦屋面垂脊带陡板	
			歇山兽后高（mm 以内）	歇山兽后高（mm 以外）
			400	
名　　　称		单位	消　耗　量	
人工	合计工日	工日	29.850	32.640
	其中 普工	工日	5.969	6.528
	一般技工	工日	10.448	11.424
	高级技工	工日	13.433	14.688
材料	尺二方砖 384×384×58	块	—	27.600
	小停泥砖 288×144×64	块	80.000	—
	滴水 2#	块	50.000	50.000
	勾头 2#	块	50.000	50.000
	板瓦 2#	块	165.600	165.600
	筒瓦 2#	块	57.800	57.800
	白灰	kg	354.600	361.400
	青灰	kg	46.000	46.900
	蓝机砖	块	183.000	183.000
	幼麻筋（麻刀）	kg	13.200	13.400
	其他材料费	%	1.00	1.00
机械	灰浆搅拌机 200L	台班	0.150	0.150

工作内容: 调脊包括安脊桩、扎尖、摆砌各种脊件,布瓦脊及宝顶包括砍制各种

砖件,清水脊的蝎子尾包括平草、跨草、落落草的雕刻等。 计量单位:10m

定 额 编 号			3-5-55	3-5-56	3-5-57	3-5-58
项 目			布瓦屋面垂脊无陡板			
			铃铛排山	攒尖	披水排山	披水梢垄
名 称		单位	消 耗 量			
人工	合计工日	工日	20.090	18.290	19.110	2.790
	其中 普工	工日	4.017	3.657	3.821	0.557
	一般技工	工日	7.032	6.402	6.689	0.977
	高级技工	工日	9.041	8.231	8.600	1.256
材料	小停泥砖 288×144×64	块	—	—	45.000	45.000
	滴水 2#	块	50.000	—	—	—
	勾头 2#	块	50.000	—	—	—
	板瓦 2#	块	165.600	115.600	115.600	—
	筒瓦 2#	块	57.800	57.800	57.800	57.800
	白灰	kg	211.400	122.700	156.900	75.000
	青灰	kg	27.400	16.000	20.400	9.800
	蓝机砖	块	134.000	134.000	134.000	85.800
	幼麻筋（麻刀）	kg	7.800	4.500	5.900	2.800
	其他材料费	%	1.00	1.00	1.00	1.00
机械	灰浆搅拌机 200L	台班	0.090	0.050	0.060	0.030

工作内容：调脊包括安脊桩、扎尖、摆砌各种脊件，布瓦脊及宝顶包括砍制各种

砖件，清水脊的蝎子尾包括平草、跨草、落落草的雕刻等。　　　　　　　计量单位：10条

定　额　编　号				3-5-59	3-5-60
项　　　目				黑活屋脊附件（带陡板）	
				庑殿攒尖兽后高（mm 以内）	庑殿攒尖兽后高（mm 以外）
				400	
名　　　称			单位	消　耗　量	
人工	合计工日		工日	4.260	4.260
	其中	普工	工日	0.852	0.852
		一般技工	工日	1.491	1.491
		高级技工	工日	1.917	1.917
材料	垂兽七样		件	—	10.000
	垂兽八样		件	10.000	—
	套兽七样		件	—	10.000
	套兽八样		件	10.000	—
	七样抱头狮子（走兽）		件	—	10.000
	八样抱头狮子（走兽）		件	10.000	—
	滴水 2#		块	10.000	10.000
	勾头 2#		块	10.000	10.000
	大开条砖 288×144×64		块	10.000	10.000
	尺二方砖 384×384×58		块	10.000	10.000
	白灰		kg	54.600	54.600
	青灰		kg	7.100	7.100
	幼麻筋（麻刀）		kg	2.000	2.000
	其他材料费		%	1.00	1.00
机械	灰浆搅拌机 200L		台班	0.020	0.020

工作内容: 调脊包括安脊桩、扎尖、摆砌各种脊件,布瓦脊及宝顶包括砍制各种
砖件,清水脊的蝎子尾包括平草、跨草、落落草的雕刻等。

计量单位: 10 条

定 额 编 号			3-5-61	3-5-62
项 目			黑活屋脊附件(带陡板)	
			悬山硬山兽后高 (mm 以内)	悬山硬山兽后高 (mm 以外)
			400	
名 称		单位	消 耗 量	
人工	合计工日	工日	4.260	4.260
	其中 普工	工日	0.852	0.852
	一般技工	工日	1.491	1.491
	高级技工	工日	1.917	1.917
材料	垂兽七样	件	—	10.000
	垂兽八样	件	10.000	—
	七样抱头狮子(走兽)	件	—	10.000
	八样抱头狮子(走兽)	件	10.000	—
	滴水 2#	块	10.000	10.000
	勾头 2#	块	10.000	10.000
	大开条砖 288×144×64	块	10.000	10.000
	尺二方砖 384×384×58	块	10.000	10.000
	白灰	kg	54.600	54.600
	青灰	kg	7.100	7.100
	幼麻筋(麻刀)	kg	2.000	2.000
	其他材料费	%	1.00	1.00
机械	灰浆搅拌机 200L	台班	0.020	0.020

工作内容： 调脊包括安脊桩、扎尖、摆砌各种脊件，布瓦脊及宝顶包括砍制各种
　　　　砖件，清水脊的蝎子尾包括平草、跨草、落落草的雕刻等。　　　　　　　计量单位：10条

定　额　编　号			3-5-63	3-5-64
项　　目			黑活屋脊附件（带陡板）	
			歇山兽后高 （mm 以内）	歇山兽后高 （mm 以外）
			400	
名　　称		单位	消　耗　量	
人工	合计工日	工日	4.260	4.260
	其中 普工	工日	0.852	0.852
	一般技工	工日	1.491	1.491
	高级技工	工日	1.917	1.917
材料	垂兽七样	件	—	10.000
	垂兽八样	件	10.000	—
	勾头 2#	块	10.000	10.000
	白灰	kg	54.600	54.600
	青灰	kg	7.100	7.100
	幼麻筋（麻刀）	kg	2.000	2.000
	其他材料费	%	1.00	1.00
机械	灰浆搅拌机 200L	台班	0.020	0.020

工作内容:调脊包括安脊桩、扎尖、摆砌各种脊件,布瓦脊及宝顶包括砍制各种
砖件,清水脊的蝎子尾包括平草、跨草、落落草的雕刻等。 计量单位:10 条

定 额 编 号			3-5-65	3-5-66	3-5-67
项 目			垂脊(附件)无陡板		
			铃铛排山脊	披水排山脊	披水梢垄
名 称		单位	消 耗 量		
人工	合计工日	工日	4.260	4.670	0.410
	其中 普工	工日	0.852	0.933	0.081
	一般技工	工日	1.491	1.635	0.144
	高级技工	工日	1.917	2.102	0.185
材料	大开条砖 288×144×64	块	10.000	10.000	—
	尺二方砖 384×384×58	块	10.000	10.000	—
	小停泥砖 288×144×64	块	—	10.000	10.000
	大城样砖	块	5.000	5.000	—
	滴水 2#	块	10.000	10.000	10.000
	勾头 2#	块	2.000	2.000	2.000
	白灰	kg	27.300	13.600	13.600
	青灰	kg	3.500	1.800	1.800
	幼麻筋(麻刀)	kg	1.000	0.500	0.500
	其他材料费	%	1.00	1.00	1.00
机械	灰浆搅拌机 200L	台班	0.010	0.010	0.010

工作内容：调脊包括安脊桩、扎尖、摆砌各种脊件,布瓦脊及宝顶包括砍制各种
砖件,清水脊的蝎子尾包括平草、跨草、落落草的雕刻等。　　　　　　计量单位：10m

定　额　编　号			3-5-68	3-5-69	3-5-70	3-5-71
项　　　目			筒瓦过垄脊（裹垄）			
			1 号	2 号	3 号	10 号
名　　称		单位	消　耗　量			
人工	合计工日	工日	6.640	7.630	8.610	9.510
	其中 普工	工日	1.328	1.525	1.721	1.901
	一般技工	工日	2.324	2.671	3.014	3.329
	高级技工	工日	2.988	3.434	3.875	4.280
材料	1# 折腰、续折腰	块	141.000	—	—	—
	2# 折腰、续折腰	块	—	160.000	—	—
	3# 折腰、续折腰	块	—	—	185.800	—
	10# 折腰、续折腰	块	—	—	—	252.000
	1# 罗锅、续罗锅	块	141.000	—	—	—
	2# 罗锅、续罗锅	块	—	160.000	—	—
	3# 罗锅、续罗锅	块	—	—	185.800	—
	10# 罗锅、续罗锅	块	—	—	—	252.000
	白灰	kg	436.500	368.300	320.500	175.000
	青灰	kg	56.600	47.800	41.600	22.100
	幼麻筋（麻刀）	kg	16.200	13.700	11.900	6.300
	其他材料费	%	1.00	1.00	1.00	1.00
机械	灰浆搅拌机 200L	台班	0.180	0.150	0.130	0.070

工作内容:调脊包括安脊桩、扎尖、摆砌各种脊件,布瓦脊及宝顶包括砍制各种砖件,清水脊的蝎子尾包括平草、跨草、落落草的雕刻等。

计量单位:10m

定 额 编 号			3-5-72	3-5-73	3-5-74	3-5-75
项 目			筒瓦过垄脊(捉节夹垄)			
			1号	2号	3号	10号
名 称		单位	消 耗 量			
人工	合计工日	工日	4.840	5.740	6.640	7.630
	其中 普工	工日	0.968	1.148	1.328	1.525
	一般技工	工日	1.694	2.009	2.324	2.671
	高级技工	工日	2.178	2.583	2.988	3.434
材料	1# 折腰、续折腰	块	151.500	—	—	—
	2# 折腰、续折腰	块	—	167.800	—	—
	3# 折腰、续折腰	块	—	—	190.500	—
	10# 折腰、续折腰	块	—	—	—	271.200
	1# 罗锅、续罗锅	块	151.500	—	—	—
	2# 罗锅、续罗锅	块	—	167.800	—	—
	3# 罗锅、续罗锅	块	—	—	190.500	—
	10# 罗锅、续罗锅	块	—	—	—	271.200
	白灰	kg	416.100	354.600	313.700	163.700
	青灰	kg	54.000	46.000	40.700	21.300
	幼麻筋(麻刀)	kg	15.400	13.200	11.600	6.100
	其他材料费	%	1.00	1.00	1.00	1.00
机械	灰浆搅拌机 200L	台班	0.170	0.140	0.130	0.070

工作内容：调脊包括安脊桩、扎尖、摆砌各种脊件，布瓦脊及宝顶包括砍制各种
砖件，清水脊的蝎子尾包括平草、跨草、落落草的雕刻等。　　　　计量单位：10m

定 额 编 号				3-5-76	3-5-77	3-5-78
项　　目				合瓦过垄脊		
				1 号	2 号	3 号
名　　称			单位	消 耗 量		
人工	合计工日		工日	5.740	6.640	7.630
	其中	普工	工日	1.148	1.328	1.525
		一般技工	工日	2.009	2.324	2.671
		高级技工	工日	2.583	2.988	3.434
材料	板瓦 1#		块	47.000	—	—
	板瓦 2#		块	—	53.300	—
	板瓦 3#		块	—	—	61.800
	1# 折腰、续折腰		块	47.000	—	—
	2# 折腰、续折腰		块	—	53.300	—
	3# 折腰、续折腰		块	—	—	61.800
	白灰		kg	395.600	368.200	361.400
	青灰		kg	51.300	47.800	46.900
	幼麻筋（麻刀）		kg	14.700	13.700	13.400
	其他材料费		%	1.00	1.00	1.00
机械	灰浆搅拌机 200L		台班	0.160	0.150	0.150

工作内容：调脊包括安脊桩、扎尖、摆砌各种脊件，布瓦脊及宝顶包括砍制各种
砖件，清水脊的蝎子尾包括平草、跨草、落落草的雕刻等。

计量单位：10m

定　额　编　号			3-5-79	3-5-80
项　　　　　目			围脊带陡板	
			陡坡　高度 （mm 以上）	陡坡　高度 （mm 以下）
			400	
名　　称		单位	消　耗　量	
人工	合计工日	工日	16.150	14.680
	其中 普工	工日	3.229	2.936
	一般技工	工日	5.653	5.138
	高级技工	工日	7.268	6.606
材料	尺二方砖 384×384×58	块	27.600	—
	小停泥砖 288×144×64	块	—	80.000
	板瓦 2#	块	115.600	115.600
	筒瓦 2#	块	57.800	57.800
	白灰	kg	238.700	225.100
	青灰	kg	31.000	29.200
	蓝机砖	块	183.000	183.000
	幼麻筋（麻刀）	kg	8.900	8.300
	其他材料费	%	1.00	1.00
机械	灰浆搅拌机 200L	台班	0.100	0.090

工作内容: 调脊包括安脊桩、扎尖、摆砌各种脊件,布瓦脊及宝顶包括砍制各种

砖件,清水脊的蝎子尾包括平草、跨草、落落草的雕刻等。　　　　计量单位:10m

定　额　编　号			3-5-81	3-5-82	3-5-83
项　　目			无陡板脊		
			围脊	博脊	花瓦脊
名　　称		单位	消　耗　量		
人工	合计工日	工日	9.100	9.100	11.930
	其中 普工	工日	1.820	1.820	2.385
	一般技工	工日	3.185	3.185	4.176
	高级技工	工日	4.095	4.095	5.369
材料	板瓦 2#	块	115.600	115.600	193.200
	筒瓦 2#	块	57.800	57.800	319.200
	白灰	kg	122.700	122.700	34.100
	青灰	kg	16.000	16.000	4.500
	蓝机砖	块	91.000	91.000	330.000
	幼麻筋（麻刀）	kg	4.500	4.500	1.300
	其他材料费	%	1.00	1.00	1.00
机械	灰浆搅拌机 200L	台班	0.050	0.050	0.010

工作内容:铺瓦及檐头附近包括铺设简易脚手架、分中、号垄、排钉或砌抹瓦口、

铺瓦、安勾滴、安顶帽、窝角沟、天沟附件、打点等。　　　　　　　　计量单位:10m

	定　额　编　号		3-5-84	3-5-85	3-5-86
	项　　　　　目		合瓦檐头附件		
			1 号	2 号	3 号
	名　　称	单位	消　耗　量		
人工	合计工日	工日	0.710	0.710	0.710
	其中 普工	工日	0.141	0.141	0.141
	一般技工	工日	0.249	0.249	0.249
	高级技工	工日	0.320	0.320	0.320
材料	花边瓦 1#	块	84.000	—	—
	花边瓦 2#	块	—	84.000	—
	花边瓦 3#	块	—	—	95.400
	水泥（综合）	kg	2.000	2.000	2.000
	砂子	kg	5.200	5.200	5.200
	白灰	kg	134.400	128.900	125.500
	青灰	kg	17.400	16.700	16.300
	幼麻筋（麻刀）	kg	5.200	4.800	4.700
	其他材料费	%	1.00	1.00	1.00
机械	灰浆搅拌机 200L	台班	0.060	0.050	0.050

工作内容: 宝顶包括砍制各种砖件,清水脊的蝎子尾包括平草、跨草、落落草的雕刻等。   计量单位:10 份

定 额 编 号			3-5-87	3-5-88	3-5-89	3-5-90	3-5-91
项　　目			正吻安装			合角吻安装	
			高 （mm 以下）	高 （mm 以上）	高 （mm 以上）	高 （mm 以下）	高 （mm 以上）
			600	1000		600	
名　　称		单位	消　耗　量				
人工	合计工日	工日	17.220	40.920	92.170	17.060	22.140
	其中 普工	工日	3.444	8.184	18.433	3.412	4.428
	一般技工	工日	6.027	14.322	32.260	5.971	7.749
	高级技工	工日	7.749	18.414	41.477	7.677	9.963
材料	正吻七样	份	—	—	10.000	—	—
	正吻八样	份	—	10.000	—	—	—
	正吻九样	份	10.000	—	—	—	—
	大城样砖	块	10.000	10.000	10.000	—	—
	小停泥砖 288×144×64	块	12.000	23.000	23.000	12.000	12.000
	大开条砖 288×144×64	块	6.000	6.000	6.000	—	—
	尺四方砖 448×448×64	块	10.000	16.000	16.000	—	—
	合角吻五样	对	—	—	—	—	10.000
	合角吻七样	对	—	—	—	10.000	—
	板瓦 2#	块	120.000	130.000	150.000	40.000	40.000
	白灰	kg	15.000	293.300	354.600	54.600	40.900
	青灰	kg	5.600	10.900	13.200	7.100	5.300
	吻锔	kg	—	63.000	119.200	—	—
	幼麻筋（麻刀）	kg	19.500	38.300	46.300	2.000	1.500
	其他材料费	%	1.00	1.00	1.00	1.00	1.00
机械	灰浆搅拌机 200L	台班	0.010	0.110	0.130	0.020	0.020

工作内容: 宝顶包括砍制各种砖件,清水脊的蝎子尾包括平草、跨草、落落草的雕刻等。　计量单位:10 份

定　额　编　号			3-5-92	3-5-93	3-5-94	3-5-95
项　　　目			宝顶砌筑			云冠
			高(mm 以下)	高(mm 以上)		
			600	1000		
名　　　称		单位	消　耗　量			
人工	合计工日	工日	146.370	274.860	595.160	11.500
	其中 普工	工日	29.273	54.972	119.032	2.300
	一般技工	工日	51.230	96.201	208.306	4.025
	高级技工	工日	65.867	123.687	267.822	5.175
材料	尺二方砖 384×384×58	块	170.000	—	—	—
	尺四方砖 448×448×64	块	—	380.000	886.000	—
	小停泥砖 288×144×64	块	600.000	1150.000	1710.000	—
	水泥(综合)	kg	25.800	129.000	283.800	—
	蓝机砖	块	400.000	2000.000	4000.000	—
	砂子	kg	326.200	1631.000	174.400	—
	白灰	kg	320.700	846.400	1563.300	143.900
	青灰	kg	39.200	97.000	3588.200	28.800
	幼麻筋(麻刀)	kg	11.200	27.700	49.700	6.500
	云冠	份	—	—	—	1.000
	其他材料费	%	1.00	1.00	1.00	1.00
机械	灰浆搅拌机 200L	台班	0.180	0.610	1.870	0.060

工作内容: 调脊包括安脊桩、扎尖、摆砌各种脊件,布瓦脊及宝顶包括砍制各种
砖件,清水脊的蝎子尾包括平草、跨草、落落草的雕刻等。

计量单位:10m

定　额　编　号			3-5-96	3-5-97	3-5-98	3-5-99
项　　目			布瓦屋面戗(岔)角脊			
			带陡板兽前	带陡板兽后高 (mm以上)	带陡板兽后高 (mm以下)	无陡板
				400		
名　　称		单位	消　耗　量			
人工	合计工日	工日	17.220	30.750	27.880	14.840
	其中 普工	工日	3.444	6.149	5.576	2.968
	一般技工	工日	6.027	10.763	9.758	5.194
	高级技工	工日	7.749	13.838	12.546	6.678
材料	蓝机砖	块	91.000	183.000	183.000	134.000
	板瓦 2#	块	115.600	115.600	115.600	115.600
	筒瓦 2#	块	10.000	57.800	57.800	57.800
	尺二方砖 384×384×58	块	—	27.600	—	—
	小停泥砖 288×144×64	块	—	—	80.000	—
	白灰	kg	122.800	238.700	225.100	122.700
	青灰	kg	15.900	31.000	29.200	16.000
	幼麻筋(麻刀)	kg	4.600	8.900	8.300	4.500
	其他材料费	%	1.00	1.00	1.00	1.00
机械	灰浆搅拌机 200L	台班	0.050	0.100	0.090	0.050

工作内容：调脊包括安脊桩、扎尖、摆砌各种脊件，布瓦脊及宝顶包括砍制各种
　　　　砖件，清水脊的蝎子尾包括平草、跨草、落落草的雕刻等。　　　　　计量单位：10m

定　额　编　号			3-5-100	3-5-101	3-5-102
项　　　目			戗（岔）角脊（附件）		
			带陡板兽后高（mm 以上）	带陡板兽后高（mm 以下）	无陡板
			400		
名　　称		单位	消　耗　量		
人工	合计工日	工日	4.920	4.260	4.260
	其中 普工	工日	0.984	0.852	0.852
	一般技工	工日	1.722	1.491	1.491
	高级技工	工日	2.214	1.917	1.917
材料	垂兽七样	件	10.000	—	—
	垂兽八样	件	—	10.000	—
	套兽七样	件	10.000	—	—
	套兽九样（3-1064）	件	—	10.000	—
	七样抱头狮子（走兽）	件	10.000	—	—
	八样抱头狮子（走兽）	件	—	10.000	—
	滴水 2#	块	10.000	10.000	10.000
	勾头 2#	块	20.000	20.000	20.000
	大开条砖 288×144×64	块	10.000	10.000	—
	白灰	kg	54.600	54.600	54.600
	青灰	kg	7.100	7.100	7.100
	幼麻筋（麻刀）	kg	2.000	2.000	2.000
	其他材料费	%	1.00	1.00	1.00
机械	灰浆搅拌机 200L	台班	0.020	0.020	0.020

三、琉璃瓦屋面

工作内容：铺瓦及檐头附近包括铺设简易脚手架、分中、号垄、排钉或砌抹瓦口、
铺瓦、安勾滴、安顶帽、窝角沟、天沟附件、打点等。　　　　　　　　　　计量单位：10m²

定　额　编　号			3-5-103	3-5-104	3-5-105	3-5-106	3-5-107	3-5-108
项　　　　目			屋面铺瓦					
			五样	六样	七样	八样	九样	竹节瓦
名　　　称		单位	消　耗　量					
人工	合计工日	工日	7.790	8.130	8.230	8.420	8.800	10.040
	其中 普工	工日	1.557	1.625	1.645	1.684	1.760	2.008
	一般技工	工日	2.727	2.846	2.881	2.947	3.080	3.514
	高级技工	工日	3.506	3.659	3.704	3.789	3.960	4.518
材料	板瓦五样	件	310.000	—	—	—	—	—
	板瓦六样	件	—	343.100	—	—	—	—
	板瓦七样	件	—	—	409.100	—	—	—
	板瓦八样	件	—	—	—	460.100	—	—
	板瓦九样	件	—	—	—	—	524.600	—
	筒瓦五样	件	124.000	—	—	—	—	—
	筒瓦六样	件	—	137.300	—	—	—	—
	筒瓦七样	件	—	—	163.600	—	—	—
	筒瓦八样	件	—	—	—	184.100	—	—
	筒瓦九样	件	—	—	—	—	210.000	—
	竹节瓦	m²	—	—	—	—	—	10.200
	白灰	kg	450.100	419.500	361.400	344.400	344.500	416.000
	青灰	kg	8.000	8.000	5.300	5.300	7.100	8.000
	氧化铁红	kg	1.100	1.100	1.300	1.500	1.500	1.100
	幼麻筋（麻刀）	kg	3.800	3.800	3.300	3.500	4.000	3.800
	其他材料费	%	1.00	1.00	1.00	1.00	1.00	1.00
机械	灰浆搅拌机 200L	台班	0.160	0.150	0.130	0.130	0.130	0.150

工作内容: 铺瓦及檐头附近包括铺设简易脚手架、分中、号垄、排钉或砌抹瓦口、铺瓦、安勾滴、安顶帽、窝角沟、天沟附件、打点等。

计量单位: 10m

定 额 编 号			3-5-109	3-5-110	3-5-111	3-5-112	3-5-113
项 目			琉璃瓦剪边				
			五样	六样	七样	八样	九样
名 称		单位	消 耗 量				
人工	合计工日	工日	7.610	7.850	7.360	7.360	7.080
	其中 普工	工日	1.521	1.569	1.472	1.472	1.416
	一般技工	工日	2.664	2.748	2.576	2.576	2.478
	高级技工	工日	3.425	3.533	3.312	3.312	3.186
材料	板瓦五样	件	247.800	—	—	—	—
	板瓦六样	件	—	262.500	—	—	—
	板瓦七样	件	—	—	297.500	—	—
	板瓦八样	件	—	—	—	317.400	—
	板瓦九样	件	—	—	—	—	342.000
	滴水五样	件	35.400	—	—	—	—
	滴水六样	件	—	37.500	—	—	—
	滴水七样	件	—	—	42.500	—	—
	滴水八样	件	—	—	—	45.300	—
	滴水九样	件	—	—	—	—	48.800
	筒瓦五样	件	70.800	—	—	—	—
	筒瓦六样	件	—	75.000	—	—	—
	筒瓦七样	件	—	—	85.000	—	—
	筒瓦八样	件	—	—	—	90.700	—
	筒瓦九样	件	—	—	—	—	97.600
	勾头五样	件	35.400	—	—	—	—
	勾头六样	件	—	37.500	—	—	—
	勾头七样	件	—	—	42.500	—	—
	勾头八样	件	—	—	—	45.300	—
	勾头九样	件	—	—	—	—	48.800
	钉帽五样	件	35.400	—	—	—	—
	钉帽六样	件	—	37.500	—	—	—
	钉帽七样	件	—	—	42.500	—	—
	钉帽八样	件	—	—	—	45.300	—
	钉帽九样	件	—	—	—	—	48.800
	白灰	kg	646.600	602.200	484.200	484.200	390.800
	青灰	kg	78.200	72.900	58.700	58.700	47.500
	瓦钉	kg	3.100	3.100	3.100	3.100	3.100
	氧化铁红	kg	1.300	1.200	1.000	0.900	0.800
	幼麻筋（麻刀）	kg	24.100	22.400	18.000	18.000	14.500
	其他材料费	%	1.00	1.00	1.00	1.00	1.00
机械	灰浆搅拌机 200L	台班	0.260	0.240	0.190	0.190	0.160

工作内容: 调脊包括安脊桩、扎尖、摆砌各种脊件,布瓦脊及宝顶包括砍制各种砖件,清水脊的蝎子尾包括平草、跨草、落落草的雕刻等。

计量单位:10m

定　额　编　号			3-5-114	3-5-115	3-5-116	3-5-117	3-5-118
项　　　　目			琉璃瓦屋面正脊				
			五样	六样	七样	八样	九样
名　　称		单位	消　耗　量				
人工	合计工日	工日	7.520	7.910	7.570	7.230	6.890
	其中 普工	工日	1.504	1.581	1.513	1.445	1.377
	一般技工	工日	2.632	2.769	2.650	2.531	2.412
	高级技工	工日	3.384	3.560	3.407	3.254	3.101
材料	正脊筒五样	件	14.200	—	—	—	—
	正脊筒六样	件	—	14.900	—	—	—
	正脊筒七样	件	—	—	16.300	—	—
	正脊筒八样	件	—	—	—	18.000	—
	正脊筒九样	件	—	—	—	—	20.200
	群色条五样	件	5.000	—	—	—	—
	群色条六样	件	—	52.000	—	—	—
	群色条七样	件	—	—	54.000	—	—
	群色条八样	件	—	—	—	60.000	—
	群色条九样	件	—	—	—	—	64.000
	正当沟五样	件	72.000	—	—	—	—
	正当沟六样	件	—	76.000	—	—	—
	正当沟七样	件	—	—	87.000	—	—
	正当沟八样	件	—	—	—	93.000	—
	正当沟九样	件	—	—	—	—	100.000
	筒瓦五样	件	32.600	—	—	—	—
	筒瓦六样	件	—	34.700	—	—	—
	筒瓦七样	件	—	—	35.900	—	—
	筒瓦八样	件	—	—	—	38.000	—
	筒瓦九样	件	—	—	—	—	40.500
	白灰	kg	613.800	477.400	409.200	320.500	266.000
	青灰	kg	57.900	44.500	35.600	26.700	22.300
	亚麻布	m²	80.900	74.500	81.500	54.000	60.600
	氧化铁红	kg	4.800	3.800	3.800	3.200	2.700
	幼麻筋（麻刀）	kg	22.900	17.800	15.300	11.900	10.000
	其他材料费	%	1.00	1.00	1.00	1.00	1.00
机械	灰浆搅拌机 200L	台班	0.240	0.190	0.160	0.120	0.100

工作内容：铺瓦及檐头附近包括铺设简易脚手架、分中、号垄、排钉或砌抹瓦口、

铺瓦、安勾滴、安顶帽、窝角沟、天沟附件、打点等。　　　　　　　　　　　计量单位：10m

定　额　编　号			3-5-119	3-5-120	3-5-121	3-5-122	3-5-123
项　　　　目			琉璃瓦屋面过垄脊				
			五样	六样	七样	八样	九样
名　　　称		单位	消　耗　量				
人工	合计工日	工日	8.420	8.500	8.590	8.760	8.930
	其中 普工	工日	1.684	1.700	1.717	1.752	1.785
	一般技工	工日	2.947	2.975	3.007	3.066	3.126
	高级技工	工日	3.789	3.825	3.866	3.942	4.019
材料	板瓦五样	件	130.400	—	—	—	—
	板瓦六样	件	—	138.800	—	—	—
	板瓦七样	件	—	—	163.200	—	—
	板瓦八样	件	—	—	—	179.600	—
	板瓦九样	件	—	—	—	—	195.200
	折腰、续折腰板瓦五样	件	97.800	—	—	—	—
	折腰、续折腰板瓦六样	件	—	114.100	—	—	—
	折腰、续折腰板瓦七样	件	—	—	122.400	—	—
	折腰、续折腰板瓦八样	件	—	—	—	134.700	—
	折腰、续折腰板瓦九样	件	—	—	—	—	146.400
	罗锅、续罗锅筒瓦五样	件	97.800	—	—	—	—
	罗锅、续罗锅筒瓦六样	件	—	114.100	—	—	—
	罗锅、续罗锅筒瓦七样	件	—	—	122.400	—	—
	罗锅、续罗锅筒瓦八样	件	—	—	—	134.700	—
	罗锅、续罗锅筒瓦九样	件	—	—	—	—	146.400
	白灰	kg	593.300	552.400	443.300	388.700	354.600
	青灰	kg	54.300	50.700	40.900	35.600	32.000
	氧化铁红	kg	5.000	4.600	3.600	3.200	3.100
	幼麻筋（麻刀）	kg	27.400	20.600	16.500	14.500	13.200
	其他材料费	%	1.00	1.00	1.00	1.00	1.00
机械	灰浆搅拌机 200L	台班	0.230	0.220	0.170	0.150	0.140

工作内容: 调脊包括安脊桩、扎尖、摆砌各种脊件,布瓦脊及宝顶包括砍制各种
砖件,清水脊的蝎子尾包括平草、跨草、落落草的雕刻等。　　　　　　计量单位:10m

定 额 编 号			3-5-124	3-5-125	3-5-126	3-5-127
项　　　　目			琉璃瓦墙帽正脊			
			六样	七样	八样	九样
名　　称		单位	消　耗　量			
人工	合计工日	工日	6.380	5.950	0.544	5.020
	其中 普工	工日	1.276	1.189	0.109	1.004
	一般技工	工日	2.233	2.083	0.190	1.757
	高级技工	工日	2.871	2.678	0.245	2.259
材料	正当沟六样	件	76.000	—	—	—
	正当沟七样	件	—	87.000	—	—
	正当沟八样	件	—	—	93.000	—
	正当沟九样	件	—	—	—	100.000
	承奉连六样	件	26.000	—	—	—
	承奉连七样	件	—	28.000	—	—
	承奉连八样	件	—	—	31.000	—
	承奉连九样	件	—	—	—	32.000
	筒瓦六样	件	34.700	—	—	—
	筒瓦七样	件	—	35.900	—	—
	筒瓦八样	件	—	—	38.000	—
	筒瓦九样	件	—	—	—	40.500
	白灰	kg	477.400	409.200	306.900	265.900
	青灰	kg	43.600	37.400	29.400	24.000
	氧化铁红	kg	4.000	3.400	2.300	2.180
	幼麻筋(麻刀)	kg	17.700	15.300	11.400	9.900
	其他材料费	%	1.00	1.00	1.00	1.00
机械	灰浆搅拌机 200L	台班	0.190	0.160	0.120	0.100

工作内容: 1.铺瓦及檐头附近包括铺设简易脚手架、分中、号垄、排钉或砌抹瓦口、
　　　　　　铺瓦、安勾滴、安顶帽、窝角沟、天沟附件、打点等。

　　2.调脊包括安脊桩、扎尖、摆砌各种脊件,布瓦脊及宝顶包括砍制各种
　　　砖件,清水脊的蝎子尾包括平草、跨草、落落草的雕刻等。

计量单位:10m

定额编号		3-5-128	3-5-129	3-5-130	3-5-131	3-5-132
项目		歇山铃铛排山脊				
		五样	六样	七样	八样	九样
名称	单位	消耗量				
人工 合计工日	工日	10.880	10.880	9.440	9.010	8.500
其中 普工	工日	2.176	2.176	1.888	1.801	1.700
一般技工	工日	3.808	3.808	3.304	3.154	2.975
高级技工	工日	4.896	4.896	4.248	4.055	3.825
正当沟五样	件	36.000	—	—	—	—
正当沟六样	件	—	38.000	—	—	—
正当沟七样	件	—	—	43.500	—	—
正当沟八样	件	—	—	—	46.500	—
正当沟九样	件	—	—	—	—	50.000
垂脊筒五样	件	18.000	—	—	—	—
垂脊筒六样	件	—	18.500	—	—	—
垂脊筒七样	件	—	—	19.200	—	—
垂脊筒八样	件	—	—	—	20.800	—
垂脊筒九样	件	—	—	—	—	22.200
板瓦五样	件	35.400	—	—	—	—
板瓦六样	件	—	37.500	—	—	—
板瓦七样	件	—	—	42.500	—	—
板瓦八样	件	—	—	—	45.300	—
板瓦九样	件	—	—	—	—	48.800
滴水五样	件	35.400	—	—	—	—
滴水六样	件	—	37.500	—	—	—
滴水七样	件	—	—	42.500	—	—
滴水八样	件	—	—	—	45.300	—
滴水九样	件	—	—	—	—	48.800
筒瓦五样	件	32.600	—	—	—	—
筒瓦六样	件	—	34.700	—	—	—
筒瓦七样	件	—	—	35.900	—	—
筒瓦八样	件	—	—	—	38.000	—
筒瓦九样	件	—	—	—	—	40.500
勾头五样	件	35.400	—	—	—	—
勾头六样	件	—	37.500	—	—	—
勾头七样	件	—	—	42.500	—	—
勾头八样	件	—	—	—	45.300	—
勾头九样	件	—	—	—	—	48.800
钉帽五样	件	35.400	—	—	—	—
钉帽六样	件	—	37.500	—	—	—
钉帽七样	件	—	—	42.500	—	—
钉帽八样	件	—	—	—	45.300	—
钉帽九样	件	—	—	—	—	48.800
白灰	kg	416.100	334.200	300.100	252.300	204.600
青灰	kg	38.300	30.300	27.600	23.100	18.700
氧化铁红	kg	3.400	2.900	2.500	2.100	1.700
幼麻筋(麻刀)	kg	15.500	12.400	11.200	9.400	7.600
其他材料费	%	1.00	1.00	1.00	1.00	1.00
机械 灰浆搅拌机 200L	台班	0.160	0.130	0.120	0.100	0.080

工作内容: 1.铺瓦及檐头附近包括铺设简易脚手架、分中、号垄、排钉或砌抹瓦口、
铺瓦、安勾滴、安顶帽、窝角沟、天沟附件、打点等。

2.调脊包括安脊桩、扎尖、摆砌各种脊件,布瓦脊及宝顶包括砍制各种
砖件,清水脊的蝎子尾包括平草、跨草、落落草的雕刻等。

计量单位:10m

定 额 编 号		3-5-133	3-5-134	3-5-135	3-5-136	3-5-137
项 目		硬山、悬山、铃铛排山脊(兽后)				
		五样	六样	七样	八样	九样
名 称	单位	消 耗 量				
人工 合计工日	工日	10.630	10.630	9.270	8.840	8.330
其中 普工	工日	2.125	2.125	1.853	1.768	1.665
一般技工	工日	3.721	3.721	3.245	3.094	2.916
高级技工	工日	4.784	4.784	4.172	3.978	3.749
正当沟五样	件	36.000	—	—	—	—
正当沟六样	件	—	38.000	—	—	—
正当沟七样	件	—	—	43.500	—	—
正当沟八样	件	—	—	—	46.500	—
正当沟九样	件	—	—	—	—	50.000
垂脊筒五样	件	18.000	—	—	—	—
垂脊筒六样	件	—	18.500	—	—	—
垂脊筒七样	件	—	—	19.200	—	—
垂脊筒八样	件	—	—	—	20.300	—
垂脊筒九样	件	—	—	—	—	22.200
板瓦五样	件	35.400	—	—	—	—
板瓦六样	件	—	37.500	—	—	—
板瓦七样	件	—	—	42.500	—	—
板瓦八样	件	—	—	—	45.300	—
板瓦九样	件	—	—	—	—	48.800
滴水五样	件	35.400	—	—	—	—
滴水六样	件	—	37.500	—	—	—
滴水七样	件	—	—	42.500	—	—
滴水八样	件	—	—	—	45.300	—
滴水九样	件	—	—	—	—	48.800
材料 筒瓦五样	件	32.600	—	—	—	—
筒瓦六样	件	—	34.700	—	—	—
筒瓦七样	件	—	—	35.900	—	—
筒瓦八样	件	—	—	—	39.500	—
筒瓦九样	件	—	—	—	—	40.500
勾头五样	件	35.400	—	—	—	—
勾头六样	件	—	37.500	—	—	—
勾头七样	件	—	—	42.500	—	—
勾头八样	件	—	—	—	45.300	—
勾头九样	件	—	—	—	—	48.800
钉帽五样	件	35.400	—	—	—	—
钉帽六样	件	—	37.500	—	—	—
钉帽七样	件	—	—	42.500	—	—
钉帽八样	件	—	—	—	45.300	—
钉帽九样	件	—	—	—	—	48.800
白灰	kg	416.100	334.200	300.100	252.300	204.600
青灰	kg	38.300	30.300	27.600	23.100	18.700
瓦钉	kg	3.100	3.300	2.200	3.500	2.500
氧化铁红	kg	3.400	2.900	2.500	2.100	1.700
幼麻筋(麻刀)	kg	15.500	12.400	11.200	9.400	7.600
其他材料费	%	1.00	1.00	1.00	1.00	1.00
机械 灰浆搅拌机 200L	台班	0.160	0.130	0.120	0.100	0.080

工作内容: 1. 铺瓦及檐头附近包括铺设简易脚手架、分中、号垄、排钉或砌抹瓦口、

铺瓦、安勾滴、安顶帽、窝角沟、天沟附件、打点等。

2. 调脊包括安脊桩、扎尖、摆砌各种脊件,布瓦脊及宝顶包括砍制各种

砖件,清水脊的蝎子尾包括平草、跨草、落落草的雕刻等。

计量单位:10m

定 额 编 号			3-5-138	3-5-139	3-5-140	3-5-141	3-5-142
项 目			硬山、悬山、铃铛排山脊(兽前)				
			五样	六样	七样	八样	九样
名 称		单位	消 耗 量				
人工	合计工日	工日	7.910	7.910	6.890	6.890	6.890
	其中 普工	工日	1.581	1.581	1.377	1.377	1.377
	一般技工	工日	2.769	2.769	2.412	2.412	2.412
	高级技工	工日	3.560	3.560	3.101	3.101	3.101
材料	正当沟五样	件	36.000	—	—	—	—
	正当沟六样	件	—	38.000	—	—	—
	正当沟七样	件	—	—	43.500	—	—
	正当沟八样	件	—	—	—	46.500	—
	正当沟九样	件	—	—	—	—	36.200
	三连砖五样	件	24.400	—	—	—	—
	三连砖六样	件	—	25.600	—	—	—
	三连砖七样	件	—	—	27.000	—	—
	三连砖八样	件	—	—	—	30.300	—
	三连砖九样	件	—	—	—	—	31.700
	板瓦五样	件	35.400	—	—	—	—
	板瓦六样	件	—	37.500	—	—	—
	板瓦七样	件	—	—	42.500	—	—
	板瓦八样	件	—	—	—	45.300	—
	板瓦九样	件	—	—	—	—	48.800
	滴水五样	件	35.400	—	—	—	—
	滴水六样	件	—	37.500	—	—	—
	滴水七样	件	—	—	42.500	—	—
	滴水八样	件	—	—	—	45.300	—
	滴水九样	件	—	—	—	—	48.800
	勾头五样	件	35.400	—	—	—	—
	勾头六样	件	—	37.500	—	—	—
	勾头七样	件	—	—	42.500	—	—
	勾头八样	件	—	—	—	45.300	—
	勾头九样	件	—	—	—	—	48.800
	钉帽五样	件	35.400	—	—	—	—
	钉帽六样	件	—	37.500	—	—	—
	钉帽七样	件	—	—	42.500	—	—
	钉帽八样	件	—	—	—	45.300	—
	钉帽九样	件	—	—	—	—	48.800
	白灰	kg	859.400	763.900	504.700	450.100	393.600
	青灰	kg	78.300	69.400	44.500	40.900	35.600
	瓦钉	kg	3.100	3.300	2.200	2.400	2.500
	氧化铁红	kg	7.300	6.500	4.600	3.800	3.400
	幼麻筋(麻刀)	kg	32.100	28.400	18.800	16.800	14.800
	其他材料费	%	1.00	1.00	1.00	1.00	1.00
机械	灰浆搅拌机 200L	台班	0.340	0.300	0.200	0.180	0.150

工作内容: 1.铺瓦及檐头附近包括铺设简易脚手架、分中、号垄、排钉或砌抹瓦口、
　　　　　　铺瓦、安勾滴、安顶帽、窝角沟、天沟附件、打点等。
　　2.调脊包括安脊桩、扎尖、摆砌各种脊件,布瓦脊及宝顶包括砍制各种
　　　　砖件,清水脊的蝎子尾包括平草、跨草、落落草的雕刻等。

计量单位:10m

定　额　编　号			3-5-143	3-5-144	3-5-145	3-5-146
项　　　目			硬山、悬山披水排山脊(兽前)			
			六样	七样	八样	九样
名　　称		单位	消　耗　量			
人工	合计工日	工日	6.380	5.950	5.440	5.020
	其中 普工	工日	1.276	1.189	1.088	1.004
	一般技工	工日	2.233	2.083	1.904	1.757
	高级技工	工日	2.871	2.678	2.448	2.259
材料	披水六样	件	35.000	—	—	—
	垂脊筒七样	件	—	35.000	—	—
	垂脊筒八样	件	—	—	35.000	—
	垂脊筒九样	件	—	—	—	35.000
	三连砖六样	件	25.600	—	—	—
	三连砖七样	件	—	27.000	—	—
	三连砖八样	件	—	—	32.300	—
	白灰	kg	456.900	381.900	306.900	218.200
	青灰	kg	41.800	34.700	28.500	19.600
	氧化铁红	kg	3.800	3.200	2.500	1.900
	幼麻筋(麻刀)	kg	17.000	14.200	11.400	8.100
	其他材料费	%	1.00	1.00	1.00	1.00
机械	灰浆搅拌机 200L	台班	0.180	0.150	0.120	0.090

工作内容: 1.铺瓦及檐头附近包括铺设简易脚手架、分中、号垄、排钉或砌抹瓦口、
铺瓦、安勾滴、安顶帽、窝角沟、天沟附件、打点等。
2.调脊包括安脊桩、扎尖、摆砌各种脊件,布瓦脊及宝顶包括砍制各种
砖件,清水脊的蝎子尾包括平草、跨草、落落草的雕刻等。　　　计量单位:10m

定　额　编　号			3-5-147	3-5-148	3-5-149	3-5-150
项　　目			歇山及硬山悬山披水排山脊（兽后）			
			六样	七样	八样	九样
名　　称		单位	消　耗　量			
人工	合计工日	工日	8.420	7.570	7.060	6.460
	其中 普工	工日	1.684	1.513	1.412	1.292
	一般技工	工日	2.947	2.650	2.471	2.261
	高级技工	工日	3.789	3.407	3.177	2.907
材料	垂脊筒六样	件	18.500	—	—	—
	垂脊筒七样	件	—	19.200	—	—
	承奉连八样	件	—	—	24.400	—
	三连砖九样	件	—	—	—	34.700
	筒瓦六样	件	34.700	—	—	—
	筒瓦七样	件	—	35.900	—	—
	筒瓦八样	件	—	—	38.000	—
	筒瓦九样	件	—	—	—	40.500
	披水六样	件	35.000	—	—	—
	披水七样	件	—	35.000	—	—
	披水八样	件	—	—	35.000	—
	披水九样	件	—	—	—	35.000
	白灰	kg	456.900	381.900	306.900	218.200
	青灰	kg	41.800	34.700	28.500	19.600
	氧化铁红	kg	3.800	3.200	2.500	1.900
	幼麻筋（麻刀）	kg	17.000	14.200	11.400	8.100
	其他材料费	%	1.00	1.00	1.00	1.00
机械	灰浆搅拌机 200L	台班	0.180	0.150	0.120	0.090

工作内容: 调脊包括安脊桩、扎尖、摆砌各种脊件,布瓦脊及宝顶包括砍制各种

砖件,清水脊的蝎子尾包括平草、跨草、落落草的雕刻等。 计量单位: 10m

定 额 编 号			3-5-151	3-5-152	3-5-153	3-5-154	3-5-155
项 目			庑殿、攒尖垂脊(兽后)				
			五样	六样	七样	八样	九样
名 称		单位	消 耗 量				
人工	合计工日	工日	20.520	20.520	17.670	16.720	7.700
	其中 普工	工日	4.104	4.104	3.533	3.344	1.540
	一般技工	工日	7.182	7.182	6.185	5.852	2.695
	高级技工	工日	9.234	9.234	7.952	7.524	3.465
材料	垂脊筒五样	件	36.000	—	—	—	—
	垂脊筒六样	件	—	37.400	—	—	—
	垂脊筒七样	件	—	—	40.800	—	—
	垂脊筒八样	件	—	—	—	43.400	—
	垂脊筒九样	件	—	—	—	—	23.300
	斜当沟五样	件	51.600	—	—	—	—
	斜当沟六样	件	—	54.600	—	—	—
	斜当沟七样	件	—	—	62.000	—	—
	斜当沟八样	件	—	—	—	66.200	—
	斜当沟九样	件	—	—	—	—	35.700
	筒瓦五样	件	65.200	—	—	—	—
	筒瓦六样	件	—	69.400	—	—	—
	筒瓦七样	件	—	—	71.800	—	—
	筒瓦八样	件	—	—	—	76.000	—
	筒瓦九样	件	—	—	—	—	40.500
	白灰	kg	913.800	763.800	654.800	545.600	204.600
	青灰	kg	83.600	69.400	60.600	49.800	18.700
	幼麻筋(麻刀)	kg	34.000	28.400	24.400	20.200	7.600
	其他材料费	%	1.00	1.00	1.00	1.00	1.00
机械	灰浆搅拌机 200L	台班	0.360	0.300	0.260	0.210	0.080

工作内容:调脊包括安脊桩、扎尖、摆砌各种脊件,布瓦脊及宝顶包括砍制各种
砖件,清水脊的蝎子尾包括平草、跨草、落落草的雕刻等。 计量单位:10m

定额编号			3-5-156	3-5-157	3-5-158	3-5-159	3-5-160
项 目			琉璃瓦屋面垂脊庑殿、攒尖(兽前)				
			五样	六样	七样	八样	九样
名 称		单位	消 耗 量				
人工	合计工日	工日	6.890	6.890	6.380	6.380	6.380
	其中 普工	工日	1.377	1.377	1.276	1.276	1.276
	一般技工	工日	2.412	2.412	2.233	2.233	2.233
	高级技工	工日	3.101	3.101	2.871	2.871	2.871
材料	斜当沟五样	件	25.800	—	—	—	—
	斜当沟六样	件	—	27.300	—	—	—
	斜当沟七样	件	—	—	31.000	—	—
	斜当沟八样	件	—	—	—	33.100	—
	斜当沟九样	件	—	—	—	—	35.700
	三连砖五样	件	24.600	—	—	—	—
	三连砖六样	件	—	25.900	—	—	—
	三连砖七样	件	—	—	27.300	—	—
	三连砖八样	件	—	—	—	30.600	—
	三连砖九样	件	—	—	—	—	32.100
	白灰	kg	416.100	334.200	300.100	252.300	204.600
	青灰	kg	38.300	30.300	27.600	23.100	18.700
	氧化铁红	kg	3.400	2.900	2.500	2.100	1.700
	幼麻筋(麻刀)	kg	15.500	12.400	11.200	9.400	7.600
	其他材料费	%	1.00	1.00	1.00	1.00	1.00
机械	灰浆搅拌机 200L	台班	0.160	0.130	0.120	0.100	0.080

工作内容：铺瓦及檐头附近包括铺设简易脚手架、分中、号垄、排钉或砌抹瓦口、铺瓦、
安勾滴、安顶帽、窝角沟、天沟附件、打点等。

计量单位：10m

定 额 编 号			3-5-161	3-5-162	3-5-163	3-5-164
项 目			披水梢垄			
			六样	七样	八样	九样
名 称		单位	消 耗 量			
人工	合计工日	工日	2.040	1.790	1.790	1.790
	其中 普工	工日	0.408	0.357	0.357	0.357
	一般技工	工日	0.714	0.627	0.627	0.627
	高级技工	工日	0.918	0.806	0.806	0.806
材料	筒瓦六样	件	34.700	—	—	—
	筒瓦七样	件	—	35.900	—	—
	筒瓦八样	件	—	—	38.000	—
	筒瓦九样	件	—	—	—	40.500
	披水六样	件	35.000	—	—	—
	披水七样	件	—	35.000	—	—
	披水八样	件	—	—	35.000	—
	披水九样	件	—	—	—	35.000
	白灰	kg	204.600	170.500	150.000	129.600
	青灰	kg	17.800	15.100	14.200	11.600
	氧化铁红	kg	1.900	1.500	1.100	1.100
	幼麻筋（麻刀）	kg	7.600	6.300	5.600	4.800
	其他材料费	%	1.00	1.00	1.00	1.00
机械	灰浆搅拌机 200L	台班	0.080	0.070	0.060	0.050

工作内容: 调脊包括安脊桩、扎尖、摆砌各种脊件,布瓦脊及宝顶包括砍制各种
砖件,清水脊的蝎子尾包括平草、跨草、落落草的雕刻等。 计量单位:10m

定 额 编 号			3-5-165	3-5-166	3-5-167	3-5-168	3-5-169
项 目			琉璃瓦屋面戗(岔)脊、角脊(兽前)				
			五样	六样	七样	八样	九样
名 称		单位	消 耗 量				
人工	合计工日	工日	14.110	14.110	15.220	15.220	15.220
	其中 普工	工日	2.821	2.821	3.044	3.044	3.044
	一般技工	工日	4.939	4.939	5.327	5.327	5.327
	高级技工	工日	6.350	6.350	6.849	6.849	6.849
材料	斜当沟五样	件	25.800	—	—	—	—
	斜当沟六样	件	—	27.300	—	—	—
	斜当沟七样	件	—	—	31.000	—	—
	斜当沟八样	件	—	—	—	33.100	—
	斜当沟九样	件	—	—	—	—	35.700
	三连砖五样	件	24.400	—	—	—	—
	三连砖六样	件	—	25.600	—	—	—
	三连砖七样	件	—	—	27.000	—	—
	三连砖八样	件	—	—	—	30.300	—
	三连砖九样	件	—	—	—	—	31.700
	白灰	kg	252.300	197.800	170.500	142.300	122.800
	青灰	kg	23.100	17.800	15.100	13.400	11.600
	氧化铁红	kg	2.100	1.700	1.500	1.100	1.000
	幼麻筋(麻刀)	kg	9.400	7.400	6.300	5.300	4.600
	其他材料费	%	1.00	1.00	1.00	1.00	1.00
机械	灰浆搅拌机 200L	台班	0.100	0.080	0.070	0.060	0.050

工作内容: 调脊包括安脊桩、扎尖、摆砌各种脊件,布瓦脊及宝顶包括砍制各种

砖件,清水脊的蝎子尾包括平草、跨草、落落草的雕刻等。 计量单位: 10m

定 额 编 号			3-5-170	3-5-171	3-5-172	3-5-173	3-5-174
项 目			琉璃瓦屋面戗(岔)脊、角脊(兽后)				
			五样	六样	七样	八样	九样
名 称		单位	消 耗 量				
人工	合计工日	工日	9.180	9.180	7.910	7.480	6.890
	其中 普工	工日	1.836	1.836	1.581	1.496	1.377
	一般技工	工日	3.213	3.213	2.769	2.618	2.412
	高级技工	工日	4.131	4.131	3.560	3.366	3.101
材料	斜当沟五样	件	25.800	—	—	—	—
	斜当沟六样	件	—	27.300	—	—	—
	斜当沟七样	件	—	—	31.000	—	—
	斜当沟八样	件	—	—	—	35.100	—
	斜当沟九样	件	—	—	—	—	35.700
	岔脊筒五样	件	18.500	—	—	—	—
	岔脊筒六样	件	—	19.600	—	—	—
	岔脊筒七样	件	—	—	20.400	—	—
	岔脊筒八样	件	—	—	—	21.700	—
	岔脊筒九样	件	—	—	—	—	23.300
	筒瓦五样	件	32.600	—	—	—	—
	筒瓦六样	件	—	34.700	—	—	—
	筒瓦七样	件	—	—	35.900	—	—
	筒瓦八样	件	—	—	—	38.000	—
	筒瓦九样	件	—	—	—	—	40.500
	白灰	kg	450.100	368.300	293.300	231.900	231.900
	青灰	kg	40.900	33.800	26.700	21.400	21.400
	氧化铁红	kg	3.800	3.100	2.500	1.900	1.900
	幼麻筋(麻刀)	kg	16.800	13.800	10.900	8.600	6.800
	其他材料费	%	1.00	1.00	1.00	1.00	1.00
机械	灰浆搅拌机 200L	台班	0.180	0.140	0.110	0.090	0.090

工作内容：调脊包括安脊桩、扎尖、摆砌各种脊件，布瓦脊及宝顶包括砍制各种

砖件，清水脊的蝎子尾包括平草、跨草、落落草的雕刻等。　　　　　　　　计量单位：10m

定　额　编　号			3-5-175	3-5-176	3-5-177	3-5-178	3-5-179
项　　　目			琉璃瓦屋面围脊				
			五样	六样	七样	八样	九样
名　　称		单位	消　耗　量				
人工	合计工日	工日	7.480	7.480	6.890	6.380	6.380
	其中 普工	工日	1.496	1.496	1.377	1.276	1.276
	一般技工	工日	2.618	2.618	2.412	2.233	2.233
	高级技工	工日	3.366	3.366	3.101	2.871	2.871
材料	群色条五样	件	24.600	—	—	—	—
	群色条六样	件	—	25.900	—	—	—
	围脊筒五样	件	14.200	—	—	—	—
	围脊筒六样	件	—	17.900	—	—	—
	正当沟五样	件	36.000	—	—	—	—
	正当沟六样	件	—	38.000	—	—	—
	正当沟七样	件	—	—	43.500	—	—
	正当沟八样	件	—	—	—	46.500	—
	正当沟九样	件	—	—	—	—	50.000
	博脊连砖七样	件	—	—	27.200	—	—
	博脊连砖八样	件	—	—	—	29.800	—
	博脊连砖九样	件	—	—	—	—	33.000
	蹬脚瓦五样	件	30.400	—	—	—	—
	蹬脚瓦六样	件	—	33.600	—	—	—
	蹬脚瓦七样	件	—	—	37.500	—	—
	蹬脚瓦八样	件	—	—	—	42.500	—
	蹬脚瓦九样	件	—	—	—	—	50.000
	满面砖五样	件	24.500	—	—	—	—
	满面砖六样	件	—	26.600	—	—	—
	满面砖七样	件	—	—	29.000	—	—
	满面砖八样	件	—	—	—	31.900	—
	满面砖九样	件	—	—	—	—	35.400
	蓝机砖	块	640.000	430.000	—	—	—
	水泥（综合）	kg	40.000	27.100	—	—	—
	砂子　粗砂	m³	0.337	0.228	—	—	—
	白灰	kg	488.800	383.000	300.100	238.700	218.200
	青灰	kg	41.800	32.900	27.600	22.300	19.600
	氧化铁红	kg	3.800	3.100	2.500	1.900	1.900
	幼麻筋（麻刀）	kg	17.000	13.500	11.200	8.900	8.100
	其他材料费	%	1.00	1.00	1.00	1.00	1.00
机械	灰浆搅拌机 200L	台班	0.390	0.280	0.120	0.090	0.090

工作内容: 调脊包括安脊桩、扎尖、摆砌各种脊件,布瓦脊及宝顶包括砍制各种
砖件,清水脊的蝎子尾包括平草、跨草、落落草的雕刻等。

计量单位:10m

定 额 编 号			3-5-180	3-5-181	3-5-182	3-5-183	3-5-184
项 目			琉璃瓦屋面博脊				
			五样	六样	七样	八样	九样
名 称		单位	消 耗 量				
人工	合计工日	工日	6.890	6.890	5.950	5.950	5.440
	其中 普工	工日	1.377	1.377	1.189	1.189	1.088
	一般技工	工日	2.412	2.412	2.083	2.083	1.904
	高级技工	工日	3.101	3.101	2.678	2.678	2.448
材料	正当沟五样	件	36.000	—	—	—	—
	正当沟六样	件	—	38.000	—	—	—
	正当沟七样	件	—	—	43.500	—	—
	正当沟八样	件	—	—	—	46.500	—
	正当沟九样	件	—	—	—	—	50.000
	博脊瓦五样	件	23.600	—	—	—	—
	博脊瓦六样	件	—	25.500	—	—	—
	博脊瓦七样	件	—	—	27.700	—	—
	博脊瓦八样	件	—	—	—	30.400	—
	博脊瓦九样	件	—	—	—	—	33.600
	博脊连砖五样	件	23.100	—	—	—	—
	博脊连砖六样	件	—	25.000	—	—	—
	博脊连砖七样	件	—	—	27.200	—	—
	博脊连砖八样	件	—	—	—	29.800	—
	博脊连砖九样	件	—	—	—	—	33.000
	白灰	kg	456.900	361.400	300.100	238.700	218.300
	青灰	kg	41.800	32.900	27.600	21.400	21.400
	氧化铁红	kg	3.800	3.100	2.500	2.100	1.500
	幼麻筋(麻刀)	kg	17.000	13.500	11.200	8.900	8.100
	其他材料费	%	1.00	1.00	1.00	1.00	1.00
机械	灰浆搅拌机 200L	台班	0.180	0.140	0.120	0.090	0.090

工作内容: 调脊包括安脊桩、扎尖、摆砌各种脊件,布瓦脊及宝顶包括砍制各种

砖件,清水脊的蝎子尾包括平草、跨草、落落草的雕刻等。 计量单位:10 条

定 额 编 号		3-5-185	3-5-186	3-5-187	3-5-188	3-5-189
项 目		琉璃屋脊附件(庑殿、攒尖垂脊)				
		五样	六样	七样	八样	九样
名 称	单位	消 耗 量				
人工 普工	工日	—	—	—	—	—
一般技工	工日	—	—	—	—	—
高级技工	工日	—	—	—	—	—
材料 垂兽五样	件	10.000	—	—	—	—
垂兽六样	件	—	10.000	—	—	—
垂兽七样	件	—	—	10.000	—	—
垂兽八样	件	—	—	—	10.000	—
垂兽九样	件	—	—	—	—	10.000
垂兽座五样	件	10.000	—	—	—	—
垂兽座六样	件	—	10.000	—	—	—
垂兽座七样	件	—	—	10.000	—	—
垂兽座八样	件	—	—	—	10.000	—
垂兽座九样	件	—	—	—	—	10.000
兽角五样	对	10.000	—	—	—	—
兽角六样	对	—	10.000	—	—	—
兽角七样	对	—	—	10.000	—	—
兽角八样	对	—	—	—	10.000	—
套兽五样	件	10.000	—	—	—	—
套兽六样	件	—	10.000	—	—	—
套兽七样	件	—	—	10.000	—	—
套兽八样	件	—	—	—	10.000	—
套兽九样	件	—	—	—	—	10.000
掸头五样	件	10.000	—	—	—	—
掸头六样	件	—	10.000	—	—	—
掸头七样	件	—	—	10.000	—	—
掸头八样	件	—	—	—	10.000	—
掸头九样	件	—	—	—	—	10.000
趟头五样	件	10.000	—	—	—	—
趟头六样	件	—	10.000	—	—	—
趟头七样	件	—	—	10.000	—	—
趟头八样	件	—	—	—	10.000	—
趟头九样	件	—	—	—	—	10.000
仙人五样	件	10.000	—	—	—	—
仙人六样	件	—	10.000	—	—	—
仙人七样	件	—	—	10.000	—	—
仙人八样	件	—	—	—	10.000	—
仙人九样	件	—	—	—	—	10.000
走兽九样	件	—	—	—	—	—
滴水五样	件	10.000	—	—	—	—
滴水六样	件	—	10.000	—	—	—
滴水七样	件	—	—	10.000	—	—
滴水八样	件	—	—	—	10.000	—
滴水九样	件	—	—	—	—	10.000
筒瓦五样	件	90.000	—	—	—	—
筒瓦六样	件	—	70.000	—	—	—
筒瓦七样	件	—	—	50.000	—	—
筒瓦八样	件	—	—	—	30.000	—
筒瓦九样	件	—	—	—	—	30.000
勾头五样	件	20.000	—	—	—	—
勾头六样	件	—	20.000	—	—	—
勾头七样	件	—	—	20.000	—	—
勾头八样	件	—	—	—	20.000	—
勾头九样	件	—	—	—	—	20.000
白灰	kg	566.100	300.100	252.300	204.600	175.200
青灰	kg	51.600	27.600	23.100	18.700	16.600
氧化铁红	kg	4.800	2.500	2.500	1.700	1.300
幼麻筋(麻刀)	kg	21.100	11.200	9.400	7.600	6.500
其他材料费	%	1.00	1.00	1.00	1.00	1.00
机械 灰浆搅拌机 200L	台班	0.220	0.120	0.100	0.080	0.070

工作内容: 1. 铺瓦及檐头附近包括铺设简易脚手架、分中、号垄、排钉或砌抹瓦口、
铺瓦、安勾滴、安顶帽、窝角沟、天沟附件、打点等。

2. 调脊包括安脊桩、扎尖、摆砌各种脊件,布瓦脊及宝顶包括砍制各种
砖件,清水脊的蝎子尾包括平草、跨草、落落草的雕刻等。   计量单位:10条

定 额 编 号		3-5-190	3-5-191	3-5-192	3-5-193	3-5-194
项　　目		琉璃屋脊附件(歇山铃铛排山脊)				
		五样	六样	七样	八样	九样
名　　称	单位	消　耗　量				
人工	普工	工日	—	—	—	—	—
	一般技工	工日	—	—	—	—	—
	高级技工	工日	—	—	—	—	—
材料	垂兽五样	件	10.000	—	—	—	—
	垂兽六样	件	—	10.000	—	—	—
	垂兽七样	件	—	—	10.000	—	—
	垂兽八样	件	—	—	—	10.000	—
	垂兽九样	件	—	—	—	—	10.000
	垂兽座五样	件	10.000	—	—	—	—
	垂兽座六样	件	—	10.000	—	—	—
	垂兽座七样	件	—	—	10.000	—	—
	垂兽座八样	件	—	—	—	10.000	—
	垂兽座九样	件	—	—	—	—	10.000
	兽角五样	对	10.000	—	—	—	—
	兽角六样	对	—	10.000	—	—	—
	兽角七样	对	—	—	10.000	—	—
	兽角八样	对	—	—	—	10.000	—
	兽角九样	对	—	—	—	—	10.000
	托泥当沟五样	件	10.000	—	—	—	—
	托泥当沟六样	件	—	10.000	—	—	—
	托泥当沟七样	件	—	—	10.000	—	—
	托泥当沟八样	件	—	—	—	10.000	—
	托泥当沟九样	件	—	—	—	—	10.000
	筒瓦五样	件	90.000	—	—	—	—
	筒瓦六样	件	—	70.000	—	—	—
	筒瓦七样	件	—	—	50.000	—	—
	筒瓦八样	件	—	—	—	30.000	—
	筒瓦九样	件	—	—	—	—	30.000
	白灰	kg	75.100	61.400	—	34.300	34.300
	青灰	kg	7.100	5.300	4.500	3.600	3.600
	铁件(综合)	kg	50.000	40.000	30.000	—	—
	氧化铁红	kg	0.600	0.600	0.400	0.200	0.200
	幼麻筋(麻刀)	kg	2.800	2.300	1.800	1.300	1.300
	其他材料费	%	1.00	1.00	1.00	1.00	1.00
机械	灰浆搅拌机 200L	台班	0.030	0.020	—	0.010	0.010

工作内容： 1.铺瓦及檐头附近包括铺设简易脚手架、分中、号垄、排钉或砌抹瓦口、
铺瓦、安勾滴、安顶帽、窝角沟、天沟附件、打点等。

2.调脊包括安脊桩、扎尖、摆砌各种脊件，布瓦脊及宝顶包括砍制各种
砖件，清水脊的蝎子尾包括平草、跨草、落落草的雕刻等。

计量单位：10条

定额编号		3-5-195	3-5-196	3-5-197	3-5-198	3-5-199
项　目		琉璃屋脊附件（硬山、悬山、铃铛排山脊）				
		五样	六样	七样	八样	九样
名　称	单位	消　耗　量				
人工	合计工日	工日	—	—	—	—	—
	其中 普工	工日	—	—	—	—	—
	一般技工	工日	—	—	—	—	—
	高级技工	工日	—	—	—	—	—
材料	兽角五样	对	10.000	—	—	—	—
	兽角六样	对	—	10.000	—	—	—
	兽角七样	对	—	—	10.000	—	—
	兽角八样	对	—	—	—	10.000	—
	兽角九样	对	—	—	—	—	10.000
	撺头五样	件	10.000	—	—	—	—
	撺头六样	件	—	10.000	—	—	—
	撺头七样	件	—	—	10.000	—	—
	撺头八样	件	—	—	—	10.000	—
	撺头九样	件	—	—	—	—	10.000
	趄头五样	件	10.000	—	—	—	—
	趄头六样	件	—	10.000	—	—	—
	趄头七样	件	—	—	10.000	—	—
	趄头八样	件	—	—	—	10.000	—
	趄头九样	件	—	—	—	—	10.000
	岔兽五样	件	10.000	—	—	—	—
	岔兽六样	件	—	10.000	—	—	—
	岔兽七样	件	—	—	10.000	—	—
	岔兽八样	件	—	—	—	10.000	—
	岔兽九样	件	—	—	—	—	10.000
	岔兽座五样	件	10.000	—	—	—	—
	岔兽座六样	件	—	10.000	—	—	—
	岔兽座七样	件	—	—	10.000	—	—
	岔兽座八样	件	—	—	—	10.000	—
	岔兽座九样	件	—	—	—	—	10.000
	仙人五样	件	10.000	—	—	—	—
	仙人六样	件	—	10.000	—	—	—
	仙人七样	件	—	—	10.000	—	—
	仙人八样	件	—	—	—	10.000	—
	仙人九样	件	—	—	—	—	10.000
	滴水五样	件	20.000	—	—	—	—
	滴水六样	件	—	20.000	—	—	—
	滴水七样	件	—	—	20.000	—	—
	滴水八样	件	—	—	—	20.000	—
	滴水九样	件	—	—	—	—	20.000
	筒瓦五样	件	90.000	—	—	—	—
	筒瓦六样	件	—	70.000	—	—	—
	筒瓦七样	件	—	—	50.000	—	—
	筒瓦八样	件	—	—	—	30.000	—
	筒瓦九样	件	—	—	—	—	30.000
	勾头五样	件	20.000	—	—	—	—
	勾头六样	件	—	20.000	—	—	—
	勾头七样	件	—	—	20.000	—	—
	勾头八样	件	—	—	—	20.000	—
	勾头九样	件	—	—	—	—	20.000
	白灰	kg	450.100	368.300	293.300	231.900	231.900
	青灰	kg	40.900	33.800	26.700	21.400	21.400
	氧化铁红	kg	3.800	3.100	2.500	1.900	1.900
	幼麻筋（麻刀）	kg	16.800	13.800	10.900	8.600	8.600
	其他材料费	%	1.00	1.00	1.00	1.00	1.00
机械	灰浆搅拌机 200L	台班	0.180	0.140	0.120	0.090	0.090

工作内容: 1.铺瓦及檐头附近包括铺设简易脚手架、分中、号垄、排钉或砌抹瓦口、
铺瓦、安勾滴、安顶帽、窝角沟、天沟附件、打点等。

2.调脊包括安脊桩、扎尖、摆砌各种脊件,布瓦脊及宝顶包括砍制各种
砖件,清水脊的蝎子尾包括平草、跨草、落落草的雕刻等。

计量单位:10份

定 额 编 号			3-5-200	3-5-201	3-5-202	3-5-203	3-5-204
项 目			歇山、硬山、悬山、铃铛排山脊罗锅部分增加材料				
			五样	六样	七样	八样	九样
名 称		单位	消 耗 量				
人 工	普工	工日	—	—	—	—	—
	一般技工	工日	—	—	—	—	—
	高级技工	工日	—	—	—	—	—
材 料	压当条五样	件	20.000	—	—	—	—
	压当条六样	件	—	20.000	—	—	—
	压当条七样	件	—	—	20.000	—	—
	压当条八样	件	—	—	—	20.000	—
	压当条九样	件	—	—	—	—	20.000
	平口条五样	件	20.000	—	—	—	—
	平口条六样	件	—	20.000	—	—	—
	平口条七样	件	—	—	20.000	—	—
	平口条八样	件	—	—	—	20.000	—
	平口条九样	件	—	—	—	—	20.000
	罗锅、续罗锅脊筒五样	件	30.000	—	—	—	—
	罗锅、续罗锅脊筒六样	件	—	30.000	—	—	—
	罗锅、续罗锅脊筒七样	件	—	—	30.000	—	—
	罗锅、续罗锅脊筒八样	件	—	—	—	30.000	—
	罗锅、续罗锅脊筒九样	件	—	—	—	—	30.000
	罗锅、续罗锅压当条五样	件	30.000	—	—	—	—
	罗锅、续罗锅压当条六样	件	—	30.000	—	—	—
	罗锅、续罗锅压当条七样	件	—	—	30.000	—	—
	罗锅、续罗锅压当条八样	件	—	—	—	30.000	—
	罗锅、续罗锅压当条九样	件	—	—	—	—	30.000
	罗锅、续罗锅平口条五样	件	30.000	—	—	—	—
	罗锅、续罗锅平口条六样	件	—	30.000	—	—	—
	罗锅、续罗锅平口条七样	件	—	—	30.000	—	—
	罗锅、续罗锅平口条八样	件	—	—	—	30.000	—
	罗锅、续罗锅平口条九样	件	—	—	—	—	30.000
	罗锅、续罗锅当沟五样	件	30.000	—	—	—	—
	罗锅、续罗锅当沟六样	件	—	30.000	—	—	—
	罗锅、续罗锅当沟七样	件	—	—	30.000	—	—
	罗锅、续罗锅当沟八样	件	—	—	—	30.000	—
	罗锅、续罗锅当沟九样	件	—	—	—	—	30.000
	其他材料费	%	1.00	1.00	1.00	1.00	1.00

工作内容:1.铺瓦及檐头附近包括铺设简易脚手架、分中、号垄、排钉或砌抹瓦口、铺瓦、安勾滴、安顶帽、窝角沟、天沟附件、打点等。

2.调脊包括安脊桩、扎尖、摆砌各种脊件,布瓦脊及宝顶包括砍制各种砖件,清水脊的蝎子尾包括平草、跨草、落落草的雕刻等。

计量单位:10条

定 额 编 号		3-5-205	3-5-206	3-5-207	3-5-208
项 目		琉璃屋脊附件(硬山、悬山披水排山脊)			
		六样	七样	八样	九样
名 称	单位	消 耗 量			
人工 普工	工日	—	—	—	—
一般技工	工日	—	—	—	—
高级技工	工日	—	—	—	—
材料 垂兽六样	件	10.000	—	—	—
垂兽七样	件	—	10.000	—	—
垂兽八样	件	—	—	10.000	—
垂兽九样	件	—	—	—	10.000
垂兽座六样	件	10.000	—	—	—
垂兽座七样	件	—	10.000	—	—
垂兽座八样	件	—	—	10.000	—
垂兽座九样	件	—	—	—	10.000
兽角六样	对	10.000	—	—	—
兽角七样	对	—	10.000	—	—
兽角八样	对	—	—	10.000	—
兽角九样	对	—	—	—	10.000
撺头六样	件	10.000	—	—	—
撺头七样	件	—	10.000	—	—
撺头八样	件	—	—	10.000	—
撺头九样	件	—	—	—	10.000
趟头六样	件	10.000	—	—	—
趟头七样	件	—	10.000	—	—
趟头八样	件	—	—	10.000	—
趟头九样	件	—	—	—	10.000
仙人六样	件	10.000	—	—	—
仙人七样	件	—	10.000	—	—
仙人八样	件	—	—	10.000	—
走兽七样	件	—	10.000	—	—
走兽八样	件	—	—	10.000	—
走兽九样	件	—	—	—	10.000
筒瓦六样	件	70.000	—	—	—
筒瓦七样	件	—	50.000	—	—
筒瓦八样	件	—	—	30.000	—
筒瓦九样	件	—	—	—	30.000
勾头六样	件	10.000	—	—	—
勾头七样	件	—	10.000	—	—
勾头八样	件	—	—	10.000	—
勾头九样	件	—	—	—	10.000
披水六样	件	10.000	—	—	—
披水七样	件	—	10.000	—	—
披水八样	件	—	—	10.000	—
披水九样	件	—	—	—	10.000
白灰	kg	791.100	443.300	245.500	170.500
青灰	kg	72.100	40.100	22.300	14.000
铁件(综合)	kg	40.000	30.000	—	—
氧化铁红	kg	15.400	3.800	2.100	1.300
其他材料费	%	1.00	1.00	1.00	1.00
机械 灰浆搅拌机 200L	台班	0.310	0.170	0.100	0.070

工作内容: 1.铺瓦及檐头附近包括铺设简易脚手架、分中、号垄、排钉或砌抹瓦口、
铺瓦、安勾滴、安顶帽、窝角沟、天沟附件、打点等。

2.调脊包括安脊桩、扎尖、摆砌各种脊件,布瓦脊及宝顶包括砍制各种
砖件,清水脊的蝎子尾包括平草、跨草、落落草的雕刻等。

计量单位:10条

定 额 编 号		3-5-209	3-5-210	3-5-211	3-5-212
项 目		琉璃屋脊附件(歇山披水排山脊)			
		六样	七样	八样	九样
名 称	单位	消 耗 量			
人工 普工	工日	—	—	—	—
一般技工	工日	—	—	—	—
高级技工	工日	—	—	—	—
材料 垂兽六样	件	10.000	—	—	—
垂兽七样	件	—	10.000	—	—
垂兽八样	件	—	—	10.000	—
垂兽九样	件	—	—	—	10.000
垂兽座六样	件	10.000	—	—	—
垂兽座七样	件	—	10.000	—	—
垂兽座八样	件	—	—	10.000	—
垂兽座九样	件	—	—	—	10.000
兽角六样	对	10.000	—	—	—
兽角七样	对	—	10.000	—	—
兽角八样	对	—	—	10.000	—
兽角九样	对	—	—	—	10.000
托泥当沟六样	件	10.000	—	—	—
托泥当沟七样	件	—	10.000	—	—
托泥当沟八样	件	—	—	10.000	—
托泥当沟九样	件	—	—	—	10.000
撺头六样	件	10.000	—	—	—
撺头七样	件	—	10.000	—	—
撺头八样	件	—	—	10.000	—
趟头六样	件	10.000	—	—	—
趟头七样	件	—	10.000	—	—
趟头八样	件	—	—	10.000	—
三仙盘子九样	件	—	—	—	10.000
白灰	kg	791.100	443.300	—	—
青灰	kg	72.100	40.100	—	—
铁件(综合)	kg	40.000	30.000	—	—
氧化铁红	kg	6.700	3.800	—	—
其他材料费	%	1.00	1.00	1.00	1.00
机械 灰浆搅拌机 200L	台班	0.310	0.170		

工作内容: 1.铺瓦及檐头附近包括铺设简易脚手架、分中、号垄、排钉或砌抹瓦口、
铺瓦、安勾滴、安顶帽、窝角沟、天沟附件、打点等。

2.调脊包括安脊桩、扎尖、摆砌各种脊件,布瓦脊及宝顶包括砍制各种
砖件,清水脊的蝎子尾包括平草、跨草、落落草的雕刻等。

计量单位: 10 份

定 额 编 号			3-5-213	3-5-214	3-5-215	3-5-216
项 目			披水排山脊罗锅部分增加材料			
			六样	七样	八样	九样
名 称		单位	消 耗 量			
人 工	普工	工日	—	—	—	—
	一般技工	工日	—	—	—	—
	高级技工	工日	—	—	—	—
材 料	压当条六样	件	20.000	—	—	—
	压当条七样	件	—	20.000	—	—
	压当条八样	件	—	—	20.000	—
	压当条九样	件	—	—	—	20.000
	平口条六样	件	20.000	—	—	—
	平口条七样	件	—	20.000	—	—
	平口条八样	件	—	—	20.000	—
	平口条九样	件	—	—	—	20.000
	罗锅、续罗锅压当条六样	件	60.000	—	—	—
	罗锅、续罗锅压当条七样	件	—	60.000	—	—
	罗锅、续罗锅压当条八样	件	—	—	60.000	—
	罗锅、续罗锅压当条九样	件	—	—	—	60.000
	罗锅、续罗锅平口条六样	件	60.000	—	—	—
	罗锅、续罗锅平口条七样	件	—	60.000	—	—
	罗锅、续罗锅平口条八样	件	—	—	60.000	—
	罗锅、续罗锅平口条九样	件	—	—	—	60.000
	罗锅、续罗锅披水六样	件	30.000	—	—	—
	罗锅、续罗锅披水七样	件	—	30.000	—	—
	罗锅、续罗锅披水八样	件	—	—	30.000	—
	罗锅、续罗锅披水九样	件	—	—	—	30.000
	罗锅扣脊瓦六样	件	30.000	—	—	—
	罗锅扣脊瓦七样	件	—	30.000	—	—
	罗锅扣脊瓦八样	件	—	—	30.000	—
	罗锅扣脊瓦九样	件	—	—	—	30.000
	其他材料费	%	1.00	1.00	1.00	1.00

工作内容: 调脊包括安脊桩、扎尖、摆砌各种脊件,布瓦脊及宝顶包括砍制各种
砖件,清水脊的蝎子尾包括平草、跨草、落落草的雕刻等。 计量单位:10 条

定 额 编 号		3-5-217	3-5-218	3-5-219	3-5-220
项 目		琉璃屋脊附件(披水梢垄)			
		六样	七样	八样	九样
名 称	单位	消 耗 量			
人工 普工	工日	—	—	—	—
一般技工	工日	—	—	—	—
高级技工	工日	—	—	—	—
材料 勾头六样	件	10.000	—	—	—
勾头七样	件	—	10.000	—	—
勾头八样	件	—	—	10.000	—
勾头九样	件	—	—	—	10.000
披水六样	件	10.000	—	—	—
披水七样	件	—	10.000	—	—
披水八样	件	—	—	10.000	—
披水九样	件	—	—	—	10.000
其他材料费	%	1.00	1.00	1.00	1.00

工作内容: 调脊包括安脊桩、扎尖、摆砌各种脊件,布瓦脊及宝顶包括砍制各种
砖件,清水脊的蝎子尾包括平草、跨草、落落草的雕刻等。 计量单位:10 份

定 额 编 号			3-5-221	3-5-222	3-5-223	3-5-224
项 目			披水梢垄罗锅部分增加材料			
			六样	七样	八样	九样
名 称		单位	消 耗 量			
人工	普工	工日	—	—	—	—
	一般技工	工日	—	—	—	—
	高级技工	工日	—	—	—	—
材料	罗锅、续罗锅筒瓦六样	件	30.000	—	—	—
	罗锅、续罗锅筒瓦七样	件	—	30.000	—	—
	罗锅、续罗锅筒瓦八样	件	—	—	30.000	—
	罗锅、续罗锅筒瓦九样	件	—	—	—	30.000
	罗锅、续罗锅披水六样	件	30.000	—	—	—
	罗锅、续罗锅披水七样	件	—	30.000	—	—
	罗锅、续罗锅披水八样	件	—	—	30.000	—
	罗锅、续罗锅披水九样	件	—	—	—	30.000
	其他材料费	%	1.00	1.00	1.00	1.00

工作内容： 调脊包括安脊桩、扎尖、摆砌各种脊件，布瓦脊及宝顶包括砍制各种
砖件，清水脊的蝎子尾包括平草、跨草、落落草的雕刻等。 计量单位：10 条

定 额 编 号		3-5-225	3-5-226	3-5-227	3-5-228	3-5-229
项 目		琉璃屋脊附件［戗（岔）脊、角脊］				
		五样	六样	七样	八样	九样
名 称	单位	消 耗 量				
人工 普工	工日	—	—	—	—	—
一般技工	工日	—	—	—	—	—
高级技工	工日	—	—	—	—	—
兽角五样	对	10.000	—	—	—	—
兽角六样	对	—	10.000	—	—	—
兽角七样	对	—	—	10.000	—	—
兽角八样	对	—	—	—	10.000	—
兽角九样	对	—	—	—	—	10.000
套兽五样	件	10.000	—	—	—	—
套兽六样	件	—	10.000	—	—	—
套兽七样	件	—	—	10.000	—	—
套兽八样	件	—	—	—	10.000	—
套兽九样（3-1064）	件	—	—	—	—	10.000
撺头五样	件	10.000	—	—	—	—
撺头六样	件	—	10.000	—	—	—
撺头七样	件	—	—	10.000	—	—
撺头八样	件	—	—	—	10.000	—
撺头九样	件	—	—	—	—	10.000
趟头五样	件	10.000	—	—	—	—
趟头六样	件	—	10.000	—	—	—
趟头七样	件	—	—	10.000	—	—
趟头八样	件	—	—	—	10.000	—
趟头九样	件	—	—	—	—	10.000
岔兽五样	件	10.000	—	—	—	—
岔兽六样	件	—	10.000	—	—	—
岔兽七样	件	—	—	10.000	—	—
岔兽八样	件	—	—	—	10.000	—
岔兽九样	件	—	—	—	—	10.000
材料 岔兽座五样	件	10.000	—	—	—	—
岔兽座六样	件	—	10.000	—	—	—
岔兽座七样	件	—	—	10.000	—	—
岔兽座八样	件	—	—	—	10.000	—
岔兽座九样	件	—	—	—	—	10.000
仙人五样	件	10.000	—	—	—	—
仙人六样	件	—	10.000	—	—	—
仙人七样	件	—	—	10.000	—	—
仙人八样	件	—	—	—	10.000	—
仙人九样	件	—	—	—	—	10.000
滴水五样	件	20.000	—	—	—	—
滴水六样	件	—	20.000	—	—	—
滴水七样	件	—	—	20.000	—	—
滴水八样	件	—	—	—	20.000	—
滴水九样	件	—	—	—	—	20.000
筒瓦五样	件	90.000	—	—	—	—
筒瓦六样	件	—	70.000	—	—	—
筒瓦七样	件	—	—	50.000	—	—
筒瓦八样	件	—	—	—	30.000	—
筒瓦九样	件	—	—	—	—	30.000
勾头五样	件	20.000	—	—	—	—
勾头六样	件	—	20.000	—	—	—
勾头七样	件	—	—	20.000	—	—
勾头八样	件	—	—	—	20.000	—
勾头九样	件	—	—	—	—	20.000
白灰	kg	566.100	293.300	163.700	109.100	75.100
青灰	kg	56.100	26.700	14.200	10.700	7.100
氧化铁红	kg	4.800	2.500	1.500	0.800	0.600
幼麻筋（麻刀）	kg	21.100	10.900	6.100	4.000	2.800
其他材料费	%	1.00	1.00	1.00	1.00	1.00
机械 灰浆搅拌机 200L	台班	0.220	0.120	0.060	0.040	0.030

工作内容：铺瓦及檐头附近包括铺设简易脚手架、分中、号垄、排钉或砌抹瓦口、
铺瓦、安勾滴、安顶帽、窝角沟、天沟附件、打点等。 计量单位：10条

定 额 编 号		3-5-230	3-5-231	3-5-232	3-5-233
项 目		琉璃屋脊附件（博脊）			
		五样	六样	七样	八样、九样
名 称	单位	消 耗 量			
人工 普工	工日	—	—	—	—
一般技工	工日	—	—	—	—
高级技工	工日	—	—	—	—
材料 斜当沟六样	件	27.300	—	—	—
斜当沟七样	件	—	31.000	—	—
斜当沟八样	件	—	—	33.100	—
斜当沟九样	件	—	—	—	35.700
三连砖六样	件	25.600	—	—	—
三连砖七样	件	—	27.000	—	—
三连砖八样	件	—	—	30.300	—
三连砖九样	件	—	—	—	31.700
挂尖	对	10.000	10.000	10.000	10.000
白灰	kg	197.800	170.500	142.300	122.800
青灰	kg	17.800	15.100	13.400	11.600
氧化铁红	kg	1.700	1.500	1.100	1.000
幼麻筋（麻刀）	kg	7.400	6.300	5.300	4.600
其他材料费	%	1.00	1.00	1.00	1.00
机械 灰浆搅拌机 200L	台班	0.080	0.070	0.060	0.050

工作内容: 铺瓦及檐头附近包括铺设简易脚手架、分中、号垄、排钉或砌抹瓦口、铺瓦、安勾滴、安顶帽、窝角沟、天沟附件、打点等。

计量单位: 10m

定 额 编 号			3-5-234	3-5-235	3-5-236	3-5-237	3-5-238
项 目			琉璃瓦檐头附件				
			五样	六样	七样	八样	九样
名 称		单位	消 耗 量				
人工	合计工日	工日	2.890	3.060	3.060	3.350	3.350
	其中 普工	工日	0.577	0.612	0.612	0.669	0.669
	一般技工	工日	1.012	1.071	1.071	1.173	1.173
	高级技工	工日	1.301	1.377	1.377	1.508	1.508
材料	滴水五样	件	35.400	—	—	—	—
	滴水六样	件	—	37.500	—	—	—
	滴水七样	件	—	—	42.500	—	—
	滴水八样	件	—	—	—	45.300	—
	滴水九样	件	—	—	—	—	48.800
	勾头五样	件	35.400	—	—	—	—
	勾头六样	件	—	37.500	—	—	—
	勾头七样	件	—	—	42.500	—	—
	勾头八样	件	—	—	—	45.300	—
	勾头九样	件	—	—	—	—	48.800
	钉帽五样	件	35.400	—	—	—	—
	钉帽六样	件	—	37.500	—	—	—
	钉帽七样	件	—	—	42.500	—	—
	钉帽八样	件	—	—	—	45.300	—
	钉帽九样	件	—	—	—	—	48.800
	白灰	kg	293.200	204.600	163.700	143.200	129.600
	青灰	kg	27.400	25.800	20.700	18.200	16.500
	瓦钉	kg	3.100	3.100	3.100	3.100	3.100
	氧化铁红	kg	0.300	0.200	0.100	0.100	0.100
	幼麻筋（麻刀）	kg	10.900	7.700	6.100	5.300	4.700
	其他材料费	%	1.00	1.00	1.00	1.00	1.00
机械	灰浆搅拌机 200L	台班	0.120	0.080	0.070	0.060	0.050

工作内容：铺瓦及檐头附近包括铺设简易脚手架、分中、号垄、排钉或砌抹瓦口、
铺瓦、安勾滴、安顶帽、窝角沟、天沟附件、打点等。

计量单位：10m

定 额 编 号			3-5-239	3-5-240	3-5-241	3-5-242	3-5-243
项 目			琉璃瓦天沟				
			五样	六样	七样	八样	九样
名 称		单位	消 耗 量				
人工	合计工日	工日	3.230	3.420	3.420	3.710	3.710
	其中 普工	工日	0.645	0.684	0.684	0.741	0.741
	一般技工	工日	1.131	1.197	1.197	1.299	1.299
	高级技工	工日	1.454	1.539	1.539	1.670	1.670
材料	正（斜）方砚（房檐）五样	件	35.600	—	—	—	—
	正（斜）方砚（房檐）六样	件	—	37.500	—	—	—
	正（斜）方砚（房檐）七样	件	—	—	42.500	—	—
	正（斜）方砚（房檐）八样	件	—	—	—	45.300	—
	正（斜）方砚（房檐）九样	件	—	—	—	—	48.800
	勾头五样	件	35.600	—	—	—	—
	勾头六样	件	—	37.500	—	—	—
	勾头七样	件	—	—	42.500	—	—
	勾头八样	件	—	—	—	45.300	—
	勾头九样	件	—	—	—	—	48.800
	钉帽五样	件	35.600	—	—	—	—
	钉帽六样	件	—	37.500	—	—	—
	钉帽七样	件	—	—	42.500	—	—
	钉帽八样	件	—	—	—	45.300	—
	钉帽九样	件	—	—	—	—	48.800
	白灰	kg	220.000	220.000	170.000	160.000	150.000
	青灰	kg	30.000	28.000	25.000	23.000	20.000
	蓝四丁砖 240×115×53	块	45.000	45.000	45.000	45.000	45.000
	瓦钉	kg	3.100	3.100	3.100	3.100	3.100
	氧化铁红	kg	0.200	0.200	0.200	0.200	0.200
	幼麻筋（麻刀）	kg	8.100	8.000	7.800	7.600	7.000
	其他材料费	%	1.00	1.00	1.00	1.00	1.00
机械	灰浆搅拌机 200L	台班	0.090	0.090	0.070	0.070	0.060

工作内容: 瓦瓦及檐头附近包括铺设简易脚手架、分中、号垄、排钉或砌抹瓦口、
瓦瓦、安勾滴、安顶帽、窝角沟、天沟附件、打点等。　　　　　　　　　计量单位:10m

定　额　编　号			3-5-244	3-5-245	3-5-246	3-5-247	3-5-248
项　　　目			琉璃瓦窝角沟				
			五样	六样	七样	八样	九样
名　　　称		单位	消　耗　量				
人工	合计工日	工日	7.220	7.600	7.600	8.360	8.550
	其中　普工	工日	1.444	1.520	1.520	1.672	1.709
	一般技工	工日	2.527	2.660	2.660	2.926	2.993
	高级技工	工日	3.249	3.420	3.420	3.762	3.848
材料	正(斜)方砖(房檐)五样	件	56.100	—	—	—	—
	正(斜)方砖(房檐)六样	件	—	59.400	—	—	—
	正(斜)方砖(房檐)七样	件	—	—	67.000	—	—
	正(斜)方砖(房檐)八样	件	—	—	—	71.200	—
	正(斜)方砖(房檐)九样	件	—	—	—	—	78.000
	板瓦五样	件	91.200	—	—	—	—
	板瓦六样	件	—	91.200	—	—	—
	板瓦七样	件	—	—	91.200	—	—
	板瓦八样	件	—	—	—	91.200	—
	板瓦九样	件	—	—	—	—	91.200
	勾头五样	件	56.100	—	—	—	—
	勾头六样	件	—	59.400	—	—	—
	勾头七样	件	—	—	67.000	—	—
	勾头八样	件	—	—	—	71.200	—
	勾头九样	件	—	—	—	—	78.000
	钉帽五样	件	56.100	—	—	—	—
	钉帽六样	件	—	59.400	—	—	—
	钉帽七样	件	—	—	67.000	—	—
	钉帽八样	件	—	—	—	71.200	—
	钉帽九样	件	—	—	—	—	78.000
	白灰	kg	470.000	460.000	380.000	370.000	400.000
	青灰	kg	60.000	55.000	50.000	50.000	55.000
	瓦钉	kg	4.900	5.000	3.500	3.700	3.800
	氧化铁红	kg	0.400	0.400	0.400	0.200	0.200
	幼麻筋(麻刀)	kg	17.500	17.400	14.200	14.100	15.000
	其他材料费	%	1.00	1.00	1.00	1.00	1.00
机械	灰浆搅拌机 200L	台班	0.190	0.180	0.150	0.150	0.160

工作内容:宝顶包括砍制各种砖件,清水脊的蝎子尾包括平草、跨草、落落草的雕刻等。 **计量单位:**10份

定 额 编 号			3-5-249	3-5-250	3-5-251	3-5-252	3-5-253
项 目			琉璃正吻				
			五样	六样	七样	八样	九样
名 称		单位	消 耗 量				
人工	合计工日	工日	98.860	49.390	19.810	9.860	7.910
	其中 普工	工日	19.772	9.877	3.961	1.972	1.581
	一般技工	工日	34.601	17.287	6.934	3.451	2.769
	高级技工	工日	44.487	22.226	8.915	4.437	3.560
材料	正吻五样	份	10.000	—	—	—	—
	正吻六样	份	—	10.000	—	—	—
	正吻七样	份	—	—	10.000	—	—
	正吻八样	份	—	—	—	10.000	—
	正吻九样	份	—	—	—	—	10.000
	群色条五样	件	30.000	—	—	—	—
	群色条六样	件	—	25.000	—	—	—
	群色条七样	件	—	—	17.000	—	—
	群色条八样	件	—	—	—	15.000	—
	正当沟五样	件	83.100	—	—	—	—
	正当沟六样	件	—	59.900	—	—	—
	正当沟七样	件	—	—	49.000	—	—
	正当沟八样	件	—	—	—	45.000	—
	正当沟九样	件	—	—	—	—	17.000
	吻下当沟五样	件	10.000	—	—	—	—
	吻下当沟六样	件	—	10.000	—	—	—
	吻下当沟七样	件	—	—	10.000	—	—
	吻下当沟八样	件	—	—	—	10.000	—
	吻下当沟九样	件	—	—	—	—	10.000
	吻锔	kg	208.500	98.000	50.000	50.000	50.000
	白灰	kg	1084.400	456.900	225.100	129.600	95.500
	青灰	kg	97.000	41.800	20.500	11.600	3.600
	氧化铁红	kg	9.600	3.800	1.900	1.100	0.800
	幼麻筋(麻刀)	kg	40.400	17.000	8.300	4.800	3.500
	其他材料费	%	1.00	1.00	1.00	1.00	1.00
机械	灰浆搅拌机 200L	台班	0.420	0.180	0.090	0.050	0.040

工作内容: 宝顶包括砍制各种砖件,清水脊的蝎子尾包括平草、跨草、落落草的雕刻等。　计量单位:10 份

定 额 编 号			3-5-254	3-5-255	3-5-256	3-5-257	3-5-258
项　　目			琉璃合角吻				
			五样	六样	七样	八样	九样
名　　称		单位	消　耗　量				
人工	合计工日	工日	24.740	19.810	14.880	9.860	7.910
	其中 普工	工日	4.948	3.961	2.976	1.972	1.581
	一般技工	工日	8.659	6.934	5.208	3.451	2.769
	高级技工	工日	11.133	8.915	6.696	4.437	3.560
材料	正当沟五样	件	29.200	—	—	—	—
	群色条五样	件	26.500	—	—	—	—
	群色条六样	件	—	21.300	—	—	—
	正当沟六样	件	—	31.800	—	—	—
	正当沟七样	件	—	—	19.000	—	—
	正当沟八样	件	—	—	—	14.500	—
	正当沟九样	件	—	—	—	—	13.400
	合角吻五样	对	10.000	—	—	—	—
	合角吻六样	对	—	10.000	—	—	—
	合角吻七样	对	—	—	10.000	—	—
	合角吻八样	对	—	—	—	10.000	—
	合角吻九样	对	—	—	—	—	10.000
	合角剑把五样	对	10.000	—	—	—	—
	合角剑把六样	对	—	10.000	—	—	—
	合角剑把七样	对	—	—	10.000	—	—
	合角剑把八样	对	—	—	—	10.000	—
	合角剑把九样	对	—	—	—	—	10.000
	白灰	kg	265.900	163.600	102.300	102.500	102.500
	青灰	kg	24.000	15.100	8.900	8.900	8.900
	氧化铁红	kg	2.300	1.300	1.000	1.000	1.000
	幼麻筋(麻刀)	kg	9.900	6.100	3.800	3.800	3.800
	其他材料费	%	1.00	1.00	1.00	1.00	1.00
机械	灰浆搅拌机 200L	台班	0.100	0.060	0.040	0.040	0.040

工作内容: 宝顶包括砍制各种砖件,清水脊的蝎子尾包括平草、跨草、落落草的雕刻等。 **计量单位:** 10 份

定 额 编 号			3-5-259	3-5-260	3-5-261	3-5-262	3-5-263	3-5-264
项 目			琉璃宝顶					琉璃云冠
			五样	六样	七样	八样	九样	
名 称		单位	消 耗 量					
人工	合计工日	工日	187.820	187.820	121.510	66.310	66.310	23.000
	其中 普工	工日	37.564	37.564	24.301	13.261	13.261	4.600
	一般技工	工日	65.737	65.737	42.529	23.209	23.209	8.050
	高级技工	工日	84.519	84.519	54.680	29.840	29.840	10.350
材料	宝顶五样	套	10.000	—	—	—	—	—
	宝顶六样	套	—	10.000	—	—	—	—
	宝顶七样	套	—	—	10.000	—	—	—
	宝顶八样	套	—	—	—	10.000	—	—
	宝顶九样	套	—	—	—	—	10.000	—
	琉璃云冠（1.5m以上）	套	—	—	—	—	—	10.000
	蓝机砖	块	4000.000	4000.000	2000.000	400.000	400.000	—
	水泥（综合）	kg	283.800	283.800	129.000	25.800	25.800	—
	砂子	kg	3588.200	3588.200	1631.000	326.200	326.200	—
	白灰	kg	1004.100	1004.100	409.900	218.400	218.400	215.800
	青灰	kg	71.200	71.200	26.700	16.100	16.100	32.400
	氧化铁红	kg	6.500	6.500	2.900	2.100	2.100	4.700
	幼麻筋（麻刀）	kg	29.000	29.000	11.400	7.400	7.400	9.700
	其他材料费	%	1.00	1.00	1.00	1.00	1.00	1.00
机械	灰浆搅拌机 200L	台班	1.000	1.000	0.440	0.130	0.130	0.090

工作内容: 铺瓦及檐头附近包括铺设简易脚手架、分中、号垄、排钉或砌抹瓦口、
铺瓦、安勾滴、安顶帽、窝角沟、天沟附件、打点等。

计量单位:10m

定 额 编 号			3-5-265	3-5-266	3-5-267	3-5-268	3-5-269
项 目			琉璃瓦星星瓦				
			五样	六样	七样	八样	九样
名 称		单位	消 耗 量				
人 工	合计工日	工日	1.040	0.960	0.940	0.910	0.890
	其中 普工	工日	0.208	0.192	0.188	0.181	0.177
	一般技工	工日	0.364	0.336	0.329	0.319	0.312
	高级技工	工日	0.468	0.432	0.423	0.410	0.401
材 料	钉帽五样	件	35.400	—	—	—	—
	钉帽六样	件	—	37.500	—	—	—
	钉帽七样	件	—	—	42.500	—	—
	钉帽八样	件	—	—	—	45.300	—
	钉帽九样	件	—	—	—	—	48.800
	白灰	kg	6.800	6.800	6.800	6.800	6.800
	青灰	kg	0.900	0.900	0.900	0.900	0.900
	瓦钉	kg	3.100	3.100	3.100	3.100	3.100
	幼麻筋（麻刀）	kg	0.300	0.300	0.300	0.300	0.300
	其他材料费	%	1.00	1.00	1.00	1.00	1.00

第六章　地　面　工　程

说　　明

一、本章定额包括细墁地面、糙墁地面、细墁散水、糙墁散水、墁石子地，共五节。

二、铺墁地面的定额中已综合了掏柱顶卡口等因素，其中细墁地面及散水综合了砖件的砍磨、散水出（窝）角等，糙墁地面及散水综合了守缝、勾缝等做法，不得另行计算。细墁地面及散水定额如使用成品砖砌筑时，执行相应定额，人工按下表进行换算，材料中砖件消耗量乘以系数 0.93。

类别	砖型	系数	类别	砖型	系数
尺二方砖		0.336	墁地 平铺异型	大城砖	0.162
尺四方砖		0.393	墁地 平铺矩形	大城砖	0.300
尺七方砖		0.324	墁地 直柳叶半砖	大城砖	0.257
地趴砖		0.160	墁地 直柳叶整砖	大城砖	0.293
车辋砖、龟背锦等异型地面	尺二方砖	0.333	墁地 斜柳叶半砖	大城砖	0.273
	尺四方砖	0.250	墁地 斜柳叶整砖	大城砖	0.311
	尺七方砖	0.200	大停泥砖		0.360
二样城砖		0.325	小停泥砖		0.412

三、细墁地面、糙墁地面，不分室内、室外均执行同一铺墁地面定额。

四、墁石子地中的拼花做法系指用石子拼花的做法，不包括用砖、瓦材料切磨加工、拼花摆铺，发生时所需工料另行计算。石子地中铺墁的方砖心另执行相应定额，人工乘以系数 1.5。

工程量计算规则

一、砖墁地面及散水（其细墁、糙墁）均按设计图示尺寸以面积计算,其中:

1. 室内地面不扣除柱顶石、垛、间壁墙所占面积,室外地面应扣除大于 $0.5m^2$ 的树池、花坛、台阶、坡道所占面积。

2. 散水应扣除树池、花坛、台阶、坡道所占面积。

3. 牙子砖按其中线长度计算。

二、各种地面均按设计图示尺寸以面积计算。

一、细墁地面

工作内容:砖件砍磨,冲、样、揭、刹趟,挂油灰,铺砖,清缝磨平,打点等。 计量单位:10m²

定额编号			3-6-1	3-6-2	3-6-3	3-6-4
项 目			细墁地面			
			尺二方砖	尺四方砖	尺七方砖	地趴砖
名 称		单位	消 耗 量			
人工	合计工日	工日	10.545	8.840	6.900	11.605
	其中 普工	工日	2.109	1.768	1.380	2.321
	一般技工	工日	3.691	3.094	2.415	4.062
	高级技工	工日	4.745	3.978	3.105	5.222
材料	尺二方砖 384×384×58	块	91.000	—	—	—
	尺四方砖 448×448×64	块	—	70.000	—	—
	尺七方砖 544×544×80	块	—	—	45.000	—
	地趴砖 384×192×96	块	—	—	—	154.000
	白灰	kg	157.700	157.700	181.300	181.300
	生桐油	kg	1.500	1.500	1.200	1.500
	松烟	kg	1.500	1.500	1.200	1.500
	面粉	kg	3.000	3.000	2.400	3.000
	其他材料费	%	1.00	1.00	1.00	1.00

工作内容: 砖件砍磨,冲、样、揭、刹趟,挂油灰,铺砖,清缝磨平,打点等。 计量单位:10m²

定额编号			3-6-5	3-6-6	3-6-7
项 目			车辆砖、龟背锦等异型地面		
			尺二方砖	尺四方砖	尺七方砖
名 称		单位	消 耗 量		
人工	合计工日	工日	30.360	37.480	39.904
	其中 普工	工日	6.072	7.496	7.981
	一般技工	工日	10.626	13.118	13.966
	高级技工	工日	13.662	16.866	17.957
材料	尺二方砖 384×384×58	块	111.000	—	—
	尺四方砖 448×448×64	块	—	85.000	—
	尺七方砖 544×544×80	块	—	—	54.380
	生桐油	kg	1.800	1.800	1.440
	面粉	kg	3.600	3.600	2.880
	松烟	kg	1.800	1.800	1.440
	黄土	m³	0.550	0.550	0.660
	白灰	kg	157.700	157.700	181.300
	其他材料费	%	1.00	1.00	1.00

工作内容:砖件砍磨,冲、样、揭、刹趄,挂油灰,铺砖,清缝磨平,打点等。　　　　　　　　计量单位:10m²

定 额 编 号			3-6-8	3-6-9	3-6-10	3-6-11	3-6-12	3-6-13
项 　 目			大城砖墁地					
			陡板(平铺)		直柳叶		斜柳叶	
			异型	矩形	半砖	整砖	半砖	整砖
名 　 称		单位	消 耗 量					
人工	合计工日	工日	57.312	22.134	32.922	31.116	36.870	35.010
	其中 普工	工日	11.463	4.427	6.584	6.223	7.373	7.001
	一般技工	工日	20.059	7.747	11.523	10.891	12.905	12.254
	高级技工	工日	25.790	9.960	14.815	14.002	16.592	15.755
材料	大城砖 480×240×128	块	140.450	117.040	128.810	251.510	141.690	283.260
	生桐油	kg	1.800	1.500	3.000	3.000	3.000	3.000
	面粉	kg	3.600	3.000	6.000	6.000	6.000	6.000
	松烟	kg	1.800	1.500	3.000	0.300	3.000	3.000
	黄土	m³	0.550	0.550	0.550	0.550	0.550	0.550
	白灰	kg	157.700	157.700	167.700	167.700	167.700	167.700
	其他材料费	%	1.00	1.00	1.00	1.00	1.00	1.00

工作内容:1.砖件砍磨,冲、样、揭、刹趄,挂油灰,铺砖,清缝磨平,打点等。
　　　　　2.钻生,起油呛生。

计量单位:10m²

定　额　编　号			3-6-14	3-6-15	3-6-16	3-6-17
项　　　目			细墁地面			地面刷生
			二城样砖	大停泥砖	小停泥砖	
名　　称		单位	消　耗　量			
合计工日		工日	16.055	14.835	14.280	1.620
人工	其中	普工	工日	3.211	2.967	2.856	0.324
		一般技工	工日	5.619	5.192	4.998	0.567
		高级技工	工日	7.225	6.676	6.426	0.729
材料	二城样砖 448×224×112	块	117.200	—	—	—
	大停泥砖 416×208×80	块	—	139.200	—	—
	小停泥砖 288×144×64	块	—	—	283.500	—
	白灰	kg	28.100	27.900	30.600	—
	生桐油	kg	3.900	3.800	5.200	2.000
	松烟	kg	3.900	3.800	5.100	—
	面粉	kg	7.800	7.600	10.300	—
	其他材料费	%	1.00	1.00	1.00	1.00

二、糙墁地面

工作内容: 选砖,冲、样趄,拌和灰浆,铺砖,扫灰填缝。　　　　　　　　　　　计量单位:10m²

定　额　编　号			3-6-18	3-6-19	3-6-20	3-6-21	3-6-22
项　　　目			糙墁地面				
			尺二方砖	尺四方砖	尺七方砖	地趴砖	二城样砖
名　　　称		单位	消　耗　量				
人工	合计工日	工日	2.280	2.090	1.810	2.736	3.070
	其中 普工	工日	0.456	0.417	0.361	0.547	0.613
	一般技工	工日	0.798	0.732	0.634	0.958	1.075
	高级技工	工日	1.026	0.941	0.815	1.231	1.382
材料	尺二方砖 384×384×58	块	71.400	—	—	—	99.300
	尺四方砖 448×448×64	块	—	53.300	—	—	—
	尺七方砖 544×544×80	块	—	—	35.300	—	—
	地趴砖 384×192×96	块	—	—	—	139.750	554.400
	砂子	kg	523.000	523.000	523.000	523.000	79.800
	白灰	kg	75.000	75.000	75.000	75.000	1.00
	其他材料费	%	1.00	1.00	1.00	1.00	0.090

工作内容: 选砖,冲、样趄,拌和灰浆,铺砖,扫灰填缝。

计量单位: 10m²

定 额 编 号			3-6-23	3-6-24	3-6-25	3-6-26	3-6-27	3-6-28
项　目			大城砖					
			陡板 (平铺)	直柳叶		斜柳叶		礓磋
				半砖	整砖	半砖	整砖	
名　称		单位	消　耗　量					
合计工日		工日	2.460	3.940	4.430	4.720	5.310	4.920
人工	其中	普工	工日	0.492	0.788	0.885	0.944	1.061	0.984
		一般技工	工日	0.861	1.379	1.551	1.652	1.859	1.722
		高级技工	工日	1.107	1.773	1.994	2.124	2.390	2.214
材料	大城砖 480×240×128	块	97.500	97.600	195.100	107.360	214.610	196.000
	白灰砂浆 1:3	m³	0.330	0.330	0.330	0.330	0.330	0.330
	其他材料费	%	1.00	1.00	1.00	1.00	1.00	1.00
机械	灰浆搅拌机 200L	台班	0.080	0.080	0.080	0.080	0.080	0.080

工作内容：选砖，冲、样趟，拌和灰浆，铺砖，扫灰填缝。　　　　　　　　　　计量单位：10m²

定　额　编　号			3-6-29	3-6-30	3-6-31	3-6-32	3-6-33	3-6-34
项　　目			蓝四丁砖					
			十字缝	八方锦	拐子锦	直柳叶	斜柳叶	碣磲
名　　称		单位	消　耗　量					
合计工日		工日	2.460	2.560	2.660	4.920	5.900	5.410
人工	其中	普工	工日	0.492	0.512	0.532	0.984	1.180	1.081
		一般技工	工日	0.861	0.896	0.931	1.722	2.065	1.894
		高级技工	工日	1.107	1.152	1.197	2.214	2.655	2.435
材料	二城样砖 448×224×112	块	—	—	—	—	—	—
	蓝四丁砖 240×115×53	块	357.600	357.600	357.600	720.000	800.000	800.000
	白灰砂浆 1:3	m³	0.330	0.330	0.330	0.330	0.330	0.330
	砂子	kg	—	—	—	—	—	—
	白灰	kg	—	—	—	—	—	—
	其他材料费	%	1.00	1.00	1.00	1.00	1.00	1.00
机械	灰浆搅拌机 200L	台班	0.080	0.080	0.080	0.080	0.080	0.080

工作内容: 选砖,冲、样趟,拌和灰浆,铺砖,扫灰填缝。

计量单位:10m²

	定 额 编 号		3-6-35	3-6-36	3-6-37
	项 目		糙墁盲道砖	大停泥砖地面	小停泥砖地面
	名 称	单位		消 耗 量	
人工	合计工日	工日	2.900	3.160	3.450
	其中 普工	工日	0.580	0.632	0.689
	一般技工	工日	1.015	1.106	1.208
	高级技工	工日	1.305	1.422	1.553
材料	盲道砖 250×250×50	m²	10.200	—	—
	大停泥砖 416×208×80	块	—	116.780	—
	小停泥砖 288×144×64	块	—	—	236.000
	砂子	kg	30.000	554.400	538.600
	白灰	kg	—	79.800	77.520
	水泥砂浆 1:3	m³	0.250	—	—
	其他材料费	%	1.00	1.00	1.00
机械	灰浆搅拌机 200L	台班	0.060	0.370	0.360

工作内容:选砖,冲、样趟,拌和灰浆,铺砖,扫灰填缝。 计量单位:10m²

定 额 编 号				3-6-38	3-6-39	3-6-40	3-6-41
项 目				坡道		踏道	
				方砖	大城砖	方砖	大城砖
名 称			单位	消 耗 量			
人工	合计工日		工日	3.120	3.840	2.640	3.240
	其中	普工	工日	0.624	0.768	0.528	0.648
		一般技工	工日	1.092	1.344	0.924	1.134
		高级技工	工日	1.404	1.728	1.188	1.458
材料	尺四方砖 448×448×64		块	53.300	—	53.300	—
	大城砖 480×240×128		块	—	97.500	—	97.500
	白灰砂浆 1:3		m³	0.330	0.330	0.330	0.330
	其他材料费		%	1.00	1.00	1.00	1.00
机械	灰浆搅拌机 200L		台班	0.080	0.080	0.080	0.080

工作内容:选砖,冲、样趟,拌和灰浆,铺砖,扫灰填缝。　　　　　　　　计量单位:10m²

定　额　编　号			3-6-42	3-6-43	3-6-44	3-6-45	3-6-46	3-6-47
项　　目			石板路					乱铺块石
			整			碎		
			平道	坡道	踏道	平道	坡道	
名　　称		单位	消　耗　量					
合计工日		工日	3.600	4.800	4.200	4.680	6.240	8.460
人工	其中 普工	工日	0.720	0.960	0.840	0.936	1.248	1.692
	一般技工	工日	1.260	1.680	1.470	1.638	2.184	2.961
	高级技工	工日	1.620	2.160	1.890	2.106	2.808	3.807
材料	混合砂浆 M5.0	m³	0.700	0.700	0.700	0.900	0.900	2.960
	整石板	m²	10.300	10.300	10.300	—	—	—
	碎石板	m²	—	—	—	10.300	10.300	—
	毛石	t	—	—	—	—	—	17.570
	其他材料费	%	1.00	1.00	1.00	1.00	1.00	1.00
机械	灰浆搅拌机 200L	台班	0.180	0.180	0.180	0.230	0.230	0.740

三、细墁散水

工作内容：砖件砍磨，冲、样、揭、刹趄，挂油灰，铺砖，清缝磨平，打点等。　　　　　　计量单位：10m²

定　额　编　号			3-6-48	3-6-49	3-6-50	3-6-51
项　　　　　　目			细墁散水			
			大城砖	二城样砖	尺二方砖	尺四方砖
名　　称		单位	消　耗　量			
人工	合计工日	工日	18.950	17.730	17.730	20.640
	其中 普工	工日	3.789	3.545	3.545	4.128
	一般技工	工日	6.633	6.206	6.206	7.224
	高级技工	工日	8.528	7.979	7.979	9.288
材料	大城砖 480×240×128	块	123.200	—	—	—
	二城样砖 448×224×112	块	—	127.500	—	—
	尺二方砖 384×384×58	块	—	—	77.000	—
	尺四方砖 448×448×64	块	—	—	—	66.500
	白灰	kg	179.400	179.400	179.400	179.400
	生桐油	kg	1.900	1.900	1.900	1.900
	松烟	kg	1.900	1.900	1.900	1.900
	面粉	kg	3.800	3.800	3.800	3.800
	其他材料费	%	1.00	1.00	1.00	1.00

工作内容:砖件砍磨,挂油灰,铺砖,清缝磨平,打点等。　　　　　　　　　计量单位:10m

定　额　编　号			3-6-52	3-6-53	3-6-54	3-6-55
项　　目			顺裁细牙子砖			
			大城砖	二城样砖	大停泥	小停泥
名　　称		单位	消　耗　量			
人工	合计工日	工日	2.590	2.300	2.015	1.630
	其中 普工	工日	0.517	0.460	0.403	0.325
	一般技工	工日	0.907	0.805	0.705	0.571
	高级技工	工日	1.166	1.035	0.907	0.734
材料	大城砖 480×240×128	块	25.300	—	—	—
	二城样砖 448×224×112	块	—	27.200	—	—
	大停泥砖 416×208×80	块	—	—	29.500	—
	小停泥砖 288×144×64	块	—	—	—	46.700
	白灰	kg	3.900	3.700	2.900	2.600
	生桐油	kg	0.800	0.800	0.700	0.700
	松烟	kg	0.800	0.800	0.700	0.700
	面粉	kg	1.600	1.600	1.500	1.400
	其他材料费	%	1.00	1.00	1.00	1.00

工作内容：砖件砍磨，挂油灰，铺砖，清缝磨平，打点等。　　　　　　　　计量单位：10m

定　额　编　号			3-6-56	3-6-57
项　　　　目			栽砖牙子	
			蓝四丁砖	
			顺栽	立栽
名　　　称		单位	消　耗　量	
人工	合计工日	工日	2.010	3.710
	其中 普工	工日	0.401	0.741
	一般技工	工日	0.704	1.299
	高级技工	工日	0.905	1.670
材料	蓝四丁砖 240×115×53	块	50.220	100.430
	生桐油	kg	0.600	0.600
	面粉	kg	1.200	1.200
	松烟	kg	0.600	0.600
	黄土	m³	0.050	0.050
	白灰	kg	18.800	18.800
	其他材料费	%	1.00	1.00

四、糙墁散水

工作内容：选砖，冲、样趄，拌和灰浆，铺砖，扫灰填缝。　　　　　　　　　　计量单位：10m²

定　额　编　号			3-6-58	3-6-59	3-6-60	3-6-61	3-6-62	3-6-63
项　　　目			糙墁散水					
			大城砖	二城样砖	尺二方砖	尺四方砖	大开条	蓝四丁砖
名　　称		单位	消　　耗　　量					
人工	合计工日	工日	2.760	2.540	2.160	1.920	2.880	1.290
	其中 普工	工日	0.552	0.508	0.432	0.384	0.576	0.257
	一般技工	工日	0.966	0.889	0.756	0.672	1.008	0.452
	高级技工	工日	1.242	1.143	0.972	0.864	1.296	0.581
材料	大城砖　480×240×128	块	111.200	—	—	—	—	—
	二城样砖　448×224×112	块	—	121.700	—	—	—	—
	尺二方砖　384×384×58	块	—	—	71.400	—	—	—
	尺四方砖　448×448×64	块	—	—	—	53.300	—	—
	大开条砖　288×144×64	块	—	—	—	—	299.800	—
	蓝四丁砖　240×115×53	块	—	—	—	—	—	420.000
	砂子	kg	601.900	712.800	601.900	601.900	601.900	601.900
	白灰	kg	86.600	102.600	86.600	86.600	86.600	86.600
	其他材料费	%	1.00	1.00	1.00	1.00	1.00	1.00

工作内容：选砖，拌和灰浆，铺砖，扫灰填缝。　　　　　　　　　计量单位：10m

定　额　编　号			3-6-64	3-6-65	3-6-66	3-6-67
项　　目			糙栽牙子砖			
			大城砖		二城样砖	
			顺栽	立栽 1/4	顺栽	立栽 1/4
名　　称		单位	消　耗　量			
人工	合计工日	工日	0.770	1.530	0.770	1.530
	其中 普工	工日	0.153	0.305	0.153	0.305
	一般技工	工日	0.270	0.536	0.270	0.536
	高级技工	工日	0.347	0.689	0.347	0.689
材料	大城砖 480×240×128	块	21.400	42.800	—	—
	二城样砖 448×224×112	块	—	—	23.000	46.000
	白灰	kg	9.120	22.800	9.130	20.520
	砂子	kg	63.360	158.400	63.360	142.560
	其他材料费	%	1.00	1.00	1.00	1.00
机械	灰浆搅拌机 200L	台班	0.010	0.020	0.010	0.020

工作内容: 选砖,拌和灰浆,铺砖,扫灰填缝。 计量单位:10m

定 额 编 号			3-6-68	3-6-69	3-6-70	3-6-71
项 目			糙栽牙子砖			
			地趴砖		小停泥砖	
			顺栽	立栽 1/4	顺栽	立栽 1/4
名 称		单位	消 耗 量			
人工	合计工日	工日	0.960	1.730	0.960	1.730
	其中 普工	工日	0.192	0.345	0.192	0.345
	一般技工	工日	0.336	0.606	0.336	0.606
	高级技工	工日	0.432	0.779	0.432	0.779
材料	大停泥砖 416×208×80	块	22.600	45.200	—	—
	小停泥砖 288×144×64	块	—	—	35.800	71.500
	砂子	kg	47.520	126.730	47.520	126.730
	白灰	kg	6.840	18.240	6.840	18.240
	其他材料费	%	1.00	1.00	1.00	1.00
机械	灰浆搅拌机 200L	台班	0.010	0.020	0.010	0.020

工作内容：选砖,拌和灰浆,铺砖,扫灰填缝。

计量单位：10m

定　额　编　号			3-6-72	3-6-73	3-6-74
项　　　　目			糙栽牙子砖		
			蓝四丁砖		
			顺栽	立栽（宽1/4）	立栽（宽1/2）
名　　称		单位	消　耗　量		
人工	合计工日	工日	0.930	1.540	1.520
	其中 普工	工日	0.185	0.308	0.304
	一般技工	工日	0.326	0.539	0.532
	高级技工	工日	0.419	0.693	0.684
材料	蓝四丁砖 240×115×53	块	43.750	87.500	191.000
	白灰砂浆 1:3	m³	0.330	0.330	0.330
	其他材料费	%	1.00	1.00	1.00
机械	灰浆搅拌机 200L	台班	0.080	0.080	0.080

五、墁石子地

工作内容：选洗石子,拌和灰浆,铺砖,扫灰填缝,清水冲刷。 计量单位：10m²

定 额 编 号			3-6-75	3-6-76	3-6-77
项 目			满铺拼花	满铺不拼花	散铺
名 称		单位	消 耗 量		
人工	合计工日	工日	20.130	11.500	2.300
	其中 普工	工日	4.025	2.300	0.460
	一般技工	工日	7.046	4.025	0.805
	高级技工	工日	9.059	5.175	1.035
材料	板瓦 2#	块	125.000	—	—
	彩色卵石 1cm~3cm	kg	231.800	139.100	—
	彩色卵石 3cm~7cm	kg	370.800	519.100	519.100
	水泥砂浆 1:3	m³	0.320	0.310	0.330
	其他材料费	%	1.00	1.00	1.00
机械	灰浆搅拌机 200L	台班	0.080	0.080	0.080

第七章　抹　灰　工　程

说　　明

一、本章定额包括抹灰工程,共一节。

二、室内净高(山墙部分指室内地坪至山尖二分之一高度)在 3.6m 以内的墙面及天棚抹灰,已考虑了搭拆简易脚手架的因素。超过 3.6m 时,可另行计算抹灰脚手架。

三、本章定额中麻刀灰浆是传统抹灰项目,其他各抹灰项目是根据现行工程质量要求综合制定的,不分等级均执行同一定额项目。

四、零星抹麻刀灰是指山花象眼、穿插档、什锦窗侧壁、匾心、小红山及单块面积小于 3m² 的廊心墙等处的抹灰。单块面积大于 3m² 的廊心墙抹灰,应执行墙面定额。

五、下肩(碱)抹灰执行墙面定额。

工程量计算规则

一、抹灰工程量的计算除本章另有规定者外,均以结构尺寸为准。

二、麻刀灰浆:

1. 外墙抹灰面积,分抹灰颜色按图示尺寸以面积计算,应扣除门窗洞口及空圈所占面积,不扣除小于 0.3m² 的孔洞所占面积,墙垛侧面积应并入外墙抹灰工程量内计算。外墙高度由室外设计地坪(有台明者由台明上皮,无台明而有散水者由散水上皮)算起:

(1)墙出檐者算至檐下皮;

(2)有檐口天棚者算至檐口天棚下皮;

(3)下肩(碱)不抹者应扣除下肩(碱)高度。

2. 内墙抹灰面积按主墙间净长乘高以面积计算,应扣除门窗洞口和空圈所占面积,不扣除踢脚线、挂镜线、露明柱面及小于 0.3m² 的孔洞及墙与构件交接处所占面积,但门窗洞口及空圈周围侧壁抹灰面积也不增加,墙垛侧面积应并入内墙抹灰工程量内计算。内墙高度由室内地(楼)面算起:

(1)梁(枋)下墙算至梁(枋)底;

(2)板下墙算至板底;

(3)吊顶抹灰者算至顶棚底;

(4)天花吊顶者算至天花底面,另增加 200mm;

(5)有内墙裙者,其抹灰高度自墙裙上边线算起。

3. 槛墙抹灰面积,分内、外槛墙执行内、外墙面抹灰相应定额,按图示长度乘以高度以面积计算,不扣除露明柱面及踢脚线所占面积,但槛墙八字部分面积也不增加。

4. 现浇、预制混凝土顶板抹灰,按墙体内侧水平投影面积计算,不扣除柱、垛、隔断所占面积,梁的侧面积应并入顶板抹灰工程量内。

5. 抹灰面做假砖缝,抹灰前下麻钉,按其相应项目的抹灰工程量以面积计算。

三、水泥砂浆、剁斧石、水刷石:

1. 墙面、墙裙抹水泥砂浆、剁斧石,均按图示长度乘以高度以面积计算,应扣除门窗洞口及空圈所占面积,不扣除露明柱面及小于 0.3m² 的孔洞所占面积,但其门窗洞口及空圈侧壁面积也不增加,墙垛侧面积应并入墙面、墙裙工程量内。其高度的计算与抹麻刀灰浆相同。

2. 混凝土梁、柱及独立砖柱、门窗套、窗楣、腰线、挑檐、窗台、压顶、榻板等抹灰项目,均按展开面积计算。

3. 带椽条的混凝土板底抹灰按设计图示尺寸以展开面积计算,椽条两侧的抹灰面积并入天棚面积内。

4. 木门窗后塞口堵缝,按门窗框外围面积计算。

5. 须弥座、冰盘檐抹灰,均按图示垂直投影面积计算。

6. 贴面砖按图示面积计算。

抹 灰 工 程

工作内容: 调制灰浆、材料运输、搭拆 3.6m 以内的简易脚手架、清理基层、抹灰、找平、罩面、轧光及养护等。

计量单位:10m²

定 额 编 号			3-7-1	3-7-2	3-7-3	3-7-4	3-7-5	3-7-6	3-7-7
项 目			靠骨麻刀灰			靠骨麻刀灰每增加			
			月白麻刀灰	青麻刀灰	红麻刀灰	白麻刀灰	红麻刀灰	月白麻刀灰	
			厚度(mm)						
			15			10			
名 称		单位	消 耗 量						
人工	合计工日	工日	1.728	1.980	1.848	1.584	0.396	0.396	0.396
	其中 普工	工日	0.345	0.396	0.369	0.317	0.079	0.079	0.079
	一般技工	工日	0.605	0.693	0.647	0.554	0.139	0.139	0.139
	高级技工	工日	0.778	0.891	0.832	0.713	0.178	0.178	0.178
材料	白灰	kg	108.000	108.000	108.000	108.000	71.900	71.900	71.900
	青灰	kg	16.200	21.500	—	—	—	—	9.300
	氧化铁红	kg	—	—	7.000	—	—	2.000	—
	麻刀	kg	5.400	5.400	5.400	5.400	3.600	3.600	3.600
	其他材料费	%	1.00	1.00	1.00	1.00	1.00	1.00	1.00
机械	灰浆搅拌机 200L	台班	0.040	0.050	0.040	0.040	0.030	0.030	0.030

工作内容：调制灰浆、材料运输、搭拆 3.6m 以内的简易脚手架、清理基层、抹灰、
找平、罩面、轧光及养护等。

计量单位：10m²

定　额　编　号			3-7-8	3-7-9	3-7-10	3-7-11	3-7-12
项　　目			麻刀灰（带砂子灰底层）底层厚（mm）				砂子灰底层每增加（mm）
			月白麻刀灰	青麻刀灰	红麻刀灰	白麻刀灰	10
			18				
名　　称		单位	消　耗　量				
人工	合计工日	工日	1.560	2.112	1.980	1.716	0.396
	其中 普工	工日	0.312	0.423	0.396	0.343	0.079
	一般技工	工日	0.546	0.739	0.693	0.601	0.139
	高级技工	工日	0.702	0.950	0.891	0.772	0.178
材料	砂子	kg	325.000	325.000	325.000	325.000	150.000
	白灰	kg	61.700	61.700	61.700	61.700	21.800
	青灰	kg	5.100	8.000	—	—	—
	氧化铁红	kg	—	—	2.000	—	—
	麻刀	kg	2.000	2.000	2.000	2.000	—
	其他材料费	%	1.00	1.00	1.00	1.00	1.00
机械	灰浆搅拌机 200L	台班	0.050	0.050	0.050	0.050	0.020

工作内容: 调制灰浆、材料运输、搭拆 3.6m 以内的简易脚手架、清理基层、抹灰、找平、罩面、轧光及养护等。

计量单位:10m²

定　额　编　号				3-7-13	3-7-14
项　　　　　目				麻面砂子灰	抹灰前下麻钉
名　　　称			单位	消　耗　量	
人工	合计工日		工日	1.320	0.650
	其中	普工	工日	0.264	0.129
		一般技工	工日	0.462	0.228
		高级技工	工日	0.594	0.293
材料	砂子		kg	280.200	—
	白灰		kg	36.100	—
	铁钉		kg	—	2.100
	线麻		kg	—	0.700
	其他材料费		%	1.00	1.00
机械	灰浆搅拌机 200L		台班	0.050	—

工作内容: 调制灰浆、材料运输、搭拆 3.6m 以内的简易脚手架、清理基层、抹灰、
找平、罩面、轧光及养护等。 计量单位:10m²

定 额 编 号			3-7-15	3-7-16	3-7-17	3-7-18	3-7-19	3-7-20
项 目			抹白麻刀灰					
			现浇混凝土板	预制混凝土板(包括抹缝)	砖内墙	混凝土梁、柱	砖柱	零星抹灰
名 称		单位	消 耗 量					
人工	合计工日	工日	1.782	1.991	1.881	2.717	2.618	2.772
	其中 普工	工日	0.356	0.398	0.377	0.543	0.524	0.555
	一般技工	工日	0.624	0.697	0.658	0.951	0.916	0.970
	高级技工	工日	0.802	0.896	0.846	1.223	1.178	1.247
材料	水泥(综合)	kg	38.000	24.000	2.200	37.700	2.000	—
	砂子	kg	119.000	105.000	259.100	221.900	268.300	—
	白灰	kg	47.000	43.000	88.200	65.700	62.700	108.000
	氢氧化钠(烧碱)	kg	1.000	1.000	—	—	—	—
	麻刀	kg	1.100	1.100	1.700	1.100	1.100	5.400
	其他材料费	%	1.00	1.00	1.00	1.00	1.00	1.00
机械	灰浆搅拌机 200L	台班	0.020	0.020	0.040	0.040	0.040	0.040

工作内容: 调制灰浆、材料运输、搭拆 3.6m 以内的简易脚手架、清理基层、抹灰、找平、罩面、轧光、剁斧、刷粘、石碴及养护等。

计量单位:10m²

定 额 编 号				3-7-21	3-7-22	3-7-23	3-7-24
项 目				剁斧石			梁柱面、墙面做假砖缝
				梁、柱	门窗框抹灰	腰线、挑檐、窗台榻板	
名 称			单位	消 耗 量			
人工	合计工日		工日	10.640	9.790	16.440	1.430
	其中	普工	工日	2.128	1.957	3.288	0.285
		一般技工	工日	3.724	3.427	5.754	0.501
		高级技工	工日	4.788	4.406	7.398	0.644
材料	水泥（综合）		kg	178.000	—	—	—
	砂子		kg	204.500	—	—	—
	普通石碴		kg	106.000	120.000	160.600	—
	石屑		kg	45.400	51.400	68.800	—
	氢氧化钠（烧碱）		kg	1.000	—	—	—
	水泥砂浆 1:3		m³	—	0.140	0.220	—
	豆石		m³	—	—	0.060	—
	其他材料费		%	1.00	1.00	1.00	—
机械	灰浆搅拌机 200L		台班	0.040	0.060	0.070	

工作内容: 调制灰浆、材料运输、搭折 3.6m 以内的简易脚手架、清理基层、抹灰、
找平、罩面、轧光、剁斧、刷粘、石碴及养护等。　　　　　　　　　　计量单位:10m²

定 额 编 号			3-7-25	3-7-26	3-7-27	3-7-28	3-7-29	3-7-30
项　目			须弥座、冰盘檐抹灰					
			麻刀灰	水泥砂浆	剁斧石		水刷石（普通）	水刷石（美术）
					普通水泥	白水泥		
名　称		单位	消　耗　量					
人工	合计工日	工日	4.680	7.800	21.020	21.020	5.130	5.130
	其中 普工	工日	0.936	1.560	4.204	4.204	1.025	1.025
	一般技工	工日	1.638	2.730	7.357	7.357	1.796	1.796
	高级技工	工日	2.106	3.510	9.459	9.459	2.309	2.309
材料	水泥砂浆 1:2	m³	—	0.120	—	—	—	—
	水泥砂浆 1:3	m³	—	0.150	0.250	0.180	0.180	0.180
	普通石碴	kg	—	—	229.100	228.100	186.900	—
	美术石碴	kg	—	—	—	—	—	186.900
	石屑	kg	—	—	68.900	68.900	—	—
	白灰	kg	179.300	—	—	—	—	—
	青灰	kg	30.600	—	—	—	—	—
	麻刀	kg	8.900	—	—	—	—	—
	其他材料费	%	1.00	1.00	1.00	1.00	1.00	1.00
机械	灰浆搅拌机 200L	台班	0.070	0.070	0.110	0.090	0.050	0.050

工作内容: 调制灰浆、材料运输、搭拆 3.6m 以内的简易脚手架、清理基层、抹灰、
找平、罩面、轧光及养护等。

计量单位: 10m²

定　额　编　号			3-7-31	3-7-32
项　　　目			抹瓦口	木门窗后塞口堵缝
				水泥砂浆
名　　称		单位	消　耗　量	
人工	合计工日	工日	1.200	0.380
	普工	工日	0.240	0.076
	一般技工	工日	0.420	0.133
	高级技工	工日	0.540	0.171
材料	水泥砂浆 1:2	m³	0.030	—
	水泥砂浆 1:3	m³	0.050	0.020
	其他材料费	%	1.00	1.00
机械	灰浆搅拌机 200L	台班	0.020	0.010

工作内容: 调制灰浆、材料运输、搭拆3.6m以内的简易脚手架、清理基层、抹灰、找平、罩面、轧光、剁斧、刷粘、石碴及养护等。　　　　　　　　　计量单位:10m²

定额编号			3-7-33	3-7-34	3-7-35	3-7-36	3-7-37
项　目			小品				
			水泥砂浆	剁斧石（普通水泥）	剁斧石（白水泥）	水刷石（普通水泥）	水刷石（白水泥）
名　称		单位	消　耗　量				
人工	合计工日	工日	3.520	10.020	10.020	4.470	4.470
	其中 普工	工日	0.704	2.004	2.004	0.893	0.893
	一般技工	工日	1.232	3.507	3.507	1.565	1.565
	高级技工	工日	1.584	4.509	4.509	2.012	2.012
材料	水泥砂浆 1:2	m³	0.010	0.020	0.070	0.070	—
	水泥砂浆 1:3	m³	0.150	0.020	0.020	0.090	0.090
	普通石碴	kg	—	116.400	116.400	166.100	—
	美术石碴	kg	—	—	—	—	166.100
	石屑	kg	—	49.900	49.900	—	—
	其他材料费	%	1.00	1.00	1.00	1.00	1.00
机械	灰浆搅拌机 200L	台班	0.040	0.030	0.050	0.060	0.050

第八章　油漆彩画工程

说　明

一、本章定额包括立闸山花板、博风板、挂檐（落）板，连檐、瓦口、椽头，椽子、望板，上架木件，斗拱、垫拱板，雀替、花活，天花、顶棚，下架木件，装修，共九节。

二、有关规定：

1. 彩画贴金（铜）箔定额中库金箔规格每张为 93.3mm×93.3mm，赤金箔规格每张为 83.3mm×83.3mm，铜箔规格每张为 100mm×100mm。实际使用的金（铜）箔规格与定额规定不符时，按下列方法换算箔用量，并相应调整材料费，其他不变。

$$调整后箔的用量（张）= \frac{定额中每张箔的面积 \times 定额用量（张）}{实际使用的每张箔的面积}$$

2. 定额中凡包括贴金（铜）箔的彩画项目，若设计要求不贴金（铜）箔时，相应扣减其金胶油、金（铜）箔及清漆的消耗量。

3. 定额中包括贴金（铜）箔的彩画项目，若设计要求采用金粉，则扣掉定额中相应库金箔、赤金箔、铜箔、金胶油的消耗量，同时每平方米扣减人工 0.3 工日，增加金粉（铜粉）消耗量，每千张库金箔折算金粉（铜粉）为 0.368kg，每千张赤金箔折算金粉（铜粉）为 0.291kg，每千张库铜箔折算金粉为 0.371kg，清漆用量按金粉量的 1.5 倍计算。

4. "明清式""宋式"斗拱彩画油漆工程量按展开面积计算，其面积大小按相应子目参照本章工程量计算规则中"清式斗拱展开面积表"及"宋式铺作展开面积表"计算。

三、立闸山花板、博风板、挂檐（落）板：

1. 山花沥粉系指在无雕刻山花板的地仗上沥粉做花纹，在无雕刻的挂檐（落）板地仗上沥粉做花纹者也执行山花沥粉定额。

2. 悬山建筑的镶嵌象眼板、柁档板油漆或彩画执行本章定额第四节"上架木件"定额。

四、连檐、瓦口、椽头：

1. 大连檐立面、瓦口、檐椽头、飞椽头地仗油漆及椽头彩画执行本章定额。大连檐底面、小连檐、闸档板油漆的工料已包括在本章第三节椽望定额中。

2. 椽头彩画以椽头带飞椽者为准，无飞椽者定额乘以系数 0.55。

五、椽子、望板：

1. 本节地仗及油漆定额均包括椽子、望板。

2. 小连檐、闸挡板、隔椽板、椽中板的地仗、油漆所需工料已包括在椽望工程内。

六、上架木件：

1. 檩（桁）枋上皮以下（包括柱头）的枋、梁、随梁、瓜柱、柁墩、角背、雷公柱、桁檩、角梁、由戗、垫板、燕尾枋、博脊板、棋枋板、镶嵌柁档板、镶嵌象眼山花板、角科斗拱的宝瓶、楼阁的承重、楞木、木楼板底面及枋、梁、桁檩等露明的榫头、箍头均执行本节定额。

2. 本节定额中按建筑物明间大额枋截面高（檐柱径）分为 23cm 以下、23cm~58cm 两档，实际工程中不论建筑物各构部件与明间大额枋的权衡比例如何，均以其明间大额枋截面高为准，确定应执行的定额相应档次。

3. 金龙和玺、龙凤和玺定额的（一）、（二）、（三）区别如下：（一）系指箍头内为贯套图案，枋心、盒子岔角做彩云，挑檐枋、坐斗枋、桃尖梁头为片金图案的做法；（二）系指箍头、挑檐枋、坐斗枋为片金图案的做法，盒子岔角、桃尖梁头为无金图案做法；（三）系指素箍头、挑檐枋、桃尖梁头等为无片金图案的做法。

4. 龙草和玺定额的（一）、（二）区别如下：（一）系指素箍头、金琢墨草、挑檐枋、坐斗枋沥粉做片金花纹（包括坐斗枋做轱辘草攒退）的做法;（二）系指素箍头、爬粉攒退草,挑檐枋、坐斗枋、桃尖梁头等不做片金图案的做法。

5. 定额中的"白活"是指在包袱心、枋心、池子心、聚锦心内的白地上绘画山水、翎毛、人物、花卉等国画的做法。

6. 和玺加苏画、金线大点金加苏画及各项苏画的规矩活部分,包括绘梁头（或博古）、箍头、藻头、卡子及包袱线、聚锦线、枋心线、池子线、盒子线及其内外规矩图案的绘制。绘制白活另执行相应定额。

7. 掐箍头彩画及掐箍头搭包袱彩画定额均不包括油漆部分的工料。

8. 包袱、枋心白活定额以每块面积在 $1.5m^2$ 以内为准,超过 $1.5m^2$ 在 $2m^2$ 以内者,乘以系数 1.5,超过 $2m^2$ 乘以系数 2.0。其面积计算按外接矩形面积。聚锦不论面积大小及绘画内容,定额均不调整。池子、盒子的白活执行聚锦定额。

9. 斑竹彩画以建筑物整体为同一图案形式,不分椽望、连檐及下架木件均执行此项定额。

10. 油地沥粉贴金、满金琢墨、金琢墨局部贴金及各种无金做法的新式彩画均指淡色或单色做法,其中:

（1）油地沥粉贴金做法系仿苏式彩画格调在油漆面上贴金（铜）箔的做法,定额中分为满做和掐箍头两类。满做包括箍头、卡子、包袱及包袱内的片金图案。

（2）满金琢墨做法系指箍头、藻头、枋心、盒子的大线及其内的花纹均沥粉、贴金、攒退。金琢墨做法系指箍头、藻头及大线贴金、退晕。局部贴金做法系指主要大线（箍头线、岔口线、枋心线）贴金（铜）箔,枋心、盒子内花纹的花蕊、花蕾点金。

七、斗拱、垫拱板:

1. 斗拱满刷素油及斗拱做彩画时,其拱眼（荷包、眼边）、斜盖斗板及拽枋、单材拱掏里的油漆部分均执行斗拱油漆定额。

2. 斗拱彩画定额不包括拱眼、斜盖斗板、掏里部分的油漆工料。

3. 垫拱板的油漆或彩画另按本章有关定额执行。

八、雀替、花活:

1. 雀替（包括翘拱、云墩）、雀替隔架斗拱、垂柱头、雷公柱及交金灯笼柱垂头、垂花门及牌楼的花板、云龙花板等雕刻的构、部件（部位）均执行本章定额。

2. 本节定额中包括掏章丹里。

九、天花、顶棚:

1. 本节定额中天花规格以井口板分井的平均边长为准。

2. 井口板彩画的片金鼓子心包括团龙、双龙、龙凤、西番莲草等做法,做染鼓子心包括做染四季花、团鹤等做法。

3. 烟琢墨岔角云片金鼓子心彩画包括方、圆鼓子线及鼓子心贴金（铜）箔。烟琢墨岔角云做染、攒退鼓子心彩画包括方、圆鼓子线贴金（铜）箔。

4. 支条的燕尾彩画包括刷支条,做燕尾,贴钉燕尾,燕尾及井口线贴金。

5. 灯花局部贴金（一）系指只有花形图案的主要轮廓线沥粉贴金,（二）系指主要图案线路沥粉贴金及其他部位局部沥粉贴金。

6. 灯花沥粉无金做法包括爬粉刷色及爬粉攒退。

7. 天花刷素油漆执行胶合板顶棚油漆定额。

十、下架木件:

1. 各种柱、抱柱、槛框、窗榻板、什锦窗的筒子板、过木均执行本章定额。

2. 下架木件定额,按其明间大额枋的截面高（檐柱径）分为 23cm 以内、23cm~58cm 两档。

十一、装修:

1. 迎风板、走马板绘画白活（不做油漆）者,执行上架木件白活定额。

2. 木楼板、木地板、木楼梯油漆执行大门、屏门、迎风板、走马板、木（栈）板墙定额。

3.外檐槅扇槛窗定额中不包括其心屉的工料,心屉另执行有关定额。

4.内檐槅扇、风门、支摘窗定额中包括其心屉的工料,外檐槅扇、槛窗的心屉不分形式也执行此定额。

5.栏杆不分部位包括望柱在内,按其形式分类,寻杖栏杆执行外檐槅扇、槛窗定额,花栏杆、直档栏杆执行内檐槅扇、风门、支摘窗定额。

6.倒挂楣子、坐凳楣子执行楣子相应定额。

7.墙边拉线定额以单线为准。

8.匾的油漆、贴金(铜)箔均包括匾钩、如意钉。木匾托刷素油其工程量并入匾内计算,花匾托执行雀替花活定额,楹联执行匾相应定额。

工程量计算规则

一、立闸山花板、博风板、挂檐（落）板：

1. 立闸山花板、博风板、挂檐（落）板的地仗、油漆均按图示垂直投影面积计算，其中立闸山花板应扣除博脊所遮蔽的面积，立闸山花板被博风所遮蔽部分不得计算。悬山博风板按双面计算，不扣除檩窝所占面积，底边面积亦不增加。

2. 山花绶带贴金（铜）箔按立闸山花板露明垂直投影面积计算。

3. 梅花钉贴金（铜）箔按博风板垂直投影面积计算，歇山建筑应扣除博脊所遮蔽的面积。

4. 挂檐板贴金（铜）箔按挂檐板垂直投影面积计算。

二、连檐、瓦口、椽头：

1. 连檐、瓦口以大连檐长度乘以连檐下楞至瓦口尖的全高，以面积计算。

2. 檐椽头面积补进飞檐的空档中，以大连檐长（硬山建筑应扣除墀头所占长度）乘以飞椽头竖向高度，以面积计算。檐椽头不再计算。

三、椽子、望板：

椽望地仗、油漆按望板的不同斜面形状以面积计算，椽头计算到飞椽头下楞，硬山建筑的两山计算到梁架中线，悬山建筑的两山计算到博风板里皮，不扣除角梁、扶脊木所占面积，有斗拱建筑应扣除挑檐桁中至正心桁中斗拱所封闭部分的面积。有天花吊顶建筑的室内椽望及歇山建筑踩步金至山花板间的金、脊步椽望不刷油漆者，其面积均不计算。小连檐立面、闸挡板、隔椽板、椽中板的面积不再增加。内外檐做法不同时应分别计算执行相应定额。

四、上架木件：

1. 地仗、油漆（除掐箍头及掐箍头搭包袱彩画间夹的油漆外）及各种彩画，均按构架图示露明部位的展开面积计算，挑檐枋只计算其正面，彩画不扣除白活所占面积，掐箍头及掐箍头搭包袱彩画计量时不扣除其间夹的油漆面积（定额中均已考虑了彩画实做面积）。

2. 掐箍头彩画间夹的油漆面积按油漆彩画全面积的 0.67 计算，掐箍头搭包袱彩画间夹的油漆面积按油漆彩画全面积的 0.33 计算。

3. 斑竹彩画椽望、连檐、瓦口、上、下架木件均按展开面积工程量合并计算。

五、斗拱、垫拱板：

1. 斗拱彩画及拱眼、斜盖斗板、掏里部分的油漆面积应分别计算。设计要求斗拱全部做油漆时（无彩画），按斗拱全面积计算，每攒斗拱的展开面积按下列表计算。

清式斗拱展开面积表

单位：攒

斗拱分类名称	展开面积	口份营造（″/cm）							荷包眼边相当于斗拱面积的百分比（%）	盖斜盖斗板相当于斗拱面积的百分比（%）	斗拱的掏里面积相当于斗拱面积的百分比（%）
		1/3.2	1.5/4.8	2/6.4	2.5/8	3/9.6	3.5/11.2	4/12.8			
一斗三升	m²	0.095	0.214	0.319	0.594	0.854	1.163	1.518	2.4	—	—
一斗二升交麻叶	m²	0.11	0.237	0.42	0.657	0.946	1.287	1.681	2.1	—	—
三踩单翘品字科	m²	0.197	0.445	0.79	1.054	1.782	2.42	3.16	6.6	12	10
三踩单昂	m²	0.215	0.573	0.875	1.339	1.928	2.625	3.427	3.9	10	7.9
五踩重翘品字科	m²	0.283	0.637	1.13	1.776	2.543	3.463	4.013	5.4	17	28

续表

斗拱分类名称	展开面积	口份营造(″/cm)							荷包眼边相当于斗拱面积的百分比(%)	盖斜斗板相当于斗拱面积的百分比(%)	斗拱的掏里面积相当于斗拱面积的百分比(%)
		1/3.2	1.5/4.8	2/6.4	2.5/8	3/9.6	3.5/11.2	4/12.8			
五踩单翘单昂	m²	0.329	0.740	1.313	2.050	2.955	4.023	5.255	3.8	15	24
五彩琵琶科后科尾	m²	0.46	1.106	1.837	2.871	4.023	5.628	7.348	2.4	—	—
七踩三翘品字科	m²	0.420	1.023	1.816	2.838	4.087	5.563	7.264	4.8	17	23
七踩单翘重昂	m²	0.483	1.118	1.929	3.015	4.341	5.907	7.715	3.4	16	22
九踩四翘品字科	m²	0.634	1.355	2.418	3.780	5.245	7.41	9.697	4.7	18	19
九踩重翘重昂	m²	0.64	1.407	2.508	3.919	5.44	7.682	10.023	3.6	17	18
九踩单翘三昂	m²	0.692	1.441	2.56	4.002	5.644	7.839	10.238	3.1	17	18
十一踩重翘三昂	m²	0.789	1.775	3.154	4.929	7.097	9.661	12.616	3.3	17	17
一斗两升垫拱板	m²	0.02	0.045	0.08	0.119	0.18	0.228	0.32	—	—	—
三至十一踩垫拱板	m²	0.023	0.053	0.094	0.146	0.211	0.264	0.375	—	—	—

2. 表中所列垫拱板面积为单面投影面积,垫拱板油漆或彩画的工程量按双面面积计算。

清式斗拱展开面积表

单位:攒

斗拱分类名称	单位	展开面积(m²)						荷包眼边相当于斗拱面积的百分比(%)	斜盖斗板相当于斗拱面积的百分比(%)	斗拱的掏里面积相当于拱面积的百分比(%)
		5cm斗口	6cm斗口	7cm斗口	8cm斗口	9cm斗口	10cm斗口			
一斗三升	攒	0.232	0.334	0.455	0.594	0.752	0.928	2.4	—	—
一斗二升交麻叶	攒	0.257	0.37	0.503	0.657	0.832	1.027	2.1	—	—
三踩单翘品字科	攒	0.412	0.593	0.807	1.054	1.334	1.647	6.6	12	10
三踩单昂	攒	0.523	0.753	1.025	1.339	1.695	2.092	3.9	10	7.9
五踩重翘品字科	攒	0.694	0.999	1.36	1.776	2.248	2.775	5.4	17	28
五踩单翘单昂	攒	0.801	1.153	1.57	2.05	2.595	3.203	3.8	15	24
五踩琵琶后科尾	攒	1.121	1.615	2.198	2.871	3.634	4.486	2.4	—	—
七踩三翘品字科	攒	1.109	1.596	2.173	2.838	3.592	4.434	4.8	17	23
七踩单翘重昂	攒	1.178	1.696	2.308	3.015	3.816	4.711	3.4	16	22
九踩四翘品字科	攒	1.477	2.216	2.894	3.78	4.784	5.906	4.7	18	19
九踩重翘重昂	攒	1.531	2.204	3.00	3.919	4.960	6.123	3.6	17	18
九踩单翘三昂	攒	1.563	2.251	3.064	4.002	5.085	6.253	3.1	17	18
十一踩重翘三昂	攒	1.925	2.773	3.774	4.929	6.238	7.702	3.3	17	17
单拱垫拱板	攒	0.046	0.067	0.091	0.119	0.151	0.186	—	—	—
重拱垫拱板	攒	0.057	0.082	0.112	0.146	0.185	0.228	—	—	—

注:角科斗拱相当于平身科斗拱的3.5倍。牌楼角科斗拱相当于平身科斗拱的6倍。

3. 如遇宋式铺作油漆彩画,展开面积按下表计算。

宋式铺作展开面积表　　　　　　　　　　单位:朵(攒)

铺作分类	展开面积	二等材	三等材	四等材	五等材	六等材	盖斗板、斜斗板相当于铺作的百分比(%)
斗口跳	m²	4.84	3.619	3.091	2.395	1.681	—
把头绞项作	m²	4.37	3.268	2.792	2.163	1.518	—
四铺作	m²	10.733	8.057	6.882	5.332	3.742	15
五铺作	m²	11.553	8.64	7.38	5.718	4.013	15
六铺作	m²	20.913	15.639	13.358	10.351	7.264	16
七铺作	m²	28.856	21.58	18.432	12.283	10.023	17
八铺作	m²	36.321	27.162	23.201	17.978	12.616	17

注:转角铺作相当于补间铺作的 3.5 倍。牌楼转角铺作相当于补间铺作的 6 倍。

六、雀替、花活:

1. 雀替及雀替隔架斗拱按露明长度乘以全高乘以 2 计算面积。

2. 花板、云龙花板按双面垂直投影面积计算。

3. 垂柱头、雷公柱头及交金灯笼柱垂头按柱头周长乘以柱头高计算面积(方形垂柱应加底面积)。

七、天花、顶棚:

1. 井口板、支条的地仗、彩画工程量均按木装修相应项目的工程量计算。井口板不扣支条所占面积,支条不扣井口板所占面积。

2. 灯花彩画按灯花外围面积计算。

3. 胶合板顶棚油漆按相应木装修项目计算。

八、下架木件:

1. 各种柱、抱柱、槛框、窗榻板、什锦窗的筒子板、过木均按图示露明展开面积计算。

2. 框线、门簪贴金按实贴面积计算。

九、装修:

1. 各种大门、屏门、迎风板、走马板、木(栈)板墙按双面投影面积计算。护墙板(墙裙)、筒子板按单面投影面积计算,踢脚线工程量并入护墙板在内计算。

2. 门钉、门钹贴金(铜)箔按实贴面积计算。

3. 木楼板面、木地板均按木作部分相应工程量计算。

4. 木楼梯按图示露明展开面积计算。

5. 外檐槅扇、槛窗、寻仗栏杆按木作相应垂直投影面积计算,不扣除心屉面积。

6. 裙板、绦环板的云盘线贴金(铜)箔按裙板、绦环板投影面积计算,大边两柱香贴金(铜)箔按槅扇、槛窗面积计算。

7. 风门、内檐槅扇、花栏杆、直档栏杆按木作相应工程量乘以系数 2.0 计算。

8. 外檐槅扇、槛窗的心屉按其投影面积,单面一玻一纱做法者乘以系数 1.5 计算,双面夹玻做法者乘以系数 2.0 计算。

9. 倒挂楣子按长度乘以全高(下边量至白菜头)乘以系数 2.0 计算,坐凳楣子按边框所围成的面积双面计算。

10. 菱花扣贴金(铜)箔按菱花心屉的投影面积计算。

11. 抹灰面的油漆、粉刷按相应的抹灰工程量计算。

12. 墙边彩画按实际面积计算。

13. 墙边拉线按长度计算,拉双线者累计计算。

14. 匾、楹联油漆及匾字均按匾的投影面积计算,其中弧形楹联按展开面积计算。

一、立闸山花板、博风板、挂檐（落）板

工作内容： 1. 制作门扇、门闩、过墙板、伸入墙内部分刷水柏油。
2. 安装门扇、门闩、过墙板、装配铁件五金。

计量单位：10m²

定 额 编 号			3-8-1	3-8-2	3-8-3	3-8-4	3-8-5
项　　目			平做			雕刻	
			一麻五灰	一布五灰	单皮灰	一麻五灰	一布五灰
名　　称		单位	消　耗　量				
人工	合计工日	工日	9.690	8.310	6.050	16.610	13.860
	其中 普工	工日	1.937	1.661	1.209	3.321	2.772
	一般技工	工日	3.392	2.909	2.118	5.814	4.851
	高级技工	工日	4.361	3.740	2.723	7.475	6.237
材料	面粉	kg	3.420	3.120	1.480	3.420	3.120
	血料	kg	70.670	65.830	41.500	70.670	65.830
	砖灰	kg	75.200	72.380	52.000	75.200	72.380
	生石灰	kg	0.640	0.580	0.280	0.640	0.580
	灰油	kg	19.230	17.520	8.420	19.230	17.520
	生桐油	kg	2.500	2.500	2.500	2.500	2.500
	光油	kg	3.300	3.300	3.300	3.300	3.300
	汽油	L	0.100	0.100	0.100	0.100	0.100
	精梳麻	kg	3.500	—	—	3.500	—
	玻璃布	m²	—	11.000	—	—	11.000
	砂布	张	1.650	1.650	1.650	1.650	1.650
	其他材料费	%	2.00	2.00	2.00	2.00	2.00

工作内容: 1. 地仗包括调制灰料、油满,基层的清理除铲,剁斧迹、撕缝、陷缝、计浆、
提缝、分册使灰、钻生桐油、砂纸打磨(麻灰和布灰类地仗包括压麻或糊布)。
2. 油漆包括调兑血料腻子及油漆、刮腻子、刷底漆、找补腻子、磨砂纸、
油漆成活等。

计量单位:10m²

定　额　编　号			3-8-6	3-8-7	3-8-8	3-8-9	3-8-10	3-8-11
项　　目			雕刻		满刮浆灰	满刮血料腻子		平面山花沥粉
			单皮灰			平面刷醇酸调和漆三道	雕刻面刷醇酸调和漆二道扣油漆一道	
			山花	挂檐板				
名　　　称		单位	消　耗　量					
人工	合计工日	工日	8.450	7.400	0.490	1.580	2.760	9.350
	其中 普工	工日	1.689	1.480	0.097	0.316	0.552	1.869
	一般技工	工日	2.958	2.590	0.172	0.553	0.966	3.273
	高级技工	工日	3.803	3.330	0.221	0.711	1.242	4.208
材料	面粉	kg	1.480	0.750	—	—	—	—
	血料	kg	41.500	32.900	0.700	0.700	0.700	—
	砖灰	kg	52.000	40.000	—	—	—	—
	生石灰	kg	0.280	0.140	—	—	—	—
	淋浆灰	kg	—	—	1.200	—	—	—
	砂布	张	2.000	2.000	—	—	—	—
	水砂纸	张	—	—	—	2.000	2.000	2.000
	灰油	kg	8.420	4.310	—	—	—	—
	生桐油	kg	2.500	2.500	—	—	—	—
	光油	kg	3.300	3.300	—	1.350	1.350	—
	大白粉	kg	—	—	—	—	—	4.340
	醇酸调和漆(各色)	kg	—	—	—	2.730	2.730	—
	白乳胶	kg	—	—	—	—	—	0.935
	汽油	L	0.200	0.200	—	—	—	—
	滑石粉	kg	—	—	—	0.600	0.600	—
	红土粉	kg	—	—	—	0.600	0.600	—
	其他材料费	%	2.00	2.00	—	2.00	2.00	2.00

工作内容: 贴金(铜)箔包括支搭金帐,打金胶油、贴金(铜)箔罩清漆等。　　　　　计量单位:10m²

定　额　编　号			3-8-12	3-8-13	3-8-14	3-8-15	3-8-16	3-8-17
项　　目			山花绶带			梅花钉		
			打贴库金	打贴赤金	打贴铜箔描清漆	打贴库金	打贴赤金	打贴铜箔描清漆
名　称		单位	消　耗　量					
人工	合计工日	工日	4.960	5.260	5.440	3.370	3.550	3.760
	其中 普工	工日	0.992	1.052	1.088	0.673	0.709	0.752
	一般技工	工日	1.736	1.841	1.904	1.180	1.243	1.316
	高级技工	工日	2.232	2.367	2.448	1.517	1.598	1.692
材料	金胶油	kg	0.990	0.990	0.990	0.550	0.550	0.550
	棉花	kg	0.101	0.101	0.101	0.030	0.030	0.030
	库金箔　93.3×93.3	张	965.000	—	—	414.000	—	—
	赤金箔　83.3×83.3	张	—	1210.000	—	—	520.000	—
	铜箔　100×100	张	—	—	965.000	—	—	414.000
	水砂纸	张	2.000	2.000	2.000	0.500	0.500	0.500
	丙烯酸清漆	kg	—	—	0.660	—	—	0.440
	二甲苯	kg	—	—	0.066	—	—	0.044
	其他材料费	%	2.00	2.00	2.00	2.00	2.00	2.00

工作内容：贴金（铜）箔包括支搭金帐，打金胶油、贴金（铜）箔罩清漆等。　　　　计量单位：10m²

定 额 编 号			3-8-18	3-8-19	3-8-20	3-8-21	3-8-22	3-8-23
项　　　目			挂檐板					
			万字不到头（包括金大边）			金博古（包括金大边）		
			打贴库金	打贴赤金	打贴铜箔描清漆	打贴库金	打贴赤金	打贴铜箔描清漆
名　　　称		单位	消　耗　量					
人工	合计工日	工日	6.950	7.290	7.910	5.950	6.250	6.970
	其中 普工	工日	1.389	1.457	1.581	1.189	1.249	1.393
	一般技工	工日	2.433	2.552	2.769	2.083	2.188	2.440
	高级技工	工日	3.128	3.281	3.560	2.678	2.813	3.137
材料	金胶油	kg	1.210	1.210	1.210	0.550	0.550	0.550
	棉花	kg	0.030	0.030	0.030	0.020	0.020	0.020
	库金箔　93.3×93.3	张	965.000	—	—	552.000	—	—
	赤金箔　83.3×83.3	张	—	1210.000	—	—	690.000	—
	铜箔　100×100	张	—	—	965.000	—	—	552.000
	丙烯酸清漆	kg	—	—	0.660	—	—	0.440
	水砂纸	张	1.000	1.000	1.000	1.000	1.000	1.000
	二甲苯	kg	—	—	0.066	—	—	0.044
	其他材料费	%	2.00	2.00	2.00	2.00	2.00	2.00

二、连檐、瓦口、椽头

工作内容: 地仗包括调制灰料、油满,基层的清理除铲,剁斧迹、撕缝、陷缝、计浆、提缝、

分册使灰、钻生桐油、砂纸打磨(麻灰和布灰类地仗包括压麻或糊布)。　　计量单位:10m²

定　额　编　号			3-8-24	3-8-25	3-8-26	3-8-27	3-8-28	3-8-29
项　　　　　目			四道灰(构件高度cm)			三道灰(构件高度cm)		
			10以上	7~10	7以下	10以上	7~10	7以下
名　　　称		单位	消　耗　量					
人工	合计工日	工日	10.130	14.220	17.890	9.390	12.450	15.530
	其中 普工	工日	2.025	2.844	3.577	1.877	2.489	3.105
	一般技工	工日	3.546	4.977	6.262	3.287	4.358	5.436
	高级技工	工日	4.559	6.399	8.051	4.226	5.603	6.989
材料	面粉	kg	1.200	1.200	1.200	0.650	0.650	0.650
	血料	kg	31.170	31.170	31.170	24.770	24.770	24.770
	砖灰	kg	36.680	36.680	36.680	27.900	27.900	27.900
	灰油	kg	6.670	6.670	6.670	3.600	3.600	3.600
	生桐油	kg	1.700	1.700	1.700	1.700	1.700	1.700
	光油	kg	2.000	2.000	2.000	2.000	2.000	2.000
	汽油	L	0.100	0.100	0.100	0.100	0.100	0.100
	砂布	张	1.000	1.000	1.000	1.000	1.000	1.000
	其他材料费	%	2.00	2.00	2.00	2.00	2.00	2.00

工作内容: 1. 地仗包括调制灰料、油满,基层的清理除铲,剁斧迹、撕缝、陷缝、计浆、提缝、
　　　　分册使灰、钻生桐油、砂纸打磨(麻灰和布灰类地仗包括压麻或糊布)。
　　　　2. 油漆包括调兑血料腻子及油漆、刮腻子、刷底漆、找补腻子、磨砂纸、
　　　　油漆成活等。

计量单位:10m²

定　额　编　号			3-8-30	3-8-31	3-8-32	3-8-33
项　　　　目			满刮浆灰	刮血料腻子刷三道醇酸调和漆	椽头扣油漆一道	罩光油一道
名　　称		单位	消　耗　量			
人工	合计工日	工日	0.840	2.270	0.560	0.430
	其中 普工	工日	0.168	0.453	0.112	0.085
	一般技工	工日	0.294	0.795	0.196	0.151
	高级技工	工日	0.378	1.022	0.252	0.194
材料	血料	kg	0.700	0.700	—	—
	光油	kg	—	0.750	0.450	0.630
	淋浆灰	kg	1.200	—	—	—
	水砂纸	张	1.500	1.500	1.500	1.500
	滑石粉	kg	—	0.600	—	—
	红土粉	kg	—	0.600	—	—
	醇酸调和漆(各色)	kg	—	2.470	—	—
	汽油	L	—	0.330	—	—
	其他材料费	%	2.00	2.00	2.00	2.00

工作内容:贴金(铜)箔包括支搭金帐,打金胶油、贴金(铜)箔罩清漆等。　　　　　计量单位:10m²

定额编号			3-8-34	3-8-35	3-8-36	3-8-37	3-8-38	3-8-39
项　目			檐椽头片金彩画					
			贴库金(构件高度cm)			贴赤金(构件高度cm)		
			10以上	7~10	7以下	10以上	7~10	7以下
名　称		单位	消　耗　量					
人工	合计工日	工日	39.850	64.940	90.040	42.310	68.630	94.560
	其中 普工	工日	7.969	12.988	18.008	8.461	13.725	18.912
	一般技工	工日	13.948	22.729	31.514	14.809	24.021	33.096
	高级技工	工日	17.933	29.223	40.518	19.040	30.884	42.552
材料	群青	kg	0.740	0.740	0.740	0.740	0.740	0.740
	白乳胶	kg	2.200	2.200	2.200	2.200	2.200	2.200
	金胶油	kg	0.990	0.990	0.990	0.990	0.990	0.990
	滑石粉	kg	4.730	4.730	4.730	4.730	4.730	4.730
	光油	kg	1.050	1.050	1.050	1.050	1.050	1.050
	酚醛调和漆 黄色	kg	0.260	0.260	0.260	0.260	0.260	0.260
	醇酸磁漆(各色)	kg	0.840	0.840	0.840	0.840	0.840	0.840
	棉花	kg	0.030	0.030	0.030	0.030	0.030	0.030
	大白粉	kg	4.940	4.940	4.940	4.940	4.940	4.940
	库金箔 93.3×93.3	张	1263.000	1448.000	1688.000	—	—	—
	赤金箔 83.3×83.3	张	—	—	—	1514.000	1903.000	2220.000
	汽油	L	0.220	0.220	0.220	0.220	0.220	0.220
	水砂纸	张	1.000	1.000	1.000	1.000	1.000	1.000
	其他材料费	%	2.00	2.00	2.00	2.00	2.00	2.00

工作内容: 贴金(铜)箔包括支搭金帐,打金胶油、贴金(铜)箔罩清漆等。 计量单位:10m²

定 额 编 号				3-8-40	3-8-41	3-8-42
项 目				飞檐头檐椽头片金彩画		
				贴铜箔 描清漆(构件高度cm)		
				10 以上	7~10	7 以下
名 称			单位	消 耗 量		
人工	合计工日		工日	40.390	66.420	92.000
	其中	普工	工日	8.077	13.284	18.400
		一般技工	工日	14.137	23.247	32.200
		高级技工	工日	18.176	29.889	41.400
材料	群青		kg	0.740	0.740	0.740
	白乳胶		kg	2.200	2.200	2.200
	金胶油		kg	0.990	0.990	0.990
	滑石粉		kg	4.730	4.730	4.730
	光油		kg	1.050	1.050	1.050
	酚醛调和漆 黄色		kg	0.260	0.260	0.260
	醇酸磁漆(各色)		kg	0.840	0.840	0.840
	棉花		kg	0.030	0.030	0.030
	大白粉		kg	4.940	4.940	4.940
	丙烯酸清漆		kg	0.550	0.550	0.550
	二甲苯		kg	0.055	0.055	0.055
	铜箔 100×100		张	1263.000	1448.000	1688.000
	汽油		L	0.220	0.220	0.220
	水砂纸		张	1.000	1.000	1.000
	其他材料费		%	2.00	2.00	2.00

工作内容: 贴金(铜)箔包括支搭金帐,打金胶油、贴金(铜)箔罩清漆等。　　　　　　　计量单位:10m²

定　额　编　号			3-8-43	3-8-44	3-8-45	3-8-46	3-8-47	3-8-48
项　　目			飞檐头片金檐椽头片金边彩画					
			贴库金(构件高度cm)			贴赤金(构件高度cm)		
			10以上	7~10	7以下	10以上	7~10	7以下
名　　称		单位	消　耗　量					
人工	合计工日	工日	35.080	57.310	79.540	37.550	60.770	83.990
	其中　普工	工日	7.016	11.461	15.908	7.509	12.153	16.797
	一般技工	工日	12.278	20.059	27.839	13.143	21.270	29.397
	高级技工	工日	15.786	25.790	35.793	16.898	27.347	37.796
材料	氧化铬绿	kg	0.170	0.170	0.170	0.170	0.170	0.170
	群青	kg	0.740	0.740	0.740	0.740	0.740	0.740
	石黄粉	kg	0.110	0.110	0.110	0.110	0.110	0.110
	红丹粉	kg	0.110	0.110	0.110	0.110	0.110	0.110
	银朱红(硫化汞)	kg	0.010	0.010	0.010	0.010	0.010	0.010
	聚醋酸乙烯乳胶漆	kg	0.330	0.330	0.330	0.330	0.330	0.330
	白乳胶	kg	2.150	2.150	2.150	2.150	2.150	2.150
	金胶油	kg	0.750	0.750	0.750	0.750	0.750	0.750
	滑石粉	kg	4.200	4.200	4.200	4.200	4.200	4.200
	光油	kg	0.840	0.840	0.840	0.840	0.840	0.840
	酚醛调和漆 黄色	kg	0.260	0.260	0.260	0.260	0.260	0.260
	大白粉	kg	4.300	4.300	4.300	4.300	4.300	4.300
	库金箔 93.3×93.3	张	860.000	1085.000	1266.000	—	—	—
	赤金箔 83.3×83.3	张	—	—	—	1190.000	1428.000	1664.000
	棉花	kg	0.030	0.030	0.030	0.030	0.030	0.030
	汽油	L	0.220	0.220	0.220	0.220	0.220	0.220
	醇酸磁漆(各色)	kg	0.840	0.840	0.840	0.840	0.840	0.840
	其他材料费	%	2.00	2.00	2.00	2.00	2.00	2.00

工作内容：贴金（铜）箔包括支搭金帐，打金胶油、贴金（铜）箔罩清漆等。　　　　　　　　　　计量单位：10m²

定 额 编 号			3-8-49	3-8-50	3-8-51	3-8-52	3-8-53	3-8-54
项 目			飞檐头片金、檐椽头金边彩画贴铜箔描清漆（构件高度 cm）			飞檐头黄万字、檐椽头黄边画百花图（构件高度 cm）		
			10 以上	7~10	7 以下	10 以上	7~10	7 以下
名 称		单位	消 耗 量					
人工	合计工日	工日	35.420	57.560	79.700	13.280	14.760	25.580
	其中 普工	工日	7.084	11.512	15.940	2.656	2.952	5.116
	一般技工	工日	12.397	20.146	27.895	4.648	5.166	8.953
	高级技工	工日	15.939	25.902	35.865	5.976	6.642	11.511
材料	氧化铬绿	kg	0.170	0.170	0.170	0.390	0.390	0.390
	群青	kg	0.740	0.740	0.740	1.580	1.580	1.580
	石黄粉	kg	0.110	0.110	0.110	0.300	0.300	0.300
	红丹粉	kg	0.110	0.110	0.110	0.210	0.210	0.210
	银朱红（硫化汞）	kg	0.010	0.010	0.010	0.010	0.010	0.010
	聚醋酸乙烯乳胶漆	kg	0.330	0.330	0.330	0.550	0.550	0.550
	白乳胶	kg	2.150	2.150	1.100	1.100	1.100	1.100
	金胶油	kg	0.750	0.750	0.750	—	—	—
	滑石粉	kg	4.200	4.200	4.200	—	—	—
	黑烟子	kg	—	—	—	0.090	0.090	0.090
	光油	kg	0.840	0.840	0.840	—	—	—
	酚醛调和漆 黄色	kg	0.260	0.260	0.260	—	—	—
	大白粉	kg	4.300	4.300	4.300	—	—	—
	丙烯酸清漆	kg	0.550	0.550	0.550	—	—	—
	铜箔 100×100	张	860.000	1085.000	1266.000	—	—	—
	棉花	kg	0.030	0.030	0.030	—	—	—
	汽油	L	0.220	0.220	0.220	—	—	—
	醇酸磁漆（各色）	kg	0.840	0.840	0.840	—	—	—
	二甲苯	kg	0.050	0.050	0.050	—	—	—
	其他材料费	%	2.00	2.00	2.00	2.00	2.00	2.00

三、椽子、望板

工作内容：地仗包括调制灰料、油满，基层的清理除铲、剁斧迹、撕缝、陷缝、计浆、提缝、
分册使灰、钻生桐油、砂纸打磨（麻灰和布灰类地仗包括压麻或糊布）。　　计量单位：10m²

定 额 编 号			3-8-55	3-8-56	3-8-57	3-8-58	3-8-59	3-8-60
项　　　目			椽望刮单皮灰					
			三道灰（构件高度 cm）			二道灰（构件高度 cm）		
			10 以上	7~10	7 以下	10 以上	7~10	7 以下
名　　称		单位	消　耗　量					
人工	合计工日	工日	8.560	9.150	9.740	7.280	7.770	8.270
	其中 普工	工日	1.712	1.829	1.948	1.456	1.553	1.653
	一般技工	工日	2.996	3.203	3.409	2.548	2.720	2.895
	高级技工	工日	3.852	4.118	4.383	3.276	3.497	3.722
材料	面粉	kg	0.400	0.400	0.400	0.220	0.220	0.220
	血料	kg	36.000	36.000	36.000	24.000	24.000	24.000
	砖灰	kg	39.000	39.000	39.000	29.000	29.000	29.000
	生石灰	kg	0.080	0.080	0.080	0.040	0.040	0.040
	酚醛调和漆（各色）	kg	2.160	2.160	2.160	1.180	1.180	1.180
	生桐油	kg	2.200	2.200	2.200	2.200	1.320	1.320
	光油	kg	1.600	1.600	1.600	1.600	1.600	1.600
	砂布	张	2.000	2.000	2.000	2.000	2.000	2.000
	其他材料费	%	2.00	2.00	2.00	2.00	2.00	2.00

工作内容：油漆包括调兑血料腻子及油漆、刮腻子、刷底漆、找补腻子、磨砂纸、
油漆成活等。

计量单位：10m²

定　额　编　号			3-8-61	3-8-62
项　　　目			满刮血料腻子刷醇酸调和漆三道	
			单色橼望	红绿橼望
名　　　称		单位	消　耗　量	
人工	合计工日	工日	3.300	3.720
	其中 普工	工日	0.660	0.744
	一般技工	工日	1.155	1.302
	高级技工	工日	1.485	1.674
材料	血料	kg	1.400	1.400
	光油	kg	0.300	0.300
	滑石粉	kg	1.200	1.200
	红土粉	kg	1.200	1.200
	熟石膏粉	kg	0.160	0.160
	汽油	L	0.330	0.330
	醇酸调和漆（各色）	kg	5.000	5.220
	水砂纸	张	4.000	4.000
	其他材料费	%	2.00	2.00

四、上架木件

工作内容: 地仗包括调制灰料、油满,基层的清理除铲,剁斧迹、撕缝、陷缝、计浆、提缝、
分册使灰、钻生桐油、砂纸打磨(麻灰和布灰类地仗包括压麻或糊布)。　**计量单位:** 10m²

定　额　编　号			3-8-63	3-8-64	3-8-65	3-8-66	3-8-67	3-8-68
项　　　　目			地仗					
			一麻五灰		一布五灰		一布四灰	
			23~58cm	23cm 以下	23~58cm	23cm 以下	23~58cm	23cm 以下
名　　称		单位	消　耗　量					
人工	合计工日	工日	8.320	9.530	7.660	8.310	7.170	8.030
	其中 普工	工日	1.664	1.905	1.532	1.661	1.433	1.605
	一般技工	工日	2.912	3.336	2.681	2.909	2.510	2.811
	高级技工	工日	3.744	4.289	3.447	3.740	3.227	3.614
材料	面粉	kg	2.570	2.430	2.400	2.150	2.060	2.060
	血料	kg	58.610	57.440	55.870	54.640	49.590	49.590
	砖灰	kg	60.590	60.590	58.520	58.000	50.480	50.480
	生石灰	kg	0.480	0.450	0.440	0.340	0.380	0.380
	灰油	kg	14.450	13.660	13.490	12.860	11.570	11.570
	光油	kg	3.130	3.130	3.130	3.130	3.130	3.130
	生桐油	kg	2.500	2.500	2.500	2.500	2.500	2.500
	汽油	L	0.100	0.100	0.100	0.100	0.100	0.100
	精梳麻	kg	3.000	2.500	—	—	—	—
	玻璃布	m²	—	—	11.000	11.000	11.000	11.000
	砂布	张	1.650	1.650	1.650	1.650	1.650	1.650
	其他材料费	%	2.00	2.00	2.00	2.00	2.00	2.00

工作内容： 1. 地仗包括调制灰料、油满，基层的清理除铲，剁斧迹、撕缝、陷缝、计浆、提缝、分册使灰、钻生桐油、砂纸打磨（麻灰和布灰类地仗包括压麻或糊布）。

2. 油漆包括调兑血料腻子及油漆、刮腻子、刷底漆、找补腻子、磨砂纸、油漆成活等。

计量单位：10m²

定 额 编 号			3-8-69	3-8-70	3-8-71	3-8-72	3-8-73
项 目			地仗			刮血料腻子刷三道醇酸调和漆	罩光油一道
			单皮灰		满刮浆灰		
			木结构	混凝土结构			
名 称		单位	消 耗 量				
人工	合计工日	工日	5.990	4.860	0.440	1.590	0.580
	其中 普工	工日	1.197	0.972	0.088	0.317	0.116
	一般技工	工日	2.097	1.701	0.154	0.557	0.203
	高级技工	工日	2.696	2.187	0.198	0.716	0.261
材料	面粉	kg	1.510	1.310	—	—	—
	血料	kg	41.480	36.740	0.710	0.700	—
	灰油	kg	8.500	7.380	—	—	—
	光油	kg	3.130	2.770	—	0.100	0.600
	生桐油	kg	2.500	1.860	—	—	—
	砖灰	kg	50.480	45.680	—	—	—
	生石灰	kg	0.280	0.250	—	—	—
	淋砖灰	kg	—	—	0.100	—	—
	砂布	张	1.650	1.650	—	—	—
	水砂纸	张	—	—	2.200	2.200	2.200
	滑石粉	kg	—	—	—	0.650	—
	汽油	L	0.100	0.100	—	0.250	—
	红土粉	kg	—	—	—	0.650	—
	白乳胶	kg	—	1.100	—	—	—
	熟石膏粉	kg	—	—	—	0.100	—
	矿渣硅酸盐水泥 32.5 级	kg	—	3.540	—	—	—
	醇酸调和漆（各色）	kg	—	—	2.940	—	—
	醇酸漆稀释剂	kg	—	—	0.110	—	—
	其他材料费	%	2.00	2.00	2.00	2.00	2.00

工作内容: 1.彩画包括起谱子、打谱子、调兑颜料、绘制各种图案成活。
　　　　2.贴金(铜)箔包括支搭金帐,打金胶油、贴金(铜)箔罩清漆等。　　　　　　计量单位:10m²

定 额 编 号			3-8-74	3-8-75	3-8-76
项　　　目			金龙和玺、龙凤和玺(一)		
			彩画打贴库金	彩画打贴赤金	彩画打贴铜箔描清漆
			23~58cm		
名　　称		单位	消　耗　量		
人工	合计工日	工日	23.030	23.460	23.520
	其中 普工	工日	4.605	4.692	4.704
	一般技工	工日	8.061	8.211	8.232
	高级技工	工日	10.364	10.557	10.584
材料	氧化铬绿	kg	1.375	1.375	1.375
	群青	kg	0.263	0.263	0.263
	红丹粉	kg	0.525	0.525	0.525
	银朱红(硫化汞)	kg	0.090	0.090	0.090
	石黄粉	kg	0.053	0.053	0.053
	酚醛调和漆 黄色	kg	0.315	0.315	0.315
	聚醋酸乙烯乳胶漆	kg	1.100	1.100	1.100
	白乳胶	kg	1.100	1.100	1.100
	金胶油	kg	0.660	0.660	0.660
	光油	kg	0.190	0.190	0.190
	大白粉	kg	2.100	2.100	2.100
	棉花	kg	0.030	0.030	0.030
	库金箔 93.3×93.3	张	627.000	—	—
	赤金箔 83.3×83.3	张	—	787.000	—
	铜箔 100×100	张	—	—	627.000
	黑烟子	kg	0.070	0.070	0.070
	滑石粉	kg	1.580	1.580	1.580
	汽油	L	0.110	0.110	0.110
	水砂纸	张	1.000	1.000	1.000
	丙烯酸清漆	kg	—	—	0.660
	其他材料费	%	2.00	2.00	2.00

工作内容: 1. 彩画包括起谱子、打谱子、调兑颜料、绘制各种图案成活。

2. 贴金（铜）箔包括支搭金帐,打金胶油、贴金（铜）箔罩清漆等。　　　计量单位:10m²

定　额　编　号			3-8-77	3-8-78	3-8-79
项　　　目			金龙和玺、龙凤和玺（二）		
			彩画打贴库金	彩画打贴赤金	彩画打贴铜箔描清漆
			23~58cm		
名　　　称		单位	消　耗　量		
人工	合计工日	工日	19.140	19.530	19.650
	其中 普工	工日	3.828	3.905	3.929
	一般技工	工日	6.699	6.836	6.878
	高级技工	工日	8.613	8.789	8.843
材料	氧化铬绿	kg	1.375	1.375	1.375
	群青	kg	0.263	0.263	0.263
	红丹粉	kg	0.525	0.525	0.525
	银朱红（硫化汞）	kg	0.090	0.090	0.090
	石黄粉	kg	0.053	0.053	0.053
	聚醋酸乙烯乳胶漆	kg	1.100	1.100	1.100
	白乳胶	kg	1.100	1.100	1.100
	金胶油	kg	0.660	0.660	0.660
	光油	kg	0.190	0.190	0.190
	酚醛调和漆　黄色	kg	0.315	0.315	0.315
	库金箔　93.3×93.3	张	589.000	—	—
	赤金箔　83.3×83.3	张	—	717.000	—
	铜箔　100×100	张	—	—	589.000
	丙烯酸清漆	kg	—	—	0.660
	黑烟子	kg	0.070	0.070	0.070
	滑石粉	kg	1.580	1.580	1.580
	大白粉	kg	2.100	2.100	2.100
	汽油	L	0.110	0.110	0.110
	棉花	kg	0.030	0.030	0.030
	水砂纸	张	1.000	1.000	1.000
	其他材料费	%	2.00	2.00	2.00

工作内容： 1. 彩画包括起谱子、打谱子、调兑颜料、绘制各种图案成活。

　　　　2. 贴金（铜）箔包括支搭金帐，打金胶油、贴金（铜）箔罩清漆等。　　计量单位：10m²

定　额　编　号			3-8-80	3-8-81	3-8-82
项　　目			金龙和玺、龙凤和玺（三）		
			彩画打贴库金	彩画打贴赤金	彩画打贴铜箔描清漆
			23~58cm		
名　　称		单位	消　耗　量		
人工	合计工日		工日	16.030	16.330	16.500
	其中	普工	工日	3.205	3.265	3.300
		一般技工	工日	5.611	5.716	5.775
		高级技工	工日	7.214	7.349	7.425
材料	氧化铬绿		kg	1.375	1.375	1.375
	群青		kg	0.263	0.263	0.263
	银朱红（硫化汞）		kg	0.090	0.090	0.090
	红丹粉		kg	0.525	0.525	0.525
	石黄粉		kg	0.053	0.053	0.053
	聚醋酸乙烯乳胶漆		kg	1.100	1.100	1.100
	白乳胶		kg	1.100	1.100	1.100
	金胶油		kg	0.660	0.660	0.660
	光油		kg	0.190	0.190	0.190
	酚醛调和漆　黄色		kg	0.315	0.315	0.315
	库金箔 93.3×93.3		张	552.000	—	—
	赤金箔 83.3×83.3		张	—	692.000	—
	铜箔 100×100		张	—	—	552.000
	丙烯酸清漆		kg	—	—	0.660
	黑烟子		kg	0.070	0.070	0.070
	二甲苯		kg	—	—	0.060
	滑石粉		kg	1.580	1.580	1.580
	大白粉		kg	2.100	2.100	2.100
	汽油		L	0.110	0.110	0.110
	棉花		kg	0.030	0.030	0.030
	水砂纸		张	1.000	1.000	1.000
	其他材料费		%	2.00	2.00	2.00

工作内容:1.彩画包括起谱子、打谱子、调兑颜料、绘制各种图案成活。
　　　　　　2.贴金(铜)箔包括支搭金帐,打金胶油、贴金(铜)箔罩清漆等。　　　　　　　计量单位:10m²

定 额 编 号			3-8-83	3-8-84	3-8-85
项　　　　目			龙草和玺(一)		
			彩画打贴库金	彩画打贴赤金	彩画打贴铜箔描清漆
			23~58cm		
名　　称		单位	消　耗　量		
人工	合计工日	工日	19.020	19.270	19.430
	其中 普工	工日	3.804	3.853	3.885
	一般技工	工日	6.657	6.745	6.801
	高级技工	工日	8.559	8.672	8.744
材料	氧化铬绿	kg	1.375	1.375	1.375
	群青	kg	0.263	0.263	0.263
	红丹粉	kg	0.525	0.525	0.525
	银朱红(硫化汞)	kg	0.090	0.090	0.090
	石黄粉	kg	0.053	0.053	0.053
	聚醋酸乙烯乳胶漆	kg	1.100	1.100	1.100
	白乳胶	kg	1.100	1.100	1.100
	金胶油	kg	0.550	0.550	0.550
	酚醛调和漆 黄色	kg	0.315	0.315	0.315
	光油	kg	0.190	0.190	0.190
	库金箔 93.3×93.3	张	506.000	—	—
	赤金箔 83.3×83.3	张	—	660.000	—
	铜箔 100×100	张	—	—	506.000
	丙烯酸清漆	kg	—	—	0.550
	黑烟子	kg	0.070	0.070	0.070
	二甲苯	kg	—	—	0.050
	滑石粉	kg	1.580	1.580	1.580
	大白粉	kg	2.100	2.100	2.100
	汽油	L	0.110	0.110	0.110
	棉花	kg	0.030	0.030	0.030
	水砂纸	张	1.000	1.000	1.000
	其他材料费	%	2.00	2.00	2.00

工作内容: 1.彩画包括起谱子、打谱子、调兑颜料、绘制各种图案成活。
2.贴金(铜)箔包括支搭金帐,打金胶油、贴金(铜)箔罩清漆等。　　　　计量单位:10m²

定 额 编 号			3-8-86	3-8-87	3-8-88
项　　　目			龙草和玺(二)		
			彩画打贴库金	彩画打贴赤金	彩画打贴铜箔描清漆
			23~58cm		
名　　　称		单位	消　耗　量		
人工	合计工日	工日	15.760	16.020	16.090
	其中　普工	工日	3.152	3.204	3.217
	一般技工	工日	5.516	5.607	5.632
	高级技工	工日	7.092	7.209	7.241
材料	氧化铬绿	kg	1.375	1.375	1.375
	群青	kg	0.263	0.263	0.263
	红丹粉	kg	0.525	0.525	0.525
	银朱红(硫化汞)	kg	0.090	0.090	0.090
	石黄粉	kg	0.053	0.053	0.053
	聚醋酸乙烯乳胶漆	kg	1.100	1.100	1.100
	白乳胶	kg	1.100	1.100	1.100
	金胶油	kg	0.550	0.550	0.550
	光油	kg	0.190	0.190	0.190
	酚醛调和漆 黄色	kg	0.315	0.315	0.315
	库金箔 93.3×93.3	张	515.000	—	—
	赤金箔 83.3×83.3	张	—	645.000	—
	铜箔 100×100	张	—	—	515.000
	丙烯酸清漆	kg	—	—	0.550
	黑烟子	kg	0.070	0.070	0.070
	二甲苯	kg	—	—	0.050
	滑石粉	kg	1.580	1.580	1.580
	大白粉	kg	2.100	2.100	2.100
	汽油	L	0.110	0.110	0.110
	棉花	kg	0.030	0.030	0.030
	水砂纸	张	1.000	1.000	1.000
	其他材料费	%	2.00	2.00	2.00

工作内容: 1. 彩画包括起谱子、打谱子、调兑颜料、绘制各种图案成活。

　　　　2. 贴金(铜)箔包括支搭金帐,打金胶油、贴金(铜)箔罩清漆等。　　　　计量单位:10m²

定 额 编 号			3-8-89	3-8-90	3-8-91
项　　　目			和玺加苏画(规矩活)		
			彩画打贴库金	彩画打贴赤金	彩画打贴铜箔描清漆
			23~58cm		
名　　称		单位	消　耗　量		
人工	合计工日	工日	14.410	14.660	14.890
	其中 普工	工日	2.881	2.932	2.977
	一般技工	工日	5.044	5.131	5.212
	高级技工	工日	6.485	6.597	6.701
材料	氧化铬绿	kg	1.375	1.375	1.375
	群青	kg	0.263	0.263	0.263
	红丹粉	kg	0.525	0.525	0.525
	银朱红(硫化汞)	kg	0.090	0.090	0.090
	石黄粉	kg	0.053	0.053	0.053
	聚醋酸乙烯乳胶漆	kg	1.100	1.100	1.100
	白乳胶	kg	1.100	1.100	1.100
	金胶油	kg	0.440	0.440	0.440
	光油	kg	0.190	0.190	0.190
	酚醛调和漆 黄色	kg	0.315	0.315	0.315
	库金箔 93.3×93.3	张	376.000	—	—
	赤金箔 83.3×83.3	张	—	471.000	—
	铜箔 100×100	张	—	—	376.000
	丙烯酸清漆	kg	—	—	0.440
	黑烟子	kg	0.070	0.070	0.070
	二甲苯	kg	—	—	0.040
	滑石粉	kg	1.580	1.580	1.580
	大白粉	kg	2.100	2.100	2.100
	汽油	L	0.110	0.110	0.110
	棉花	kg	0.030	0.030	0.030
	水砂纸	张	1.000	1.000	1.000
	其他材料费	%	2.00	2.00	2.00

工作内容： 1. 彩画包括起谱子、打谱子、调兑颜料、绘制各种图案成活。

2. 贴金（铜）箔包括支搭金帐，打金胶油、贴金（铜）箔罩清漆等。　　　　计量单位：10m²

定　额　编　号			3-8-92	3-8-93	3-8-94	3-8-95	3-8-96	3-8-97
项　　　　目			金琢墨石碾玉彩画			金线烟琢墨石碾玉彩画		
			打贴库金	打贴赤金	打贴铜箔描清漆	打贴库金	打贴赤金	打贴铜箔描清漆
			23~58cm					
名　　　称		单位	消　耗　量					
人工	合计工日	工日	24.060	24.650	24.740	16.790	17.080	17.190
	其中 普工	工日	4.812	4.929	4.948	3.357	3.416	3.437
	一般技工	工日	8.421	8.628	8.659	5.877	5.978	6.017
	高级技工	工日	10.827	11.093	11.133	7.556	7.686	7.736
材料	氧化铬绿	kg	1.265	1.265	1.265	1.210	1.210	1.210
	群青	kg	0.368	0.368	0.368	0.368	0.368	0.368
	红丹粉	kg	0.315	0.315	0.315	0.315	0.315	0.315
	银朱红（硫化汞）	kg	0.070	0.070	0.070	0.050	0.050	0.050
	石黄粉	kg	0.053	0.053	0.053	0.053	0.053	0.053
	聚醋酸乙烯乳胶漆	kg	1.265	1.265	1.265	1.265	1.265	1.265
	白乳胶	kg	1.100	1.100	1.100	1.100	1.100	1.100
	金胶油	kg	0.660	0.660	0.660	0.330	0.330	0.330
	光油	kg	0.147	0.147	0.147	0.147	0.147	0.147
	酚醛调和漆 黄色	kg	0.315	0.315	0.315	0.263	0.263	0.263
	库金箔 93.3×93.3	张	627.000	—	—	351.000	—	—
	赤金箔 83.3×83.3	张	—	787.000	—	—	441.000	—
	铜箔 100×100	张	—	—	627.000	—	—	351.000
	丙烯酸清漆	kg	—	—	0.660	—	—	0.330
	黑烟子	kg	0.050	0.050	0.050	0.250	1.250	1.250
	二甲苯	kg	—	—	0.060	—	—	0.030
	滑石粉	kg	1.050	1.050	1.050	1.050	1.050	1.050
	大白粉	kg	2.210	2.210	2.210	1.575	1.575	1.575
	汽油	L	0.110	0.110	0.110	0.110	0.110	0.110
	棉花	kg	0.030	0.030	0.030	0.030	0.030	0.030
	水砂纸	张	1.000	1.000	1.000	1.100	1.100	1.100
	其他材料费	%	2.00	2.00	2.00	2.00	2.00	2.00

工作内容： 1. 彩画包括起谱子、打谱子、调兑颜料、绘制各种图案成活。

2. 贴金（铜）箔包括支搭金帐，打金胶油、贴金（铜）箔罩清漆等。　　　　　计量单位：10m²

定　额　编　号			3-8-98	3-8-99	3-8-100	3-8-101	3-8-102	3-8-103
项　　目			金线大点金彩画					
			打贴库金		打贴赤金		打贴铜箔描清漆	
			23~58cm	23cm 以下	23~58cm	23cm 以下	23~58cm	23cm 以下
名　　称		单位	消　耗　量					
人工	合计工日	工日	15.840	17.080	16.120	17.380	16.190	17.470
	其中 普工	工日	3.168	3.416	3.224	3.476	3.237	3.493
	一般技工	工日	5.544	5.978	5.642	6.083	5.667	6.115
	高级技工	工日	7.128	7.686	7.254	7.821	7.286	7.862
材料	氧化铬绿	kg	1.100	1.100	1.100	1.100	1.100	1.100
	群青	kg	0.368	0.368	0.368	0.368	0.368	0.368
	红丹粉	kg	0.315	0.315	0.315	0.315	0.315	0.315
	银朱红（硫化汞）	kg	0.090	0.090	0.090	0.090	0.090	0.090
	石黄粉	kg	0.053	0.053	0.053	0.053	0.053	0.053
	聚醋酸乙烯乳胶漆	kg	1.100	1.100	1.100	1.100	1.100	1.100
	白乳胶	kg	1.100	1.100	1.100	1.100	1.100	1.100
	金胶油	kg	0.330	0.330	0.330	0.330	0.330	0.330
	光油	kg	0.147	0.147	0.147	0.147	0.147	0.147
	酚醛调和漆 黄色	kg	0.263	0.263	0.263	0.263	0.263	0.263
	库金箔 93.3×93.3	张	351.000	372.000	—	—	—	—
	赤金箔 83.3×83.3	张	—	—	441.000	467.000	—	—
	铜箔 100×100	张	—	—	—	—	351.000	372.000
	汽油	L	0.110	0.110	0.110	0.110	0.110	0.110
	丙烯酸清漆	kg	—	—	—	—	0.330	0.330
	棉花	kg	0.030	0.030	0.030	0.030	0.030	0.030
	水砂纸	张	1.100	1.100	1.100	1.100	1.100	1.100
	黑烟子	kg	0.250	0.250	0.250	0.250	0.250	0.250
	滑石粉	kg	1.260	1.260	1.260	1.260	1.260	1.260
	大白粉	kg	1.365	1.365	1.365	1.365	1.365	1.365
	二甲苯	kg	—	—	—	—	0.030	0.030
	其他材料费	%	2.00	2.00	2.00	2.00	2.00	2.00

工作内容：1. 彩画包括起谱子、打谱子、调兑颜料、绘制各种图案成活。

2. 贴金（铜）箔包括支搭金帐、打金胶油、贴金（铜）箔罩清漆等。 计量单位：10m²

定 额 编 号			3-8-104	3-8-105	3-8-106	3-8-107	3-8-108	3-8-109
项 目			金线大点金加苏画（规矩活部分）					
			打贴库金		打贴赤金		打贴铜箔描清漆	
			23~58cm	23cm 以下	23~58cm	23cm 以下	23~58cm	23cm 以下
名 称		单位	消 耗 量					
人工	合计工日	工日	12.640	13.420	12.910	13.610	12.930	13.860
	其中 普工	工日	2.528	2.684	2.581	2.721	2.585	2.772
	一般技工	工日	4.424	4.697	4.519	4.764	4.526	4.851
	高级技工	工日	5.688	6.039	5.810	6.125	5.819	6.237
材料	氧化铬绿	kg	1.100	1.100	1.100	1.100	1.100	1.100
	群青	kg	0.368	0.368	0.368	0.368	0.368	0.368
	银朱红（硫化汞）	kg	0.050	0.050	0.050	0.050	0.050	0.050
	石黄粉	kg	0.053	0.053	0.053	0.053	0.053	0.053
	红丹粉	kg	0.525	0.525	0.525	0.525	0.525	0.525
	聚醋酸乙烯乳胶漆	kg	0.550	0.550	0.550	0.550	0.550	0.550
	大白粉	kg	1.575	1.575	1.575	1.575	1.575	1.575
	黑烟子	kg	0.200	0.200	0.200	0.200	0.200	0.200
	库金箔 93.3×93.3	张	251.000	266.000	—	—	—	—
	赤金箔 83.3×83.3	张	—	—	314.000	334.000	—	—
	铜箔 100×100	张	—	—	—	—	251.000	266.000
	滑石粉	kg	1.050	1.050	1.050	1.050	1.050	1.050
	白乳胶	kg	1.100	1.100	1.100	1.100	1.100	1.100
	金胶油	kg	0.330	0.330	0.330	0.330	0.330	0.330
	酚醛调和漆 黄色	kg	0.210	0.210	0.210	0.210	0.210	0.210
	光油	kg	0.147	0.147	0.147	0.147	0.147	0.147
	二甲苯	kg	—	—	—	—	0.026	0.026
	汽油	L	0.110	0.110	0.110	0.110	0.110	0.110
	棉花	kg	0.030	0.030	0.030	0.030	0.030	0.030
	丙烯酸清漆	kg	—	—	—	—	0.263	0.263
	水砂纸	张	1.100	1.100	1.100	1.100	1.100	1.100
	其他材料费	%	2.00	2.00	2.00	2.00	2.00	2.00

工作内容： 1. 彩画包括起谱子、打谱子、调兑颜料、绘制各种图案成活。
2. 贴金（铜）箔包括支搭金帐，打金胶油、贴金（铜）箔罩清漆等。 计量单位：10m²

定 额 编 号			3-8-110	3-8-111	3-8-112	3-8-113	3-8-114	3-8-115
项 目			墨线大点金龙锦枋心彩画					
			打贴库金		打贴赤金		打贴铜箔描清漆	
			23~58cm	23cm 以下	23~58cm	23cm 以下	23~58cm	23cm 以下
名 称		单位	消 耗 量					
人工	合计工日	工日	13.040	13.970	13.230	14.190	13.420	14.440
	其中 普工	工日	2.608	2.793	2.645	2.837	2.684	2.888
	一般技工	工日	4.564	4.890	4.631	4.967	4.697	5.054
	高级技工	工日	5.868	6.287	5.954	6.386	6.039	6.498
材料	氧化铬绿	kg	1.100	1.100	1.100	1.100	1.100	1.100
	群青	kg	0.368	0.368	0.368	0.368	0.368	0.368
	银朱红（硫化汞）	kg	0.050	0.050	0.050	0.050	0.050	0.050
	石黄粉	kg	0.053	0.053	0.053	0.053	0.053	0.053
	红丹粉	kg	0.315	0.315	0.315	0.315	0.315	0.315
	聚醋酸乙烯乳胶漆	kg	1.265	1.265	1.265	1.265	1.265	1.265
	黑烟子	kg	0.250	0.250	0.250	0.250	0.250	0.250
	滑石粉	kg	1.050	1.050	1.050	1.050	1.050	1.050
	大白粉	kg	1.365	1.365	1.365	1.365	1.365	1.365
	白乳胶	kg	1.050	1.050	1.050	1.050	1.050	1.050
	金胶油	kg	0.330	0.330	0.330	0.330	0.330	0.330
	光油	kg	0.147	0.147	0.147	0.147	0.147	0.147
	酚醛调和漆 黄色	kg	0.263	0.263	0.263	0.263	0.263	0.263
	汽油	L	0.110	0.110	0.110	0.110	0.110	0.110
	棉花	kg	0.030	0.030	0.030	0.030	0.030	0.030
	库金箔 93.3×93.3	张	260.000	275.000	—	—	—	—
	赤金箔 83.3×83.3	张	—	—	309.000	330.000	—	—
	铜箔 100×100	张	—	—	—	—	260.000	275.000
	二甲苯	kg	—	—	—	—	0.033	0.033
	水砂纸	张	1.100	1.100	1.100	1.100	1.100	1.100
	丙烯酸清漆	kg	—	—	—	—	0.330	0.330
	其他材料费	%	2.00	2.00	2.00	2.00	2.00	2.00

工作内容: 1.彩画包括起谱子、打谱子、调兑颜料、绘制各种图案成活。

2.贴金(铜)箔包括支搭金帐,打金胶油、贴金(铜)箔罩清漆等。　　　计量单位:10m²

定　额　编　号			3-8-116	3-8-117	3-8-118	3-8-119	3-8-120	3-8-121
项　　　目			墨线大点金彩画(一字枋心)					
			打贴库金		打贴赤金		打贴铜箔描清漆	
			23~58cm	23cm 以下	23~58cm	23cm 以下	23~58cm	23cm 以下
名　　称		单位	消　耗　量					
人工	合计工日	工日	11.170	11.950	11.310	12.100	11.400	12.200
	其中 普工	工日	2.233	2.389	2.261	2.420	2.280	2.440
	一般技工	工日	3.910	4.183	3.959	4.235	3.990	4.270
	高级技工	工日	5.027	5.378	5.090	5.445	5.130	5.490
材料	氧化铬绿	kg	1.100	1.100	1.100	1.100	1.100	1.100
	群青	kg	0.368	0.368	0.368	0.368	0.368	0.368
	银朱红(硫化汞)	kg	0.050	0.050	0.050	0.050	0.050	0.050
	石黄粉	kg	0.053	0.053	0.053	0.053	0.053	0.053
	红丹粉	kg	0.315	0.315	0.315	0.315	0.315	0.315
	聚醋酸乙烯乳胶漆	kg	1.265	1.265	1.265	1.265	1.265	1.265
	黑烟子	kg	0.250	0.250	0.250	0.250	0.250	0.250
	滑石粉	kg	1.050	1.050	1.050	1.050	1.050	1.050
	大白粉	kg	1.260	1.260	1.260	1.260	1.260	1.260
	白乳胶	kg	2.820	2.820	2.820	2.820	2.820	2.820
	金胶油	kg	0.220	0.220	0.220	0.220	0.220	0.220
	光油	kg	0.147	0.147	0.147	0.147	0.147	0.147
	酚醛调和漆 黄色	kg	0.263	0.263	0.263	0.263	0.263	0.263
	汽油	L	0.110	0.110	—	0.110	0.110	0.110
	棉花	kg	0.020	0.020	0.020	0.020	0.020	0.020
	库金箔 93.3×93.3	张	201.000	213.000	—	—	—	—
	赤金箔 83.3×83.3	张	—	—	252.000	266.000	—	—
	铜箔 100×100	张	—	—	—	—	201.000	213.000
	水砂纸	张	1.100	1.100	1.100	1.100	1.100	1.100
	丙烯酸清漆	kg	—	—	—	—	0.220	0.220
	二甲苯	kg	—	—	—	—	0.022	0.022
	其他材料费	%	2.00	2.00	2.00	2.00	2.00	2.00

工作内容: 1.彩画包括起谱子、打谱子、调兑颜料、绘制各种图案成活。
　　　　　　2.贴金(铜)箔包括支搭金帐,打金胶油、贴金(铜)箔罩清漆等。　　　　　　计量单位:10m²

定额编号			3-8-122	3-8-123	3-8-124	3-8-125	3-8-126	3-8-127
项　目			墨线小点金彩画(一字枋心)					
			打贴库金		打贴赤金		打贴铜箔描清漆	
			23~58cm	23cm 以下	23~58cm	23cm 以下	23~58cm	23cm 以下
名　称		单位	消　耗　量					
人工	合计工日	工日	9.580	10.080	9.640	10.150	9.710	10.230
	其中 普工	工日	1.916	2.016	1.928	2.029	1.941	2.045
	一般技工	工日	3.353	3.528	3.374	3.553	3.399	3.581
	高级技工	工日	4.311	4.536	4.338	4.568	4.370	4.604
材料	氧化铬绿	kg	1.100	1.100	1.100	1.100	1.100	1.100
	群青	kg	0.368	0.368	0.368	0.368	0.368	0.368
	银朱红(硫化汞)	kg	0.050	0.050	0.050	0.050	0.050	0.050
	石黄粉	kg	0.053	0.053	0.053	0.053	0.053	0.053
	红丹粉	kg	0.315	0.315	0.315	0.315	0.315	0.315
	聚醋酸乙烯乳胶漆	kg	1.265	1.265	1.265	1.265	1.265	1.265
	黑烟子	kg	0.250	0.250	0.250	0.250	0.250	0.250
	滑石粉	kg	1.050	1.050	1.050	1.050	1.050	1.050
	大白粉	kg	1.155	1.155	1.155	1.155	1.155	1.155
	白乳胶	kg	1.050	1.050	1.050	1.050	1.050	1.050
	金胶油	kg	0.110	0.110	0.110	0.110	0.110	0.110
	光油	kg	0.147	0.147	0.147	0.147	0.147	0.147
	酚醛调和漆 黄色	kg	0.210	0.210	0.210	0.210	0.210	0.210
	汽油	L	0.110	0.110	0.110	0.110	0.110	0.110
	棉花	kg	0.010	0.010	0.010	0.010	0.010	0.010
	库金箔 93.3×93.3	张	100.000	106.000	—	—	—	—
	赤金箔 83.3×83.3	张	—	—	127.000	132.000	—	—
	铜箔 100×100	张	—	—	—	—	100.000	106.000
	丙烯酸清漆	kg	—	—	—	—	0.110	0.110
	水砂纸	张	1.100	1.100	1.100	1.100	1.100	1.100
	二甲苯	kg	—	—	—	—	0.011	0.011
	其他材料费	%	2.00	2.00	2.00	2.00	2.00	2.00

工作内容:1.彩画包括起谱子、打谱子、调兑颜料、绘制各种图案成活。

2.贴金(铜)箔包括支搭金帐,打金胶油、贴金(铜)箔罩清漆等。　　　计量单位:10m²

定 额 编 号			3-8-128	3-8-129	3-8-130	3-8-131	3-8-132	3-8-133
项　　　目			墨线小点金夔龙黑叶子花彩画					
			打贴库金		打贴赤金		打贴铜箔描清漆	
			23~58cm	23cm 以下	23~58cm	23cm 以下	23~58cm	23cm 以下
名　　　称		单位	消 耗 量					
人工	合计工日	工日	10.140	10.820	10.200	10.890	10.270	10.960
	其中 普工	工日	2.028	2.164	2.040	2.177	2.053	2.192
	一般技工	工日	3.549	3.787	3.570	3.812	3.595	3.836
	高级技工	工日	4.563	4.869	4.590	4.901	4.622	4.932
材料	氧化铬绿	kg	1.100	1.100	1.100	1.100	1.100	1.100
	群青	kg	0.368	0.368	0.368	0.368	0.368	0.368
	银朱红(硫化汞)	kg	0.050	0.050	0.050	0.050	0.050	0.050
	石黄粉	kg	0.053	0.053	0.053	0.053	0.053	0.053
	红丹粉	kg	0.315	0.315	0.315	0.315	0.315	0.315
	聚醋酸乙烯乳胶漆	kg	1.265	1.265	1.265	1.265	1.265	1.265
	黑烟子	kg	0.250	0.250	0.250	0.250	0.250	0.250
	滑石粉	kg	1.050	1.050	1.050	1.050	1.050	1.050
	大白粉	kg	1.155	1.155	1.155	1.155	1.155	1.155
	白乳胶	kg	1.050	1.050	1.050	1.050	1.050	1.050
	金胶油	kg	0.110	0.110	0.110	0.110	0.110	0.110
	光油	kg	0.147	0.147	0.147	0.147	0.147	0.147
	酚醛调和漆 黄色	kg	0.210	0.210	0.210	0.210	0.210	0.210
	汽油	L	0.110	0.110	0.110	0.110	0.110	0.110
	棉花	kg	0.010	0.010	0.010	0.010	0.010	0.010
	库金箔 93.3×93.3mm	张	100.000	106.000	—	—	—	—
	赤金箔 83.3×83.3mm	张	—	—	127.000	132.000	—	—
	铜箔 100×100mm	张	—	—	—	—	100.000	106.000
	丙烯酸清漆	kg	—	—	—	—	0.110	0.110
	水砂纸	张	1.100	1.100	1.100	1.100	1.100	1.100
	二甲苯	kg	—	—	—	—	0.011	0.011
	其他材料费	%	2.00	2.00	2.00	2.00	2.00	2.00

工作内容: 彩画包括起谱子、打谱子、调兑颜料、绘制各种图案成活。 计量单位:10m²

定 额 编 号			3-8-134	3-8-135	3-8-136	3-8-137
项 目			雅伍墨彩画			
			一字枋心		夔龙墨叶子花枋心	
			23~58cm	23cm 以下	23~58cm	23cm 以下
名 称		单位	消 耗 量			
人工	合计工日	工日	8.130	8.360	8.560	9.100
	其中 普工	工日	1.625	1.672	1.712	1.820
	一般技工	工日	2.846	2.926	2.996	3.185
	高级技工	工日	3.659	3.762	3.852	4.095
材料	氧化铬绿	kg	1.100	1.100	1.100	1.100
	群青	kg	0.368	0.368	0.368	0.368
	银朱红(硫化汞)	kg	0.050	0.050	0.050	0.050
	石黄粉	kg	0.240	0.240	0.240	0.240
	红丹粉	kg	0.315	0.315	0.315	0.315
	聚醋酸乙烯乳胶漆	kg	1.265	1.265	1.265	1.265
	黑烟子	kg	0.250	0.250	0.250	0.250
	大白粉	kg	0.525	0.525	0.525	0.525
	白乳胶	kg	0.770	0.770	0.770	0.770
	水砂纸	张	1.100	1.100	1.100	1.100
	其他材料费	%	2.00	2.00	2.00	2.00

工作内容：*彩画包括起谱子、打谱子、调兑颜料、绘制各种图案成活。*　　　　计量单位：10m²

定　额　编　号			3-8-138	3-8-139	3-8-140	3-8-141
项　　　目			雄黄玉彩画			
			素枋心		夔龙枋心	
			23~58cm	23cm 以下	23~58cm	23cm 以下
名　　　称		单位	消　耗　量			
人工	合计工日	工日	8.360	8.660	8.860	9.400
	其中 普工	工日	1.672	1.732	1.772	1.880
	一般技工	工日	2.926	3.031	3.101	3.290
	高级技工	工日	3.762	3.897	3.987	4.230
材料	氧化铬绿	kg	0.440	0.440	0.440	0.440
	群青	kg	0.263	0.263	0.263	0.263
	石黄粉	kg	0.315	0.315	0.315	0.315
	红丹粉	kg	1.575	1.575	1.575	1.575
	聚醋酸乙烯乳胶漆	kg	0.840	0.840	0.840	0.840
	黑烟子	kg	0.060	0.060	0.060	0.060
	大白粉	kg	0.525	0.525	0.525	0.525
	白乳胶	kg	0.880	0.880	0.880	0.880
	水砂纸	张	1.100	1.100	1.100	1.100
	其他材料费	%	2.00	2.00	2.00	2.00

工作内容: 1. 彩画包括起谱子、打谱子、调兑颜料、绘制各种图案成活。

　　　　　2. 贴金(铜)箔包括支搭金帐,打金胶油、贴金(铜)箔罩清漆等。　　　　　计量单位:10m²

定 额 编 号			3-8-142	3-8-143	3-8-144	3-8-145	3-8-146	3-8-147
项　　　目			金琢墨苏式彩画(规矩活部分)					
			打贴库金		打贴赤金		打贴铜箔描清漆	
			23~58cm	23cm 以下	23~58cm	23cm 以下	23~58cm	23cm 以下
名　　称		单位	消 耗 量					
人工	合计工日	工日	25.350	28.980	25.670	29.390	25.630	29.320
	其中 普工	工日	5.069	5.796	5.133	5.877	5.125	5.864
	一般技工	工日	8.873	10.143	8.985	10.287	8.971	10.262
	高级技工	工日	11.408	13.041	11.552	13.226	11.534	13.194
材料	氧化铬绿	kg	0.935	0.935	0.935	0.935	0.935	0.935
	群青	kg	0.420	0.420	0.420	0.420	0.420	0.420
	银朱红(硫化汞)	kg	0.120	0.120	0.120	0.120	0.120	0.120
	石黄粉	kg	0.525	0.525	0.525	0.525	0.525	0.525
	红丹粉	kg	0.525	0.525	0.525	0.525	0.525	0.525
	氧化铁红	kg	0.210	0.210	0.210	0.210	0.210	0.210
	聚醋酸乙烯乳胶漆	kg	0.550	0.550	0.550	0.550	0.550	0.550
	黑烟子	kg	0.090	0.090	0.090	0.090	0.090	0.090
	滑石粉	kg	1.050	1.050	1.050	1.050	1.050	1.050
	大白粉	kg	1.650	1.650	1.650	1.650	1.650	1.650
	白乳胶	kg	1.100	1.100	1.100	1.100	1.100	1.100
	金胶油	kg	0.550	0.550	0.550	0.550	0.550	0.550
	光油	kg	0.063	0.063	0.063	0.063	0.063	0.063
	酚醛调和漆 黄色	kg	0.315	0.315	0.315	0.315	0.315	0.315
	汽油	L	0.110	0.110	0.110	0.110	0.110	0.110
	棉花	kg	0.010	0.010	0.010	0.010	0.010	0.010
	库金箔 93.3×93.3	张	391.000	414.000	—	—	—	—
	赤金箔 83.3×83.3	张	—	—	490.000	520.000	—	—
	铜箔 100×100	张	—	—	—	—	391.000	414.000
	丙烯酸清漆	kg	—	—	—	—	0.550	0.550
	水砂纸	张	1.100	1.100	1.100	1.100	1.100	1.100
	二甲苯	kg	—	—	—	—	0.055	0.055
	其他材料费	%	2.00	2.00	2.00	2.00	2.00	2.00

工作内容：1. 彩画包括起谱子、打谱子、调兑颜料、绘制各种图案成活。

2. 贴金（铜）箔包括支搭金帐，打金胶油、贴金（铜）箔罩清漆等。　　　　　计量单位：10m²

定 额 编 号				3-8-148	3-8-149	3-8-150	3-8-151	3-8-152	3-8-153
项　　　目				金线苏画片金箍头卡子（规矩活部分）					
				打贴库金		打贴赤金		打贴铜箔描清漆	
				23~58cm	23cm 以下	23~58cm	23cm 以下	23~58cm	23cm 以下
名　　　称			单位	消　耗　量					
人工	合计工日		工日	17.410	18.900	17.650	19.180	17.750	19.330
	其中	普工	工日	3.481	3.780	3.529	3.836	3.549	3.865
		一般技工	工日	6.094	6.615	6.178	6.713	6.213	6.766
		高级技工	工日	7.835	8.505	7.943	8.631	7.988	8.699
材料	氧化铬绿		kg	0.935	0.935	0.935	0.935	0.935	0.935
	群青		kg	0.420	0.420	0.420	0.420	0.420	0.420
	银朱红（硫化汞）		kg	0.120	0.120	0.120	0.120	0.120	0.120
	石黄粉		kg	0.158	0.158	0.158	0.158	0.158	0.158
	红丹粉		kg	0.525	0.525	0.525	0.525	0.525	0.525
	氧化铁红		kg	0.210	0.210	0.210	0.210	0.210	0.210
	聚醋酸乙烯乳胶漆		kg	0.440	0.440	0.440	0.440	0.440	0.440
	黑烟子		kg	0.090	0.090	0.090	0.090	0.090	0.090
	滑石粉		kg	1.050	1.050	1.050	1.050	1.050	1.050
	大白粉		kg	1.470	1.470	1.470	1.470	1.470	1.470
	白乳胶		kg	0.880	0.880	0.880	0.880	0.880	0.880
	金胶油		kg	0.368	0.368	0.368	0.368	0.368	0.368
	光油		kg	0.063	0.063	0.063	0.063	0.063	0.063
	酚醛调和漆 黄色		kg	0.263	0.263	0.263	0.263	0.263	0.263
	汽油		L	0.110	0.110	0.110	0.110	0.110	0.110
	棉花		kg	0.030	0.030	0.030	0.030	0.030	0.030
	库金箔 93.3×93.3		张	316.000	336.000	—	—	—	—
	赤金箔 83.3×83.3		张	—	—	396.000	416.000	—	—
	铜箔 100×100		张	—	—	—	—	316.000	336.000
	水砂纸		张	1.100	1.100	1.100	1.100	1.100	1.100
	丙烯酸清漆		kg	—	—	—	—	0.368	0.368
	二甲苯		kg	—	—	—	—	0.040	0.040
	其他材料费		%	2.00	2.00	2.00	2.00	2.00	2.00

工作内容: 1. 彩画包括起谱子、打谱子、调兑颜料、绘制各种图案成活。

　　　　　2. 贴金(铜)箔包括支搭金帐,打金胶油、贴金(铜)箔单清漆等。　　计量单位:10m²

定 额 编 号			3-8-154	3-8-155	3-8-156	3-8-157	3-8-158	3-8-159
项　　　　目			金线苏画片金卡子(规矩活部分)					
			打贴库金		打贴赤金		打贴铜箔描清漆	
			23~58cm	23cm以下	23~58cm	23cm以下	23~58cm	23cm以下
名　　称		单位	消　耗　量					
人工	合计工日	工日	16.880	18.330	17.110	18.560	17.110	18.640
	其中 普工	工日	3.376	3.665	3.421	3.712	3.421	3.728
	一般技工	工日	5.908	6.416	5.989	6.496	5.989	6.524
	高级技工	工日	7.596	8.249	7.700	8.352	7.700	8.388
材料	氧化铬绿	kg	0.935	0.935	0.935	0.935	0.935	0.935
	群青	kg	0.420	0.420	0.420	0.420	0.420	0.420
	银朱红(硫化汞)	kg	0.120	0.120	0.120	0.120	0.120	0.120
	石黄粉	kg	0.158	0.158	0.158	0.158	0.158	0.158
	红丹粉	kg	0.525	0.525	0.525	0.525	0.525	0.525
	氧化铁红	kg	0.270	0.270	0.270	0.270	0.270	0.270
	二甲苯	kg	—	—	—	—	0.030	0.030
	聚醋酸乙烯乳胶漆	kg	0.440	0.440	0.440	0.440	0.440	0.440
	光油	kg	0.063	0.063	0.063	0.063	0.063	0.063
	黑烟子	kg	0.090	0.090	0.090	0.090	0.090	0.090
	丙烯酸清漆	kg	—	—	—	—	0.275	0.275
	滑石粉	kg	1.050	1.050	1.050	1.050	1.050	1.050
	大白粉	kg	1.470	1.470	1.470	1.470	1.470	1.470
	白乳胶	kg	0.880	0.880	0.880	0.880	0.880	0.880
	金胶油	kg	0.275	0.275	0.275	0.275	0.275	0.275
	汽油	L	0.110	0.110	0.110	0.110	0.110	0.110
	酚醛调和漆 黄色	kg	0.210	0.210	0.210	0.210	0.210	0.210
	棉花	kg	0.030	0.030	0.030	0.030	0.030	0.030
	库金箔 93.3×93.3	张	290.000	308.000	—	—	—	—
	赤金箔 83.3×83.3	张	—	—	364.000	386.000	—	—
	铜箔 100×100	张	—	—	—	—	290.000	308.000
	水砂纸	张	1.100	1.100	1.100	1.100	1.100	1.100
	其他材料费	%	2.00	2.00	2.00	2.00	2.00	2.00

工作内容: 1. 彩画包括起谱子、打谱子、调兑颜料、绘制各种图案成活。

2. 贴金(铜)箔包括支搭金帐,打金胶油、贴金(铜)箔罩清漆等。 计量单位:$10m^2$

定 额 编 号			3-8-160	3-8-161	3-8-162	3-8-163	3-8-164	3-8-165
项　　　　目			金线苏画色卡子(规矩活部分)					
			打贴库金		打贴赤金		打贴铜箔描清漆	
			23~58cm	23cm 以下	23~58cm	23cm 以下	23~58cm	23cm 以下
名　　　称		单位	消　耗　量					
人工	合计工日	工日	17.490	19.600	17.690	19.840	17.660	19.840
	其中 普工	工日	3.497	3.920	3.537	3.968	3.532	3.968
	一般技工	工日	6.122	6.860	6.192	6.944	6.181	6.944
	高级技工	工日	7.871	8.820	7.961	8.928	7.947	8.928
材料	氧化铬绿	kg	0.800	0.800	0.800	0.800	0.800	0.800
	群青	kg	0.368	0.368	0.368	0.368	0.368	0.368
	银朱红(硫化汞)	kg	0.120	0.120	0.120	0.120	0.120	0.120
	石黄粉	kg	0.158	0.158	0.158	0.158	0.158	0.158
	红丹粉	kg	0.525	0.525	0.525	0.525	0.525	0.525
	氧化铁红	kg	0.158	0.158	0.158	0.158	0.158	0.158
	聚醋酸乙烯乳胶漆	kg	0.660	0.660	0.660	0.660	0.660	0.660
	汽油	L	0.110	0.110	0.110	0.110	0.110	0.110
	黑烟子	kg	0.050	0.050	0.050	0.050	0.050	0.050
	棉花	kg	0.020	0.020	0.020	0.020	0.020	0.020
	滑石粉	kg	0.840	0.840	0.840	0.840	0.840	0.840
	大白粉	kg	1.155	1.155	1.155	1.155	1.155	1.155
	白乳胶	kg	1.100	1.100	1.100	1.100	1.100	1.100
	金胶油	kg	0.220	0.220	0.220	0.220	0.220	0.220
	光油	kg	0.525	0.525	0.525	0.525	0.525	0.525
	库金箔 93.3×93.3	张	253.000	268.000	—	—	—	—
	赤金箔 83.3×83.3	张	—	—	317.000	336.000	—	—
	铜箔 100×100	张	—	—	—	—	253.000	268.000
	酚醛调和漆 黄色	kg	0.158	0.158	0.158	0.158	0.158	0.158
	水砂纸	张	1.100	1.100	1.100	1.100	1.100	1.100
	丙烯酸清漆	kg	—	—	—	—	0.220	0.220
	二甲苯	kg	—	—	—	—	0.020	0.020
	其他材料费	%	2.00	2.00	2.00	2.00	2.00	2.00

工作内容：彩画包括起谱子、打谱子、调兑颜料、绘制各种图案成活。　　　　　　　　　　　计量单位：10m²

定 额 编 号		3-8-166	3-8-167	3-8-168	3-8-169	3-8-170	3-8-171
项　目		黄线苏画（规矩活部分）		海漫苏画			
				有卡子		无卡子	
		23~58cm	23cm 以下	23~58cm	23cm 以下	23~58cm	23cm 以下
名　称	单位	消　耗　量					
人工 合计工日	工日	11.480	12.380	8.790	9.410	7.200	7.680
其中 普工	工日	2.296	2.476	1.757	1.881	1.440	1.536
一般技工	工日	4.018	4.333	3.077	3.294	2.520	2.688
高级技工	工日	5.166	5.571	3.956	4.235	3.240	3.456
材料 氧化铬绿	kg	0.935	0.935	1.100	1.100	1.100	1.100
群青	kg	0.420	0.420	0.420	0.420	0.420	0.420
银朱红（硫化汞）	kg	0.120	0.120	0.120	0.120	0.120	0.120
石黄粉	kg	0.263	0.263	0.210	0.210	0.210	0.210
红丹粉	kg	0.525	0.525	0.630	0.630	0.630	0.630
氧化铁红	kg	0.210	0.210	0.158	0.158	0.158	0.158
聚醋酸乙烯乳胶漆	kg	0.440	0.440	0.440	0.440	0.440	0.440
黑烟子	kg	0.090	0.090	0.090	0.090	0.090	0.090
滑石粉	kg	0.840	0.840	—	—	—	—
白乳胶	kg	0.880	0.880	0.770	0.770	0.770	0.770
大白粉	kg	0.840	0.840	—	—	—	—
水砂纸	张	1.100	1.100	1.100	1.100	1.100	1.100
其他材料费	%	2.00	2.00	2.00	2.00	2.00	2.00

工作内容: 1. 彩画包括起谱子、打谱子、调兑颜料、绘制各种图案成活。

2. 贴金（铜）箔包括支搭金帐,打金胶油、贴金（铜）箔单清漆等。　　　　　计量单位:10m²

定　额　编　号			3-8-172	3-8-173	3-8-174	3-8-175	3-8-176	3-8-177
项　　　目			掐箍头彩画					
			打贴库金		打贴赤金		打贴铜箔描清漆	
			23~58cm	23cm 以下	23~58cm	23cm 以下	23~58cm	23cm 以下
名　　称		单位	消　耗　量					
人工	合计工日	工日	8.070	9.090	8.170	9.190	8.130	9.180
	其中 普工	工日	1.613	1.817	1.633	1.837	1.625	1.836
	一般技工	工日	2.825	3.182	2.860	3.217	2.846	3.213
	高级技工	工日	3.632	4.091	3.677	4.136	3.659	4.131
材料	氧化铬绿	kg	0.400	0.400	0.400	0.400	0.400	0.400
	群青	kg	0.175	0.175	0.175	0.175	0.175	0.175
	银朱红（硫化汞）	kg	0.050	0.050	0.050	0.050	0.050	0.050
	石黄粉	kg	0.090	0.090	0.090	0.090	0.090	0.090
	红丹粉	kg	0.210	0.210	0.210	0.210	0.210	0.210
	聚醋酸乙烯乳胶漆	kg	0.290	0.290	0.290	0.290	0.290	0.290
	滑石粉	kg	0.231	0.231	0.231	0.231	0.231	0.231
	大白粉	kg	0.270	0.270	0.270	0.270	0.270	0.270
	白乳胶	kg	0.240	0.240	0.240	0.240	0.240	0.240
	金胶油	kg	0.150	0.150	0.150	0.150	0.150	0.150
	酚醛调和漆 黄色	kg	0.070	0.070	0.070	0.070	0.070	0.070
	汽油	L	0.200	0.200	0.200	0.200	0.200	0.200
	棉花	kg	0.010	0.010	0.010	0.010	0.010	0.010
	库金箔 93.3×93.3	张	43.000	47.000	—	—	—	—
	赤金箔 83.3×83.3	张	—	—	53.000	58.000	—	—
	铜箔 100×100	张	—	—	—	—	43.000	47.000
	丙烯酸清漆	kg	—	—	—	—	0.110	0.110
	水砂纸	张	1.000	1.000	1.000	1.000	1.000	1.000
	二甲苯	kg	—	—	—	—	0.011	0.011
	黑烟子	kg	0.020	0.020	0.020	0.020	0.020	0.020
	其他材料费	%	2.00	2.00	2.00	2.00	2.00	2.00

工作内容: 1. 彩画包括起谱子、打谱子、调兑颜料、绘制各种图案成活。

2. 贴金(铜)箔包括支搭金帐,打金胶油、贴金(铜)箔罩清漆等。 计量单位:10m²

定 额 编 号			3-8-178	3-8-179	3-8-180	3-8-181	3-8-182	3-8-183
项 目			掐箍头搭包袱彩画(规矩活部分)					
			打贴库金		打贴赤金		打贴铜箔描清漆	
			23~58cm	23cm 以下	23~58cm	23cm 以下	23~58cm	23cm 以下
名 称		单位	消 耗 量					
人工	合计工日	工日	16.880	19.130	17.080	19.330	17.000	19.290
	其中 普工	工日	3.376	3.825	3.416	3.865	3.400	3.857
	一般技工	工日	5.908	6.696	5.978	6.766	5.950	6.752
	高级技工	工日	7.596	8.609	7.686	8.699	7.650	8.681
材料	氧化铬绿	kg	0.400	0.400	0.400	0.400	0.400	0.400
	群青	kg	0.175	0.175	0.175	0.175	0.175	0.175
	银朱红(硫化汞)	kg	0.050	0.050	0.050	0.050	0.050	0.050
	石黄粉	kg	0.090	0.090	0.090	0.090	0.090	0.090
	红丹粉	kg	0.210	0.210	0.210	0.210	0.210	0.210
	聚醋酸乙烯乳胶漆	kg	0.590	0.590	0.590	0.590	0.590	0.590
	滑石粉	kg	0.460	0.460	0.460	0.460	0.460	0.460
	大白粉	kg	0.530	0.530	0.530	0.530	0.530	0.530
	白乳胶	kg	0.240	0.240	0.240	0.240	0.240	0.240
	金胶油	kg	0.290	0.370	0.290	0.370	0.290	0.370
	酚醛调和漆 黄色	kg	0.100	0.100	0.100	0.100	0.100	0.100
	汽油	L	0.200	0.200	0.200	0.200	0.200	0.200
	棉花	kg	0.010	0.010	0.010	0.010	0.010	0.010
	库金箔 93.3×93.3	张	86.000	94.000	—	—	—	—
	赤金箔 83.3×83.3	张	—	—	106.000	117.000	—	—
	铜箔 100×100	张	—	—	—	—	86.000	94.000
	丙烯酸清漆	kg	—	—	—	—	0.220	0.290
	水砂纸	张	1.000	1.000	1.000	1.000	1.000	1.000
	二甲苯	kg	—	—	—	—	0.020	0.020
	其他材料费	%	2.00	2.00	2.00	2.00	2.00	2.00

工作内容: *彩画包括起谱子、打谱子、调兑颜料、绘制各种图案成活。*　　　　　　　　　计量单位:10m²

定　额　编　号			3-8-184	3-8-185	3-8-186	3-8-187
项　　　　　目			黄线掐箍头		黄线掐箍头搭包袱(规矩活部分)	
			23~58cm	23cm 以下	23~58cm	23cm 以下
名　　　称		单位	消　耗　量			
人工	合计工日	工日	5.250	6.070	11.600	13.450
	其中 普工	工日	1.049	1.213	2.320	2.689
	一般技工	工日	1.838	2.125	4.060	4.708
	高级技工	工日	2.363	2.732	5.220	6.053
材料	氧化铬绿	kg	0.400	0.400	0.400	0.400
	群青	kg	0.175	0.175	0.175	0.175
	石黄粉	kg	0.090	0.090	0.090	0.090
	红丹粉	kg	0.210	0.210	0.210	0.210
	聚醋酸乙烯乳胶漆	kg	0.290	0.290	0.290	0.290
	大白粉	kg	0.270	0.270	0.270	0.270
	白乳胶	kg	0.240	0.240	0.240	0.240
	酚醛调和漆 黄色	kg	0.070	0.070	0.070	0.070
	汽油	L	0.200	0.200	0.200	0.200
	黑烟子	kg	0.020	0.020	0.020	0.020
	其他材料费	%	2.00	2.00	2.00	2.00

工作内容:彩画包括起谱子、打谱子、调兑颜料、绘制各种图案成活。　　　　　　计量单位:10m²

定 额 编 号				3-8-188	3-8-189	3-8-190	3-8-191
项　　　　目				白活			
				人物及线法	动物及翎毛花卉	墨山水、洋山水、风景画	聚锦
名　　称			单位	消　耗　量			
人工	合计工日		工日	3.080	2.180	2.280	0.350
	其中	普工	工日	0.616	0.436	0.456	0.069
		一般技工	工日	1.078	0.763	0.798	0.123
		高级技工	工日	1.386	0.981	1.026	0.158
材料	氧化铬绿		kg	0.200	0.200	0.200	0.040
	群青		kg	0.050	0.050	0.050	0.010
	银朱红(硫化汞)		kg	0.050	0.050	0.050	0.010
	石黄粉		kg	0.050	0.050	0.050	0.010
	红丹粉		kg	0.050	0.050	0.050	0.010
	氧化铁红		kg	0.100	0.100	0.100	0.020
	聚醋酸乙烯乳胶漆		kg	0.700	0.700	0.700	0.050
	黑烟子		kg	0.010	0.010	0.010	0.002
	白乳胶		kg	0.150	0.150	0.150	0.030
	墨块		块	0.500	0.500	0.500	0.100
	图画色(各色)		支	3.000	3.000	3.000	0.600
	其他材料费		%	2.00	2.00	2.00	2.00

工作内容：1.彩画包括起谱子、打谱子、调兑颜料、绘制各种图案成活。
    2.贴金（铜）箔包括支搭金帐，打金胶油、贴金（铜）箔罩清漆等。   计量单位：10m²

定 额 编 号		3-8-192	3-8-193	3-8-194	3-8-195	3-8-196	3-8-197
项 目		斑竹彩画					
		打贴库金		打贴赤金		打贴铜箔描清漆	
		23~58cm	23cm 以下	23~58cm	23cm 以下	23~58cm	23cm 以下
名 称	单位	消 耗 量					
人工 合计工日	工日	22.230	24.210	22.530	24.500	22.440	24.400
其中 普工	工日	4.445	4.841	4.505	4.900	4.488	4.880
一般技工	工日	7.781	8.474	7.886	8.575	7.854	8.540
高级技工	工日	10.004	10.895	10.139	11.025	10.098	10.980
材料 氧化铬绿	kg	3.300	3.300	3.300	3.300	3.300	3.300
群青	kg	0.105	0.105	0.105	0.105	0.105	0.105
石黄粉	kg	0.315	0.315	0.315	0.315	0.315	0.315
酚醛调和漆 黄色	kg	0.210	0.210	0.210	0.210	0.210	—
酚醛调和漆（各色）	kg	—	—	—	—	—	0.210
聚醋酸乙烯乳胶漆	kg	0.550	0.550	0.550	0.550	0.550	0.550
棉花	kg	0.020	0.020	0.020	0.020	0.020	0.020
大白粉	kg	1.155	1.155	1.155	1.155	1.155	1.155
白乳胶	kg	1.100	1.100	1.100	1.100	1.100	1.100
金胶油	kg	0.330	0.330	0.330	0.330	0.330	0.330
光油	kg	0.105	0.105	0.105	0.105	0.105	0.105
汽油	L	0.110	0.110	0.110	0.110	0.110	0.110
黑烟子	kg	0.050	0.050	0.050	0.050	0.050	0.050
水砂纸	张	1.100	1.100	1.100	1.100	1.100	1.100
丙烯酸清漆	kg	—	—	—	—	0.220	0.220
库金箔 93.3×93.3	张	138.000	151.000	—	—	—	—
赤金箔 83.3×83.3	张	—	—	173.000	190.000	—	—
铜箔 100×100	张	—	—	—	—	138.000	151.000
二甲苯	kg	—	—	—	—	0.020	0.020
其他材料费	%	2.00	2.00	2.00	2.00	2.00	2.00

工作内容：1. 彩画包括起谱子、打谱子、调兑颜料、绘制各种图案成活。

　　　　2. 贴金（铜）箔包括支搭金帐，打金胶油、贴金（铜）箔罩清漆等。　　计量单位：10m²

定　额　编　号			3-8-198	3-8-199	3-8-200
项　　　　目			金线海漫锦彩画		
			打贴库金	打贴赤金	打贴铜箔描清漆
名　　称		单位	消　耗　量		
人工	合计工日		工日	23.220	23.620	23.520
	其中	普工	工日	4.644	4.724	4.704
		一般技工	工日	8.127	8.267	8.232
		高级技工	工日	10.449	10.629	10.584
材料	大白粉		kg	1.680	1.680	1.680
	银朱红（硫化汞）		kg	0.150	0.150	0.150
	群青		kg	0.525	0.525	0.525
	氧化铬绿		kg	1.210	1.210	1.210
	氧化铁红		kg	0.210	0.210	0.210
	红丹粉		kg	0.525	0.525	0.525
	聚醋酸乙烯乳胶漆		kg	0.880	0.880	0.880
	黑烟子		kg	0.090	0.090	0.090
	滑石粉		kg	1.575	1.575	1.575
	酚醛调和漆 黄色		kg	0.315	0.315	0.315
	库金箔 93.3×93.3		张	551.000	—	—
	赤金箔 83.3×83.3		张	—	692.000	—
	铜箔 100×100		张	—	—	551.000
	白乳胶		kg	1.100	1.100	1.100
	金胶油		kg	0.550	0.550	0.550
	水砂纸		张	1.100	1.100	1.100
	光油		kg	0.147	0.147	0.147
	棉花		kg	0.020	0.020	0.020
	汽油		L	0.220	0.220	0.220
	丙烯酸清漆		kg	—	—	0.440
	二甲苯		kg	—	—	0.040
	其他材料费		%	2.00	2.00	2.00

工作内容: 1. 彩画包括起谱子、打谱子、调兑颜料、绘制各种图案成活。

2. 贴金(铜)箔包括支搭金帐,打金胶油、贴金(铜)箔罩清漆等。　　　　　计量单位:10m²

定　额　编　号				3-8-201	3-8-202	3-8-203	3-8-204
项　　　目				明式彩画			
				打贴库金	打贴赤金	打贴铜箔描清漆	无金
名　　　称			单位	消　耗　量			
人工	合计工日		工日	17.000	17.200	17.420	11.020
	其中	普工	工日	3.400	3.440	3.484	2.204
		一般技工	工日	5.950	6.020	6.097	3.857
		高级技工	工日	7.650	7.740	7.839	4.959
材料	红丹粉		kg	0.315	0.315	0.315	0.315
	石黄粉		kg	0.053	0.053	0.053	0.053
	氧化铁红		kg	0.210	0.210	0.210	0.210
	氧化铬绿		kg	1.210	1.210	1.210	1.210
	群青		kg	0.368	0.368	0.368	0.368
	银朱红(硫化汞)		kg	0.100	0.100	0.100	0.100
	黑烟子		kg	0.105	0.105	0.105	0.105
	聚醋酸乙烯乳胶漆		kg	1.265	1.265	1.265	1.265
	白乳胶		kg	1.100	1.100	1.100	1.100
	金胶油		kg	0.330	0.330	0.330	0.330
	滑石粉		kg	0.525	0.525	0.525	0.525
	棉花		kg	0.010	0.010	0.010	0.010
	大白粉		kg	0.525	0.525	0.525	0.525
	库金箔 93.3×93.3		张	138.000	—	—	—
	赤金箔 83.3×83.3		张	—	173.000	—	—
	铜箔 100×100		张	—	—	138.000	—
	酚醛调和漆 黄色		kg	0.105	0.105	0.105	—
	水砂纸		张	1.100	1.100	1.100	1.100
	汽油		L	0.110	0.110	0.110	—
	丙烯酸清漆		kg	—	—	0.220	—
	二甲苯		kg	—	—	0.020	—
	其他材料费		%	2.00	2.00	2.00	2.00

工作内容: 1. 彩画包括起谱子、打谱子、调兑颜料、绘制各种图案成活。
2. 贴金(铜)箔包括支搭金帐,打金胶油、贴金(铜)箔罩清漆等。　　　　　　计量单位:10m²

定　额　编　号			3-8-205	3-8-206	3-8-207	3-8-208	3-8-209	3-8-210
项　　　　　目			新式油地沥粉贴金彩画					
			满做			掐箍头		
			打贴库金	打贴赤金	打贴铜箔描清漆	打贴库金	打贴赤金	打贴铜箔描清漆
名　　　称		单位	消　耗　量					
人工	合计工日	工日	16.800	17.200	17.240	6.400	6.540	6.510
	其中 普工	工日	3.360	3.440	3.448	1.280	1.308	1.301
	一般技工	工日	5.880	6.020	6.034	2.240	2.289	2.279
	高级技工	工日	7.560	7.740	7.758	2.880	2.943	2.930
材料	滑石粉	kg	2.100	2.100	2.100	0.700	0.700	0.700
	大白粉	kg	2.415	2.415	2.415	0.740	0.740	0.740
	白乳胶	kg	1.320	1.320	1.320	0.440	0.440	0.440
	金胶油	kg	0.660	0.660	0.660	0.220	0.220	0.220
	酚醛调和漆 黄色	kg	0.420	0.420	0.420	0.140	0.140	0.140
	光油	kg	0.315	0.315	0.315	0.105	0.105	0.105
	汽油	L	0.220	0.220	0.220	—	—	—
	棉花	kg	0.030	0.030	0.030	0.010	0.010	0.010
	库金箔 93.3×93.3	张	600.000	—	—	337.000	—	—
	赤金箔 83.3×83.3	张	—	752.000	—	—	422.000	—
	铜箔 100×100	张	—	—	600.000	—	—	337.000
	丙烯酸清漆	kg	—	—	0.550	—	—	0.150
	水砂纸	张	1.100	1.100	1.100	1.000	1.000	1.000
	二甲苯	kg	—	—	0.050	—	—	0.010
	其他材料费	%	2.00	2.00	2.00	2.00	2.00	2.00

工作内容: 1. 彩画包括起谱子、打谱子、调兑颜料、绘制各种图案成活。

2. 贴金(铜)箔包括支搭金帐,打金胶油、贴金(铜)箔罩清漆等。 **计量单位:** $10m^2$

定额编号			3-8-211	3-8-212	3-8-213
项 目			新式满金琢墨彩画		
			打贴库金	打贴赤金	打贴铜箔描清漆
名 称		单位	消 耗 量		
人工	合计工日	工日	16.730	17.020	17.560
	其中 普工	工日	3.345	3.404	3.512
	一般技工	工日	5.856	5.957	6.146
	高级技工	工日	7.529	7.659	7.902
材料	氧化铬绿	kg	0.400	0.400	0.400
	群青	kg	0.100	0.100	0.100
	石黄粉	kg	0.100	0.100	0.100
	聚醋酸乙烯乳胶漆	kg	3.500	3.500	3.500
	广告色	只	5.000	5.000	5.000
	大白粉	kg	1.800	1.800	1.800
	白乳胶	kg	0.800	0.800	0.800
	金胶油	kg	0.700	0.700	0.700
	酚醛调和漆 黄色	kg	0.400	0.400	0.400
	汽油	L	0.050	0.050	0.050
	棉花	kg	0.020	0.020	0.020
	库金箔 93.3×93.3	张	693.000	—	—
	赤金箔 83.3×83.3	张	—	870.000	—
	铜箔 100×100	张	—	—	693.000
	丙烯酸清漆	kg	—	—	0.500
	水砂纸	张	1.000	1.000	1.000
	二甲苯	kg	—	—	0.050
	其他材料费	%	2.00	2.00	2.00

工作内容: 1. 彩画包括起谱子、打谱子、调兑颜料、绘制各种图案成活。

2. 贴金(铜)箔包括支搭金帐,打金胶油、贴金(铜)箔罩清漆等。 计量单位:10m²

定 额 编 号			3-8-214	3-8-215	3-8-216	3-8-217	3-8-218	3-8-219
项 目			新式金琢墨彩画					
			素箍头、活枋心			素箍头、素枋心		
			打贴库金	打贴赤金	打贴铜箔描清漆	打贴库金	打贴赤金	打贴铜箔描清漆
名 称		单位	消 耗 量					
人工	合计工日	工日	14.760	14.960	15.420	12.790	12.990	13.270
	其中 普工	工日	2.952	2.992	3.084	2.557	2.597	2.653
	一般技工	工日	5.166	5.236	5.397	4.477	4.547	4.645
	高级技工	工日	6.642	6.732	6.939	5.756	5.846	5.972
材料	氧化铬绿	kg	0.400	0.400	0.400	0.400	0.400	0.400
	群青	kg	0.100	0.100	0.100	0.100	0.100	0.100
	银朱红(硫化汞)	kg	0.050	0.050	0.050	0.050	0.050	0.050
	石黄粉	kg	0.100	0.100	0.100	0.100	0.100	0.100
	聚醋酸乙烯乳胶漆	kg	3.500	3.500	3.500	3.500	3.500	3.500
	广告色	只	5.000	5.000	5.000	5.000	5.000	5.000
	大白粉	kg	1.800	1.800	1.800	1.800	1.800	1.800
	白乳胶	kg	0.800	0.800	0.800	0.800	0.800	0.800
	金胶油	kg	0.600	0.600	0.600	0.600	0.600	0.600
	光油	kg	0.100	0.100	0.100	0.100	0.100	0.100
	酚醛调和漆 黄色	kg	0.400	0.400	0.400	0.400	0.400	0.400
	汽油	L	0.050	0.050	0.050	0.050	0.050	0.050
	棉花	kg	0.020	0.020	0.020	0.020	0.020	0.020
	库金箔 93.3×93.3	张	516.000	—	—	416.000	—	—
	赤金箔 83.3×83.3	张	—	648.000	—	—	522.000	—
	铜箔 100×100	张	—	—	516.000	—	—	416.000
	丙烯酸清漆	kg	—	—	0.440	—	—	0.300
	水砂纸	张	1.000	1.000	1.000	1.000	1.000	1.000
	二甲苯	kg	—	—	0.040	—	—	0.040
	其他材料费	%	2.00	2.00	2.00	2.00	2.00	2.00

工作内容: 1. 彩画包括起谱子、打谱子、调兑颜料、绘制各种图案成活。

2. 贴金(铜)箔包括支搭金帐,打金胶油、贴金(铜)箔罩清漆等。 计量单位:10m²

定额编号			3-8-220	3-8-221	3-8-222	3-8-223
项 目			新式局部贴金彩画			新式各种无金彩画
			素箍头、活枋心			
			打贴库金	打贴赤金	打贴铜箔描清漆	
名 称		单位	消 耗 量			
人工	合计工日	工日	10.820	10.920	11.270	9.050
	其中 普工	工日	2.164	2.184	2.253	1.809
	一般技工	工日	3.787	3.822	3.945	3.168
	高级技工	工日	4.869	4.914	5.072	4.073
材料	氧化铬绿	kg	0.400	0.400	0.400	0.400
	群青	kg	0.100	0.100	0.100	0.100
	银朱红(硫化汞)	kg	0.050	0.050	0.050	0.050
	石黄粉	kg	0.100	0.100	0.100	0.100
	聚醋酸乙烯乳胶漆	kg	3.500	3.500	3.500	3.500
	广告色	只	5.000	5.000	5.000	5.000
	大白粉	kg	1.800	1.800	1.800	1.800
	白乳胶	kg	0.800	0.800	0.800	0.800
	金胶油	kg	0.400	0.400	0.400	—
	光油	kg	0.100	0.100	0.100	0.100
	酚醛调和漆 黄色	kg	0.400	0.400	0.400	—
	水砂纸	张	1.000	1.000	1.000	1.000
	汽油	L	0.040	0.040	0.040	—
	棉花	kg	0.010	0.010	0.010	—
	库金箔 93.3×93.3	张	206.000	—	—	—
	赤金箔 83.3×83.3	张	—	259.000	—	—
	铜箔 100×100	张	—	—	206.000	—
	丙烯酸清漆	kg	—	—	0.220	—
	二甲苯	kg	—	—	0.020	—
	其他材料费	%	2.00	2.00	2.00	2.00

五、斗拱、垫拱板

工作内容:地仗包括调制灰料、油满,基层的清理除铲,剁斧迹、撕缝、陷缝、计浆、提缝、
分册使灰、钻生桐油、砂纸打磨(麻灰和布灰类地仗包括压麻或糊布)。   计量单位:10m²

定 额 编 号			3-8-224	3-8-225	3-8-226	3-8-227	3-8-228	3-8-229
项　　目			地仗				油漆	
			三道灰		二道灰		刮血料腻子刷醇酸调和漆三道	刷三道醇酸调和漆扣一道油漆
			5.6~8.8cm	5.6cm 以下	5.6~8.8cm	5.6cm 以下		
名　　称		单位	消　耗　量					
人工	合计工日	工日	3.300	3.600	2.520	2.760	2.420	2.520
	其中 普工	工日	0.660	0.720	0.504	0.552	0.484	0.504
	一般技工	工日	1.155	1.260	0.882	0.966	0.847	0.882
	高级技工	工日	1.485	1.620	1.134	1.242	1.089	1.134
材料	面粉	kg	0.200	0.200	0.110	0.110	—	—
	血料	kg	18.590	18.590	13.550	13.550	0.650	—
	灰油	kg	1.130	1.130	0.620	0.620	—	—
	生桐油	kg	1.200	1.200	1.200	1.200	—	—
	光油	kg	0.880	0.880	0.880	0.880	0.100	0.100
	砖灰	kg	19.280	19.280	13.920	13.920	—	—
	生石灰	kg	0.040	0.040	0.020	0.020	—	—
	汽油	L	0.220	0.220	0.220	0.220	0.250	0.250
	熟石膏粉	kg	—	—	—	—	0.150	0.150
	滑石粉	kg					1.200	
	醇酸调和漆(各色)	kg	—	—	—	—	2.360	2.330
	砂布	张	1.000	1.000	1.000	1.000	—	—
	水砂纸	张	—	—	—	—	1.000	1.000
	其他材料费	%	2.00	2.00	2.00	2.00	2.00	2.00

工作内容: 彩画包括起谱子、打谱子、调兑颜料、绘制各种图案成活。

计量单位:10m²

定　额　编　号			3-8-230	3-8-231	3-8-232	3-8-233
项　　　目			斗拱彩画			
			平金做法		黄线、墨线斗拱	
			5.6~8.8cm	5.6cm 以下	5.6~8.8cm	5.6cm 以下
名　　　称		单位	消　耗　量			
人工	合计工日	工日	3.150	4.720	3.150	4.720
	其中 普工	工日	0.629	0.944	0.629	0.944
	一般技工	工日	1.103	1.652	1.103	1.652
	高级技工	工日	1.418	2.124	1.418	2.124
材料	氧化铬绿	kg	0.998	0.998	0.998	0.998
	群青	kg	0.420	0.420	0.420	0.420
	石黄粉	kg	—	—	0.364	0.364
	聚醋酸乙烯乳胶漆	kg	0.660	0.660	0.660	0.660
	黑烟子	kg	0.152	0.152	0.202	0.202
	酚醛调和漆 黄色	kg	0.210	0.210	—	—
	白乳胶	kg	1.100	1.100	1.100	1.100
	汽油	L	0.158	0.158	—	—
	水砂纸	张	1.000	1.000	1.000	1.000
	其他材料费	%	2.00	2.00	2.00	2.00

工作内容：1. 彩画包括起谱子、打谱子、调兑颜料、绘制各种图案成活。

2. 贴金（铜）箔包括支搭金帐、打金胶油、贴金（铜）箔罩清漆等。 计量单位：$10m^2$

定　额　编　号			3-8-234	3-8-235	3-8-236	3-8-237	3-8-238	3-8-239
项　　目			斗拱贴金					
			打贴库金		打贴赤金		打贴铜箔、描清漆	
			5.6~8.8cm	5.6cm 以下	5.6~8.8cm	5.6cm 以下	5.6~8.8cm	5.6cm 以下
名　　称		单位	消　耗　量					
人工	合计工日	工日	2.780	3.970	2.880	4.070	3.440	4.590
	其中 普工	工日	0.556	0.793	0.576	0.813	0.688	0.917
	一般技工	工日	0.973	1.390	1.008	1.425	1.204	1.607
	高级技工	工日	1.251	1.787	1.296	1.832	1.548	2.066
材料	大白粉	kg	0.202	0.202	0.202	0.202	0.202	0.202
	棉花	kg	0.020	0.020	0.020	0.020	0.020	0.020
	金胶油	kg	0.220	0.220	0.220	0.220	0.220	0.220
	库金箔　93.3×93.3	张	165.000	169.000	—	—	—	—
	赤金箔　83.3×83.3	张	—	—	206.000	212.000	—	—
	铜箔　100×100	张	—	—	—	—	165.000	169.000
	丙烯酸清漆	kg	—	—	—	—	0.220	0.220
	二甲苯	kg	—	—	—	—	0.020	0.020
	其他材料费	%	2.00	2.00	2.00	2.00	2.00	2.00

工作内容: 1. 彩画包括起谱子、打谱子、调兑颜料、绘制各种图案成活。

2. 贴金（铜）箔包括支搭金帐,打金胶油、贴金（铜）箔單清漆等。　　计量单位:10m²

定 额 编 号			3-8-240	3-8-241	3-8-242	3-8-243	3-8-244	3-8-245
项　　　目			垫拱板沥粉片金龙凤做法					
			彩画打贴库金		彩画打贴赤金		彩画打贴铜箔描清漆	
			5.6~8.8cm	5.6cm 以下	5.6~8.8cm	5.6cm 以下	5.6~8.8cm	5.6cm 以下
名　　　称		单位	消　耗　量					
人工	合计工日	工日	10.970	12.940	11.270	13.230	12.250	14.210
	其中 普工	工日	2.193	2.588	2.253	2.645	2.449	2.841
	一般技工	工日	3.840	4.529	3.945	4.631	4.288	4.974
	高级技工	工日	4.937	5.823	5.072	5.954	5.513	6.395
材料	滑石粉	kg	1.010	1.010	1.010	1.010	1.010	1.010
	大白粉	kg	1.010	1.010	1.010	1.010	1.010	1.010
	白乳胶	kg	0.660	0.660	0.660	0.660	0.660	0.660
	金胶油	kg	0.550	0.550	0.550	0.550	0.550	0.550
	光油	kg	0.105	0.105	0.105	0.105	0.105	0.105
	棉花	kg	0.050	0.050	0.050	0.050	0.050	0.050
	丙烯酸清漆	kg	—	—	—	—	0.550	0.550
	水砂纸	张	1.000	1.000	1.000	1.000	1.000	1.000
	二甲苯	kg	—	—	—	—	0.050	0.050
	库金箔 93.3×93.3	张	651.000	651.000	—	—	—	—
	赤金箔 83.3×83.3	张	—	—	816.000	816.000	—	—
	铜箔 100×100	张	—	—	—	—	651.000	651.000
	其他材料费	%	2.00	2.00	2.00	2.00	2.00	2.00

工作内容: 1.彩画包括起谱子、打谱子、调兑颜料、绘制各种图案成活。

2.贴金(铜)箔包括支搭金帐,打金胶油、贴金(铜)箔罩清漆等。 计量单位:10m²

定 额 编 号			3-8-246	3-8-247	3-8-248	3-8-249	3-8-250	3-8-251
项 目			垫拱板三宝珠彩画					
			打贴库金		打贴赤金		打贴铜箔描清漆	
			5.6~8.8cm	5.6cm 以下	5.6~8.8cm	5.6cm 以下	5.6~8.8cm	5.6cm 以下
名 称		单位	消 耗 量					
人工	合计工日	工日	10.730	13.380	10.830	13.480	11.600	13.980
	其中 普工	工日	2.145	2.676	2.165	2.696	2.320	2.796
	一般技工	工日	3.756	4.683	3.791	4.718	4.060	4.893
	高级技工	工日	4.829	6.021	4.874	6.066	5.220	6.291
材料	氧化铬绿	kg	0.220	0.220	0.220	0.220	0.220	0.220
	群青	kg	0.053	0.053	0.053	0.053	0.053	0.053
	聚醋酸乙烯乳胶漆	kg	0.110	0.110	0.110	0.110	0.110	0.110
	滑石粉	kg	1.010	1.010	1.010	1.010	1.010	1.010
	大白粉	kg	1.010	1.010	1.010	1.010	1.010	1.010
	白乳胶	kg	0.660	0.660	0.660	0.660	0.660	0.660
	金胶油	kg	0.440	0.440	0.440	0.440	0.440	0.440
	棉花	kg	0.030	0.030	0.030	0.030	0.030	0.030
	库金箔 93.3×93.3	张	329.000	349.000	—	—	—	—
	赤金箔 83.3×83.3	张	—	—	412.000	438.000	—	—
	铜箔 100×100	张	—	—	—	—	329.000	349.000
	丙烯酸清漆	kg	—	—	—	—	0.330	0.330
	水砂纸	张	1.000	1.000	1.000	1.000	1.000	1.000
	二甲苯	kg	—	—	—	—	0.030	0.030
	其他材料费	%	2.00	2.00	2.00	2.00	2.00	2.00

六、雀替、花活

工作内容： 1. 地仗包括调制灰料、油满、基层的清理除铲、剁斧迹、撕缝、陷缝、计浆、提缝、分册使灰、钻生桐油、砂纸打磨（麻灰和布灰类地仗包括压麻或糊布）。
2. 油漆包括调兑血料腻子及油漆、刮腻子、刷底漆、找补腻子、磨砂纸、油漆成活等。

计量单位：10m²

定　额　编　号			3-8-252	3-8-253	3-8-254	3-8-255	3-8-256	3-8-257
项　　　目			地仗			勾边填地刷三道醇酸调和漆	刮血料腻子素做刷三道醇酸调和漆	罩光油
			三道灰	二道灰	提中灰找细灰操油			
名　　称		单位	消　耗　量					
人工	合计工日	工日	6.200	4.820	2.360	1.550	4.350	0.480
	其中 普工	工日	1.240	0.964	0.472	0.309	0.869	0.096
	一般技工	工日	2.170	1.687	0.826	0.543	1.523	0.168
	高级技工	工日	2.790	2.169	1.062	0.698	1.958	0.216
材料	面粉	kg	0.200	0.110	0.090	—	—	—
	血料	kg	18.590	13.550	5.040	—	0.700	—
	汽油	L	0.170	0.170	0.170	0.170	0.170	0.200
	灰油	kg	1.100	0.600	0.500	—	—	—
	光油	kg	0.750	0.750	0.700	—	—	0.525
	生桐油	kg	1.200	1.200	—	—	—	—
	砖灰	kg	18.590	13.550	7.840	—	—	—
	生石灰	kg	0.040	0.020	0.020	—	—	—
	醇酸调和漆（各色）	kg	—	—	—	1.210	2.680	—
	砂布	张	1.650	1.650	1.650	—	—	—
	水砂纸	张	—	—	—	1.000	1.000	1.000
	滑石粉	kg	—	—	—	—	1.300	—
	其他材料费	%	2.00	2.00	2.00	2.00	2.00	2.00

工作内容：1.彩画包括起谱子、打谱子、调兑颜料、绘制各种图案成活。
　　　　　2.贴金（铜）箔包括支搭金帐，打金胶油、贴金（铜）箔罩清漆等。　　　　　计量单位：10m²

定　额　编　号			3-8-258	3-8-259	3-8-260	3-8-261	3-8-262	3-8-263
项　　　　　目			大边、绦环贴金或花纹攒退做法			大边、绦环贴金或花边纠粉		
			打贴库金	打贴赤金	打贴铜箔描清漆	打贴库金	打贴赤金	打贴铜箔描清漆
名　　　称		单位	消　耗　量					
人工	合计工日	工日	9.430	9.530	9.740	8.760	8.860	9.080
	其中 普工	工日	1.885	1.905	1.948	1.752	1.772	1.816
	一般技工	工日	3.301	3.336	3.409	3.066	3.101	3.178
	高级技工	工日	4.244	4.289	4.383	3.942	3.987	4.086
材料	氧化铬绿	kg	0.990	0.990	0.990	0.990	0.990	0.990
	群青	kg	0.210	0.210	0.210	0.210	0.210	0.210
	石黄粉	kg	0.200	0.200	0.200	—	—	—
	红丹粉	kg	0.500	0.500	0.500	0.500	0.500	0.500
	氧化铁红	kg	0.200	0.200	0.200	—	—	—
	聚醋酸乙烯乳胶漆	kg	0.500	0.500	0.500	0.400	0.400	0.400
	大白粉	kg	1.500	1.500	1.500	1.500	1.500	1.500
	白乳胶	kg	1.650	1.650	1.650	1.400	1.400	1.400
	金胶油	kg	0.500	0.500	0.500	0.500	0.500	0.500
	光油	kg	0.160	0.160	0.160	0.160	0.160	0.160
	棉花	kg	0.020	0.020	0.020	0.020	0.020	0.020
	库金箔 93.3×93.3	张	227.000	—	—	227.000	—	—
	赤金箔 83.3×83.3	张	—	285.000	—	—	285.000	—
	铜箔 100×100	张	—	—	227.000	—	—	227.000
	丙烯酸清漆	kg	—	—	0.500	—	—	0.500
	水砂纸	张	1.500	1.500	1.500	1.500	1.500	1.500
	二甲苯	kg	—	—	0.050	—	—	0.050
	酚醛调和漆 黄色	kg	0.500	0.500	0.500	0.500	0.500	0.500
	汽油	L	0.150	0.150	0.150	0.150	0.150	0.150
	其他材料费	%	2.00	2.00	2.00	2.00	2.00	2.00

工作内容：彩画包括起谱子、打谱子、调兑颜料、绘制各种图案成活。 计量单位：10m²

定 额 编 号				3-8-264
项 目				黄大边花纹纠粉
名 称			单位	消 耗 量
人工	合计工日		工日	6.790
	其中	普工	工日	1.357
		一般技工	工日	2.377
		高级技工	工日	3.056
材料	氧化铬绿		kg	0.990
	群青		kg	0.210
	红丹粉		kg	0.500
	聚醋酸乙烯乳胶漆		kg	0.400
	白乳胶		kg	1.200
	酚醛调和漆 黄色		kg	0.500
	水砂纸		张	1.500
	其他材料费		%	0.26

七、天花、顶棚

工作内容：地仗包括调制灰料、油满,基层的清理除铲,剁斧迹、撕缝、陷缝、计浆、提缝、
分册使灰、钻生桐油、砂纸打磨（麻灰和布灰类地仗包括压麻或糊布）。 计量单位：10m²

定 额 编 号			3-8-265	3-8-266	3-8-267	3-8-268
项 目			地仗			摘上天花井口板
			一布五灰	单皮灰天花板	单皮灰支条	
名 称		单位	消 耗 量			
人工	合计工日	工日	7.280	4.380	7.890	0.300
	其中 普工	工日	1.456	0.876	1.577	0.060
	一般技工	工日	2.548	1.533	2.762	0.105
	高级技工	工日	3.276	1.971	3.551	0.135
材料	面粉	kg	2.400	1.310	0.520	—
	血料	kg	55.870	36.740	10.230	—
	砖灰	kg	58.520	45.680	15.770	—
	生石灰	kg	0.440	0.250	0.100	—
	灰油	kg	13.490	7.380	2.940	—
	光油	kg	3.130	2.770	0.810	—
	生桐油	kg	2.500	1.860	1.110	—
	亚麻布	m²	11.000	—	—	—
	汽油	L	0.100	0.200	0.220	—
	砂布	张	1.500	1.500	1.500	—
	其他材料费	%	2.00	2.00	2.00	—

工作内容：1. 彩画包括起谱子、打谱子、调兑颜料、绘制各种图案成活。

2. 贴金（铜）箔包括支搭金帐，打金胶油、贴金（铜）箔罩清漆等。　　　　　计量单位：10m²

定 额 编 号			3-8-269	3-8-270	3-8-271	3-8-272	3-8-273	3-8-274
项 目			井口板金琢墨岔角云片金鼓子心彩画					
			打贴库金		打贴赤金		打贴铜箔描清	
			边长（50cm）					
			以上	以下	以上	以下	以上	以下
名 称		单位	消 耗 量					
人工	合计工日	工日	23.730	30.540	24.320	31.030	24.510	31.260
	其中 普工	工日	4.745	6.108	4.864	6.205	4.901	6.252
	一般技工	工日	8.306	10.689	8.512	10.861	8.579	10.941
	高级技工	工日	10.679	13.743	10.944	13.964	11.030	14.067
材料	氧化铬绿	kg	0.550	0.550	0.550	0.550	0.550	0.500
	群青	kg	0.140	0.140	0.140	0.140	0.140	0.140
	银朱红（硫化汞）	kg	0.020	0.020	0.020	0.020	0.020	0.020
	石黄粉	kg	0.150	0.150	0.150	0.150	0.150	0.150
	红丹粉	kg	0.140	0.140	0.140	0.140	0.140	0.140
	黑烟子	kg	0.010	0.010	0.010	0.010	0.010	0.010
	聚醋酸乙烯乳胶漆	kg	0.650	0.650	0.650	0.650	0.650	0.650
	二甲苯	kg	—	—	—	—	0.050	0.050
	大白粉	kg	2.000	2.000	2.000	2.000	2.000	2.000
	白乳胶	kg	1.100	1.100	1.100	1.100	1.100	1.100
	金胶油	kg	0.550	0.550	0.550	0.550	0.550	0.550
	光油	kg	0.110	0.110	0.110	0.110	0.110	0.110
	水砂纸	张	1.500	1.500	1.500	1.500	1.500	1.500
	酚醛调和漆 黄色	kg	0.440	0.440	0.440	0.440	0.440	0.440
	汽油	L	0.330	0.330	0.330	0.330	0.330	0.330
	棉花	kg	0.020	0.020	0.020	0.020	0.020	0.020
	库金箔 93.3×93.3	张	693.000	693.000	—	—	—	—
	赤金箔 83.3×83.3	张	—	—	870.000	870.000	—	—
	铜箔 100×100	张	—	—	—	—	693.000	693.000
	丙烯酸清漆	kg	—	—	—	—	0.550	0.550
	明矾	kg	0.200	0.200	0.200	0.200	0.200	0.200
	其他材料费	%	2.00	2.00	2.00	2.00	2.00	2.00

工作内容： 1. 彩画包括起谱子、打谱子、调兑颜料、绘制各种图案成活。

2. 贴金（铜）箔包括支搭金帐，打金胶油、贴金（铜）箔罩清漆等。　　　　　　　　　　　　　　　计量单位：10m²

定额编号			3-8-275	3-8-276	3-8-277	3-8-278	3-8-279	3-8-280
项　　　目			井口板金琢墨岔角云做染鼓子心彩画					
			打贴库金		打贴赤金		打贴铜箔描清漆	
			边长（50cm）					
			以上	以下	以上	以下	以上	以下
名　　　称		单位	消　耗　量					
人工	合计工日	工日	25.290	31.320	25.570	31.500	25.610	31.590
	其中 普工	工日	5.057	6.264	5.113	6.300	5.121	6.317
	一般技工	工日	8.852	10.962	8.950	11.025	8.964	11.057
	高级技工	工日	11.381	14.094	11.507	14.175	11.525	14.216
材料	群青	kg	0.140	0.140	0.140	0.140	0.140	0.140
	石黄粉	kg	0.150	0.150	0.150	0.150	0.150	0.150
	氧化铬绿	kg	0.550	0.550	0.550	0.550	0.550	0.550
	银朱红（硫化汞）	kg	0.020	0.020	0.020	0.020	0.020	0.020
	红丹粉	kg	0.140	0.140	0.140	0.140	0.140	0.140
	酚醛调和漆 黄色	kg	0.400	0.400	0.400	0.400	0.400	0.400
	聚醋酸乙烯乳胶漆	kg	0.720	0.720	0.720	0.720	0.720	0.720
	大白粉	kg	1.800	1.800	1.800	1.800	1.800	1.800
	库金箔 93.3×93.3	张	416.000	416.000	—	—	—	—
	赤金箔 83.3×83.3	张	—	—	525.000	525.000	—	—
	铜箔 100×100	张	—	—	—	—	416.000	416.000
	黑烟子	kg	0.010	0.010	0.010	0.010	0.010	0.010
	光油	kg	0.110	0.110	0.110	0.110	0.110	0.110
	丙烯酸清漆	kg	—	—	—	—	0.330	0.330
	白乳胶	kg	1.100	1.100	1.100	1.100	1.100	1.100
	金胶油	kg	0.330	0.330	0.330	0.330	0.330	0.330
	明矾	kg	0.200	0.200	0.200	0.200	0.200	0.200
	棉花	kg	0.020	0.020	0.020	0.020	0.020	0.020
	汽油	L	0.330	0.330	0.330	0.330	0.330	0.330
	二甲苯	kg	—	—	—	—	0.030	0.030
	水砂纸	张	1.500	1.500	1.500	1.500	1.500	1.500
	其他材料费	%	2.00	2.00	2.00	2.00	2.00	2.00

工作内容: 1. 彩画包括起谱子、打谱子、调兑颜料、绘制各种图案成活。

2. 贴金(铜)箔包括支搭金帐,打金胶油、贴金(铜)箔罩清漆等。 　　　　　　　　计量单位:10m²

定 额 编 号			3-8-281	3-8-282	3-8-283	3-8-284	3-8-285	3-8-286
项　　　目			井口板烟琢墨岔角云片金鼓子心彩画					
			打贴库金		打贴赤金		打贴铜箔描清	
			边长(50cm)					
			以上	以下	以上	以下	以上	以下
名　　　称		单位	消 耗 量					
人工	合计工日	工日	18.790	24.580	18.990	24.780	19.320	25.060
	其中 普工	工日	3.757	4.916	3.797	4.956	3.864	5.012
	一般技工	工日	6.577	8.603	6.647	8.673	6.762	8.771
	高级技工	工日	8.456	11.061	8.546	11.151	8.694	11.277
材料	大白粉	kg	1.800	1.800	1.800	1.800	1.800	1.800
	群青	kg	0.140	0.140	0.140	0.140	0.140	0.140
	红丹粉	kg	0.140	0.140	0.140	0.140	0.140	0.140
	氧化铬绿	kg	0.550	0.550	0.550	0.550	0.550	0.550
	银朱红(硫化汞)	kg	0.010	0.010	0.010	0.010	0.010	0.010
	石黄粉	kg	0.100	0.100	0.100	0.100	0.100	0.100
	酚醛调和漆 黄色	kg	0.400	0.400	0.400	0.400	0.400	0.400
	聚醋酸乙烯乳胶漆	kg	0.720	0.720	0.720	0.720	0.720	0.720
	库金箔 93.3×93.3	张	540.000	540.000	—	—	—	—
	赤金箔 83.3×83.3	张	—	—	677.000	677.000	—	—
	铜箔 100×100	张	—	—	—	—	540.000	540.000
	黑烟子	kg	0.010	0.010	0.010	0.010	0.010	0.010
	金胶油	kg	0.330	0.330	0.330	0.330	0.330	0.330
	白乳胶	kg	1.100	1.100	1.100	1.100	1.100	1.100
	光油	kg	0.110	0.110	0.110	0.110	0.110	0.110
	水砂纸	张	1.500	1.500	1.500	1.500	1.500	1.500
	汽油	L	0.330	0.330	0.330	0.330	0.330	0.330
	棉花	kg	0.020	0.020	0.020	0.020	0.020	0.020
	丙烯酸清漆	kg	—	—	—	—	0.330	0.330
	二甲苯	kg	—	—	—	—	0.030	0.030
	明矾	kg	0.200	0.200	0.200	0.200	0.200	0.200
	其他材料费	%	2.00	2.00	2.00	2.00	2.00	2.00

工作内容: 1. 彩画包括起谱子、打谱子、调兑颜料、绘制各种图案成活。

　　　　　2. 贴金(铜)箔包括支搭金帐,打金胶油、贴金(铜)箔罩清漆等。　　　　　　计量单位:10m²

定 额 编 号			3-8-287	3-8-288	3-8-289	3-8-290	3-8-291	3-8-292
项　　目			井口板烟琢墨岔角云做染及攒退鼓子心彩画					
			打贴库金		打贴赤金		打贴铜箔描清漆	
			边长(50cm)					
			以上	以下	以上	以下	以上	以下
名　　称		单位	消　耗　量					
人工	合计工日	工日	22.050	26.910	22.150	27.010	22.300	27.130
	其中 普工	工日	4.409	5.381	4.429	5.401	4.460	5.425
	一般技工	工日	7.718	9.419	7.753	9.454	7.805	9.496
	高级技工	工日	9.923	12.110	9.968	12.155	10.035	12.209
材料	氧化铬绿	kg	0.550	0.550	0.550	0.550	0.550	0.550
	群青	kg	0.140	0.140	0.140	0.140	0.140	0.140
	银朱红(硫化汞)	kg	0.010	0.010	0.010	0.010	0.010	0.010
	石黄粉	kg	0.100	0.100	0.100	0.100	0.100	0.100
	红丹粉	kg	0.140	0.140	0.140	0.140	0.140	0.140
	聚醋酸乙烯乳胶漆	kg	0.720	0.720	0.720	0.720	0.720	0.720
	黑烟子	kg	0.010	0.010	0.010	0.010	0.010	0.010
	大白粉	kg	1.800	1.800	1.800	1.800	1.800	1.800
	白乳胶	kg	1.100	1.100	1.100	1.100	1.100	1.100
	金胶油	kg	0.220	0.220	0.220	0.220	0.220	0.220
	光油	kg	0.110	0.110	0.110	0.110	0.110	0.110
	酚醛调和漆 黄色	kg	0.400	0.400	0.400	0.400	0.400	0.400
	汽油	L	0.330	0.330	0.330	0.330	0.330	0.330
	棉花	kg	0.020	0.020	0.020	0.020	0.020	0.020
	库金箔 93.3×93.3	张	253.000	253.000	—	—	—	—
	赤金箔 83.3×83.3	张	—	—	317.000	317.000	—	—
	铜箔 100×100	张	—	—	—	—	253.000	253.000
	丙烯酸清漆	kg					0.220	0.220
	水砂纸	张	1.500	1.500	1.500	1.500	1.500	1.500
	二甲苯	kg					0.020	0.020
	明矾	kg	0.200	0.200	0.200	0.200	0.200	0.200
	其他材料费	%	2.00	2.00	2.00	2.00	2.00	2.00

工作内容: 1. 彩画包括起谱子、打谱子、调兑颜料、绘制各种图案成活。

2. 贴金 (铜) 箔包括支搭金帐,打金胶油、贴金 (铜) 箔罩清漆等。　　　　　计量单位:10m²

定　额　编　号			3-8-293	3-8-294	3-8-295	3-8-296	3-8-297	3-8-298
项　　　目			井口板方、圆鼓子心金线彩画					
			打贴库金		打贴赤金		打贴铜箔描清漆	
			边长 (50cm)					
			以上	以下	以上	以下	以上	以下
名　　　称		单位	消　耗　量					
人工	合计工日	工日	18.600	23.320	18.700	23.420	18.880	23.570
	其中 普工	工日	3.720	4.664	3.740	4.684	3.776	4.713
	一般技工	工日	6.510	8.162	6.545	8.197	6.608	8.250
	高级技工	工日	8.370	10.494	8.415	10.539	8.496	10.607
材料	氧化铬绿	kg	0.550	0.550	0.550	0.550	0.550	0.550
	群青	kg	0.140	0.140	0.140	0.140	0.140	0.140
	银朱红 (硫化汞)	kg	0.010	0.010	0.010	0.010	0.010	0.010
	石黄粉	kg	0.100	0.100	0.100	0.100	0.100	0.100
	红丹粉	kg	0.140	0.140	0.140	0.140	0.140	0.140
	聚醋酸乙烯乳胶漆	kg	0.720	0.720	0.720	0.720	0.720	0.720
	黑烟子	kg	0.010	0.010	0.010	0.010	0.010	0.010
	大白粉	kg	1.800	1.800	1.800	1.800	1.800	1.800
	二甲苯	kg	—	—	—	—	0.020	0.020
	白乳胶	kg	1.100	1.100	1.100	1.100	1.100	1.100
	金胶油	kg	0.220	0.220	0.220	0.220	0.220	0.220
	光油	kg	0.110	0.110	0.110	0.110	0.110	0.110
	丙烯酸清漆	kg	—	—	—	—	0.220	0.220
	酚醛调和漆 黄色	kg	0.400	0.400	0.400	0.400	0.400	0.400
	汽油	L	0.330	0.330	0.330	0.330	0.330	0.330
	棉花	kg	0.020	0.020	0.020	0.020	0.020	0.020
	库金箔 93.3×93.3	张	253.000	253.000	—	—	—	—
	赤金箔 83.3×83.3	张	—	—	317.000	317.000	—	—
	铜箔 100×100	张	—	—	—	—	253.000	253.000
	水砂纸	张	1.000	1.000	1.000	1.000	1.000	1.000
	明矾	kg	0.200	0.200	0.200	0.200	0.200	0.200
	其他材料费	%	2.00	2.00	2.00	2.00	2.00	2.00

工作内容：1. 彩画包括起谱子、打谱子、调兑颜料、绘制各种图案成活。
2. 贴金（铜）箔包括支搭金帐，打金胶油、贴金（铜）箔罩清漆等。　　　　　计量单位：10m²

定 额 编 号			3-8-299	3-8-300	3-8-301	3-8-302	3-8-303	3-8-304
项 　 目			支条金琢墨燕尾彩画					
			打贴库金		打贴赤金		打贴铜箔描清漆	
			边长（50cm）					
			以上	以下	以上	以下	以上	以下
名 　 称		单位	消 耗 量					
人工	合计工日	工日	12.200	13.790	12.300	13.890	12.980	14.560
	其中 普工	工日	2.440	2.757	2.460	2.777	2.596	2.912
	一般技工	工日	4.270	4.827	4.305	4.862	4.543	5.096
	高级技工	工日	5.490	6.206	5.535	6.251	5.841	6.552
材料	氧化铬绿	kg	0.770	0.770	0.770	0.770	0.770	0.770
	群青	kg	0.110	0.110	0.110	0.110	0.110	0.110
	银朱红（硫化汞）	kg	0.010	0.010	0.010	0.010	0.010	0.010
	石黄粉	kg	0.060	0.060	0.060	0.060	0.060	0.060
	红丹粉	kg	0.020	0.020	0.020	0.020	0.020	0.020
	聚醋酸乙烯乳胶漆	kg	0.220	0.220	0.220	0.220	0.220	0.220
	黑烟子	kg	0.010	0.010	0.010	0.010	0.010	0.010
	白乳胶	kg	0.770	0.770	0.770	0.770	0.770	0.770
	金胶油	kg	0.440	0.440	0.440	0.440	0.440	0.440
	糯糊	kg	—	—	1.500	—	—	—
	大白粉	kg	1.000	1.000	—	1.000	1.000	1.000
	棉花	kg	0.010	0.010	0.010	0.010	0.010	0.010
	明矾	kg	0.110	0.110	0.110	0.110	0.110	0.110
	酚醛调和漆 黄色	kg	0.330	0.330	0.330	0.330	0.330	0.330
	汽油	L	0.220	0.220	0.220	0.220	0.220	0.220
	库金箔 93.3×93.3	张	350.000	350.000	—	—	—	—
	赤金箔 83.3×83.3	张	—	—	440.000	440.000	—	—
	铜箔 100×100	张	—	—	—	—	350.000	350.000
	水砂纸	张	1.000	1.000	1.000	1.000	1.000	1.000
	丙烯酸清漆	kg	—	—	—	—	0.330	0.330
	二甲苯	kg	—	—	—	—	0.020	0.020
	其他材料费	%	2.00	2.00	2.00	2.00	2.00	2.00

工作内容: 1.彩画包括起谱子、打谱子、调兑颜料、绘制各种图案成活。

2.贴金(铜)箔包括支搭金帐,打金胶油、贴金(铜)箔罩清漆等。 计量单位:10m²

定 额 编 号			3-8-305	3-8-306	3-8-307	3-8-308	3-8-309	3-8-310
项 目			支条烟琢墨燕尾彩画					
			打贴库金		打贴赤金		打贴铜箔描清漆	
			边长(50cm)					
			以上	以下	以上	以下	以上	以下
名 称		单位	消 耗 量					
人工	合计工日	工日	9.750	11.210	9.850	11.310	10.410	11.850
	其中 普工	工日	1.949	2.241	1.969	2.261	2.081	2.369
	一般技工	工日	3.413	3.924	3.448	3.959	3.644	4.148
	高级技工	工日	4.388	5.045	4.433	5.090	4.685	5.333
材料	氧化铬绿	kg	0.770	0.770	0.770	0.770	0.770	0.770
	群青	kg	0.110	0.110	0.110	0.110	0.110	0.110
	银朱红(硫化汞)	kg	0.010	0.010	0.010	0.010	0.010	0.010
	石黄粉	kg	0.060	0.060	0.060	0.060	0.060	0.060
	红丹粉	kg	0.020	0.020	0.020	0.020	0.020	0.020
	聚醋酸乙烯乳胶漆	kg	0.660	0.660	0.660	0.660	0.660	0.660
	黑烟子	kg	0.010	0.010	0.010	0.010	0.010	0.010
	大白粉	kg	0.800	0.800	0.800	0.800	0.800	0.800
	白乳胶	kg	0.660	0.660	0.660	0.660	0.660	0.660
	金胶油	kg	0.330	0.330	0.330	0.330	0.330	0.330
	酚醛调和漆 黄色	kg	0.220	0.220	0.220	0.220	0.220	0.220
	汽油	L	0.220	0.220	0.220	0.220	0.220	0.220
	棉花	kg	0.010	0.010	0.010	0.010	0.010	0.010
	库金箔 93.3×93.3	张	250.000	250.000	—	—	—	—
	赤金箔 83.3×83.3	张	—	—	314.000	314.000	—	—
	铜箔 100×100	张	—	—	—	—	250.000	250.000
	丙烯酸清漆	kg	—	—	—	—	0.280	0.280
	水砂纸	张	1.000	1.000	1.000	1.000	1.000	1.000
	二甲苯	kg	—	—	—	—	0.020	0.020
	明矾	kg	0.110	0.110	0.110	0.110	0.110	0.110
	其他材料费	%	2.00	2.00	2.00	2.00	2.00	2.00

工作内容：1.彩画包括起谱子、打谱子、调兑颜料、绘制各种图案成活。

　　　　2.贴金（铜）箔包括支搭金帐，打金胶油、贴金（铜）箔罩清漆等。　　　　　　计量单位：10m²

定　额　编　号			3-8-311	3-8-312	3-8-313	3-8-314	3-8-315	3-8-316
项　　　　目			不贴金的支条燕尾彩画（块）		刷支条井口线贴金			刷支条拉色井口线
			边长（50cm以上）	边长（50cm以下）	打贴库金	打贴赤金	打贴铜箔描清漆	
名　　称		单位	消　耗　量					
人工	合计工日	工日	7.780	9.240	1.480	1.570	1.720	0.580
	其中　普工	工日	1.556	1.848	0.296	0.313	0.344	0.116
	一般技工	工日	2.723	3.234	0.518	0.550	0.602	0.203
	高级技工	工日	3.501	4.158	0.666	0.707	0.774	0.261
材料	氧化铬绿	kg	0.770	0.770	0.770	0.770	0.770	0.770
	群青	kg	0.110	0.110	—	—	—	—
	银朱红（硫化汞）	kg	0.020	0.020	—	—	—	—
	石黄粉	kg	0.150	0.150	—	—	—	0.500
	红丹粉	kg	0.140	0.140	—	—	—	—
	聚醋酸乙烯乳胶漆	kg	0.220	0.220	—	—	—	—
	大白粉	kg	0.660	0.660	0.300	0.300	0.300	0.400
	黑烟子	kg	0.800	0.800	—	—	—	—
	酚醛调和漆 黄色	kg	0.220	0.220	0.220	0.220	0.220	0.220
	水砂纸	张	1.000	1.000	1.000	1.000	1.000	1.000
	棉花	kg	—	—	0.010	0.010	0.010	—
	金胶油	kg	—	—	0.220	0.220	0.220	—
	汽油	L	0.330	0.330	—	—	—	—
	库金箔 93.3×93.3	张	—	—	165.000	—	—	—
	赤金箔 83.3×83.3	张	—	—	—	206.000	—	—
	铜箔 100×100	张	—	—	—	—	165.000	—
	丙烯酸清漆	kg	—	—	—	—	0.220	—
	二甲苯	kg	—	—	—	—	0.020	—
	牛皮纸（70g）1092×787	m²	2.000	2.000	—	—	—	—
	高丽纸	张	5.000	5.000	—	—	—	—
	白粉笔	包	0.200	0.200	—	—	—	—
	木工铅笔	支	1.000	1.000	—	—	—	—
	橡皮	块	0.500	0.500	—	—	—	—
	明矾	kg	0.110	0.110	—	—	—	—
	其他材料费	%	2.00	2.00	2.00	2.00	2.00	2.00

工作内容：1. 彩画包括起谱子、打谱子、调兑颜料、绘制各种图案成活。

2. 贴金（铜）箔包括支搭金帐，打金胶油、贴金（铜）箔罩清漆等。　　　　计量单位：10m²

定　额　编　号			3-8-317	3-8-318	3-8-319	3-8-320	3-8-321	3-8-322
项　　　　　　　目			天花新式金琢墨彩画					
			打贴库金		打贴赤金		打贴铜箔描清漆	
			边长（50cm）					
			以上	以下	以上	以下	以上	以下
名　　　称		单位	消　耗　量					
人工	合计工日	工日	22.060	26.610	22.350	26.900	22.850	27.390
	其中　普工	工日	4.412	5.321	4.469	5.380	4.569	5.477
	一般技工	工日	7.721	9.314	7.823	9.415	7.998	9.587
	高级技工	工日	9.927	11.975	10.058	12.105	10.283	12.326
材料	氧化铬绿	kg	0.550	0.550	0.550	0.550	0.550	0.550
	群青	kg	0.140	0.140	0.140	0.140	0.140	0.140
	银朱红（硫化汞）	kg	0.020	0.020	0.020	0.020	0.020	0.020
	石黄粉	kg	0.150	0.150	0.150	0.150	0.150	0.150
	红丹粉	kg	0.140	0.140	0.140	0.140	0.140	0.140
	聚醋酸乙烯乳胶漆	kg	0.650	0.650	0.650	0.650	0.650	0.650
	大白粉	kg	2.000	2.000	2.000	2.000	2.000	2.000
	黑烟子	kg	0.010	0.010	0.010	0.010	0.010	0.010
	白乳胶	kg	1.100	1.100	1.100	1.100	1.100	1.100
	金胶油	kg	0.550	0.550	0.550	0.550	0.550	0.550
	光油	kg	0.110	0.110	0.110	0.110	0.110	0.110
	酚醛调和漆 黄色	kg	0.440	0.440	0.440	0.440	0.440	0.440
	汽油	L	0.330	0.330	0.330	0.330	0.330	0.330
	棉花	kg	0.020	0.020	0.020	0.020	0.020	0.020
	库金箔 93.3×93.3	张	693.000	693.000	—	—	—	—
	赤金箔 83.3×83.3	张	—	—	870.000	870.000	—	—
	铜箔 100×100	张	—	—	—	—	693.000	693.000
	丙烯酸清漆	kg	—	—	—	—	0.550	0.550
	水砂纸	张	1.450	1.450	1.450	1.450	1.450	1.450
	二甲苯	kg	—	—	—	—	0.050	0.050
	明矾	kg	0.200	0.200	0.200	0.200	0.200	0.200
	其他材料费	%	2.00	2.00	2.00	2.00	2.00	2.00

工作内容: 1. 彩画包括起谱子、打谱子、调兑颜料、绘制各种图案成活。
2. 贴金（铜）箔包括支搭金帐，打全胶油、贴金（铜）箔单清漆等。　　　计量单位:10m²

定　额　编　号			3-8-323	3-8-324	3-8-325	3-8-326	3-8-327	3-8-328
项　　　目			灯花金琢墨彩画			灯花局部贴金彩画（一）		
			打贴库金	打贴赤金	打贴铜箔描清漆	打贴库金	打贴赤金	打贴铜箔描清漆
名　　称		单位	消　耗　量					
人工	合计工日	工日	45.760	46.050	46.250	33.950	34.240	34.550
	其中 普工	工日	9.152	9.209	9.249	6.789	6.848	6.909
	一般技工	工日	16.016	16.118	16.188	11.883	11.984	12.093
	高级技工	工日	20.592	20.723	20.813	15.278	15.408	15.548
材料	氧化铬绿	kg	0.550	0.550	0.550	0.550	0.550	0.550
	群青	kg	0.140	0.140	0.140	0.140	0.140	0.140
	银朱红（硫化汞）	kg	0.020	0.020	0.020	0.020	0.020	0.020
	石黄粉	kg	0.150	0.150	0.150	0.150	0.150	0.150
	红丹粉	kg	0.140	0.140	0.140	0.140	0.140	0.140
	聚醋酸乙烯乳胶漆	kg	0.650	0.650	0.650	0.650	0.650	0.650
	黑烟子	kg	0.010	0.010	0.010	0.010	0.010	0.010
	大白粉	kg	2.000	2.000	2.000	2.000	2.000	2.000
	白乳胶	kg	1.100	1.100	1.100	1.100	1.100	1.100
	金胶油	kg	0.550	0.550	0.550	0.300	0.300	0.300
	光油	kg	0.110	0.110	0.110	0.110	0.110	0.110
	酚醛调和漆 黄色	kg	0.440	0.440	0.440	0.440	0.440	0.440
	汽油	L	0.330	0.330	0.330	0.330	0.330	0.330
	棉花	kg	0.020	0.020	0.020	0.020	0.020	0.020
	库金箔 93.3×93.3	张	693.000	—	—	208.000	—	—
	赤金箔 83.3×83.3	张	—	870.000	—	—	261.000	—
	铜箔 100×100	张	—	—	693.000	—	—	208.000
	丙烯酸清漆	kg	—	—	0.550	—	—	0.300
	水砂纸	张	1.500	1.500	1.500	1.500	1.500	1.500
	二甲苯	kg	—	—	0.050	—	—	0.030
	明矾	kg	0.200	0.200	0.200	0.200	0.200	0.200
	其他材料费	%	2.00	2.00	2.00	2.00	2.00	2.00

工作内容: 1.彩画包括起谱子、打谱子、调兑颜料、绘制各种图案成活。
　　　　　2.贴金(铜)箔包括支搭金帐,打金胶油、贴金(铜)箔罩清漆等。　　　计量单位:10m²

定 额 编 号			3-8-329	3-8-330	3-8-331	3-8-332
项 目			灯花局部贴金彩画(二)			灯花沥粉无金彩画做法
			打贴库金	打贴赤金	打贴铜箔描清漆	
名 称		单位	消 耗 量			
人工	合计工日	工日	36.900	37.200	37.470	32.370
	其中 普工	工日	7.380	7.440	7.493	6.473
	一般技工	工日	12.915	13.020	13.115	11.330
	高级技工	工日	16.605	16.740	16.862	14.567
材料	氧化铬绿	kg	0.550	0.550	0.550	0.550
	群青	kg	0.140	0.140	0.140	0.140
	银朱红(硫化汞)	kg	0.020	0.020	0.020	0.020
	石黄粉	kg	0.150	0.150	0.150	0.150
	红丹粉	kg	0.140	0.140	0.140	0.140
	聚醋酸乙烯乳胶漆	kg	0.650	0.650	0.650	0.650
	黑烟子	kg	0.010	0.010	0.010	0.010
	大白粉	kg	2.000	2.000	2.000	2.000
	白乳胶	kg	1.100	1.100	1.100	1.100
	金胶油	kg	0.400	0.400	0.400	—
	光油	kg	0.110	0.110	0.110	0.110
	酚醛调和漆 黄色	kg	0.440	0.440	0.440	0.440
	汽油	L	0.330	0.330	0.330	
	水砂纸	张	1.500	1.500	1.500	1.500
	棉花	kg	0.020	0.020	0.020	—
	明矾	kg	0.200	0.200	0.200	0.200
	库金箔 93.3×93.3	张	416.000	—	—	—
	赤金箔 83.3×83.3	张	—	522.000	—	—
	铜箔 100×100	张	—	—	416.000	—
	丙烯酸清漆	kg	—	—	0.400	—
	二甲苯	kg	—	—	0.040	—
	其他材料费	%	2.00	2.00	2.00	2.00

工作内容: 油漆包括调兑血料腻子及油漆、刮腻子、刷底漆、找补腻子、磨砂纸、油漆成活等。

定额编号			3-8-333	3-8-334	3-8-335	3-8-336	3-8-337
项　目			胶合板顶棚油漆				
			除铲	二道灰	缝溜布条	捉腻子	刷醇酸调和漆三道
名　称		单位	消　耗　量				
人工	合计工日	工日	0.250	2.120	0.150	0.390	0.880
	其中 普工	工日	0.049	0.424	0.029	0.077	0.176
	一般技工	工日	0.088	0.742	0.053	0.137	0.308
	高级技工	工日	0.113	0.954	0.068	0.176	0.396
材料	面粉	kg	—	0.080	—	—	—
	血料	kg	—	4.000	—	—	—
	白布	m²	—	—	0.450	—	—
	光油	kg	—	0.170	—	0.250	—
	生桐油	kg	—	0.500	—	—	—
	醇酸调和漆（各色）	kg	—	—	—	—	3.000
	砖灰	kg	—	7.000	—	—	—
	107 胶	kg	—	—	0.200	—	—
	水砂纸	张	—	—	—	1.500	—
	汽油	L	—	0.250	—	—	0.300
	熟石膏粉	kg	—	—	0.050	—	—
	其他材料费	%	—	2.00	2.00	2.00	2.00

八、下架木件

工作内容:地仗包括调制灰料、油满,基层的清理除铲,剁斧迹、撕缝、陷缝、计浆、提缝、分册使灰、钻生桐油、砂纸打磨(麻灰和布灰类地仗包括压麻或糊布)。　　计量单位:10m²

定额编号		3-8-338	3-8-339	3-8-340	3-8-341	3-8-342
项　目		地仗				
		一麻五灰		一布五灰	一布四灰	
		23~58cm	23cm 以下		23~58cm	23cm 以下
名　称	单位	消　耗　量				
人工 合计工日	工日	10.570	11.170	9.510	8.430	9.010
其中 普工	工日	2.113	2.233	1.901	1.685	1.801
一般技工	工日	3.700	3.910	3.329	2.951	3.154
高级技工	工日	4.757	5.027	4.280	3.794	4.055
材料 面粉	kg	2.590	2.450	2.420	2.080	2.080
血料	kg	59.790	58.620	57.040	50.770	50.770
砖灰	kg	63.030	63.030	60.960	52.920	52.920
生石灰	kg	0.480	0.450	0.440	0.380	0.380
灰油	kg	14.570	13.780	13.610	11.690	11.690
光油	kg	3.130	3.130	3.130	3.130	3.130
生桐油	kg	2.500	2.500	2.500	2.500	2.500
精梳麻	kg	3.000	3.000	—	—	—
亚麻布	m²	—	—	52.000	52.000	52.000
汽油	L	0.100	0.100	0.100	0.100	0.100
砂布	张	1.650	1.650	1.650	1.650	1.650
其他材料费	%	2.00	2.00	2.00	2.00	2.00

工作内容: 1. 广漆(国漆)在地仗上刷头道漆、二道、三道、四道、生漆干透交活。

2. 地仗包括调制灰料、油满,基层的清理除铲,剁斧迹、撕缝、陷缝、计浆、提缝、分册使灰、钻生桐油、砂纸打磨(麻灰和布灰类地仗包括压麻或糊布)。

3. 油漆包括调兑血料腻子及油漆、刮腻子、刷底漆、找补腻子、磨砂纸、油漆成活等。

计量单位:10m²

定 额 编 号			3-8-343	3-8-344	3-8-345	3-8-346	3-8-347
项 目			地仗			油漆	
			单皮灰		刮浆灰	刮血料腻子刷醇酸调和漆三道	柱子刷醇酸调和漆二道扣油一道
			木结构	混凝土结构			
名 称		单位	消 耗 量				
人工	合计工日	工日	6.870	5.100	0.430	1.620	7.080
	其中 普工	工日	1.373	1.020	0.085	0.324	1.416
	一般技工	工日	2.405	1.785	0.151	0.567	2.478
	高级技工	工日	3.092	2.295	0.194	0.729	3.186
材料	面粉	kg	1.530	1.330	—	—	—
	血料	kg	42.990	36.740	0.710	0.700	—
	灰油	kg	8.620	7.500	—	—	—
	光油	kg	3.130	2.770	—	0.100	0.500
	生桐油	kg	2.500	1.860	—	—	—
	砖灰	kg	52.920	45.680	—	—	—
	生石灰	kg	0.280	0.250	—	—	—
	淋浆灰	kg	—	—	1.100	—	—
	熟石膏粉	kg	—	—	—	0.100	0.100
	滑石粉	kg	—	—	—	0.650	—
	醇酸调和漆(各色)	kg	—	—	—	2.940	2.400
	醇酸漆稀释剂	kg	—	—	—	0.110	0.110
	汽油	L	0.100	0.200	—	—	—
	白乳胶	kg	—	1.100	—	—	—
	红土粉	kg	—	—	—	0.650	—
	砂布	张	—	1.650	1.650	—	—
	水砂纸	张	—	—	—	2.000	1.500
	矿渣硅酸盐水泥 32.5 级	kg	—	3.540	—	—	—
	其他材料费	%	2.00	2.00	—	2.00	2.00

工作内容: 1. 彩画包括起谱子、打谱子、调兑颜料、绘制各种图案成活。

2. 贴金(铜)箔包括支搭金帐,打金胶油、贴金(铜)箔罩清漆等。　　　计量单位:10m²

定　额　编　号			3-8-348	3-8-349	3-8-350	3-8-351	3-8-352	3-8-353
项　　目			柱子金琢墨彩画			柱子片金彩画		
			沥粉打贴库金	沥粉打贴赤金	沥粉打贴铜箔描清漆	沥粉打贴库金	沥粉打贴赤金	沥粉打贴铜箔描清漆
名　　称		单位	消　耗　量					
人工	合计工日	工日	22.240	22.730	24.110	14.300	15.330	14.740
	其中 普工	工日	4.448	4.545	4.821	2.860	3.065	2.948
	一般技工	工日	7.784	7.956	8.439	5.005	5.366	5.159
	高级技工	工日	10.008	10.229	10.850	6.435	6.899	6.633
材料	大白粉	kg	4.310	4.310	4.310	4.310	4.310	4.310
	白乳胶	kg	1.760	1.760	1.760	1.760	1.760	1.760
	金胶油	kg	0.330	0.330	0.330	0.440	0.440	0.440
	光油	kg	0.530	0.530	0.530	0.530	0.530	0.530
	聚醋酸乙烯乳胶漆	kg	2.750	2.750	2.750	2.750	2.750	2.750
	棉花	kg	0.020	0.020	0.020	0.020	0.020	0.020
	丙烯酸清漆	kg	—	—	0.330	—	—	0.330
	水砂纸	张	1.650	1.650	1.650	1.650	1.650	1.650
	二甲苯	kg	—	—	0.030	—	—	0.030
	库金箔 93.3×93.3	张	690.000	—	—	896.000	—	—
	赤金箔 83.3×83.3	张	—	865.000	—	—	1125.000	—
	铜箔 100×100	张	—	—	690.000	—	—	896.000
	其他材料费	%	2.00	2.00	2.00	2.00	2.00	2.00

工作内容: 1. 彩画包括起谱子、打谱子、调兑颜料、绘制各种图案成活。
　　　　　　2. 贴金（铜）箔包括支搭金帐,打金胶油、贴金（铜）箔罩清漆等。　　　　　　**计量单位:** 10m²

定　额　编　号			3-8-354	3-8-355	3-8-356	3-8-357
项　　　目			柱子沥粉垫光头道油漆			
			打贴库金	打贴库、赤两色金	打贴赤金	打贴铜箔描清漆
名　　　称		单位	消　耗　量			
人工	合计工日	工日	14.300	14.810	15.330	14.740
	其中 普工	工日	2.860	2.961	3.065	2.948
	一般技工	工日	5.005	5.184	5.366	5.159
	高级技工	工日	6.435	6.665	6.899	6.633
材料	大白粉	kg	4.310	4.310	4.310	4.310
	白乳胶	kg	1.760	1.760	1.760	1.760
	金胶油	kg	0.666	0.660	0.660	0.660
	光油	kg	0.530	0.530	0.530	0.530
	汽油	L	0.165	0.165	0.165	0.165
	棉花	kg	0.030	0.030	0.030	0.030
	丙烯酸清漆	kg	—	—	—	0.550
	水砂纸	张	2.000	2.000	2.000	2.000
	二甲苯	kg	—	—	—	0.050
	醇酸磁漆	kg	0.735	0.735	0.735	0.735
	库金箔 93.3×93.3	张	1420.000	710.000	—	—
	赤金箔 83.3×83.3	张	—	881.000	1782.000	—
	铜箔 100×100	张	—	—	—	1420.000
	其他材料费	%	2.00	2.00	2.00	2.00

工作内容: 贴金(铜)箔包括支搭金帐,打金胶油、贴金(铜)箔罩清漆等。 计量单位:10m²

定 额 编 号			3-8-358	3-8-359	3-8-360
项 目			框线、门簪贴金		
			打贴库金	打贴赤金	打贴铜箔描清漆
名 称		单位	消 耗 量		
人工	合计工日	工日	13.830	14.520	15.150
	其中 普工	工日	2.765	2.904	3.029
	一般技工	工日	4.841	5.082	5.303
	高级技工	工日	6.224	6.534	6.818
材料	大白粉	kg	0.420	0.420	0.420
	棉花	kg	0.050	0.050	0.050
	金胶油	kg	0.594	0.594	0.594
	库金箔 93.3×93.3	张	1680.000	—	—
	赤金箔 83.3×83.3	张	—	2112.000	—
	铜箔 100×100	张	—	—	1680.000
	丙烯酸清漆	kg	—	—	0.594
	水砂纸	张	0.500	0.500	0.500
	二甲苯	kg	—	—	0.059
	其他材料费	%	2.00	2.00	2.00

九、装　　修

1. 大门、街门、迎风板、走马板、木板墙

工作内容： 1. 地仗包括调制灰料、油满，基层的清理除铲、剁斧迹、撕缝、陷缝、计浆、提缝、分册使灰、钻生桐油、砂纸打磨（麻灰和布灰类地仗包括压麻或糊布）。

　　　　　2. 油漆包括调兑血料腻子及油漆、刮腻子、刷底漆、找补腻子、磨砂纸、油漆成活等。

计量单位：10m²

定额编号			3-8-361	3-8-362	3-8-363	3-8-364	3-8-365	3-8-366
项目			地仗				磨生刮浆灰	满刮血料腻子、刷四道醇酸磁漆
			一麻五灰	一布五灰	一布四灰	单皮灰		
名称		单位	消耗量					
人工	合计工日	工日	10.070	9.090	8.100	6.870	0.430	2.070
	其中 普工	工日	2.013	1.817	1.620	1.373	0.085	0.413
	高级技工	工日	4.532	4.091	3.645	3.092	0.194	0.932
材料	面粉	kg	3.440	3.140	2.080	1.530	—	—
	血料	kg	71.230	66.390	50.770	42.990	0.710	0.710
	砖灰	kg	76.980	74.160	52.920	52.920	—	—
	生石灰	kg	0.640	0.580	0.380	0.280	—	—
	淋浆灰	kg	—	—	—	—	1.100	—
	灰油	kg	19.350	17.640	11.690	8.620	—	—
	光油	kg	3.300	3.300	3.130	3.130	—	0.500
	生桐油	kg	2.500	2.500	2.500	2.500	—	—
	砂布	张	1.650	1.650	1.650	1.650	1.100	—
	水砂纸	张	—	—	—	—	—	2.000
	滑石粉	kg	—	—	—	—	—	1.250
	精梳麻	kg	3.500	—	—	—	—	—
	亚麻布	m²	—	11.000	11.000	—	—	—
	汽油	L	0.100	0.100	0.100	0.100	—	—
	醇酸磁漆（各色）	kg	—	—	—	—	—	3.620
	醇酸稀释剂	kg	—	—	—	—	—	0.110
	熟石膏粉	kg	—	—	—	—	—	0.100
	其他材料费	%	2.00	2.00	2.00	2.00	2.00	2.00

工作内容: 油漆包括调兑血料腻子及油漆、刮腻子、刷底漆、找补腻子、磨砂纸、
油漆成活等。

计量单位: 10m²

定额编号			3-8-367	3-8-368	3-8-369	3-8-370
项 目			隔墙板、护墙板、木墙裙混色油漆			
			除铲	捉中灰满细灰操生油	满刮血料腻子刷三道醇酸调和漆	捉找石膏腻子刷三道醇酸调和漆
名 称		单位	消 耗 量			
人工	合计工日	工日	0.150	1.920	1.150	1.150
	其中 普工	工日	0.029	0.384	0.229	0.229
	高级技工	工日	0.068	0.864	0.518	0.518
材料	面粉	kg	—	0.090	—	—
	血料	kg	—	5.060	1.000	—
	熟石膏粉	kg	—	—	0.080	0.600
	砖灰	kg	—	6.930	—	—
	生石灰	kg	—	0.010	—	—
	醇酸磁漆（各色）	kg	—	—	2.820	2.850
	灰油	kg	—	0.520	—	—
	生桐油	kg	—	0.440	—	—
	光油	kg	—	0.170	—	—
	滑石粉	kg	—	—	1.200	—
	砂布	张	—	0.500	—	—
	水砂纸	张	—	1.000	1.000	1.000
	汽油	L	—	0.170	—	—
	其他材料费	%	2.00	2.00	2.00	2.00

工作内容：油漆包括调兑血料腻子及油漆、刮腻子、刷底漆、找补腻子、磨砂纸、
油漆成活等。

计量单位：10m²

定　额　编　号			3-8-371	3-8-372	3-8-373	3-8-374	3-8-375	3-8-376
项　　　目			隔墙板、护墙板、木墙裙清色油漆					
			硬杂木面磨白茬	刮色腻子	刷油色	润油粉	润水粉	套两遍漆片
名　　称		单位	消　耗　量					
人工	合计工日	工日	0.77	0.77	0.430	0.480	0.480	0.290
	其中 普工	工日	0.154	0.154	0.085	0.096	0.096	0.057
	一般技工	工日	0.269	0.269	0.151	0.168	0.168	0.102
	高级技工	工日	0.347	0.347	0.194	0.216	0.216	0.131
材料	水砂纸	张	2.000	1.000	1.000	0.500	—	0.250
	大白粉	kg	—	1.200	—	1.000	1.200	—
	氧化铁红	kg	—	0.180	0.030	0.250	0.300	—
	光油	kg	—	0.200	0.150	0.150	—	—
	清油	kg	—	0.400	0.200	0.400	—	—
	漆片 各种规格	kg	—	—	—	—	—	0.200
	乙醇	kg	—	—	—	—	—	0.800
	汽油	L	—	0.300	0.250	0.350	—	—
	杂布	kg	—	—	—	0.050	0.050	—
	棉纱头	kg	—	—	—	—	—	0.100
	熟石膏粉	kg	—	0.200	0.100	0.200	—	—
	醇酸调和漆（各色）	kg	—	—	0.150	0.150	—	—
	醇酸清漆	kg	—	—	0.080	—	—	—
	其他材料费	%	2.00	2.00	2.00	2.00	—	2.00

工作内容:油漆包括调兑血料腻子及油漆、刮腻子、刷底漆、找补腻子、磨砂纸、

油漆成活等。

计量单位:10m²

定 额 编 号			3-8-377	3-8-378	3-8-379	3-8-380	3-8-381	3-8-382
项 目			隔墙板、护墙板、木墙裙清色油漆					
			捉找色腻子	刷三道醇酸清漆	拼色	套漆片色成活	刷醇酸清漆磨退成活	喷清漆磨退成活
名 称		单位	消 耗 量					
人工	合计工日	工日	0.340	0.870	0.250	0.390	3.390	4.550
	其中 普工	工日	0.068	0.173	0.049	0.077	0.677	0.909
	一般技工	工日	0.119	0.305	0.088	0.137	1.187	1.593
	高级技工	工日	0.153	0.392	0.113	0.176	1.526	2.048
材料	大白粉	kg	0.400	—	—	—	—	—
	醇酸清漆	kg	—	1.400	—	—	4.000	—
	醇酸漆稀释剂	kg	—	0.250	—	—	0.800	—
	氧化铁红	kg	0.050	—	0.020	0.030	—	—
	棉纱头	kg	—	—	—	0.050	0.050	0.050
	杂布	kg	—	—	—	—	0.050	0.050
	豆包布	m²	—	—	—	—	—	0.400
	乙醇	kg	—	—	0.600	1.200	—	—
	抛光剂	kg	—	—	—	—	0.200	0.200
	汽油	L	0.030	—	—	—	—	—
	光油	kg	0.040	—	—	—	—	—
	漆片 各种规格	kg	—	—	0.100	0.200	—	—
	水砂纸	张	—	—	0.500	0.500	—	—
	水砂纸 150~400 号	张	—	—	—	—	2.500	2.500
	熟石膏粉	kg	0.080	—	—	—	—	—
	硝基清漆	kg	—	—	—	—	—	4.200
	硝基漆稀释剂	kg	—	—	—	—	—	7.500
	其他材料费	%	—	2.00	2.00	2.00	2.00	2.00

工作内容: 油漆包括调兑血料腻子及油漆、刮腻子、刷底漆、找补腻子、磨砂纸、
油漆成活等。

计量单位:10m²

定 额 编 号			3-8-383	3-8-384	3-8-385
项 目			隔墙板、护墙板、木墙裙清色油漆		
			刷理漆片成活	刷理丙烯酸成活	打蜡出亮
名 称		单位	消 耗 量		
人工	合计工日	工日	4.840	1.600	0.200
	其中 普工	工日	0.968	0.320	0.040
	一般技工	工日	1.694	0.560	0.070
	高级技工	工日	2.178	0.720	0.090
材料	豆包布	m²	0.500	—	—
	棉纱头	kg	0.100	0.100	0.050
	漆片 各种规格	kg	0.800	0.120	—
	抛光剂	kg	—	0.200	—
	上光蜡	kg	—	—	0.200
	氧化铁红	kg	0.040	0.010	—
	浮石粉	kg	0.200	—	—
	丙烯酸清漆	kg	—	4.000	—
	大白粉	kg	—	0.200	—
	水砂纸 150~400 号	张	—	2.000	—
	其他材料费	%	2.00	2.00	—

工作内容: 贴金(铜)箔包括支搭金帐,打金胶油、贴金(铜)箔罩清漆等。　　　　　计量单位:10m²

定　额　编　号			3-8-386	3-8-387	3-8-388
项　　　目			门钉、门钹贴金		
			打贴库金	打贴赤金	打贴铜箔清漆
名　　称		单位	消　耗　量		
人工	合计工日	工日	15.810	16.800	17.720
	其中 普工	工日	3.161	3.360	3.544
	一般技工	工日	5.534	5.880	6.202
	高级技工	工日	7.115	7.560	7.974
材料	大白粉	kg	0.420	0.420	0.420
	金胶油	kg	0.594	0.594	0.594
	棉花	kg	0.050	0.050	0.050
	丙烯酸清漆	kg	—	—	0.594
	库金箔 93.3×93.3	张	1680.000	—	—
	赤金箔 83.3×83.3	张	—	2112.000	—
	铜箔 100×100	张	—	—	1680.000
	二甲苯	kg	—	—	0.059
	水砂纸	张	0.500	0.500	0.500
	其他材料费	%	2.00	2.00	2.00

2. 外檐槅扇、槛窗

工作内容: 地仗包括调制灰料、油满,基层的清理除铲,剁斧迹、撕缝、陷缝、计浆、提缝、分册使灰、钻生桐油、砂纸打磨(麻灰和布灰类地仗包括压麻或糊布)。　　计量单位:10m²

定 额 编 号			3-8-389	3-8-390	3-8-391	3-8-392	3-8-393
项　目			地仗				满刮浆灰
			一麻五灰	一布五灰	单皮灰	溜布条	
名　称		单位	消　耗　量				
人工	合计工日	工日	37.480	35.930	24.120	1.970	0.640
	其中 普工	工日	7.496	7.185	4.824	0.393	0.128
	一般技工	工日	13.118	12.576	8.442	0.690	0.224
	高级技工	工日	16.866	16.169	10.854	0.887	0.288
材料	面粉	kg	5.080	4.960	3.060	0.220	—
	血料	kg	112.380	110.280	83.620	2.800	1.400
	砖灰	kg	129.720	127.800	104.000	—	—
	生石灰	kg	1.040	1.020	0.660	0.040	—
	淋浆灰	kg	—	—	—	—	2.800
	灰油	kg	28.680	28.040	17.320	1.240	—
	光油	kg	6.600	6.600	6.600	—	—
	生桐油	kg	4.500	4.500	4.500	—	—
	精梳麻	kg	5.000	—	—	—	—
	亚麻布	m²	—	11.000	—	11.000	—
	汽油	L	0.440	0.440	0.440	—	—
	砂布	张	3.330	3.300	3.300	—	—
	其他材料费	%	2.00	2.00	2.00	2.00	—

工作内容：油漆包括调兑血料腻子及油漆、刮腻子、刷底漆、找补腻子、磨砂纸、
油漆成活等。

计量单位：10m²

定　额　编　号			3-8-394
项　　　　　目			攒刮血料腻子,刷三道醇酸调和漆,扣一道油漆
名　　　称		单位	消　耗　量
人工	合计工日	工日	4.070
	其中 普工	工日	0.813
	一般技工	工日	1.425
	高级技工	工日	1.832
材料	血料	kg	1.400
	光油	kg	0.200
	滑石粉	kg	2.500
	熟石膏粉	kg	0.300
	醇酸漆稀释剂	kg	0.220
	醇酸调和漆（各色）	kg	6.040
	水砂纸	张	4.000
	其他材料费	%	2.00

工作内容： 1. 彩画包括起谱子、打谱子、调兑颜料、绘制各种图案成活。
2. 贴金（铜）箔包括支搭金帐，打金胶油、贴金（铜）箔罩清漆等。　　　　　计量单位：10m²

定　额　编　号			3-8-395	3-8-396	3-8-397	3-8-398	3-8-399	3-8-400
项　　目			绦环板、云盘线（橙板面积）			大边两炷香（槅扇正面全面积）		
			打贴库金	打贴赤金	打贴铜箔描清漆	打贴库金	打贴赤金	打贴铜箔描清漆
名　　称		单位	消　耗　量					
人工	合计工日	工日	6.650	7.000	7.120	1.190	1.250	1.380
	其中 普工	工日	1.329	1.400	1.424	0.237	0.249	0.276
	一般技工	工日	2.328	2.450	2.492	0.417	0.438	0.483
	高级技工	工日	2.993	3.150	3.204	0.536	0.563	0.621
材料	大白粉	kg	0.210	0.210	0.210	0.210	0.210	0.210
	棉花	kg	0.030	0.030	0.030	0.010	0.010	0.010
	金胶油	kg	0.495	0.495	0.495	0.154	0.154	0.154
	库金箔 93.3×93.3	张	380.000	—	126.000	—	—	—
	赤金箔 83.3×83.3	张	—	475.000	—	—	158.000	—
	铜箔 100×100	张	—	—	380.000	—	—	126.000
	丙烯酸清漆	kg	—	—	0.495	—	—	0.154
	水砂纸	张	0.500	0.500	0.500	0.500	0.500	0.500
	二甲苯	kg	—	—	0.050	—	—	0.010
	其他材料费	%	2.00	2.00	2.00	2.00	2.00	2.00

工作内容:贴金(铜)箔包括支搭金帐,打金胶油、贴金(铜)箔罩清漆等。　　　　　　　　　　　计量单位:10m²

定 额 编 号			3-8-401	3-8-402	3-8-403	3-8-404	3-8-405	3-8-406
项 目			大边双皮条线(槅扇正面全面积)			面页(实际面积)		
			打贴库金	打贴赤金	打贴铜箔描清漆	打贴库金	打贴赤金	打贴铜箔描清漆
名 称		单位	消 耗 量					
人工	合计工日	工日	2.370	2.490	2.850	7.900	8.300	9.840
	其中 普工	工日	0.473	0.497	0.569	1.580	1.660	1.968
	一般技工	工日	0.830	0.872	0.998	2.765	2.905	3.444
	高级技工	工日	1.067	1.121	1.283	3.555	3.735	4.428
材料	大白粉	kg	0.210	0.210	0.210	0.210	0.210	0.210
	棉花	kg	0.010	0.010	0.010	0.050	0.050	0.050
	金胶油	kg	0.253	0.253	0.253	0.690	0.690	0.690
	库金箔 93.3×93.3	张	176.000	—	—	1680.000	—	—
	赤金箔 83.3×83.3	张	—	220.000	—	—	2112.000	—
	铜箔 100×100	张	—	—	176.000	—	—	1680.000
	丙烯酸清漆	kg	—	—	0.253	—	—	0.690
	水砂纸	张	0.050	0.050	0.050	0.050	0.050	0.050
	二甲苯	kg	—	—	0.020	—	—	0.060
	其他材料费	%	2.00	2.00	2.00	2.00	2.00	2.00

3. 风门、支摘窗、各种心屉、内檐槅扇、楣子、花栏杆

工作内容: 地仗包括调制灰料、油满,基层的清理除铲,剁斧迹、撕缝、陷缝、计浆、提缝、
分册使灰、钻生桐油、砂纸打磨(麻灰和布灰类地仗包括压麻或糊布)。　　**计量单位:** 10m²

定 额 编 号			3-8-407	3-8-408	3-8-409	3-8-410	3-8-411	3-8-412
项　　　目			地仗					
			大边樘心			单皮灰	衬板二道灰	满刮浆灰
			使麻	糊布条	压麻糊布条			
名　　称		单位	消　耗　量					
人工	合计工日	工日	1.920	1.430	1.230	5.220	2.070	0.290
	其中 普工	工日	0.384	0.285	0.245	1.044	0.413	0.058
	一般技工	工日	0.672	0.501	0.431	1.827	0.725	0.102
	高级技工	工日	0.864	0.644	0.554	2.349	0.932	0.130
材料	面粉	kg	0.130	0.120	0.170	0.780	0.200	—
	血料	kg	0.940	0.780	1.230	33.160	2.800	0.390
	灰油	kg	0.370	0.310	0.550	4.420	0.610	—
	光油	kg	—	—	—	3.130	0.660	—
	生桐油	kg						
	生石灰	kg	0.010	0.010	0.020	0.190	0.020	—
	砖灰	kg	—	—	2.140	39.400	5.950	—
	淋浆灰	kg						0.720
	精梳麻	kg	0.080					
	亚麻布	m²	—	10.600	—	0.220	0.330	—
	汽油	L	—	—	—	1.650	1.100	—
	砂布	张						
	其他材料费	%	2.00	2.00	2.00	2.00	2.00	2.00

工作内容:油漆包括调兑血料腻子及油漆、刮腻子、刷底漆、找补腻子、磨砂纸、

油漆成活等。

计量单位:$10m^2$

定　额　编　号			3-8-413	3-8-414	3-8-415	3-8-416	3-8-417
项　　　目			攒刮血料腻子			硬木隔断	
			刷三道醇酸调和漆	刷二道醇酸调和漆扣末道油漆	衬板刷二道醇酸调和漆、无光漆一道	擦软蜡出亮	烫硬蜡出亮
名　　　称		单位	消　耗　量				
人工	合计工日	工日	2.610	2.750	1.510	0.770	3.380
	其中 普工	工日	0.521	0.549	0.301	0.153	0.676
	一般技工	工日	0.914	0.963	0.529	0.270	1.183
	高级技工	工日	1.175	1.238	0.680	0.347	1.521
材料	血料	kg	0.650	0.650	0.650	—	—
	杂布	kg	—	—	—	0.700	—
	地板蜡	kg	—	—	—	0.650	—
	川白蜡	kg	—	—	—	—	1.650
	滑石粉	kg	0.600	0.600	0.600	—	—
	木炭	kg	—	—	—	—	4.000
	红土粉	kg	0.600	0.600	0.600	—	—
	光油	kg	0.080	0.080	0.080	—	—
	熟石膏粉	kg	0.100	0.100	0.100	—	—
	醇酸调和漆（各色）	kg	2.840	2.730	2.630	—	—
	水砂纸	张	1.650	1.650	1.650	—	—
	其他材料费	%	2.00	2.00	2.00	—	2.00

工作内容: 油漆包括调兑血料腻子及油漆、刮腻子、刷底漆、找补腻子、磨砂纸、
油漆成活等。

计量单位:10m²

定 额 编 号			3-8-418	3-8-419	3-8-420
项 目			木门窗混色油漆		
			满刮石膏腻子	捉找石膏腻子	刷醇酸调和漆三道
名 称		单位	消 耗 量		
人工	合计工日	工日	0.480	0.360	1.080
	其中 普工	工日	0.096	0.072	0.216
	一般技工	工日	0.168	0.126	0.378
	高级技工	工日	0.216	0.162	0.486
材料	光油	kg	0.350	0.250	—
	醇酸调和漆(各色)	kg	—	—	2.900
	醇酸漆稀释剂	kg	—	—	0.300
	熟石膏粉	kg	0.800	0.450	—
	水砂纸	张	1.000	0.500	1.000
	其他材料费	%	2.00	2.00	2.00

工作内容: 1. 彩画包括起谱子、打谱子、调兑颜料、绘制各种图案成活。

2. 贴金(铜)箔包括支搭金帐,打金胶油、贴金(铜)箔罩清漆等。　　　　　计量单位:10m²

定 额 编 号		3-8-421	3-8-422	3-8-423	3-8-424	3-8-425	3-8-426
项　目			楣子、花罩		菱花扣贴金		
		彩画(掏里,刷色,拉线,牙子纠粉)	大边刷三道朱红油漆	罩光油	打贴库金	打贴赤金	打贴铜箔描清漆
名　称	单位			消　耗　量			
人工	合计工日	工日	5.900	0.680	0.960	3.950	4.150	4.920
	其中 普工	工日	1.180	0.136	0.192	0.789	0.829	0.984
	一般技工	工日	2.065	0.238	0.336	1.383	1.453	1.722
	高级技工	工日	2.655	0.306	0.432	1.778	1.868	2.214
材料	氧化铬绿	kg	0.720	—	—	—	—	—
	群青	kg	0.350	—	—	—	—	—
	石黄粉	kg	0.210	—	—	—	—	—
	红丹粉	kg	0.740	—	—	—	—	—
	银朱红(硫化汞)	kg	0.020	—	—	—	—	—
	醇酸调和漆(各色)	kg	—	1.200	—	—	—	—
	光油	kg	—	—	0.500	—	—	—
	大白粉	kg	—	—	—	0.210	0.210	0.210
	聚醋酸乙烯乳胶漆	kg	0.440	—	—	—	—	—
	汽油	L	—	0.200	0.330	—	—	—
	棉花	kg	—	—	—	0.010	0.010	0.010
	白乳胶	kg	0.430	—	—	—	—	—
	金胶油	kg	—	—	—	0.210	0.210	0.210
	库金箔 93.3×93.3	张	—	—	—	63.000	—	—
	赤金箔 83.3×83.3	张	—	—	—	—	78.000	—
	铜箔 100×100	张	—	—	—	—	—	63.000
	丙烯酸清漆	kg	—	—	—	—	—	0.210
	水砂纸	张	—	—	—	0.500	0.500	0.500
	二甲苯	kg	—	—	—	—	—	0.020
	其他材料费	%	2.00	2.00	2.00	2.00	2.00	2.00

4. 墙 面 装 修

工作内容: 油漆包括调兑血料腻子及油漆、刮腻子、刷底漆、找补腻子、磨砂纸、
油漆成活等。

计量单位:10m²

定 额 编 号			3-8-427	3-8-428	3-8-429	3-8-430
项　　　目			砖墙抹灰面			墙裙、墙边彩画
			喷刷铁红浆成活	喷刷米黄浆成活	喷刷灰浆成活	切活
名　　称		单位	消　耗　量			
人工	合计工日	工日	0.470	0.590	0.470	23.620
	其中 普工	工日	0.093	0.117	0.093	4.724
	一般技工	工日	0.165	0.207	0.165	8.267
	高级技工	工日	0.212	0.266	0.212	10.629
材料	氧化铁红	kg	1.700	—	—	—
	地板黄	kg	—	0.210	—	—
	氧化铬绿	kg	—	—	—	3.850
	群青	kg	—	—	—	1.580
	熟石膏粉	kg	0.320	0.320	0.320	—
	聚醋酸乙烯乳液	kg	0.320	0.320	0.320	1.100
	血料	kg	0.290	—	—	—
	大白粉	kg	0.630	3.990	0.630	—
	羧甲基纤维素	kg	0.060	0.160	0.060	—
	生石灰	kg	—	—	3.150	—
	青灰	kg	—	—	0.530	—
	氯化钠	kg	—	—	0.060	—
	滑石粉	kg	0.210	0.630	0.210	—
	水砂纸	张	0.500	1.000	1.000	—
	其他材料费	%	2.00	2.00	—	2.00

工作内容: 油漆包括调兑血料腻子及油漆、刮腻子、刷底漆、找补腻子、磨砂纸、
　　　　油漆成活等。

计量单位:10m

定　额　编　号			3-8-431	3-8-432
项　　目			墙边拉油线	墙边拉水线
名　　称		单位	消　耗　量	
人工	合计工日	工日	0.280	0.250
	其中 普工	工日	0.056	0.049
	其中 一般技工	工日	0.098	0.088
	高级技工	工日	0.126	0.113
材料	醇酸磁漆（各色）	kg	0.060	—
	醇酸漆稀释剂	kg	0.100	—
	白乳胶	kg	—	0.120
	氧化铁红	kg	—	0.070

5. 匾

工作内容: 1. 地仗包括调制灰料、油满,基层的清理除铲,剁斧迹、撕缝、陷缝、计浆、提缝、
分册使灰、钻生桐油、砂纸打磨(麻灰和布灰类地仗包括压麻或糊布)。
2. 油漆包括调兑血料腻子及油漆、刮腻子、刷底漆、找补腻子、磨砂纸、
油漆成活等。

计量单位: 10m²

定 额 编 号			3-8-433	3-8-434	3-8-435	3-8-436	3-8-437	3-8-438
项 目			混色匾					
			地仗		满刮血料腻子			
					醇酸磁漆三道	硝基磁漆三道	刷理	
							醇酸磁漆	硝基磁漆
			一麻五灰	单皮灰			磨退出亮	
名 称		单位	消 耗 量					
人工	合计工日	工日	29.340	18.420	2.900	3.480	6.390	7.540
	其中 普工	工日	5.868	3.684	0.580	0.696	1.277	1.508
	一般技工	工日	10.269	6.447	1.015	1.218	2.237	2.639
	高级技工	工日	13.203	8.289	1.305	1.566	2.876	3.393
材料	面粉	kg	3.780	1.680	—	—	—	—
	血料	kg	79.130	47.290	0.710	0.710	0.710	0.710
	砖灰	kg	85.890	59.420	—	—	—	—
	生石灰	kg	0.700	0.310	—	—	—	—
	滑石粉	kg	—	—	0.600	0.600	0.600	0.600
	灰油	kg	21.290	9.480	—	—	—	—
	光油	kg	3.630	3.440	—	—	—	—
	生桐油	kg	4.000	4.000	—	—	—	—
	红土粉	kg	—	—	0.600	0.600	0.600	0.600
	精梳麻	kg	3.850	—	—	—	—	—
	水砂纸	张	2.000	2.000	1.000	1.000	0.500	0.500
	水砂纸 150~400 号	张	—	—	—	—	2.000	2.000
	醇酸漆稀释剂	kg	—	—	0.320	—	0.320	—
	硝基漆稀释剂	kg	—	—	—	1.500	—	2.000
	抛光剂	kg	—	—	—	—	0.150	0.150
	白石蜡	kg	—	—	—	—	0.160	0.160
	棉纱头	kg	—	—	—	—	0.110	0.110
	其他材料费	%	2.00	2.00	2.00	2.00	2.00	2.00

工作内容: 油漆包括调兑血料腻子及油漆、刮腻子、刷底漆、找补腻子、磨砂纸、
油漆成活等。

计量单位: 10m²

定 额 编 号			3-8-439	3-8-440	3-8-441	3-8-442
项 目			新匾磨砂纸（包括字）	清色匾		
				润油粉,刮腻子底油,油色,醇酸清漆四遍	润油粉二遍,刮腻子,套漆片,刷理清喷漆	润粉二遍腻子一遍,醇酸丙烯酸清漆三道
				磨退出亮		
名 称		单位	消 耗 量			
人工	合计工日	工日	2.560	8.130	10.930	8.510
	其中 普工	工日	0.512	1.625	2.185	1.701
	一般技工	工日	0.896	2.846	3.826	2.979
	高级技工	工日	1.152	3.659	4.919	3.830
材料	水砂纸	张	2.000	2.000	2.000	2.000
	滑石粉	kg	—	1.300	1.300	1.300
	醇酸调和漆（各色）	kg	—	0.150	—	—
	醇酸清漆	kg	—	3.250	—	0.950
	醇酸漆稀释剂	kg	—	0.170	—	0.550
	氧化铁红	kg	—	0.200	0.200	0.200
	漆片 各种规格	kg	—	—	0.400	—
	抛光剂	kg	—	0.150	0.150	0.150
	白石蜡	kg	—	0.160	0.160	0.160
	乙醇	kg	—	—	1.600	—
	丙烯酸清漆	kg	—	—	—	2.380
	硝基清漆	kg	—	—	2.600	—
	硝基漆稀释剂	kg	—	—	8.500	—
	其他材料费	%	2.00	2.00	2.00	2.00

工作内容: 油漆包括调兑血料腻子及油漆、刮腻子、刷底漆、找补腻子、磨砂纸、
油漆成活等。

计量单位: m²

定 额 编 号			3-8-443	3-8-444	3-8-445	3-8-446	3-8-447	3-8-448
项 目			匾字					
			翻拓字样	灰刻字样	匾地扫青	匾地扫绿	字刷银珠	字刷洋绿
名 称		单位	消 耗 量					
人工	合计工日	工日	0.590	5.900	0.590	0.590	0.570	0.570
	其中 普工	工日	0.117	1.180	0.117	0.117	0.113	0.113
	一般技工	工日	0.207	2.065	0.207	0.207	0.200	0.200
	高级技工	工日	0.266	2.655	0.266	0.266	0.257	0.257
材料	黑烟子	kg	0.010	—	—	—	—	—
	群青	kg	—	—	0.200	—	—	—
	氧化铬绿	kg	—	—	—	0.200	—	—
	红丹粉	kg	—	—	—	—	0.150	—
	银朱红（硫化汞）	kg	—	—	—	—	0.030	—
	醇酸磁漆（各色）	kg	—	—	—	—	—	0.330
	清油	kg	0.010	—	—	—	—	—
	光油	kg	—	—	0.600	0.600	0.150	—
	水砂纸	张	—	—	—	—	1.000	1.000
	汽油	L	—	—	—	—	0.110	—
	其他材料费	%	2.00	—	2.00	2.00	2.00	2.00

工作内容: 贴金(铜)箔包括支搭金帐,打金胶油、贴金(铜)箔罩清漆等。 计量单位:m²

定 额 编 号			3-8-449	3-8-450	3-8-451
项 目			匾字打金胶		
			贴库金	贴赤金	贴铜箔描清漆
名 称		单位	消 耗 量		
人工	合计工日	工日	2.870	3.360	2.870
	其中 普工	工日	0.573	0.672	0.573
	一般技工	工日	1.005	1.176	1.005
	高级技工	工日	1.292	1.512	1.292
材料	金胶油	kg	0.170	0.170	0.170
	棉花	kg	0.010	0.010	0.010
	丙烯酸清漆	kg	—	—	0.170
	库金箔 93.3×93.3	张	132.000	—	—
	赤金箔 83.3×83.3	张	—	165.000	—
	铜箔 100×100	张	—	—	132.000
	二甲苯	kg	—	—	0.020
	其他材料费	%	2.00	2.00	2.00

附表一　现浇构件模板一次使用量表

单位：100m² 模板接触面积

编号	项　　目		模板种类	支撑种类	一次使用量			周转次数	周转补损率
					板枋材	复合模板	木支撑		
					m³	m²	m³	次	%
1	矩形柱	带收分、侧脚、卷杀	复模	木	0.410	26.900	0.200	4	15
2	圆形、异型、多边形柱		复模	木	0.530	30.629	—	3	15
3	梁、枋、连机 梁、桁（檩）、梓桁	带卷杀、拔亥、挖底、浑面 矩形	复模	木	0.670	26.910	0.030	4	15
4		圆形	复模	木	0.720	30.630	0.030	3	15
5	老、仔角梁		复模	木	0.540	30.630	0.030	3	15
6	异型梁	带卷杀、拔亥、挖底、浑面	复模	木	0.900	30.630	0.030	3	15
7	大木三件		复模	木	0.720	30.620	0.030	3	15
8	戗翼板、亭屋面板		复模	木	0.540	30.630	0.280	3	15
9	椽望板、弧形板		复模	木	0.500	30.630	0.250	3	15
10	斗拱（牌科）		复模	木	1.600	393.800	1.177	1	—
11	古式零件		复模	木	1.610	396.100	1.780	1	—
12	券石、券脸		复模	木	1.660	30.630	—	3	15

附表二　预制构件模板一次使用量表

单位：100m² 模板接触面积

编号	项　　目		模板种类	支撑种类	一次使用量		周转次数	周转补损率
					板枋材	复合模板		
					m³	m²	次	%
1	屋架（人字、中式）		复模	木	0.340	20.210	10	15
2	梁、枋、连机 梁、桁（檩）、梓桁	带卷杀、拔亥、挖底、浑面 矩形	复模	木	0.380	20.210	10	15
3		圆形	复模	木	0.460	20.210	10	15
4	异型梁、老、仔角梁		复模	木	0.450	24.670	5	15
5	椽望板、戗翼板、亭屋面板		复模	木	0.430	24.672	5	15
6	椽子	方直形	复模	木	0.570	20.210	10	15
7		圆直形	复模	木	0.630	20.210	10	15
8		弯形	复模	木	0.740	20.210	10	15
9	挂落		复模	木	0.530	30.930	10	15
10	栏杆、栏板		复模	木	0.740	39.333	10	15
11	吴王靠		复模	木	0.670	33.977	10	15
12	斗拱（牌科）		复模	木	1.940	92.531	5	15
13	古式零件		复模	木	0.530	32.818	5	15

主管单位：山西省工程建设标准定额站

主编单位：山西一建集团有限公司

参编单位：山西省古建筑集团有限公司
　　　　　山西省古建筑保护研究所

编制人员：胡孟卿　张　莉　王亚晖　王　洋　康　涛　王子山　李月平　马　佳　韩士忠
　　　　　李秀丽　范　颖　秦志峰　高建廷　万　芳　贺雨薇　郝　婵　范秀琴　解万生
　　　　　王国华　孙书鹏

审查专家：胡传海　王海宏　胡晓丽　董士波　王中和　杨廷珍　张红标　安庆进　徐佩莹
　　　　　范　磊　张宗辉　林其浩　万彩林　杜浐阳　汪一江　肖复员